创新思维与方法导论

主　编　樊　华
副主编　李　颖　陶亚楠

南京大学出版社

图书在版编目(CIP)数据

创新思维与方法导论 / 樊华主编. 一南京：南京大学出版社，2019.7

ISBN 978-7-305-22517-8

Ⅰ. ①创… Ⅱ. ①樊… Ⅲ. ①创造性思维 Ⅳ. ①B804.4

中国版本图书馆 CIP 数据核字(2019)第 151124 号

出版发行　南京大学出版社
社　　址　南京市汉口路 22 号　　　邮　编　210093
出 版 人　金鑫荣

书　　名　创新思维与方法导论
主　　编　樊　华
责任编辑　严若城　钱梦菊　　　编辑热线　025-83686531

照　　排　南京南琳图文制作有限公司
印　　刷　南京京新印刷有限公司
开　　本　787×1092　1/16　印张 17.75　字数 421 千
版　　次　2019 年 7 月第 1 版　2019 年 7 月第 1 次印刷
ISBN 978-7-305-22517-8
定　　价　44.00 元

网址：http://www.njupco.com
官方微博：http://weibo.com/njupco
官方微信号：njupress
销售咨询热线：(025) 83594756

前 言

经过改革开放40年，中国进入了特色社会主义建设的新时代。在实现中华民族伟大复兴中国梦的进程中，“发展是第一要务，人才是第一资源，创新是第一动力”，这已经成为新时代共识。创新是引领发展的第一动力，是建设现代化经济体系的战略支撑。创新为人类带来新的产业，造就新的国家繁荣和人类福祉。人类发展史和科学技术发展史明确昭示，离开创新人类社会就不能向前发展，科学技术也不可能取得进步与突破。创新决定着文明的走向，创新改变了世界的容颜，创新也成为国家间较量的重器。以满足需求为动力的创新，已经内化为人类社会前进发展的基因。创新能力是人的自然本质属性，科学研究和实验结果已经证明，通过创新教育和训练，人的创新能力的潜力将得到激发和显著提升。

信息时代的创新之风吹遍全球。“处处是创造之地，天天是创造之时，人人是创造之人”，发现和解决新问题、提出新设想、创造新事物是有规律的。通过对问题解决及采用的方法进行研究发现的规律，可有效地提高创新效果。自主创新，方法先行。创新方法包含创新思维方法和工具方法。

李克强总理在2015年的政府工作报告中提出“大众创业，万众创新”，对高等学校创新创业教育影响日渐显现，大学课堂教学、自主学习、项目实践、文化引领的创新教育体系正在建立。“新时代高教40条”提出建设高等教育强国，必须坚持“以本为本”，全面推进“四个回归”，更加重视本科教育的能力和质量。建设创新型国家，首要的是要培养一大批创新人才，而面向大学生进行创新教育，开设一门创新思维与创新方法的导论课程，以启发大学生对创新的兴趣，强化创新意识，提高创新能力，已经成为大学创新创业教育重要的基础工作。在高校进行创新思维与方法教学和指导大学生创新项目实践多年的基础上，汲取国内外创新教育成果，结合课程面向应用技术型人才培养特点和要求，以“基础性、新颖性、实践性”为指导思想，编写了本教材。

本教材共有9章，第一章为绪论，第2章至第4章为创新思维部分，第5章至第8章为创新方法部分，第9章为创新设计思维与工具。本教材力求打破学科、方法等界限，注重教学研究最新成果的吸收，通过大量案例将理论与实践融合，目的是要激活创新思维，引发实践创新方法的兴趣与冲动，从而开发潜在的创新能力。樊华教授编写第1章至第4章、第6章；李颖老师编写第7章至第9章；陶亚楠老师编写第5章。张根友、钱诗靖、许华娣老师参与了书稿的讨论。全书由樊华教授统稿与定稿。

本教材参考了大量专家学者的文献和研究资料，除书后参考文献外，还参考了其他著作、书籍、报刊、杂志及网络资料等，吸取了其中不少有益的内容、见解和精彩案例，在此一并表示感谢！限于编者水平和能力，书中难免有不足之处，敬请各位读者批评指正！

编　者

目　录

第三篇 创新设计与工具篇

第1章 绪 论

【学习目标】

创新作为引领发展的第一动力已成为新时代的共识。理解人类在追求寻找解决问题的智慧方案进程中运用的创新方法是在不断演进的。掌握创新及其相关概念。掌握创新能力的内涵，了解创新能力的评测方法。明确创新能力不仅仅是人的自然属性，而且是可经过创新教育训练进行开发的。创新教育是以培养创新意识、精神、思维、能力或人格等创新素质及创新人才为目的的教育活动。

创新是人的本能，是与生俱来的能力，是人区别于其他动物的本质属性。人类文明史就是一部不断创新的历史。马克思曾指出："整个人类历史无非是人类本性的不断改变而已。"毛泽东指出："人类的历史，就是一个不断地从必然王国向自由王国发展的历史"，"人类总得不断地总结经验，有所发现，有所发明，有所创造，有所前进。"

"创新是引领发展的第一动力，是建设现代化经济体系的战略支撑。"人类发展史和科学技术发展史明确昭示，离开创新，人类社会不能向前发展，科学技术也不可能取得进步与突破。以满足需求为动力的创新，是人类社会前进发展的基因。

"处处是创造之地，天天是创造之时，人人是创造之人"，创新之风吹遍全球。创新能力不仅仅是人的自然天性，而且通过教育和训练可以得到激发和提升。

发现和解决新问题、提出新设想、创造新事物是有规律的。通过对问题解决及采用的方法进行研究，可以掌握创新规律，进而有效提高创新效果。

一个成功者和一个失败者之间的差别在于其思维方式的不同。伽利略说："科学是在不断改变思维角度的探索中前进的。"因此，创新思维和创新方法将为人们获得创新成功提供基础支持。

1.1 创新及其相关概念

1.1.1 发现与发明

1. 发现(Discovery)

发现是指应用一定的技术手段、方法对客观世界存在的事物、现象或规律进行揭示的活动。不管人类是否对其认识，发现的对象都按其规律存在，发现的结果本身是客观的。

例如，哥白尼的“日心说”，达尔文的“进化论”，爱因斯坦的“相对论”，秦始皇兵马俑，地下矿藏资源等，不管人们是否发现它们，都是客观世界存在的天然性成果或固有现象或规律。科学研究目标就是发现这些客观存在的现象或规律。发现的目的在于认识世界，探索未知。发现也经常称为科学发现。

2. 发明(Invention)

发明是指运用自然规律解决技术领域的问题而提出新的方案、措施和技术成果。《专利法》明确指出发明是指对产品、方法或者其改进所提出的新的技术方案。发明的成果包括有形的物品和无形的方法等，也可分为物质成果、精神成果和社会成果等，这些在发明之前客观上是不存在的。如火药、造纸术、飞机、互联网、著作权等。

发现与发明的区别在于：发现是认识世界，发明是改造世界；发现要解决是什么、为什么、能不能等问题，发明是解决做什么、怎么做、做什么用等问题。发明必须利用自然规律，专利法明确不利用自然规律的不能称之发明。自然规律本身不是发明，不能将科学发现与技术发明相混。发现的对象是自然规律或现象，发明的对象是技术方案。

发现与发明

1.1.2 创造、创新与创意

1. 创造

《韦氏字典》对创造的解释：作动词时的含义赋予存在，无中生有或开创；作名词时的含义有：① 创造或有能力去创造；② 产生，有新的意思，从前没有的意思；③ 具有或表现出来有想象力和艺术的，或者是有发明才能的；④ 有刺激想象力和发明原动力。

《辞海》中创造的含义为“首创前所未有的事物”；《现代汉语词典》中创造是指“想出新方法、建立新理论、估出新的成绩或东西”。

学术界对“创造”有80余种表述。概括地认为：创造就是首创或改进的形形色色的事物。所谓创造，是指人们首创或改进某种思想、理论、方法、技术和产品的活动。“首创”属于“第一创造性”，是指人类历史中出现的重大发明和创造。第一创造性是为少数人所拥有的活动。“改进”属于“第二创造性”，是在原有基础上改进再创造出大量的新事物。第二创造性是较为广泛的社会性活动。

按照创造的内容将创造分为物质财富的创造、精神财富的创造和社会组织的创造。按照创造过程的表现形式划分为科学研究、技术发明和艺术创作等。

2. 创新

《广雅》曰：“创，始也”；新，与旧相对。创新一词出现很早，如《魏书》有“革弊创新”，《周书》中有“创新改旧”。

何谓创新？顾名思义，创是指创造，是一种行为；新与旧相对，与创合在一起表示一种结果，是指新的东西。创新就是创造新的东西、创造新的事物，是进步积极并对社会有正向作用。英语创新(Innovation)起源于拉丁语，原意有三层含义：第一，更新，就是对原有的东西进行替换；第二，创造新的东西，就是创造出原来没有的东西；第三，改变，就是对原有的东西进行发展和改造。“创新”强调经济领域和市场价值，创造性成果推广到市场上才算创新。

关于创新的概念,不同的学科、领域有不同的认识。可以核查的解释多达四百余种。其中最早也是获得广泛共识的是由奥地利经济学家熊彼特(J. A. Schumpeter, 1883—1950)于1912年在其成名作《经济发展理论》中从经济学视角的定义:"创新是以新的方式展开的生产活动,以获得更好的经济产出。"熊彼特认为创新就是把一种从来没有过的关于生产要素和生产条件的新组合引入生产体系,可以从五个方面进行组合:① 引入新产品或提供一种产品的新质量,也即产品创新;② 采用一种新的生产方式,即是方法创新或工艺创新;③ 开辟一个新的市场,即市场创新;④ 获得一种原料或半成品的新的供给来源。即生产要素创新,获得一种降低成本的新来源;⑤ 实现新的组织形式,即组织创新或制度创新。

20世纪50年代,管理大师彼得·德鲁克(Peter Drucker)将创新引入管理领域,并说:"对企业而言,要么创新,要么死亡。"他认为创新就是赋予资源以新的创造财富能力的行为。在对日本创新活动研究后指出,创新不只是技术创新,也必然涉及经济、社会等方面的创新。

目前的创新概念已经包含更广的范围,如科技创新、理论创新、制度创新、管理创新、社会创新、商业模式创新、业态创新、文化创新、教育创新等。我国国家创新体制将创新行为分为知识创新、技术创新、制度创新和管理创新四大类。

创造与创新的共同点是新颖性。两者间的差异主要体现在:

(1) 创造是指创造活动,强调其过程,创新比较强调结果。如说创造了一种新方法,此方法具有创新价值。

(2) 创造的新颖性不一定要有比较对象,强调自身的新颖,其目标也可以是对当时尚未知事物的想象。而创新的新颖性是有比较对象的,是指通过对已有事物的改进或突破,其目标主要是对已有事物。如移动手机的不断改进,5G手机的问世将是对4G手机的创新成果。

(3) 创新更加强调商业和市场价值,重在成果产生的经济价值,创新的成功体现在市场对其的认可上。

2019年2月24日,华为在西班牙巴塞罗那世界移动通信大会期间发布其5G可折叠手机华为Mate X。与三星Galaxy Fold内折设计不同,华为Mate X采用外翻折叠方式,合起来11毫米厚,比三星更薄,正反两面各有一块显示屏。正面屏幕尺寸6.6英寸,背面显示屏6.38英寸,屏幕展开后8英寸。华为Mate X预计2019年6月发售,8 GB+512 GB版本售价2299欧元(约合17511元人民币)。这将是华为历史上最贵的智能手机,其应用场景广泛,消费者市场反应积极。

3. 创意

名词创意指新巧的构思与创造性意念,动词创意指从无到有产生新意念的思维过程。创意的本质是建立新关系,是一种搭桥联系。

美国广告大师李奥·贝纳指出,创意的核心是运用有关的、可信的、品位高的方式,与以前无关的事物之间建立一种新的有意义的关系的艺术。全新概念的运输工具气垫船是一个创意典型实例。陆地运输工具车的运动是靠轮的支撑和滚动。流动的气体有推力,其反作用力会作用于产生流动气体的物体。创意产生了:若是用向下喷吹的稳定而强大的气流代替车轮,建立气流与车对地面的运动新关系。气流就是有关的、可信的、品位高的方式与以前无关的事物之间建立一种新的有意义的关系的艺术,创意则是建立新关系的艺术。

图 1.1 创意广告

创意具有突发性、形象性、自由性和不成熟性等特点。创见性的意念、巧妙的构思、好点子、好主意等都是创意的结果。要善于抓住创意灵感,形成构思,进而坚持试验与实践,以最终实现创新。可以说创新始于创意而终于构思。

阅读案例

1.1.3 创新动力

创新动力就是促进和推动创新的力量。唯创新者进,唯创新者强,唯创新者胜。创新能使产品、市场、生产程序超越目前边界和能力,创新是新思想的产生和开发,创新也为企业提供了在竞争中领先的条件。从科技创新的单轮驱动到理论创新、制度创新、科技创新、文化创新的多轮驱动,创新的范围愈加广泛。从创新影响因素来分析,有外部因素和内部因素;从创新力量来源分析,有推动力和拉动力。

1. 创新外部动力

(1) 技术发展推动力

有资料显示,企业创新中约 18%的创新案例源于技术发展的推动。信息技术是人类文明发展的重要推动力。人类迄今共经历四次信息技术革命。我们知道物质、能量和信息是构成自然界的三大基本要素。信息技术的出现和进一步发展将使人类生产和生活发生巨大变化,引起经济和社会变革。每一次信息革命都对人类社会的发展产生巨大的推动力,促进人类文明迈上新台阶。第一次信息技术革命是文字的创造。语言的产生是历史上最伟大的信息革命,它成为人类社会化信息活动的首要条件,发生在距今约 35000 年—50000 年前。大约在公元前 3500 年出现了文字,文字的创造使人类文明得以有效传承。第二次信息技术的革命是造纸和印刷技术的发明。有文字后最重要的是要有一个很好的载体。公元 3—4 世纪,纸已经基本取代帛、简而成为我国主要的书写材料,有力地促进了我国科学文化的传播和发展。造纸术的发明和推广,对于世界科学、文化的传播产生深刻的影响,对于社会的进步和发展起着重大的作用。印刷技术的发明解脱了古人手抄多遍的辛苦,同时也避免了因传抄多次而产生的各种错误。大约在公元 1040 年,我国开始使用活字印刷技术。第三次信息技术革命是以电信传播技术的发明为特征。19世纪中期以后，人类学会利用电和电磁波以来，信息技术的变革大大加快。电报、电话、收音机、电视机的发明使人类的信息交流与传递快速而有效。第四次信息技术革命是互联网的发明和普及应用。20世纪50年代后，半导体、集成电路、计算机的发明，数字通信、卫星通信的发展形成了新兴的以互联网为代表的信息技术，使人类利用信息的手段发生了质的飞跃。人类交换信息不仅不受时空限制，还可利用互联网收集、加工、存储、处理、控制信息。计算机的发明是人类智力的延伸，互联网的发明是人类智慧的延伸。互联网正在改变人类生活和生产方式，互联网信息技术是人类在改造自然中的一次新的飞跃，必将推动人类文明迈上新台阶。

(2) 市场需求的拉引力

资料显示，60%—80%的创新是市场需求和生产需要所激发出来的。LED显示屏的发展日益火爆，透明LED屏幕的市场需求正在不断增加。透明LED显示屏因其独特魅力和美丽惊艳世人，带给观众以美的享用，使得企业积极投入，力争透明LED屏幕不断出新。佳能公司与尼康公司的相机产品为满足人们对美好生活需求而不断创新。在激烈的市场竞争中，生存、发展与淘汰、死亡两种结果形影相随。

(3) 政府政策的激励力

各级政府加快实施创新驱动发展战略，并在税收优惠、财政补贴、金融、知识产权保护、收入分配等方面激发企业和个人的创新热情。政府对创新的态度及政策，直接影响企业和个人的创新行为和价值取向。要实行以增加知识价值为导向的分配政策，确实发挥收入分配政策的激励导向作用，鼓励多出成果、快出成果、出好成果，推动科技成果加快向现实生产力转化。要充分发挥市场机制的作用，通过稳定提高基本工资、加大绩效工资分配激励力度、落实科技成果转化奖励等措施，使科技创新人员的收入与岗位职责、工作业绩、实际贡献等紧密联系，充分体现增加知识价值的收入分配机制效应。实践表明，政策激励是创新的重要推动力。

2. 创新内部动力

对于创新，除了个体的人格特征、意志、认知、动机、技能、智力、价值观等因素影响外，我们主要从物质、精神和信息三方面来看创新的内部动力来源。

(1) 物质动力

无论是企业还是个人，追求物质利益是其本质特征。以营利为目的的企业创新以追求企业自身经济利益的最大化，维持企业的长期生存和不断发展。只有在产权清晰、权责明确、管理科学的现代企业制度前提下，由于“自主经营，自负盈亏”，企业作为市场主体，必须以市场为导向，自主组织研究开发和创新，实现“自我约束、自我发展”。

(2) 精神动力

个人的信仰、追求及其精神上的满足等，必然对创新产生动力。企业家是企业的灵魂，企业家精神是推动人类创新发展的动力来源。企业家是创新活动的主要倡导者、决策者和组织者，企业家具备创造性、创新精神和创新能力、洞察力和判断力、决策能力、毅力和敢于冒风险等个人品质。企业家精神就是指企业家所具备的能敏锐地发现和接受新事物，敢于并善于先人一步、超人一等的创新和创业精神。只有企业的领导者具备企业家精神，才能制定正确的创新战略，具备战略管理眼光，懂得先行战略规划，明确本企业现在是什么、应该是什么、将来会是什么，能够明确创新活动现在进行得如何、应该如何进行、将来会如何进行。企业家不仅要制定创新战略，做出创新决策，且能及时采取有效措施激励员工，带领企业全体员工从事创新活动，推动企业不断发展。彼得·德鲁克在《创新和企业家精神》一书中系统地讲述了什么是创新、创新的重要性以及如何进行创新，书中最大的亮点就是打破只有高科技才能创新的神话，德鲁克列举了多个案例，如沃尔玛的商业模式创新、集装箱的发明等，说明高科技才能创新的观点并不符合实际。创新的精神有时比物质更加重要。

(3) 信息动力

在交流中获得新思想、新知识、新信息对创新具有促进作用。如大量中小型企业的创新大多来源于企业与客户的双向交流过程中产生的。百丽曾连续十二年在中国女鞋销售中位居榜首，在全球鞋类零售商中也居于主导地位，但来自电商的压力使百丽开始业务模式的创新，包括产品设计和开发、生产、营销和推广、分销和零售等。在传统产业互联网变革影响下，百丽重新搭建线上与线下供应链，开发手机 App，组建物流软件开发团队，启动线下店铺 POS 系统，覆盖全国 153 家仓库的物流仓储配送系统软件以及全国 18 000 家店铺设备实施，确立线上线下一体化的业务形态模式。这是来源于企业内外的信息不断促进企业的创新。

3. 创新动力机制

实施创新驱动发展是国家战略，对加快转变经济发展方式、提高国家综合实力和国际竞争力、形成新的增长动力、推动经济持续健康发展具有不可替代的作用。实施创新驱动战略亟待构建驱动创新的动力机制。

创新动力机制是创新的动力来源和作用方式，是能够推动创新实现优质、高效运行并为达到预定目标提供激励的一种机制。

突破体制机制瓶颈，激发科技创新活力，是实施创新驱动战略的关键。科研资源是直接作用于科学研究和科技创新过程的资源要素，是创造科技成果的基础和保障。

科研资源配置模式影响和决定着科学研究与科技创新的方向，改革科技资源的配置方式是构建驱动创新机制的重点。

改革科技评价机制是构建驱动创新机制的核心。人才是创新的根基。创新驱动实质上是人才驱动，谁拥有一流的创新人才，谁就有了科技创新的优势和主导权，实施创新驱动战略，就要用好用活人才，尊重科研人员的创造性劳动，最大限度调动和激发科技人员创新创业的积极性，让科研人员在科技创新中有干劲、有获得感，激发科研人员创新的本能与原动力。

理解案例中的创新动力

1.1.4 创新团队

1. 群体与团队

据统计，大约 80%的《财富》500 强企业，至少 50%的员工以团队方式工作。事实表明，如果完成的工作任务需要多种技能、经验或判断，通常由团队来做其效果更好。

群体与团队不同。群体是指为了实现某个特定的工作目标，由两个或两个以上相互作用和相互依赖的个体组合而成的集合体。集合体中的成员进行相互作用主要目的是共享信息，进行决策，从而帮助每个成员完成好自己的工作责任。群体工作中，没有一种积极的、协同的作用，群体中的成员完成的工作并不一定是需要共同努力的集体工作，群体的绩效是每个个体成员贡献之和。

团队是通过成员的共同努力能够产生积极的协同作用，其结果是团队的绩效远远大于个体绩效之和。图 1.2 是群体与团队的比较。

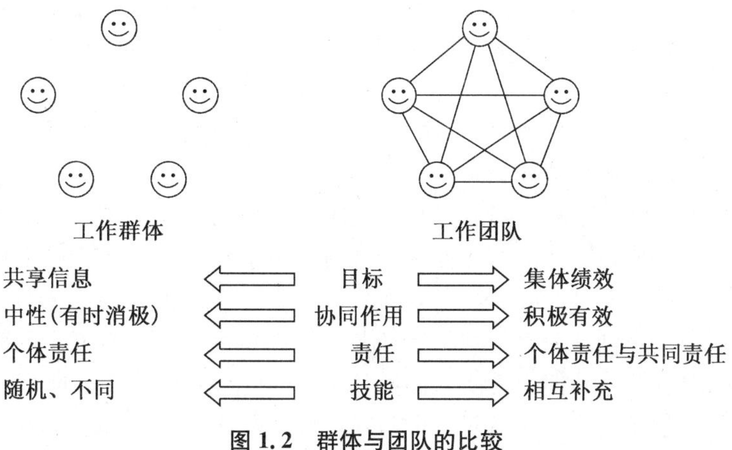

图 1.2 群体与团队的比较

真正的团队是由少数有互补知识技能、具有一起工作的意愿、共同的目标任务且彼此负责的人们按一定原则组成的工作群体。高效的团队具有的共同特点是：共同的愿景目标、充分的资源、有效的领导、互信与共同承担责任、绩效评估及奖励体系。团队成员需要有技术技能、问题解决和决策技能、人际关系技能。

2. 创新团队及其建设

创新团队是指为实现某一创新目标，将参与创新项目的相关个体按照一定的方式组成的创新单元主体。创新团队就是一个为了完成共同的创新任务而相互合作的工作群体，有明确的组织边界和内部治理模式。

创新团队具有以下特征：首先是目的性强。通常围绕创新课题实现具体的创新目标。创新问题主要是围绕经济社会科技发展的需求展开的，并随着社会经济科技的发展不断出现新的变化需求而调整。一般来说，社会经济科技发展的阶段性，使创新问题具有相对的稳定性，或至少在一定的阶段里保持相对稳定。其次是团队构成创新。团队构成是指团队应该如何组织成员方面的变量。创新成员的能力结构是高效率创新的重要因素。我们经常说，并不总是速度最快的人赢得赛跑，也并不总是最强的一方赢得战争。有效的创新团队，需要有三种不同类型技能的人：第一是具有技术专长的人；第二是具有问题解决和决策技能的人，要能够发现问题、提出解决问题的建议，并权衡轻重做出选择；第三是善于聆听、提供反馈、解决冲突以及其他人际关系技能的人。理想的创新团队成员的知识结构、能力水平、思维方式、研究经验、年龄、人格特点、工作风格、人文素养等能够互补，多样化、角色匹配是创新团队成功的关键。再次是创新性的本质属性。保持创新活力，建设学习型组织，不断提升团队的创新能力。创新团队主要有学术带头人负责制、项目管理型、学科方向型三种团队组建方式。学术带头人负责制团队是常见的高层次团队的组织方式，是在学术带头人的指导下，具有稳定的创新方向、较长时间的积累、较强大的创新能力。企业经常采用项目管理型团队，以市场需求为导向，围绕产品、技术、工艺等进行协作攻关。高校和研究院所则主要是围绕学科建设，以探索学科前沿为目标，在学科方向上形成稳定的学科方向型团队。

创新团队建设仍需不断创新。创新团队面临问题主要有：一是创新团队生存时间短，长寿团队少，资源特别是资金上的持续支持不足。诸多科技团队为申请创新项目临时组建，资金一旦断裂，团队面临着解散。二是创新团队的长期目标缺乏，创新团队文化建设难度加大，团队成员的共同价值观，共同的梦想，才是创新团队持续的动因。三是领军型创新人才的缺乏，团队成员结构失重。

构建高效的创新团队应当注意：一是团队成员有共同的愿景、共同的目标。增强团队成员的动机水平，能增强团队的有效性。二是创新支撑系统。有助于创新活动的条件，如组织的支持，有效的领导，信任的氛围，明确的绩效评价与奖励体系等，建立强大的创新环境与支持系统，以促进创新活动的顺利展开。三是创新过程调控有度。创新团队工作过程应该是产生积极的结果，但由于团队成员对团队的贡献是不可预见的，就有减少自己努力的倾向。因此，创新过程中成员对一个共同目标的承诺、具体团队目标的建立、团队功效、团队冲突水平及控制以及成员的社会惰化等过程变量进行调控，是一个成功创新团队的关键所在。四是促使个体转变为创新团队成员。团队创新的一大障碍是个体的阻力，个体必须学会与别人进行开放协作，学习如何面对差异和冲突，学会把个人目标升华为团队的愿景。

案例 1.1

基于“互联网+”的创新——从政府主导到无桩的共享单车

共享单车通过先进的物联网和软硬件平台，让用户的骑车、还车体验突破了固定空间的限制，用户体验大幅提升。与此对应的是早先各地政府主导下安置的有桩公共自行车，还车、借车要找到自行车桩才行。

从 2016 年开始，共享单车进入到普通人的视野，并如井喷一般出现在大街小巷中。在短短的时间里，分别有了摩拜、OFO、小蓝、小鸣、骑呗、一步单车、Hello 单车、永安行、智享单车、优拜等公司进入到共享单车领域，并分别在中国各个城市的大街小巷中进行角逐，单车战争硝烟弥漫！

我国共享单车发展可以分三个阶段。第一阶段是由政府主导，分城市统一管理；第二阶段是由私人企业介入，以承包的模式进行；第三阶段是无桩共享单车的模式。

中国的创业者们已将共享单车革命从国内发展到全球。共享单车市场竞争激烈。

1.2 创新方法演化

1.2.1 创新方法

笛卡尔说："最有价值的知识，是关于方法的知识。"贝尔纳指出："良好方法能使我们更好地发挥天赋的才能，而笨拙的方法则可能阻碍才能的发挥。"自主创新，方法必须先行。虽然人们都高呼着创新，试图通过使命、价值观以及其他渠道和载体彰显创新文化，但如果没有正确的方法来支撑，一切都等于零。创新是一个极其复杂的过程，人类对于创新本质的认识和研究远没有达到科学的层次。据有关专家的统计，创新方法众多，如头脑风暴法、SWOT法、价值分析法、思维导图法、层次分析法、发明问题解决理论(TRIZ)等，可能高达数千种。每一种创新方法的适用条件不尽相同，创新人员可根据条件、所要解决的问题来选用合适的创新方法。

所谓创新方法，就是创新心理、创新思维方法的技巧和手段，通俗地说是指创新过程中所采用的方式方法、途径、步骤和手段等。创新方法是科学思维、科学方法和科学工具的总称。创新始于问题，但很多问题经过漫长的求解过程，最终却找不到理想的解决方案，很有可能是人们在解决错误的问题。创新人员习惯于看到问题就有答案，没有对问题进行深入分析。创新实践告诉我们，好的问题解决方案往往在问题的分析阶段已经出现。通过创新方法的学习，可以助长灵感和创造力的产生，常常产生事半功倍的效果。

随着复杂问题的增多，新的创新方法也会不断涌现，创新方法处于进化之中。

1.2.2 创新方法发展

从思维的角度，创新是人类驾驭形象思维与逻辑思维、发散思维与收敛思维的过程。创新方法的发展可能分为三个阶段，如图1.3所示。

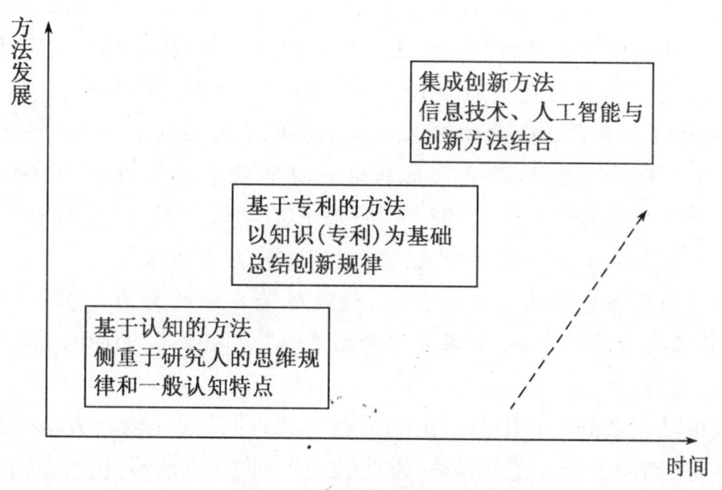

图1.3 创新方法的发展

最初的创新研究侧重于人的创新思维，总结出许多具有指导意义的规律，形成各种创新方法，如尝试法、试错法、头脑风暴法、联想法、类比法、列举法、仿生法等。“神农尝百草，日中七十毒”，神农为黎民百姓寻找医病的草药，历尽风险，也说明尝试法创新的低效率。试错法是解决问题、获得知识的常用方法，即根据已有的经验，尝试各种可能答案的方法。当问题相对比较简单或求解范围比较有限的时候，试错法有一定的效果。如果是对一个复杂问题，则效率很低，代价很大。屠呦呦因发现青蒿素获得诺贝尔奖，其方法仍是试错法。

案例 1.2

190 次失败后发现青蒿素

2015 年屠呦呦成为首位获得诺贝尔奖科学类奖项的中国人。

疟疾是严重危害人类生命健康的世界性流行病。根据世界卫生组织(WHO)报告，全世界有数十亿人生活在疟疾流行区，每年约有 2 亿人感染疟疾，百余万人死于疟疾。20 世纪 60 年代，因疟原虫对奎宁类药物已产生抗药性，因此，防治疟疾重新成为世界性研究课题。美、英、法、德等国均大量投入，寻找有效的新结构类型化合物，但始终没有满意的结果。

1967 年 5 月 23 日，中国紧急启动“疟疾防治药物研究工作协作”项目，代号为“523”。1969 年，屠呦呦被任命为“523”项目中医研究院科研组长。通过翻阅历代本草医籍、四处走访老中医，屠呦呦终于在 2 000 多种方药中整理出一张含有 640 多种草药，包括青蒿在内的《抗疟单验方集》。可在最初的动物实验中，青蒿的效果并不出彩，屠呦呦的寻找也一度陷入僵局。到底是哪个环节出了问题？屠呦呦再一次转向中国古老智慧，重新在经典医籍中细细翻找。突然，葛洪《肘后备急方》中的几句话牢牢抓住她的目光：“青蒿一握，以水二升渍，绞取汁，尽服之。”一语惊醒梦中人，她马上意识到问题可能出在常用的“水煎”法上，因为高温会破坏青蒿中的有效成分，她随即另辟蹊径采用低沸点溶剂进行实验。在 190 次失败之后，他们终于成功了。1971 年，屠呦呦课题组在第 191 次低沸点实验中发现了抗疟效果为 100%的青蒿提取物。1972 年，该成果得到重视，研究人员从这一提取物中提炼出抗疟有效成分青蒿素。这些成就并未让屠呦呦止步，1992 年，针对青蒿素成本高、对疟疾难以根治等缺点，她又发明双氢青蒿素这一抗疟疗效为前者 10 倍的“升级版”。

屠呦呦团队与中国其他机构合作，经过艰苦卓绝的努力，先驱性地发现了青蒿素，开创了疟疾治疗新方法，全球数亿人因这种“中国神药”而受益。

在对前人成功创新的经验中总结出的创新方法，即是现代创新方法，在美国称“创造工程”，在日本称“创造工法”，在苏联称“发明技法”。创新方法研究受到广泛的重视，人们不断地总结和完善，有成百上千的创新方法，启发人的创新思维，有利于开发人们的创新能力，指导人们越过创新障碍，在创新实践中少走弯路。现代创新方法的研究注重以知识

(专利)为基础,通过对专利的分析研究,总结出创新活动所遵循的创新原理。此阶段创新方法中最为典型的是TRIZ发明问题解决理论,对研发或解决问题的思路有明确的指导性,让问题的解决变得有规可依、有术可用,给技术创新留下了易操作的巨大空间。TRIZ理论的创立者阿奇舒勒说:"你可以等待100年获得顿悟,也可以后利用这些原理15分钟解决问题。"

当前,各种创新方法开始集成化应用,并与信息技术相结合,形成信息技术助力创新。人工智能等新技术的发展,将创新方法研究推向新阶段。

1.2.3 智慧方案的创新

创新是一个极其复杂的过程,人类对于创新本质的认识与研究还没有真正达到科学的层次。但经过创新研究者的不懈努力发现,科学技术的发明创造有一定的规律可循,且大多以原则、诀窍、思路等形式指导人们以克服心理和思维的障碍,实现思维的灵活性。目前人类应用的创新方法有多少种?没有准确的统计数据。有学者认为有数千种之多,也有学者对自20世纪30年代至80年代有记载的方法统计得出300余种,总之,创新方法甚多。

众多创新方法可分为两大类型,一是创新思维类,二是工具方法类。创新思维类又可再分为逻辑思维型和非逻辑思维型。工具方法类创新方法与创新实践更为接近,如传统的工具模拟法、检核表法、和田十二法、图解思维法、全面质量管理、形态分析法、质量功能开发(QFD)、价值工程、六西格玛管理等诸多工具方法。相比而言,TRIZ理论方法是当今世界上在寻找方案和解决问题,同时简单实用地帮助人们分析系统、理解需求、激发奇想、发现最具创造性的解决方案方面是独一无二的,其他工具也许通过深入分析需求和方案筛选方面能够提供有益的启示,但不可避免地存在着某些局限。TRIZ是一套更为优秀的工具,TRIZ体系不仅具有操作层面的工具价值,而且体系中包含着矛盾哲学和理想化方法,TRIZ体系兼具创新思维方法与工具方法的双重属性。

汇丰银行最佳实践部门的负责人、六西格玛专家约翰·托伊尔科夫说:"初次参加TRIZ研讨会时,我的看法是'阳光下并无新鲜的东西'。我知道很多解决问题的工具,以为TRIZ与它们没有什么不同。事实上,TRIZ向我们展现了'阳光下的新东西',包含了很多独特的解决问题的工具,如8个趋势、40条原理和标准解等。我不是一个轻易被打动的人,这回却被深深地打动了。"

TRIZ对问题的识别和解决方案的产生表现出强大的实用价值,而不是对创新所有阶段发挥作用。如在问题的选择中,TRIZ不具备对问题进行价值判断的功能,也即TRIZ及其工具可以帮助人们正确地解决问题,但没有涉及解决正确的问题。问题选择是战略方向,解决问题是策略技巧。多种创新工具方法的交叉综合应用,TRIZ与其他创新方法集成使用,是解决复杂创新问题的发展趋势。

案例 1.3

医用核磁共振成像技术的发展

核磁共振成像是一种较新的医学成像技术，1982 年正式用于临床。借助核磁共振原理精确地测出原子核弛豫时间 T1 和 T2，能将人体组织中有关化学结构的信息反映出来。对组织坏死、恶性疾患和退化性疾病的早期诊断具有更为重要意义。医用核磁共振成像技术的发展是多学科交叉集成创新、不断实现突破创新的典范之一。在这一技术的研发过程中，先后有多位科学家获得 5 个诺贝尔奖。

物理学家伊西多·拉比在 1930 年发现，磁场中的原子核会沿磁场方向呈正向或反向有序平行排列，而施加无线电波之后，原子核的自旋方向发生翻转。这是人类关于原子核与磁场以及外加射频场相互作用的最早认识。由于这项研究成果，拉比于 1944 年获得了诺贝尔物理学奖。

1946 年两位美国科学家布洛赫和珀塞尔发现，将具有奇数个核子(包括质子和中子)的原子核置于磁场中，再施加以特定频率的射频场，就会发生原子核吸收射频场能量的现象，这就是人们最初对核磁共振现象的认识。二人共同开发了通过检测无线电频率磁场中的能量来检测核磁共振的精密测量方法，发现了核磁共振效应，两人获得 1952 年度诺贝尔物理学奖。

瑞士科学家恩斯特在发展高分辨核磁共振波谱学方面做出了杰出贡献，他发明了傅立叶变换核磁共振分光法和二维核磁共振谱核磁共振成像，获得 1991 年诺贝尔化学奖。经过他的精心改进，使核磁共振技术成为化学的基本和必要的工具，他还将研究成果应用扩大到其他学科。

美国科学家约翰·芬恩与日本科学家田中耕因“发明了对生物大分子的质谱分析法”，两人共享 2002 年诺贝尔化学奖一半的奖金；另一项是瑞士科学家库尔特·维特里希因“发明了利用核磁共振技术测定溶液中生物大分子三维结构的方法”，获得 2002 年诺贝尔化学奖一半的奖金。

2003 年诺贝尔生理学和医学奖授予美国科学家劳特布尔和英国科学家曼斯菲尔德，以表彰他们在核磁共振成像技术领域的突破性成就。两人分享 130 万美元奖金。劳特布尔致力于核磁共振光谱学及其应用的研究，还把核磁共振成像技术推广应用到生物化学和生物物理学领域。曼斯菲尔德进一步发展了有关在稳定磁场中使用附加梯度磁场的理论，为核磁共振成像技术从理论到应用奠定了基础。

创新是持续性过程，加速系统进化，不断完善产品功能，才能持续提高系统的理想化水平。

1.3 创新能力的开发与评测

1.3.1 创新能力的内涵

创新能力，也称为创造力、创造商数（创商），英文为“creativity quotient”，常用“CQ”称之，是指一个人的能力智商，与智商（IQ）、情商（EQ）一起构成人类的三大商数。

创新能力是指正常人或群体在支持环境下，运用已知信息去发现新问题，寻求解决问题方案，以及产生出某种新颖而独特、有社会价值或个人价值的物质或精神产品的能力。创新能力可通俗地解释为发现和解决新问题、提出新设想、创造新事物的能力。

创新能力是人的自然属性和社会属性。自然属性是指人人皆有的、先天形成的人（脑）的一种潜在的自然属性，它与人的知识、经验并无直接联系，是无法测量的，不同的人之间天生的创新能力无大小之分。社会属性是指人的创新能力可以通过教育或训练而形成的，与人的知识和经历关系密切，因而，人的创新能力是可以测量的，且可依据测量结果来判别其大小。创新能力的社会属性在很多情况下表现为群体的共同实践，创新成果是团队集体智慧的结晶。

案例 1.4

“猪孩”王显凤的启示

据报道，辽宁鞍山市台安县的“猪孩”王显凤，1974 年出生后不久，由于家庭失去温暖被迫与猪一起生活了 10 年，1984 年被解救出来，当时专家认定其智商只相当于数月的婴儿。到 18 岁时她的智商上升到相当于 5 岁孩子的水平。

“猪孩”王显凤的案例表明，创新能力是人的自然属性，虽然王显凤是一个“猪孩”，但她的创新能力始终存在。如果是猪，不管如何训练都不可能把其智商提高到 5 岁小孩子的水平。同时说明，人的创新能力具有社会属性，如果没有开发，人的创新能力是体现不出来的，创新能力通过教育与训练是可以开发出来的。由于“猪孩”王显凤出生后的 10 年一直与猪一起生活，没有进行教育训练，所以在 18 岁时仍达不到应有的智力水平。

人的创新能力开发潜力巨大。现代医学研究揭示人的大脑分为“左半球”和“右半球”，每个半球均由大脑皮质、大脑白质、基底神经节和侧脑室构成，左右半球分工不同。人的大脑是由脑细胞构成的，脑细胞数量出生时已确定，大约 140 亿个。脑细胞主要包括神经元和神经胶质细胞。骨骼、肝脏、肌肉等其他器官或组织损伤后可因细胞分裂增殖很快得以恢复，唯独脑细胞不可再生，一旦发育完成后，再也不会增殖。每一个脑细胞由几万个至几十万个脑细胞连接，并通过连接不断地传送信息。现代医学研究认为，右脑是感性的，也称艺术脑、创造脑，承担着形象思维、直观思维，并具有掌握空间关系与艺术认知的能力。20 世纪的科学家爱因斯坦的大脑被保存下来，经过对其研究，发现其大脑的重量、细胞数量与常人相仿，只是其脑细胞的突触(在细胞之间起联系作用)比常人多，但最多仅达到 30%水平，仍有极大的潜力。最新的研究指出，一般人运用脑潜力不到 1%，可以说人脑的潜力是无穷无尽的。

创新能力与其他能力不同，人的创新能力在成年后并不随着年龄的增长而显著下降。一般来说，从出生到 20 岁左右是不断提高的过程，但 20 岁后甚至于到了晚年时期人的创新能力仍长盛不衰。如我国宋代诗人陆游 85 岁逝世前，还留下七绝《示儿》“死去元知万事空，但悲不见九州同。王师北定中原日，家祭无忘告乃翁”的千古绝句。美国发明家爱迪生 84 岁的人生道路一直在探索，获得了 1 300 多项发明专利。由此可见，创新能力与生命同在。

1.3.2 创新能力的组成要素

创新能力是人类大脑思维功能和社会实践能力的综合体现。中国学者根据创新能力与智力的关系，提出了创新能力的组成要素，如图 1.4 所示。

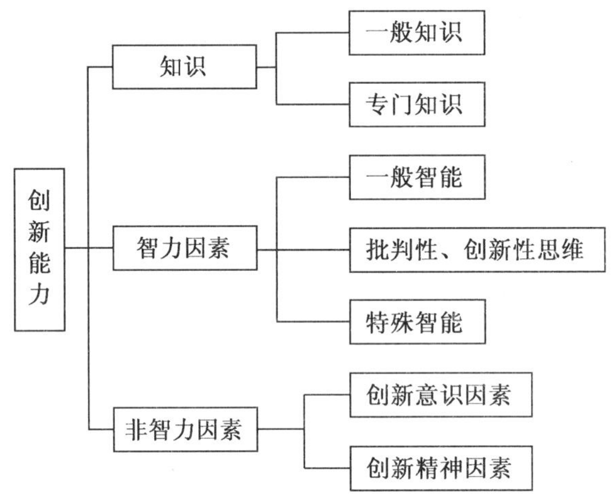

图 1.4 创新能力要素组成图

1. 知识因素

知识和信息是创新的基础和原材料。知识水平和容量很大程度上决定人们认识能力、解决实际问题能力的速度和质量。知识就是力量已经是人类对知识重要性的基本共识。一般知识和经验为创新提供了广泛的背景，而包括专业知识、特殊领域知识等专门的知识，将对创新能力层次产生直接的影响。

2. 智力因素

智力因素可分为：一般智能、创新性思维能力和特殊智能。一般智能如观察力、注意力、记忆力、操作实践能力等，表现为人们收集检索、处理及运用信息，对事物进行间接、概括反映的能力。创新性思维能力是以新颖独特的解决问题的创新思维活动，如创新的想象力、思维的调控力、发散思维能力、直觉力、推理能力、批判性思维能力，体现人们在创新思维时的心理活动水平,是创新能力的核心。特殊智能是指某种专业活动中体现出来的以保持专业活动取得高效的能力,如体育竞技能力、操作能力、绘画能力、音乐能力、艺术鉴赏能力等,特殊智能可以是某些一般智能的专门发展的结果。

3. 非智力因素

主要有创新意识和创新精神。创新意识是指对创新有关的信息及创新活动、方法及过程的综合觉察和认识。创新意识也可以简单地理解为欲望,一般包括创新的动机、兴趣、求知欲、好奇性、主动性、敏感性、探究性、怀疑性等。创新成果都是创新意识和创新方法的结合。培养创新意识,激发创新动机,产生创新兴趣,提升创新热情,增强创新欲望,形成创新习惯,做出创新成果,创新意识是第一位的。在创新的初期,创新意识保证人们自觉关注问题,发现问题,创新的欲望促使人们寻找方法去解决问题。

创新精神是创新过程中积极、开放的心理状态,也可以说是创新的胆略,是创新活动取得成功的关键。使命感、事业心、自信心、热情、勇气、恒心、意志、毅力、冒险、牺牲等精神品质,是创新精神的集中体现。

研究表明智力是创新活动的操作系统,非智力因素是创新活动的动力系统。

美国创造心理学家格林提出创造力知识、自学能力、好奇心、观察力、记忆力、客观性、怀疑态度、专心致志、恒心、毅力等10个要素构成创新能力。日本创造学家进藤隆夫等人认为创新能力是由活力、扩力、结力与个性组成。活力是指精力、魄力、冲动力、热情等的集合;扩力是指发展行为、思考、探索、冒险等的共同效应;结力是指联想、组合、设计等的综合。

我国学者庄寿强先生推出一个创新能力表达公式:

$$创新能力=K\times创造性\times知识量^2$$

式中:K 是常量,表示个体潜在的创新能力;创造性主要是创新者的创新性人格、思维和方法的总和。创新性人格特征包含理想信念、求知欲强、想象力丰富、强烈的好奇心、自信、兴趣浓厚、坚忍不拔的毅力等。

该公式又可表示为:

$$创新能力=K\times(创造人格+创造性思维+批判性思维+创新方法)\times知识量^2$$

1.3.3 创新能力测评

围绕“创新”概念产生了经济学派和心理学派两个主要学术派别。美国经济学家熊彼特首先引入“创新”概念,并区分了创新(innovation)、创造(creation)和发明(invention)等。在新古典经济增长理论中,“创新”被进一步量化为外生的技术更替,“创新”是突破增长极限的唯一手段。罗默模型将“创新”定义为中间产品不断涌现的过程。阿罗模型则着眼于“干中学”,员工在本职岗位上的技能创新和实践创新,可改善工作效率,并对在生产中合作的员工有正向的溢出效应,使得报酬递增成为可能。

心理学派侧重对“创新能力”研究。哈佛大学教授 T. M. Amabile 指出,传统的“创造力”研究集中在创造性过程。Wertheimer 基于格式塔心理学,提出洞察力和创造性思维的关键在于对问题重点及其内在联系的把握。Koestler 认为将没有关联的两个“思维方阵”相联系可以产生新的洞见或发明。J. P. Guilford 则认为“创新能力”是指创造性人群所共有的标志性能力。该研究使得学界的注意力从“创新”的过程转向了创造者的人格特征。此后，创新性产品的特征成为定义“创新能力”的重要依据。Amabile 指出，产品是否有创新性，一是看对于要解决的任务而言它是否是新的、有用的、合理的、有价值的；二是待处理的任务应当是启发性的而非算法性的，即该任务无法通过按部就班的程序解决，必须创新性地解决。

经济学派侧重考虑“创新”的经济性，而心理学派则从创新过程、创新者人格、创新性产出特征等角度研究“创新”活动区别于一般活动的特征。综合上述观点，大学生的创新能力是其工作中产生经济效益的部分相对应的创造性产出，依赖其在学习期间创新型人格的养成和对创新性方法的应用，包括逻辑思维、分析能力、批判性思维、发散思维等能力。

20 世纪 50 年代，吉尔福特等心理学家发现，智力测验不能测量人的创新能力，需要独立地测评创新能力方法。创新能力的测评就是为确定人的创新能力大小而采用的科学方法对人的创新能力进行测量和评价的过程。目前国内外学者已经开发出十多种创新能力测评方法，但尚无公认、客观且适合各类人才的测评方法。

对于面向学生的创新能力测评，主要分为教学前的试探性测评和教学过程中的阶段性测评。典型的创新能力测评方法有普林斯顿法、芝加哥大学创新能力测验、南加利福尼亚大学发散性思维测验、托兰斯创造性思维测验等。

1. 普林斯顿法

美国普林斯顿创造才能研究公司总经理、心理学家尤金·劳德塞根据对善于思考、富有创造力的男女科学家、工程师和企业经理的个性和品质的研究，设计了“你的创新能力有多大?”的简单的试验。测试包括 49 个句子和一个词语选择题，试验者只要 10 分钟左右的时间，就可测出自己是否具有创造性人格。当然，如果你需要慎重考虑一下，适当延长测试时间并不会影响测试效果。测试时，只要在每一句话后用一个字母表示对这句子提法的同意或反对的程度：同意的用 A，不清楚或不知道的用 B，不同意或反对的用 C。比如第 1 题至第 5 题为：① 我不做盲目的事，也就是我总是有的放矢，用正确的步骤来解决每一个具体问题。② 我认为，只提出问题而不想获得答案，无疑是浪费时间。③ 无论什么事情，要我发生兴趣，总比别人困难。④ 我认为，合乎逻辑的、循序渐进的方法是解决问题的最好方法。⑤ 有时，我在小组里发表的意见，似乎使一些人感到厌烦。回答应尽量做到准确、坦率与忠实，不要猜测。全部测试题完成后，对选出的答案进行统计，测出创新能力水平。

2. 芝加哥大学创新能力测验

芝加哥大学盖泽尔斯和杰克逊等心理学家根据吉尔福特的思想对青少年的创造力进行了深入的研究，在 20 世纪 60 年代编制了创新能力的测验，适用于团体测试，并有时间限制。这套测验包括语词联想测验、用途测验、隐蔽图形测验、完成寓言测验、组成问题测验等 5 个项目。

智力与创新能力的相关性有不同的研究结果。许多研究表明智商与创新能力分数之间的相关性是低的，但是正相关。也有研究认为智商与创新能力相关性高低是由创新能力测验的性质而定的，某种创新能力可能要求较高的智力，另一些创新能力又可能与智力相关性不高。但较为一致的意见是，高智商并不能保证高度的创造性，而低智商的人肯定只能得到创新能力的低分数。

许多心理学工作者研究了创造性和实际创作作品之间的关系。瓦拉奇等人以500名大学生作为被试，发现思维的流畅性和创造作品之间有明显关联。思维流畅性能够预测许多领域中的成就。

3. 南加利福尼亚大学发散性思维测验

美国南加利福尼亚大学的吉尔福特和他的同事编制了一套发散性思维测验。测验的项目有：语词流畅性、观念流畅性、联想流畅性、表达流畅性、非常用途、解释比喻、用途测验、故事命题、事件后果的估计、职业象征、组成对象、绘画、火柴问题、装饰。前10项要求言语反应，后4项则用图形内容反应。该测验适用于中学水平以上的人，主要从流畅性、变通性和独特性记分。

例如，"组成对象"是要求被试用一些简单的图形（如圆形、长方形、三角形、梯形）画出指定的事物。在画物体时，可重复使用任何一个图形，也可以改变其大小，但不能添加其他图形或线条。

又如"火柴问题"是要求被试移动指定数目的火柴，形成特定数目的正方形或三角形。

我国心理学工作者对中国科技大学少年班52名学生进行了发散性思维测试，并与普通班大学生（平均年龄比他们大3岁5个月）进行比较研究。发现少年班学生除符号流畅性略低于普通班大学生外，其余各项指标都高于或显著地高于普通班大学生，在图形的发散能力和发散思维中的独创性因素方面有极显著的差异。

4. 托兰斯创造性思维测验

1966年美国明尼苏达大学心理学教授托兰斯编制，是目前应用最广泛的创造力测验，适用于从幼儿园到研究生水平的个体，主要考查发散性思维创造性成就的智力能力测试，涵盖发散性思维能力、好奇心、假设性思维、想象力、情感表现力、幽默感、打破常规的能力等方面。从1966年到2008年，有30万的美国人参加了这一测试。托兰斯测试经历数次修订，被业界认为是对发散性思维的可靠检测。

托兰斯测验由词语（文字）创造思维测验、图画创造思维测验以及声音和词的创造思维测验构成，通常由3套试卷、12种分测试组成。

（1）词语（文字）创造思维测验。包括7个分测验：

① 提问题——要求被试列出对图画内容所想到的一切问题；

② 猜原因——要求被试列出图画事件的可能原因；

③ 猜后果——要求被试列出图画中所发生的事情的各种可能后果；

④ 产品改造——要求被试对一个玩具图形列出所有可能的改进方法；

⑤ 用途变通——要求被试列出其特殊用途；

⑥ 非常问题——要求被试对同一物体提出尽可能多的不同寻常的问题；

⑦ 假设推断——要求被试推断一种不可能发生的事件将出现的各种可能后果。

（2）图画创造思维测验。由3个分测验组成：

① 图画构造——呈现一个蛋形彩图，让被试以此为基础去构造富于想象的图画；

② 未完成图画——向被试提供 10 个由简单线条勾出的抽象图形，让他们完成这些图形并加以命名；

③ 圆圈(或平行线)测验——共包括 30 个圆圈(或 30 对平行线)，要求被试据此尽可能多地画出互不相同的图画。

(3) 声音和词的创造思维测验。由 2 个分测验组成：

① 音响想象——采用 4 个被测者熟悉和不熟悉的音响系列，各呈现 3 次，让被试分别写出所联想到的物体或活动；

② 象声词想象——采用 10 个模仿自然声响的象声词各呈现 3 次，让被试分别写出所联想到的事物。

三套测验的记分标准是不同的。词语(文字)测验从流畅性、变通性、独特性三方面记分；图画测验除从以上三方面记分外，还对精致性记分；声音和词的测验只记独特性得分。

托兰斯创造性思维测验的特色在于其操作过程的游戏性，即用游戏的形式将各项测验组织起来，显得轻松愉快。具体的使用请参阅测验手册。

总之，通过应用典型的创新能力测评方法，可以通过测评的结果来考察个体实际的创新性人格、创新思维倾向等方面的人格和行为特征，有利于反映个体实际的创新能力特质与水平，同时根据测评结果对不同群体的创新能力进行区分，有利于针对性开展创新教育、实践和训练，提高创新教育的效果。

1.4 创新教育与创新人才

1.4.1 创新教育的重要作用

创新教育就是以培养人的创新精神和实践能力为基本价值取向，以培养创新人才为主要目标的教育。创新教育不仅是弘扬人的创新本性的需要，也是全面深化教育改革的必然要求，体现新时代对创新型人才的呼唤，对教育功能的新定位。

近代科学技术为什么未起源于中国？为什么古代中国人发明了指南针、火药、造纸术和印刷术，工业革命却没有发端于中国？而哥伦布、麦哲伦正是依靠指南针发现了世界，用火药打开了中国的大门，用造纸术和印刷术传播了欧洲文明！李约瑟博士悖论的话题虽然引起了全球的广泛探讨，却没有一个统一的标准答案。

杨振宁与中国访问学者、研究生的谈话中曾讲到，在美国校园里中国学生的读书考试一般都相当好，有些更是名列前茅。但在考试以后搞研究工作就出现困难了，甚至有人觉得中国人只会考试，中国人的脑筋不能做科研。其实中国教育的严重问题就是缺少对青少年的创新开发。据统计一个人从小学到大学毕业要经过千余次考试测验，如此千锤百炼，使得凡问题只有一个标准答案的概念深入人心，求异、质疑的精神受到压抑。中国古代科举制度最早起源于隋代。隋朝统一全国后，隋文帝为适应封建经济发展和加强中央集权的需要，废除魏晋以来的"九品中正制"，把选拔官吏的权力收归中央，开始采用分科考试的方式选拔官员。随着清王朝的灭亡，存续近 1500 年的科举制度终于被废除。

中国教育到底行不行呢？无论宏观还是微观这个问题常令人不解。如果说中国教育不行，为什么中国中学生每年都能击败众多选手获得国际奥林匹克各种奖项；如果说中国教育很棒，为什么自从诺贝尔奖设立以来，只有两位中国本土人获得此奖？因为中国教育是应试式教育，其误区就是把如何应付考试当成教育的核心，把考分作为衡量唯一标准。在应试指挥棒下，无法重视素质全面、健康的发展，使许多学生的素质被扭曲了。

中国每年有数百万大学生毕业，但是其中涌现出来的发明家或创新人才很少。人们说儿童在受教育前像个问号，而大学毕业后却像个句号。创新教育特别是人的创新思维培养正被越来越多的人认可和重视。

创新始终是一个国家、一个民族发展的重要力量，始终是推动人类社会进步的重要力量。创新教育是建设创新型国家的基础。科技兴则民族兴，科技强则国家强。科技日新月异，创新永无止境。不创新不行，创新慢了也不行。“惟进取也，故日新。”“创新驱动就是创新成为引领发展的第一动力，科技创新与制度创新、管理创新、商业模式创新、业态创新和文化创新相结合，推动发展方式向依靠持续的知识积累、技术进步和劳动力素质提升转变，促进经济向形态更高级、分工更精细、结构更合理的阶段演进。”《国家创新驱动发展战略纲要》按照2020年、2030年、2050年三个阶段进行了部署，每个阶段的目标都与我国现代化建设“三步走”的目标相互呼应、提供支撑。著名教育家陶行知说：“处处是创造之地，天天是创造之时，人人是创造之人。”哈佛大学前校长陆登庭说：“一个成功者和一个失败者之间的差别，并不在于知识和经验，而在于思维方式。”创新教育必须与国家发展相适应。

1.4.2 创新人才的特质

我国教育界主要是从创造性、创新意识、创新精神、创新能力等角度阐释创新人才或创造型人才，但似乎给人们一种错觉，只要专门培养人的创造性、创新意识、创新精神、创新能力等素质，创新人才的培养便可大功告成。虽也有专家的定义、解释涉及到基础理论知识、个性品质和情感等因素，但仍然没有形成主流。

人才是创新的根基，是创新的核心要素。随着中国“大众创业、万众创新”战略的实施和推进，人才在实现创新驱动发展中发挥着越来越重要的作用。国内外对创新人才理解的共同点是强调创新人才必须具有创造性、创新意识、创新精神、创新能力等素质。但有很大的差异，主要表现在：我国明确提出了创新人才（创新型人才）、创造型人才的概念，而国外只有创造性思维、创造型人格等外延较窄的概念；我国对创新人才的理解大多局限于“创新”，对人才的知识结构、能力结构、个性品质等方面关注不够，国外则大多强调在全面发展的基础上培养创造性、创新意识、创新精神、创新能力等素质，强调个性的自由发展；我国对创新人才的理解差异很大，有的受领导人讲话或政府文件的影响较大，有的受西方心理学的影响较大，表现出很强的实用性，缺乏支持其概念的理论基础，而国外对创新人才的理解是把社会对创新的需要融入到全面发展的人才培养理念之中的产物。

在创新人才理念上的局限性，容易导致对创新人才的误解和实践上的偏颇。如有的把创新人才与理论型人才、应用型人才、技艺型人才对立起来；有的认为培养创新人才就是要使学生具有动手能力，而把创新能力与知识对立起来；有的认为培养创新人才就是为学生开设几门相关课程，而把所谓的创新素质与人的全面发展特别是个性发展对立起来。

掌握了所谓的创造知识、创造方法的人未必就能成为真正的创新人才。

一般来说，创新人才具备六个方面的特质：

1. 勇于探索的创新精神和批判性思维能力

创新精神是人的创新活动的内在驱动力，是人的创新能力得以发挥的潜在动力，也是人持续创新的根本保证。批判性思维能力是指善于发现问题，善于发现当前状况中所存在的主要问题及其症结所在，并能够积极地去寻找可靠的合理的改进措施。无论是科学研究还是各项技术革新活动或是工作方式改进等都是在发现当前状况所存在的问题基础上进行的，不能发现问题，就会安于现状或限于牢骚满腹，就不能进行创造和创新。发现问题，就是要对现实状况进行理性的批判，不惧权威才能发现其症结所在并寻找改进对策。不能进行批判性思维的人是不可能成为创新人才的。

2. 敏锐的洞察力和善于把握时机能力

本质上创新就是一种突破性的发现，创新型人才必须具有敏锐的观察能力、深刻的洞察能力、见微知著的直觉能力和一触即发的灵感和顿悟，不断地将观察到的事物与已掌握的知识联系起来，发现事物之间的必然联系，及时地发现别人没有发现的东西。善于把握时机是指一个人善于把握事物发展变化的关键点，从而能够创造获得成功的关键要素，促进成功的到来。创新人才必须善于预见在创新过程中所遇到的各种困难，而且善于把握克服困难的关键点，从而能够变被动为主动，推动事物向有利于目标和计划的方向变化。任何成功都不是自动实现的，都是在不断创造条件和有效地把握时机后实现的，创新人才不仅要善于与环境交流，而且要敏于观察形势发展变化，做出适当的抉择，否则就可能贻误时机，勤苦而难成。

3. 灵动的创新思维和开拓进取的魄力

创新型人才的思维方式必须是前瞻的、灵活的、独创的、求实的，才能保证在对事物进行分析、综合和判断时做到独辟蹊径，从而产生新颖、独特并且有社会价值的思维产品。中国历史是最好的创新教科书，中国的冶炼技术比欧洲早了 2 000 多年；地动仪比欧洲早 1 700 多年；南北朝时期的数学家、天文学家祖冲之，已经将圆周率推算至小数点后 7 位，比欧洲早 1 100 多年；郭守敬在 13 世纪创制和改进了简仪、圭表、候极仪、浑天象、仰仪、立运仪、景符、窥几等十几件天文仪器仪表，并测算出一年有 365.24 天，比现行公历早 300 多年。但自 1587 年至新中国成立前，中国的思想、科技、经济、军事、文化和外交开始逐渐落后。马克思曾言及明清时期的中国，扼腕叹息道："一个人口几乎占人类三分之一的大帝国，不顾时势，安于现状，人为地隔绝于世并因此竭力以天朝尽善尽美的幻想自居。这样一个帝国注定最后要在一场殊死的决斗中被打垮。这真是一种任何诗人想也不敢想的奇异的对联式悲歌。"今天的中国，在实现中华民族伟大复兴的中国梦的进程中，明确提出创新是驱动社会发展的第一动力。创新是我国突破发展瓶颈，解决深层次矛盾和问题的根本出路，是推动人类发展的原动力。

4. 坚韧的创新意志和耐挫折能力

具有坚强的意志品质是指一个人具有很强的耐挫折能力，它是一个人对自己的意志目标具有坚定信心，表现为不达到目标誓不罢休的决心。创新人才的意志力是建立在理性批判的基础上，因而他会不断地尝试新的解决方案，不会被眼前的挫折和困难所吓倒，坚信自己的目标追求是正确的，是有利于绝大多数人福祉的。可以说，一遇到困难就退缩的人是不可能成为创新人才的。创新是一个探索未知领域和对已知领域进行破旧立新的过程，会遇到重重困难、挫折甚至失败，任何创新成果的获得都必然要经过种种考验，必然要挑战传统习惯和势力，必须迎难而上，勇往直前，否则就不可能做出任何创新性成果。因此，创新型人才要具备非凡的胆识和坚韧不拔的毅力以及良好的承受失败与挫折的能力，才能不断战胜创新活动中的种种困难，最终实现理想的创新效果。

5. 如饥似渴地汲取知识的欲望和浓厚的探索兴趣

创新是对已有知识的发展，这就要求创新型人才的知识结构既有广度，又有深度，既要有深厚而扎实的基础知识，了解相邻学科及必要的横向学科知识，又要精通自己的专业并能掌握所从事学科专业的最新成就和发展趋势，完备知识结构有助于增强综合思维能力和创新能力。1903 年芬森因成功使用集中的光线治疗寻常狼疮及其他皮肤方面等疾病获诺贝尔生理学及医学奖就是典型实例。芬森在大学时就对光的治病效力发生兴趣，因为他自己患有慢性病，觉得日光对他的病很有益处。1893 年他宣称红光能够减轻天花的后果，引起了广泛注意。有一天芬森到阳台乘凉，看见猫在晒太阳，并随着阳光的移动而不断调整自己的位置。这样热的天，猫为什么晒太阳？带着浓厚的探索兴趣，他来到猫身前观察，发现猫的身上有一处已经化脓的伤口。他想，难道阳光里有什么东西对猫的伤口有治疗作用？于是他就对阳光进行了深入的研究和试验，终于发现了紫外线，一种具有杀菌作用而肉眼看不见的光线，从此紫外线就被广泛地应用于医疗领域。

6. 科学的创新实践和沟通协调能力

创新的过程是遵循科学、依据事物的客观规律进行探索的过程，因此，创新型人才必须具有求实的工作态度，严密的思维逻辑，以保证准确地分析、判断和把握事物的客观规律，以科学的精神进行创新实践。沟通协调能力是指一个人只有善于与环境进行协调并获得周围的支持才能获得创新成功。创新人才不是一个自我封闭的、固执己见的人，而是一个善于适应环境并能够迅速调整自我状态的人，具体表现为善于与别人分享自己的观点，主动地倾听别人的意见和建议，善于让别人了解自己的目的和意图，从而能够获得别人的理解、支持和尊重，这样就创造了一个实施创新计划的软环境。新时代科技创新的重要特征是任何一个创新计划最终付诸实施都必须依赖环境的支持，都是个人无法完成的，没有别人的理解、支持和配合，就不可能获得成功。个人英雄主义时代一去不复返了，任何人要成功，都必须依赖群体的支持。善于沟通协调是一个人走向成功的必备要素，是一个人能够获得成功的关键所在，也是创新人才的基本特征。

1.4.3 创新人才的培养

1. 培养创新意识

培养坚定的创新信心。创新能力是每个正常人都具有的一种自然属性。心理学研究表明，一切正常人都具有创新能力，这一诊断是 20 世纪心理学研究的重大成果之一。同时，心理学家也发现，人的创新能力是可以通过教育和训练得到提高的。

心理学家认为，以下方法有助于创新意识的培养：

(1) 多了解一些名家发明创造的过程，从中学到如何灵活地运用知识以进行创新，培养广泛的兴趣、爱好，这是创新的基础。

(2) 增强对周围事物的敏感，训练挑毛病、找缺陷的能力。

(3) 培养以事实为根据的客观性思维方法，消除埋怨情绪，鼓励积极进取的批判性和建设性的意见。

(4) 鼓励并表扬为追求科学真理不避险阻，不怕挫折的冒险求索精神。

(5) 奖励各种新颖、独特的创造性行为和成果。

(6) 经常做分析、归纳、演绎、综合、移置、颠倒、分类、联结、重组、类比等练习，使知识融会贯通，提高思维的灵活性，培养对创造性成果和创造性思维的识别能力。

(7) 不要强制人们只接受一个模式，要能容忍不同观念的存在，容忍新旧观念之间的差异。培养开朗、包容的态度，敢于表明见解，乐于接受真理，勇于摒弃错误。

(8) 不要讥笑看起来似乎荒谬怪诞的观点，此类观点往往是创造性思考的导火线。

(9) 破除对名人的神秘感和对权威的敬畏，克服自卑感，鼓励大胆尝试，勇于实践，不怕失败，认真总结经验。

爱因斯坦认为，发现问题可能要比解答问题更重要。历史和实践表明，科学上的突破、技术上的革新、艺术上的创作，无一不是从发现问题、提出问题开始的。具有强烈的好奇心，对所见到的事物善于观察、善于提问，对培养创新意识是非常有益的。牛顿小时候看到树上的苹果掉在地上，就想“为什么苹果会掉在地上呢?”这是他善于观察、善于提问、善于发现问题的能力，正是这样牛顿研究出了万有引力定律等著名的物理学定律。再如笛卡尔在观察到墙角的蜘蛛结网时获得启发而提出笛卡尔坐标系。

创新能力受智力和非智力因素的影响，应当特别注意非智力因素在创新能力培养中的重要作用。每个人都拥有巨大的潜能，开发好了，任何一个人都会有大的作为。美国著名的创造工程学家奥斯本 21 岁那年失业了。一天到报社应聘，考官问：“你从事写作有多少年?”奥斯本直言相告：“只有三个月，但是请你先看一看我所写的文章吧。”考官看完后说：“从你的文章中看出，你既无写作经验，又缺乏写作技巧，文句也不够通顺；但内容却富有创造性，暂时录用，试一试。”奥斯本从主考官的评语中，深刻领略和体会到“创造性”三字的极端重要性。参加工作以后，强迫自己奉行“每日一创新”的精神，积极主动地开发自己潜藏于脑海中的创造力，并尽最大的努力在工作中发挥出来。这个从未受过高等教育的奥斯本，由于从事各种工作都“极有创意”，很快就从一个小职员发展为企业家，并写出了著名的《思考的方法》一书，成为当代创造工程的奠基人之一。奥斯本的个人经历说明，即便没有受过多少教育的人，只要能充分发掘潜藏的创造力，也能获得大的成功。

2. 注意排除影响创新的障碍

创新障碍来自于认知障碍、心理障碍、获取信息的障碍和环境障碍。

美国心理学家贝尔纳认为，“构成我们学习的最大障碍是已知的东西，而不是未知的东西。”地球仪大人小孩都熟知，月球仪呢? 这个没人想过的月球仪，为一个退休老人再造了辉煌的“钱”景，他就是 70 高龄的英国老人亚瑟・华特逊。知识多的人其创新能力不一定就强。知识多的人有时甚至会出现相反的情形，一个人由于知识积累多，因而头脑中的

“条条框框”也较多，形成创新中的“禁区”也多，反而会束缚其创新能力的发挥，阻碍其创新活动的开展。我国山西省绛县小学二年级学生李珍就有三项发明获国家专利；中学生史丰收发明了独特的速算法；北京工人吴作礼只有高小文化却有 30 多项发明；上海 15 岁的姑娘杜冰蟾 1990 年发明了震惊世界的“汉字全息码”；高斯 17 岁就提出了最小二乘法；伽利略 20 岁发表了关于自由落体运动的论述；牛顿 23 岁发现了万有引力定律；海森堡 24 岁建立了量子力学；爱迪生 16 岁发明了自动定时发报机；爱因斯坦最初沉湎于奇妙深邃的“想象实验”(以光速跟着光速跑)时，还是一个 16 岁的中学生，正式创立相对论时也不过是知识相对较少的 26 岁的青年人。

人类的专业分工越来越细，但人们走出专业的小圈子，有利于发挥创新思维。在人类科学创新的道路上，突破性发明创造，常常是由其他领域的“外行”来完成的，他们半路出家，勇敢地闯入一个多年徘徊不前的科学领域，给这个领域带来新的突破性惊喜。用美国著名创新学专家奥斯本的话来说：“历史证明，许多伟大的思想都是由那些对有关问题没有进行过专门研究的人创造出来的。”

由此可见，创新必须以一定知识作基础，但知识的多少与创新能力的强弱并无简单的比例关系。知识的多少与创新能力的强弱既统一，又矛盾。

时时刻刻都有创新。1948 年秋天，瑞士人马斯楚和朋友们登山，坐在草地上吃午餐时，他发现自己和朋友的裤上都沾了好多鬼针草，但大家都没有在意。到家后，马斯楚就将残留在裤上的鬼针草取出用放大镜仔细观察。他有了新的发现：鬼针草被很多刺掩盖着！“它是不是可以代替纽扣和别针呢?”他顺着这种思路试做许多钩状的东西，半年后终于研制成功方便扣布；用一块布织成很多钩子，另一块织出很多圆球——这两种布合起来，钩子就钩上圆球，产生拉链的效果。他将此发明命名为“免扣带”并申请了专利，然后找织布公司合作制造。因为这种“免扣带”可以广泛用于裙子、内衣、被盖等，所以当它为人们接受后，销售量相当惊人。几年后，马斯楚所得专利金净利已超出 3 亿美元。

3. 学习掌握一些创新思维和创新方法

创新思维是进行创新的前提和保证，没有创新思维就无法创新，而创新方法是创新的有力工具。2006 年，我国著名科学家王大珩、刘东升、叶笃正等三位院士联名向时任总理的温家宝提出《关于加强创新方法工作的建议》，院士们指出，我国创新方法工作相对薄弱是制约自主创新、建设创新型国家的源头问题。温总理对此批示：“自主创新，方法先行……创新方法是自主创新的根本之源。”

创新学习需要打开已经生锈的思维，进行创新思维和方法的训练。如何有效地进行学习，给出如下策略：一是建立放空之心态。人人都有思维的惯性，创新学习要有一个放空的心态。要有坚定求知欲望，充满好奇的心理，集中注意力，将创新思维与方法作为全新的开始。二是带着问题进行创新学习。学习者在各自专业、工作、学习和生活中经常会有不同的问题出现，带着实际问题进行学习，对创新实用工具进行理解和掌握，对创新工具深入应用，可以达到事半功倍的效果。三是线上线下开发创新资源。互联网+的信息时代，如果没有线上资源与线下资源整合开发的学习，将是不完整的学习。在有实践经验的创新专家指导下，进行创新思维和方法的学习训练，将会提高学习效率。

4. 勇于创新实践

通过听课、阅读等学习手段，只能是从理论上了解一些创新的基本知识和方法，与真正的掌握创新知识和方法有很大的差距。学习的目的在于应用，创新教育更是如此。通过创新项目的训练，对培养创新思维、创新能力，掌握创新方法是极为有效的途径。

世界上所有的事物（包括自然、社会和他人的思维）都有可能成为人们创新的对象，因此每时每刻，我们都面临着无穷多的思维对象。换句话说，创新的素材遍地都是，创新的机会无穷多。只要仔细观察，开动脑筋，任何一种事物和对象都能产生创新实践。

汉字激光照排系统之父王选院士曾说：我从 1976 年到 1993 年这 18 年中几乎放弃了所有的节假日，每天上午、下午、晚上三段工作。我深深体会到，献身于科学技术就没有权利再享受普通人那样的活法，必然会失掉常人所能享受到的不少乐趣，但也会得到常人享受不到的乐趣。在攻克一个个技术难关的过程中，有时冥思苦想，几周睡不好觉，忽然有天半夜灵机一动，想出绝招，使问题迎刃而解，这种愉快和享受是难以形容的。创新是人类在认识、探索、改造客观世界过程中的巨大飞跃，是超越人类习惯思维的一种精神质变。但创新体现着人的精神创造的连续性和非连续性的统一。没有对创新目标的孜孜以求，没有长期的超乎常规的奋力拼搏，是不可能取得创新成果的。王选是带着一种精神审美、一种与自然进行高端对话的态度和境界展开他的科学研究的，而正是有了这种心态和境界，创新的硕果才能惠顾于他。

索尼公司名誉董事长井深大说："独创，决不模仿他人，是我的人生哲学。"在几十年的创新实践中，王选特别注重对独创精神的深刻理解。过去，在中国计算机技术落后的状况下，是什么使得王选的科研成果能够脱颖而出，名震世界？王选常用"一招鲜"来说明他对独创文化的理解。他说："戏曲界有一种说法，叫做'一招鲜，吃遍天'，每个名演员在保留剧目中常常有一些绝招以吸引观众，因而经久不衰。在科研中也应该发扬自身的长处，有自己的特色，也应该有'一招鲜'甚至'几招鲜'。"王选的这一思想启迪我们：我国的科技创新要从国情出发，要避免贪大求全思想，也要从"一招鲜"、"几招鲜"入手，才能走出一条有中国特色的自主创新之路，带动我国的科技创新发展。

马克思说，"在科学上没有平坦的大道，只有不畏艰险沿着陡峭山路攀登的人，才有希望达到光辉的顶点。""在科学的入口处，正像在地狱的入口处一样，必须提出这样的要求：这里必须根绝一切犹豫，这里任何怯懦都无济于事。"

阅读案例和曾林斯顿法创造性人格自测

思考题

1. 什么是创新？请列举中国和世界本年度重大创新成果。

2. 创新动力来源哪里？请结合实际，总结如何增强创新动力。

3. 创新能力主要组成要素有哪些？你认为大学生应当注重培养何种创新能力？请结合自身实际，总结分析提高创新能力的途径。

4. 经常听到人说："创新是聪明人做的事，我不是聪明人，创新与我没有多大的关系。"你是怎么认为的？如何培养创新意识和创新精神？

第2章　思维与创新思维

【学习目标】

理解思维是一种极其复杂的心理活动，思维障碍是创新的枷锁，突破思维障碍就是创新性思维的开始。理解创新思维及其形成过程，掌握创新思维特点。掌握发散思维与集中思维、横向思维与纵向思维、正向思维与逆向思维、逻辑思维与形象思维、平面思维与立体思维等方式，并能在实际问题解决中运用不同的思维方式。

爱尔兰作家萧伯纳说："难得有人一年会思考二三次以上，我则因一星期思考一两次而博得了国际声誉。"由此可见思维的重要作用。创新思维是指以新颖独创的方法解决问题的思维过程，以求突破常规思维的界限，以超常规甚至反常规的方法、视角去思考问题，提出与众不同的解决方案，从而产生新颖的、独到的、有意义的思维成果。创新思维的本质在于将创新意识的感性愿望提升到理性的探索上，实现创新活动由感性认识到理性思考的飞跃。

2.1　思维及其障碍

2.1.1　思维的含义

思维是一种极其复杂的心理活动，具有众多重要的属性。目前，对思维的认知表现为：没有完全一致的认识；从不同的视角出发，不同学科和学者对思维的认识不同。

心理学界认为：所谓思维是人脑对客观事物的间接的和概括的反映。所谓间接反映，就是通过其事物的媒介来认识客观事物，也即借助已有的知识经验间接地去理解和把握那些没有直接感知过的或根本不能感知到的事物。所谓概括的反映，就是依据对事物规律性的认识，把同一类事物的共同特征和本质特征抽引出来，加以概括，得出结论。

从字面上来解释"思维"：思，可理解为思考；维，应当作方向讲。因此思维是有一定顺序的想，或是沿着一定方向的思考。

所谓思维是指人脑利用已有的知识，对记忆的信息进行分析、计算、比较、判断、推理、决策的动态活动过程。它是获取知识及运用知识求解问题的根本途径。

从不同的角度理解思维就有不同的分类方法。按主体性质可分为个体思维与群体思维；按思维方向分为发散思维与收敛思维、正向思维与逆向思维、横向思维与纵向思维、求同思维与求异思维;按思维方式分为逻辑思维与形象思维;按思维状态分为动态思维与超前思维、分离思维与合并思维;按思维维度分为单维思维与多维思维;按思维过程和结果的比较分为常规思维与创新思维等。

2.1.2 脑的功能

自古以来人类就希望知道心理是如何产生的。因人会做梦,能够梦见去世的亲人,有人认为人的灵魂和肉体是分离的,人死了以后其灵魂会到另外的世界。因为心脏和人的生命直接相关,人高兴或悲伤心脏都会有特殊的反应,就有人认为心脏是心理的器官。也有人看到人因脑损伤会引起某些认知功能的失去,因而认为脑是心理的器官。随着科学的发展,人类终于认识到心理是神经系统的功能,特别是脑的功能。

人脑是世界上最复杂的一种物质,由大脑、小脑、间脑、脑干等组成,其中大脑是中枢神经系统的最高级部分,也是脑的主要部分。大脑是人体的一个器官,它比世界上最高级的电脑还要复杂和充满奥秘。1863 年,法国外科医生皮埃尔·布罗卡指出两个大脑半球的功能有差别。1950 年,美国加利福尼亚州技术研究院教授斯佩里确立左右脑分工的观点。

左右半脑在结构和功能上有着诸多不同。结构上人脑右半球略重于左半球,但左半球灰质多于右半球;左右颞叶有明显不对称性;颞叶的不对称性和丘脑的左右不对称性相关;各种神经递质的分布,左右半球也是不平衡的。功能上大脑两半球是协同活动的,进入大脑任何一侧的信息会迅速通过胼胝体传达到另一侧,做出统一反应。割裂脑研究表明大脑两半球可能具有不同功能。语言功能主要定位在左半球,负责语言、阅读、书写、数学运算和逻辑推理等。而知觉物体的空间关系、情绪、欣赏音乐和艺术则定位于右半球。大脑的功能存在单侧优势,但不是绝对分离的。近年来许多研究发现,右半球在语言理解中同样也起重要作用。在加工复杂程度不同的句子时,右半球与左半球经典语言区对应的部分也得到激活,只是激活的强度低于左半球。

与人脑相关的人工智能已经成为科学发展的重要方向。人工智能入选“2017 年度中国媒体十大流行语”。人工智能是计算机科学的一个分支,它企图了解智能的实质,并生产出一种新的能以人类智能相似的方式做出反应的智能机器,该领域研究包括机器人、语言识别、图像识别、自然语言处理和专家系统等。美国麻省理工学院温斯顿教授认为:“人工智能就是研究如何使计算机去做过去只有人才能做的智能工作。”人工智能从诞生以来,理论和技术日益成熟,应用领域也不断扩大,未来人工智能带来的科技产品,将会是人类智慧的“容器”。人工智能可以对人的意识、思维的信息过程模拟。人工智能不是人的智能,但能像人那样思考,也可能超过大多数人的智能。中国科学家周海中指出:机器人并非无所不能,它在工作强度、运算速度和记忆功能方面可以超越人类,但在意识、推理等方面不可能超越人类。机器人会越来越“聪明”,但只能按照制定的原则纲领行动,服务人类、造福人类。

人脑的结构与功能

2.1.3 思维障碍

人的大脑思维有一个特点,就是一旦沿着一定的方向、按照一定的次序思考,会形成一种惯性。如人们某次解决了某一问题,下次遇见类似的问题或表面上相似的问题,会很快出现上次成功思考的顺序或方向,这就是人的思维惯性。惯性思维就是指由先前的活动而造成的一种对活动的特殊的心理准备状态,或活动的倾向性。思维惯性很顽固,一般很难克服。如对于自己长期从事的工作或日常生活中经常发生的事物产生了思维惯性,多次以这种惯性思维来对待面临的问题,就会形成非常固定的思维模式,也即思维定式。思维惯性和思维定式统称为思维障碍。

案例 2.1

能拴住大象的是什么?

马戏团老板从偷猎者手中买下了一头受伤的小象,经过几个月的精心治疗,小象恢复了健康。这个活蹦乱跳的小家伙在给大家紧张单调的日常生活带来一丝快乐的同时,它的调皮淘气也给马戏团带来了不少麻烦。为防止再惹事,老板顺手将它拴在了后台的木桩上。由于力气小,它在数次费力挣扎未果后,只得就范。渐渐地,只要把它系在木桩上,小象知道自己无法挣脱,也就慢慢地顺从了。后来,小象长成了大象,能够不费吹灰之力地背起数吨重的木头,但每当表演结束后,它依旧非常安分地等待着被绳子拴在木桩上。

在不变环境中思维惯性和思维定势能够使人运用已掌握的方法迅速地解决学习、工作、生活等问题,但思维障碍阻碍人们创新性思维,阻碍新思想、新观点、新技术的产生,是创新的枷锁。

常见的思维障碍主要有:

1. 习惯性思维定式

人们常讲"习惯成自然"。习惯性思维是指人们按习惯的、比较固定的思路去考虑问题、分析问题,仿佛物体运动的惯性,如短跑运动员冲过终点后,仍然会向前冲一样。习惯性思维几乎人皆有之,是一种常见现象,表现为这次这样解决了一个问题,下次遇到类似的问题或表面看起来相同的问题,不由自主地还是沿着上次思考的方向或次序去解决。

有大量事例表明,思维定式确实对问题解决具有较大的负面影响。事实上,惯性思维常常会造成思考的盲点,就像推磨在自己的思维里打转一样,周而复始却难脱窠臼,缺少创新和改变的可能性。因此,经验既是财富,也可能是包袱。

2. 书本式思维定式

"知识就是力量",书本知识对人类所起的积极作用是毫无疑问的。但如果死读书,百分之百全信书,一点也不敢怀疑,对创新就会形成阻力。这种对于书本的迷信阻碍了人们去纠正前人的失误,探索新的领域,不仅不能给人以力量,反而会抹杀我们的创新能力。所以学习知识的同时,应保持思想的灵活性,注重学习基本原理而不是死记一些规则,这样知识才会有用。

案例 2.2

图 2.1 太阳系行星图

天文学史上的事例

天文工作者勒莫尼亚在 1750—1769 年，曾先后 12 次观察到了天王星，但是，有关天文学著作却一直认定，土星是太阳系最边缘的行星，太阳系的范围到了土星为止。这一书本知识牢牢地束缚了勒莫尼亚，使他始终未能认识到，他所发现的也是太阳系的行星之一。直到十几年后，才最终由英国天文学家威廉·赫歇尔于 1781 年加以认定。

书本知识是人们经过思维加工后得到的一般性的认识。知识和创新能力有时是一对矛盾体。知识是创新能力的基础，掌握的知识越多、越广，对创新能力的提高越有利。但由于创新是在继承的基础上的突破，如果只局限在已有的知识框框内，创新就不可能。同时必须记住，创新的对象是运动的、发展变化的，人的认识能力也是不断提高的，已有的知识可能陈旧或不完善，因此，已有的知识也可能是创新的障碍。只有将知识进行灵活运用才能成为真正的力量。

3. 经验式思维定式

经常听到老人们讲：我吃的盐比你吃的饭多，过的桥比你走的路多。所谓经验就是人们通过大量实践获得的知识、掌握的规律或技能。经验是宝贵的，是我们日常生活和工作的好帮手，为我们办事带来方便。要是没有个体与群体经验的积累，人类和社会的进步是不能想象的。特别是一些技术和管理方面的工作，就需要有丰富的经验。经验是相对稳定的东西，过分依赖乃至崇拜，会形成固定的思维模式，这样就会降低人们的创造性思维能力。经验又有局限性，常常会妨碍创意思考，成为创新的枷锁。

有一思维学家对 100 人进行同一题目测试，结果只有 2 人答对。题目是：一位公安局长在茶馆里面与一位老头下象棋，下得正酣之时，跑来一小孩着急地对公安局长说："你爸爸和我爸爸吵起来了。"老头问："这孩子是你的什么人？"局长说："我儿子。"请问这两个吵架人与公安局长是什么关系？

根据经验来进行思维判断，公安局长常和男性联系在一起，题目的下象棋、老头、茶馆等支持这样的判断，因此大多数人从经验出发是很难得到公安局长是一位女性的。

著名的科普作家阿西莫夫天资聪慧，并为此洋洋得意。一次遇到熟悉的汽车修理工。修理工说："阿西莫夫博士，我出道题目来考考你的智力，怎么样？"阿西莫夫高兴地同意了。修理工说："一位既聋又哑的人来到五金店买几根钉子。售货员见他左手两个指头立在柜台上，右手握成拳头做敲击状的手势。售货员给他拿了一把锤子。聋哑人摇头，指了指立着的两个指头。售货员给他换了钉子。聋哑人刚走出商店，接着来了一位盲人。盲人想买剪刀，请问盲人会如何做？"阿西莫夫顺口答道："盲人一定是这样的——"说着伸出食指和中指，做出剪刀的样子。修理工笑着说："盲人想买剪刀，只要说出来就行了，为什么要打手势？考你前就知道你会答错，你受的教育太多了，不可能很聪明的。"

事实上不是学习的知识多了人会变笨，是因为人的知识和经验会积累形成思维定式，使人习惯于用已有的模式去思考和处理问题。知识就是力量，但如不能将所学的知识灵活运用，知识并非力量。知识是潜在的力量，只有被正确并有效应用的知识才能成为真正的力量。

4. 局限性思维定式

人的思维是还原于周围环境的，所以人的思维有局限性。局限性思维是站在不同的角度得到不同的结论。

个人的经历与思维是因果关系。个人经历是导致思维局限的根本原因。但问题的关键在于我们的思维如果只着眼于事物的一部分，就会错失重要的全貌或本质。

5. 从众型思维定式

从众心理，就是不带头，不冒尖，一切都随大流的心理状态。指没有或不敢坚持自己的主见，总是顺从多数人意志的一种广泛存在的心理现象。中国式过马路是其突出事例。

破除从众型思维定式，需要在思维过程中不盲目跟随，具备心理抗压能力；在科学研究和发明过程中，要有独立的思维意识。

创新就是要用不妥协于常规的思维做出与众不同的行为来创造不同的结果。独立思考，坚持己见，说起来容易做起来难。美国学者阿希通过调查得出结论：人类有许多不幸，其中 33%在于错误地遵从别人。物理学家福尔顿，由于研究工作的需要，测量出了固体氦的热传导度比过去理论上计算出的数字高出 500 倍。该不该把这一结果公布呢？福尔顿想，如果将它公布，有可能引起科学界的轰动，但也可能会被人认为是标新立异、哗众取宠，以致招来一大堆怀疑、非议和指责。福尔顿迟疑了，最后为避免招惹麻烦，把研究成果放在了一边。可没过多久，一位年轻的美国科学家在实验时也测出了固体氦的热传导度，而且和福尔顿测出的结果是一样的，在一阵惊喜后，年轻的科学家采取了与福尔顿相反的态度，很快公布测试成果，并马上引起了科学界的关注和赞誉。更为可贵的是，年轻的科学家并没有就此止步，他创新出一种全新的测量热传导度的方法。

听说此事后，福尔顿痛心疾首，追悔莫及，感叹道："如果我当时除去习惯的帽子，而戴上创新的帽子，那个年轻人绝不可能抢走我的荣誉。"

对于福尔顿来说这显然是一个悲剧。这个悲剧的发生，主要在于福尔顿意志力不坚强而掉入了从众心理的陷阱。年轻科学家的成功，则恰恰是因为摆脱了从众心理的束缚。由此可见，防止盲目从众是多么重要！

6. 直线型思维定式

直线型思维惯性是指人面对复杂和多变的事物仍用简单的或按顺序的方式进行思考，不善于从侧面、反面或迂回地思考问题。例如，人们在解决简单问题时只需用一就是一，二就是二，或 A=B、B=C、则 A=C 这样的直线型的思维方式就可以奏效，因此在解决复杂问题时往往也是如此。

有两个故事能够启发思维。3 个科学家在一个热气球上。一个是粮食学家，他能解决 100 亿人的吃饭问题；一个是环境学家，能够解决地球生态环境和全球气候变化问题；一个是核物理学家，能够解决全球核污染和能源可持续供应问题。不幸的是热气球出了故障，只有减少一人才能确保另外两名科学家的生命。参与创新讨论此问题的人员年龄、文化、职业、经历各不相同。讨论与争论热烈，没有确定的答案。最终获奖的是一位 11 岁的女孩，答案是扔下最胖的一个。另一个故事是有一家四人在湖中划船，突然间一阵狂风使奶奶、妻子、儿子全部落水，此时先救谁？众人争论不休。结果是一位 5 岁的孩子说，谁离丈夫近先救谁。

直线型思维总是在两种或几种比较中见长短、轻重和利弊，限制创新性思考。儿童为什么能突破非此即彼、顺序思考问题，而能够走向只有放弃，才有选择的正确抉择，是因为他们受到直线型思维的影响较少。

7. 权威型思维定式

权威型思维定式也叫权威定势，是指在思维过程中盲目迷信权威，以权威的是非为是非，缺乏独立思考能力，不敢怀疑权威的理论或观点，一切都按照权威的意见办事。

不唯书，不唯上，是为实。权威定势对人类的发展与进步有着一定的积极意义，因为有了权威的存在，节省了人们无数重复探索的时间和精力。但权威也可能是阻止的力量，著名科学家瓦特发明蒸汽机成为科学界权威人物，但瓦特对蒸汽机火车发明进行多次阻止。

8. 太极思维定式

多数人的思维有一种十分明显的特征，就是“模棱两可”，这样也可以，那样也不错，难以取舍，难以判断。在进行决策的时候这种情况十分明显，不知道选哪个好，这种思维特征就是“太极思维”。

太极是中国古代的一种图形，黑白的阴阳鱼构成一个圆形，然而黑中有白，白中有黑，黑白相间，浑然一体。从好的方面说，这是一种随和与稳重；从坏的方面说，这是缺乏主见、缺少魄力和缺乏决断力的表现。

根据 180 余万名网友参与的口头禅票选，“随便”高居第一。事实上，这也是大多数人的习惯。很多中国人善于利用太极思维，但缺少精准、严谨的科学态度。太极式思维不鼓励创新，也不利于创新。

9. 其他类型的思维障碍

以上是常见的、多数人可能出现的思维障碍。还有一些思维障碍在不同的人身上其表现也不同。如循规蹈矩式思维定式，其本质是思考不足，就是对既定成规或上司的指示机械地执行，循规蹈矩，不愿开动脑筋，就像被驯化的动物，丧失了独立思考和生存的能力。偏执型思维的人大多颇为自信，但有的是钻牛角尖，明知这条道路走不通，非要往前闯，直到碰得头破血流才罢休，不知道及时转弯子；喜欢跟别人唱对台戏，人家说东，他偏往西，好赌气，费了好大力气，走了许多弯路还不愿回头。以自我为中心的思维，思考问题时以自我为中心，这类人可能很有能力，做出过一些成绩，从此就感觉到了不起。要明确，再伟大的人也有犯错误的时候，爱迪生就拒绝使用交流电。

不同的人在不同情况下思维障碍的情况也不同。当出现思维障碍时，只要能冷静客观地分析其原因，换一种方式去思考，有意识地去克服，这就是一个重大进步，因为突破思维障碍就是创新性思维的开始。

确定案例中的思维障碍类别

2.2　突破思维障碍

思维惯性是一种格式化的东西，具有隐蔽性、持续性、顽固性等特征。思维惯性一经形成，就会如影随形，紧紧地把你粘住。我国明末思想家顾炎武在他的《日知录》中讲述了一个发生在洛阳的故事。

洛阳的钱思公非常富有，但他生性节俭，用钱谨慎。他有好几个儿子，尽管都已经长大成人，但除了逢年过节之外，很难得到一点儿零花钱。

钱思公藏有一个珊瑚笔架，造型美观，雕工精细，极为珍贵，是他最心爱的东西。平时，他总是把笔架放在书桌上，每天要欣赏一番。要是哪一天笔架不见了，他就会心绪不宁，坐卧不安，然后就会悬赏一万枚钱寻找这个笔架。

钱思公的几个宝贝儿子很快就摸到了这一点。如果谁缺钱花了，就会偷偷地把笔架藏起来，等钱思公悬赏一万枚钱寻找的时候，就拿出来，说是从小偷那里追查回来的，于是一万枚钱的赏金便轻易地到手了。过上一段时间，如果哪个儿子缺钱花了，就会如法炮制。这样的事，在钱思公的家里一年至少要发生六七次。

在讲完故事后，顾炎武慨然道：钱思公纯洁无瑕的品德令人赞叹，可惜他常常被不孝的儿子们所愚弄。

故事听起来有些滑稽和夸张。人们不禁要问：世界上竟有这么傻的人？其实，从行为科学的角度看，这是一个典型的思维惯性的又一案例。可以说，钱思公之所以会被他的儿子们所愚弄，是他的思维定式作怪。钱思公心爱的珊瑚笔架一次又一次地失而复得，在他的脑海中已经形成了一个无形的框框："我的这个笔架很值钱，外面的小偷总想把它偷走。只要我悬赏一万枚钱，我的儿子就一定能把它找回来。"可见，思维惯性的确害人不浅。思维惯性形成后，人在思考问题时便会陷入知其然不知其所以然的怪圈，难以看到事物的本来面目。

思维障碍的突破是一个人格独立、自我意识觉醒的过程。一旦冲破思维定式，可能会看到别样的风景，可以创造新的奇迹。

人的思维活动不仅有方向，有次序，还有起点。起点就有切入的角度。对创新活动来说，起点和切入的角度非常重要。思维开始时的切入角度，称为思维视角。突破思维障碍的好方法就是扩展思维视角。

扩展思维视角对认识客观事物会有极大的影响。事物本身都有不同的侧面，从不同的角度去考察，就能更加全面地接近事物的本质，盲人摸象给我们极大的启示。同时世界上的各种事物都不是孤立存在着，观察研究某一事物，可以从与它联系的事物和环境中寻找切入点。事物是发展变化的，发展变化的趋势有多种可能性。某个行业领域特别是专业技术领域中的许多事物，已经有许多人观察思考，借鉴不同的思维视角具有启发意义。换个角度、换个位置、换个思路，可能就有新的天地。

2.2.1 改变万事顺着想的思路

从古到今，大多数人对问题的思考，都是按照常情、常理、常规去想的，或者按照事物发生的时间、空间顺序去想，这就是所谓的“万事顺着想”。顺着想的好处是容易找到切入点，解决问题的效率比较高；大家都是这么想的，彼此之间的交流就比较方便。但在互相竞争的情况下，很难出奇制胜。更加重要的是，客观事物本身不是简单的，而是复杂的、千变万化的，顺着想不能完全揭示事物内部的矛盾，发现客观规律。

1. 变顺着想为倒着想

在顺着想不能很好地解决问题时，倒着想是一种新的选择。如联邦德国一造纸厂，因工人的疏忽，生产过程中少放了一种胶料，制成了大量不合格的纸。用墨水笔在这种纸上写字，墨水很快就被吸干，根本形成不了字迹。报废会造成巨大损失，肇事者拼命地想，也没办法。一天，漫不经心的他将墨水洒在了桌子上，他随手用这种纸来擦，结果墨水被吸得干干净净。“变废为宝”的念头在他头脑中一闪而过，最终这批纸被当作吸墨水纸全部卖了出去。这就是“倒着想”。

2. 从事物的对立面出发去想

可以直接跳到事物中矛盾一方的对立面去想。因为对立的双方既对立又统一的，改变这一方不行，改变另一方则可能是有助于问题的解决。如加拿大人格德，复印时不小心把瓶子里的液体洒在文件上，被浸染过的那部分复印后一团黑。由此，他想到是否可以用这种液体浸染文件，避免文件被偷偷复印，后来他多次试验，发明了一种浸泡文件后就不能再复印的液体，成功解决了机密文件被人偷偷复印的问题。日本科学家熊田长吉在改进工业和生活用锅炉时，把原来的许多热水管加粗，并在粗管内再安装一根能使冷水下降的细管，这样粗管中的热水上升，细管中的冷水下降，水流和蒸汽的循环加快，热效率提高了 10%。熊田长吉从矛盾的对立面出发进行的大胆尝试，收到奇效。

3. 思考者改变自己的位置

改变思考者自己的位置，从另外角度看问题，这就是换位思考或易位思考。如过去用的冰箱是冷冻室在上，冷藏室在下。日本夏普公司进行了换位思考，发现用户对冷藏室利用得较多，将其放在上面较方便，因此公司设计时将冷藏室和冷冻室换了个位置。但由于冷空气有往下沉的特性，改变设计后冷冻室的低温不能很好地利用，比较费电。研究者又思考，如果想办法让冷空气往上走问题不就解决了吗？设计者在冰箱内安上排风扇和通风管，将下面冷冻室的冷空气提升到上面的冷藏室。经过条件转换思考，新型电冰箱既使用方便，又保留了原来省电的优点，受到了用户的欢迎。

换位思考是要求自己思想的换位，而不是强求他人的转变。

2.2.2 转换问题获得新视角

人们遇到的问题是多种多样的，但彼此之间有相通的地方。对于难以解决的问题，与其死盯住不放，不如把问题转变一下。如物理问题转换为数学问题，几何问题变换为代数问题等。

1. 把复杂问题转化为简单问题

有一句话说：聪明人可以把复杂的问题越搞越简单，不聪明的人可以把简单的问题越搞越复杂。事实上，在解决复杂问题时能够化繁为简，就体现了一种新的视角。做高等数学习题时，看似很烦琐的题目其答案常常是极为简单的。可以说，把复杂问题简单化是大智慧，把简单问题复杂化是添麻烦。爱迪生让助手测量梨形灯泡容积的故事就是典型。

2. 把自己生疏的问题转换成熟悉的问题

对于从未接触过的生疏的问题，可能一时无法下手，找不到切入点，但不要望而却步，试着把它转换成你熟悉的问题，可能就会有新的视角，也许还会有出色的成果诞生。钢筋混凝土的发明是最有价值的启示。

3. 把不能办到的事情转化为可以办到的事情

有些事情人们是能够办到的，有些是难以办到的，有些根本就是不能办到的。但是，不能办到的，就不能转换成能够办到的吗？关键是如何进行转化。Linux 系统的发展说明转换的意义。

2.2.3 把直接变为间接

在解决比较复杂、困难的问题时，直接解决往往遇到极大的阻力。这时，就需要扩展你的视角，或退一步来考虑，或采取迂回路线，为最终实现原来的目标创造条件。

清朝石天成编著的《笑得好》中有一个故事说，有一人赴宴，主人斟酒，每次只斟半杯。此人忽问主人："尊府若有锯子，请借我用。"主人问何用，此人指着酒杯说："此杯上半截既然盛不得酒，要它何用？锯了岂不更好！"客人通过借锯锯杯间接说明主人小气。

1. 先退后进

退绝对不是逃避，而是积极等待时机，是以最小代价取得最大收获的手段。军事上先退后进的策略有大量的典型案例。

2. 迂回前进

为了前进也可以转弯，兜圈子，在军事上叫"迂回前进"。实际上在各个领域，为了克服困难，解决问题，都可能需要从迂回前进的角度去改变思路。

3. 先做铺垫，创造条件

在面对一个不易解决的问题的时候，有时要先设置一个新的问题作为铺垫，为解决问题创造条件，这也是采取变直接为间接的新视角。

从案例中寻找突破思维障碍的方法

2.3 创新思维的形成及其特点

思维的生理机制是人类生命的属性，创新思维是对人的生命属性的深层次的挖掘，是人类超越其他生物的决定性基础。创新思维是人类思维活动之一，是人的一切创新活动的基础，创新的核心是创新思维。爱因斯坦说："创新思维是一种新颖而有价值的，非传统的，具有高度机动性和坚持性，而且能清楚地勾画和解决问题的思维能力。"创新思维不是天生就有的，它是通过人们的学习和实践不断培养和发展的。创新思维是以新颖独特的方式对已有信息进行加工、改造、重组从而获得有效创意的思维活动与方法。创新思维的客观依据是事物属性的多样性、联系的复杂性和事物变化的多种可能性，因此出现思维的无穷多的视角、无穷多的组合、无穷多的方法。

2.3.1 创新思维的形成过程

关于创新思维过程的研究，国内外提出了一些不同的见解，主要有三境界式理论、序列链理论、华莱士的四期论、发射—辐合理论。

1. 三境界式理论

创新思维是人类思维活动的最高表现形式，它是各种思维形式系统综合作用的结晶。创新思维的形成过程可用我国现代著名学者王国维谈及作诗和做学问时的三种境界进行类比。第一境界是："昨夜西风凋碧树，独上高楼，望尽天涯路。"第二境界是："衣带渐宽终不悔，为伊消得人憔悴。"第三境界是："众里寻他千百度，蓦然回首，那人却在灯火阑珊处。"王国维巧用宋代词人晏殊、柳永、辛弃疾的三句词形象解释作诗与做学问的三种境界。创新思维的形成过程也可类比，其形成过程如图 2.2 所示。

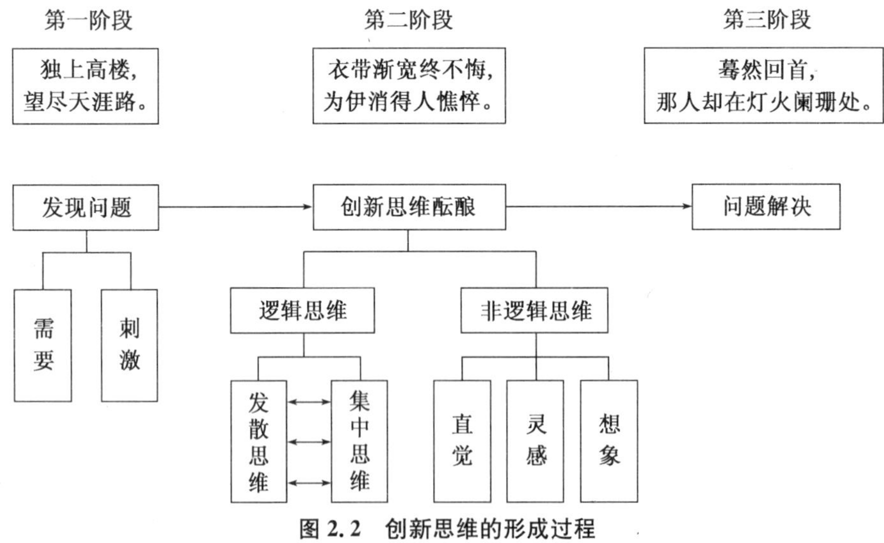

图 2.2 创新思维的形成过程

第一阶段，发现问题(独上高楼，望尽天涯路。)

创新主体在创造动机的驱动下产生创新的欲望。创造动机产生内外两种情境，一是内在需要，二是外在刺激。动机驱动主体用逆向思维分析思维定式，对现有的习惯性看法、解决问题的方式、方法等产生不满足，主体的创造动机得以激发，发现问题。日本创造学家高桥浩指出："发现问题的意识是创造性思维的力量源泉。"只有发现问题，创造主体才有可能调动其所有的知识与经验围绕问题的核心努力探索解决问题的方法。

第二阶段，创新思维酝酿(衣带渐宽终不悔，为伊消得人憔悴。)

发现问题后，创新主体开始有意识、有目的地收集与积累和问题相关的资料与信息，通过各种途径弥补有关知识的缺陷，构想解决问题的各种可能方案。此阶段是创新性思维能否最终获得成功的决定性阶段。

此阶段中，主体运用发散思维与集中思维等多种逻辑思维方式以及主体的直觉、灵感、想象等非逻辑思维的参与，时而分散、组合、集中，大胆尝试，小心求证。为寻找问题解决方案，创新主体可能因对问题百思不得其解而产生焦虑烦恼，但一旦投入其中，就会废寝忘食，如痴如醉，即使日渐消瘦也决不止步。创新主体的全心全意投入的心理状态，最终形成创新方案。

第三阶段，问题解决(蓦然回首，那人却在灯火阑珊处。)

创新主体在痛苦与徘徊中努力寻找问题解决方案，以获得创新思维的最终成形。格式塔心理学派认为，学习是有机体不断地对环境发生组织与再组织，不断形成一个又一个完形的过程。学习是因为出现了完形，出现了对情境的顿悟才得以成功的，顿悟在学习中起着决定性作用。创新思维也是创新主体运用各种思维模式，通过不断的分解与组合，通过对各种情境的不断的组织与再组织，在类似顿悟情境中最终产生。从最终结果上，创新思维是在已有的经验和知识的基础上，寻找现有事物的新功能组合并最终产生新知识与新经验的过程。创新思维的成形，就是对客观事物的认识产生了飞跃，并在新的层次上认识事物把握规律。飞跃的过程是长期且艰苦的，但结果在很多时候往往表现出随机与偶然性的特点。

2. 序列链理论

我国学者刘奎林提出境域—启迪—跃迁—顿悟—验证的序列链理论。

境域指足可诱发灵感迸发的充分且必要的境界。创新者入境后表现出来的那种潜思维与显思维随意交融，任意驰骋，神与物游的忘我境域，正是创新思维的最高境界。

启迪是指机遇诱发灵感的偶然性信息。创新者的灵感一旦孕育到饱和程度，只要有某一相关的信息偶然启迪，顷刻之间就会豁然开朗。

跃迁是指灵感发生时的非逻辑质变的方式，经过意识与潜意识交互作用，潜意识就进入一种跨越推理程序、非连续的质变过程。一般来说，对潜意识的信息加工过程，人类无法意识到在形态上或能量上的中间循序过渡环节，这是灵感思维的一种高级质变方式。

顿悟是指灵感在潜意识孕育成熟后，同显意识沟通时的瞬间的表现。

验证是指对灵感思维结果真伪进行的科学分析和鉴定。

上述的五个程序是紧密联系，互相制约的，形成了一个以显意识去调动潜意识，诱发灵感迸发的有机系统。

3. 华莱士的四期论

美国心理学家华莱士研究了各种思想活跃类型的人的经验之谈后，发表了思维过程的四期论。

(1) 准备期——形成创新课题

提出问题,围绕问题搜集材料,进行思考,形成创新课题的过程,即有意识的努力期。此时期创新思维活动主要集中在发现问题、分析问题,形成有创新价值的课题,发现问题是起点,分析问题并形成创新课题是关键。

(2) 酝酿期——寻求解决问题的途径

直接解决问题的方法不能立即获得,创新者就进入了冥思苦想的酝酿阶段。酝酿期可长可短,短时一触即发便可获得创新;长时创新者虽然开动脑筋,也想不出好主意,承受着痛苦煎熬,需要意志坚强、坚忍求索、持续努力。只有那些具有强烈创新意识,能够经受住考验的创新者,才能享受到创新成功后的喜悦,理解"柳暗花明又一村"的内涵。

(3) 启发期——解决问题的启发突然出现

启发期是创新思维的突变阶段,亦称为出现灵感或顿悟阶段。此期的特征是解决问题的启示突然出现。突然出现可能是创新者处于非工作状态或者是在做其他毫不相干的事情时发生。

(4) 验证期——意识支配下的推敲过程

验证期是创新思维过程的最后一个阶段。这一阶段为推敲突然出现的启示是否满足适用性标准,须仔细琢磨,具体论证和检验。此过程也是科学方法解决问题的一个重要步骤。

4. 发散-收敛理论

美国心理学家吉尔福特认为,发散思维"是从给定的信息中产生信息,其着重点是从同一来源中产生各种各样的为数众多的输出,很可能会发生转换作用"。吉尔福特提出发散能力测验要求不止一种正确的标准答案,其评分的主要依据是新颖性和多样性。

收敛思维是依据给定的零散信息得出一个有效的或合理的答案或结论。收敛思维是在发散思维所提供的大量事实的基础上,经过分析比较而提出一个可能的答案或结论,然后经过检验、修改、再检验,甚至被推翻,再进行集中,提出一个最佳有效的答案或结论。

一个完整的创新思维过程,是发散与收敛相互促进、转化、交互推进的过程。科学创造就是经历这样一个思维过程后获得的创新成果。

2.3.2 创新思维的特点

把握创新思维特点有利于开发创新思维。总体上创新思维有以下特点:

1. 独创性

创新思维不同于常规思维,其探索的方向是客观世界中尚未认识的事物规律,要解决的是人类实践中不断出现的新情况和新问题,从而为人们的实践活动开辟新领域。独创性表现为选题的标新立异、方法的另辟蹊径、对异常的敏感性以及思维的独立性。如某公司董事长有一次在野外发现一群孩子玩外形丑陋的昆虫并表现出喜欢的状态,于是就想目前市场上主要是形象俊美的儿童玩具,如果生产形状丑陋的儿童玩具,效果会如何?回到公司后立即安排研制丑陋玩具。市场反响强烈,丑陋玩具深受儿童的青睐,公司也获得了丰厚的利润。

2. 发散性

创新思维不局限于某种固定的思维模式、程序和方法，表现为可以灵活地从一个思路转向另一个思路，从一个境界进入另一个境界，多方位试探解决问题的方法，具有多方向、立体化的特点。有心理学家做了一个实验，要求班级学生用 6 根火柴搭出 4 个三角形。大多数人因为受到平面上思维的束缚，没有完成任务。如果从平面跳出，扩展到立体空间，很快就找出三角锥体而得出满意的结果。

3. 突发性

创新思维的进程是间断的，不是连续的。思维进程往往在某个时间中断，而在某一个不确定的时刻突然间得到所需要的思维结果，表现出突发性。突发性思维成果的出现不是偶然的，而是在长期思维量变的基础上实现的质的飞跃。此种非逻辑性的突变一般表现形式就是直觉与灵感的顿悟。如古希腊科学家阿基米德沐浴时突然解决了国王要求他检验工匠是否在新制的金冠中掺假的难题的传说。由于当时科学检验手段的缺乏，阿基米德为此苦思冥想却百思不得其解。后来回家休息入盆洗澡，体会到水有浮力，头脑中豁然开朗，可用与金冠重量相同的纯金块在盆中所排出的水的体积来解决国王问题。经过试验成功地解决了难题。后来阿基米德将此灵感思维演变成逻辑思维的结果，又经过大量试验与归纳，诞生了浮力定律。

4. 开放性

创新思维的空间是要面向世界、面向未来的思维聚焦点，要与世界对接，具有领域的广阔性、开放性，因而不得自我封闭，不具固定模式，不能简单定论。在思维的时空上，可通过扩大参考系的比较，寻求比较中的突破。在判断是非的标准上，不唯书，不唯上，不唯经验和权威，敢于寻找新标准，创造新事物。实践是检验真理的唯一标准大讨论推动了中国的改革开放，改革开放的伟大实践又进一步促进人们的思想解放。开放性是思维结构的开放性。封闭性思维是指习惯于从已知经验和知识中求解，偏于继承传统，照本宣科，落入俗套，因而不利于创新。开放性思维则是敢于突破思维定式，打破常规，富有改革精神。

5. 综合性

综合性是指善于智慧杂交，大量汲取人类智慧精华，形成新的成果；又能把大量概念、事实和观察材料综合，加以抽象总结概括，形成科学的绪论和体系；善于科学分析，对占有的资料进行深入分析，把握其中的个性特点，概括出事物的规律；又善于形象组合，把不同的形象有效地综合在一起。没有综合，就没有创新。

2.4 创新思维方式

创新思维方式是从创新思维活动中总结、提炼、概括出来的具有方向性、程序性的思维模式，作为一种开创性的探索未知事物的高级复杂的思维，是各种思维形式的综合体现。实践中各类思维形式各具特点、融会贯通，共同构成了多姿多彩的创新思维表现。本书仅就发散思维与集中思维、横向思维与纵向思维、正向思维与逆向思维、逻辑思维与形象思维、平面思维与立体思维等进行讨论。

2.4.1 发散思维与集中思维

1. 发散思维

发散思维又称扩散思维、辐射思维，就是针对问题出发，从不同层次、不同角度、不同方向进行探索解决问题的多种方案、多种思想和多种方法的一种思维形式。它从问题信息源（思维的基点）出发，任意发散，既无一定的方向，也无一定的范围（图 2.3）。美国心理学家 J. P. 吉尔福特认为，发散思维具有流畅性、灵活性、独特性和精细性特征。

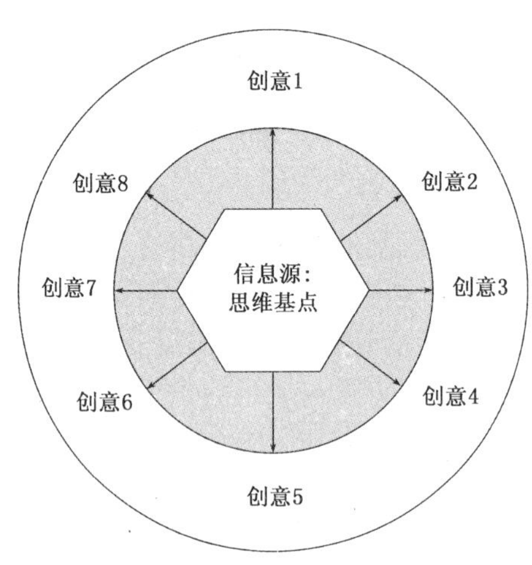

图 2.3 发散思维

流畅性是思维自由发挥，在较短时间内生成并表达出解决问题尽可能多的方案、思想和方法，是发散思维量的指标，反映发散思维的速度。可以用一定时间内的数量指标来表示流畅性水平。例如，提问"取暖"有哪些方法？可从取暖方法的各个方向发散，有晒太阳、烤火、开空调、电暖气、电热毯、剧烈运动、多穿衣等，这些都是同一方向上数量的扩大，但方向较为单一。例如，有人问："手机有什么用？"一个人说："打电话、上网查资料。"另一个人说："打电话、上网查资料、QQ 聊天、购物、打游戏、做生意。"第二个人的流畅性要好。

灵活性是发散思维改变思维方向的属性，指克服人们头脑中僵化的思维框架，按照某一新的方向来思索问题的特点。灵活性反映一个人的思维常常通过借助横向类比、跨域转化、触类旁通等方法，能够随机应变，使发散思维沿着不同的方面和方向扩散，有可能提出不同于一般人的新构想、新方案和新方法。灵活性是较高层次的发散思维，使得发散思维的数量多、跨度大。发明家爱迪生就是一个思维非常敏捷的人。据说在发明白炽灯时，为解决灯丝材料问题，他提出了几千种解决办法，使用多种发散途径和方法，终于找到合适的材料和方法。

案例 2.3

苯胺紫的发明和比萨斜塔试验

19 世纪中叶，欧洲疟疾流行，天然奎宁不够，著名化学家霍夫曼提议用化学方法合成。他的 18 岁的学生柏琴按照老师的意图积极进行这方面的试验，但一次又一次地失败了。一天黏液呈现出鲜艳的紫红色。小伙子灵机一动：虽然奎宁没有搞成功，可现在纺织工业缺染料，这不是很好的染料吗？他进一步试验、加工，制成了苯胺紫，申请了专利，办起了有史以来第一个合成染料厂，开辟了人造染料的新工业部门。柏琴这里就是得益于思维的变通性。

16世纪前的两千多年间,人们一直相信物体下落的速度与重量成正比,重的物体比轻的物体下降得快。这一谬论一直到1590年,物理学家伽利略著名的比萨斜塔试验才把它推翻。伽利略在比萨斜塔上把一个铁球与一颗铅质的枪弹同时抛下,重的铁球与轻的铅弹同时落地。

由此可见,思维的变通进程也就是变革头脑中某些僵化了的思维模式。

独特性表现为思维者提出的解决方案或方法,不与他人类同,而是“新异”、“奇特”和“独到”,即从前所未有的新角度认识事物,提出超乎寻常的新想法,使人们获得创造性成果。如问到报纸有何用途? A说在野外可烧火驱赶野兽、制造恐慌。B说用来阅读、写字、包书、擦玻璃。此处A的独创性好于B。

精细性是对已有的方案、方法或想法细化和完善,使思维的成果更加具体。

发散思维的流畅、灵活、独特和精细是相互联系的。思维流畅是思维灵活、独特和精细的前提,思维灵活则是提出创新的关键。灵活转换的能力强,产生独特精细的想法就越有可能性。

法国哲学家查提尔说:“当你只有一个点子时,这个点子再危险不过了。”美国罗杰博士说:“习惯于寻求单一正确答案,会严重影响我们面对问题和思考问题的方式。”有人请教爱因斯坦说,你与常人区别何在? 爱因斯坦回答道:“如果让常人在一个草垛中寻找一根针,常人往往在找到一根针就会停止工作,而我则会把整个草垛掀开,寻找散落在草垛中所有的针。”

发散思维可以有意识地进行训练,如可以从用途、功能、结构、因果、材料等方面进行思维。例如以“电线”为题,设想其可能的用途。自然有人与“电、信号”等联系起来,作为导体;也有人当作绳来捆东西、扎口袋等。但当把电线分成铜质、重量、体积、长度、韧性、直线等再考虑,猛然发现电线有无穷无尽的用途。

再如,在回答“红砖头有什么用”时,两人均在两分钟内说出10种用途。A:造房子、造围墙、造猪圈、造羊圈、造狗窝、造鸡窝、造兔窝、造鸭窝、铺路、造台阶等,B:造房子、铺路、练气功、练举重、做涂料、写字、做武器、下象棋、防台风和放在汽车轮下防滑等。比较而言,B所涉及的类别较多,A只局限于做建筑材料,故B的发散思维变通性比A强。但若有人说“红砖头可以当作多米诺骨牌,作为比赛用具”,则与众不同,可以认为该人发散思维独特性较强。

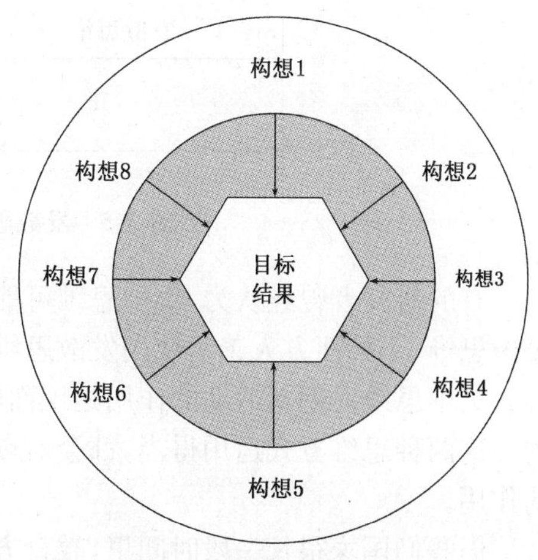

图2.4 集中思维示意图

2. 集中思维

集中思维也称收敛思维,指以寻找解决的问题为中心,从众多的已知条件或已有知识和经验中,找出一个解决问题方案的思维方式。集中思维是将各种信息从不同的角度和层面聚集在一起,利用已有的知识和经验,将各种信息重新进行组织、整合，把众多的信息和解题的可能性逐步引导到条理化的逻辑序列中，以产生新的想法的思维方法。如图 2.4 所示，集中思维与发散思维图示的箭头相反，集中思维是一种单一目标的、闭合式的思维，也常称为汇聚思维、辐合思维、求同思维或收敛思维。

集中思维具有汇聚性、唯一性和逻辑性的特点。

3. 发散思维与集中思维的关系

作为两种思维方式，发散思维与收敛思维是有显著区别的。从思维方向上来讲，二者恰好相反，发散思维的方向是由中心向四面八方扩散，集中思维的方向是由四面八方向中心集中；从作用视角上讲，收敛思维是一种求同思维，要集中各种想法的精华，达到对问题的系统全面的考察，为寻求一种最有实际应用价值的结果而把多种想法理顺、筛选、综合、统一。发散思维是一种求异思维，为在广泛的范围内搜索，要尽可能地放开，把各种不同的可能性都设想到。发散思维更有利于人们思维的广阔性、开放性，使人的思维极限尽量放宽，更利于在空间上的拓展和时间的延伸，而集中思维则有利于从各路思维中选取精华，使解决问题取得突破性进展。从一个相对完整的思维过程的角度来说，如图 2.5 所示发散思维与集中思维又是创新过程中相辅相成的统一体，缺一不可。

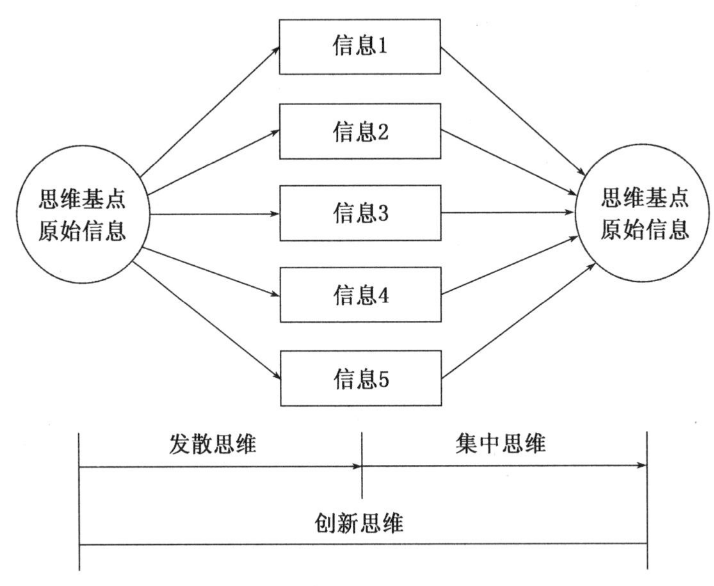

图 2.5　发散思维与集中思维的统一性

有的研究者曾经认为，集中思维可能对创造活动有阻碍作用，还认为中国人习惯使用集中思维，不如西方人善于使用发散思维，因此创新能力不如西方人。

集中思维对创新活动的作用是正面的、积极的，和发散思维同样是创新思维不可缺少的。这两种思维方式运用得当，都会对创新活动起促进作用；使用不当，就不能发挥应有的作用。

但我们国家很长一段时间里，教育方法上忽视了发散思维，这对创新能力的培养是不利的，这种教育方式需要改变，但并不能因此归罪于集中思维。

杨振宁教授在谈中美两国教育哲学的差异时，得到的结论是：如果你讨论的是一个美国学生，就要鼓励他多学一些有规则的训练；如果讨论的是一个亚洲的学生，他的教育从亚洲开始的，那么就鼓励他去挑战权威，以免他永远胆怯。

收敛思维与发散思维是一种辩证关系，既有区别，又有联系，既对立又统一。没有发散思维的广泛收集，多方搜索，收敛思维就没有了加工对象，就无从进行；反过来，没有收敛思维的认真整理，精心加工，发散思维的结果再多，也不能形成有意义的创新结果，也就成了废料。只有两者协同动作，交替运用，一个创新过程才能圆满完成。

在解决创新问题的过程中，起于发散，止于集中，相辅相成。任何一个创新过程，都要经过从发散到集中，再从集中到发散的多次循环，直到创新问题的解决。

阅读案例

发散与收敛思维只是创造性解决问题中的一种思维方法，应与横向思维、纵向思维，正向、逆向思维等形成互补、交错，而不能只用单一的思维过程去完成一个综合性的实际问题的解决方案，因为“创造性思考本身是一种复杂的、多元思维的整合”。

2.4.2　横向思维与纵向思维

横向思维是一种共时性的思维，它截取历史的某一横断面，研究同一事物在不同环境中的发展状况，并通过同周围事物的相互联系和相互比较中，找出该事物在不同环境中的异同。

纵向思维是一种历时性的比较思维，它是从事物自身的过去、现在和未来的分析对比中，发现事物在不同时期的特点及前后联系而把握事物本质的思维过程。

案例2.4

博诺的提问

牛津大学的爱德华·博诺先生非常推崇“横向思维”。在一次讲座中，博诺先生提出了这样一个问题：某工厂的办公楼原是一片2层楼建筑，占地面积很大。为了有效利用地皮，工厂新建了一幢12层的办公大楼，并准备拆掉旧办公楼。员工搬进了新办公大楼不久，便开始抱怨大楼的电梯不够快、不够多。尤其是在上下班高峰期，他们得花很长时间等电梯。

顾问们想出了几个解决方案：

(1) 在上下班高峰期，让一部分电梯只在奇数楼层停，另一部分只在偶数楼层停，从而减少那些为了上下一层楼而搭电梯的人。

(2) 安装几部室外电梯。

(3) 把公司各部门上下班的时间错开，从而避免高峰期拥挤的情况。

(4) 在所有电梯旁边的墙面上安装镜子。

(5) 搬回旧办公楼。

你会选哪一个方案？

博诺先生说，如果你选1、2、3、5，那么你用的是“纵向思维”，也就是传统思维。如果选4，你就是个“横向思维”者，你考虑问题时能跳出思维惯性。这家工厂最后采用了第4种方案，并成功地解决了问题。

“员工们忙着在镜子前审视自己，或是偷偷观察别人，”博诺先生解释说，“人们的注意力不再集中于等待电梯上，焦急的心情得到放松。大楼并不缺电梯，而是人们缺乏耐心。”

横向思维与纵向思维的综合应用能够对事物有更全面的了解和判断，是重要的创造性思维技巧之一。

1. 横向思维

爱德华·德·波诺于1967年《水平思维的运用》一书中提出横向思维。横向思维是指突破问题的结构范围，从其他领域的事物、事实中得到启示而产生新设想的思维方式。《诗经》的“他山之石，可以攻玉”就是此思维的写照。由于横向思维改变了解决问题的一般思路，从多个角度入手，试图从别的方面、方向入手，其思维广度大大增加，拓宽解决问题的视野，从而使难题得到解决。横向思维常常在创造活动中起到巨大的作用。

横向思维具有同时性、横断性和开放性的特点。在横向思维的过程中，首先把时间概念上的范围确定下来，然后在这个范围内研究各方面的相互关系，同时性的特点使横向比较和研究具有更强的针对性。横向思维对事物进行横向比较，即把研究的客体放到事物的相互联系中去考察，可以充分考虑事物各方面的相互关系，从而揭示出不易觉察的问题。横向思维突破问题的结构范围，是一种开放性思维，思维过程中将事物置于很多的事物、关系中进行比较，从其他领域的事物获得启示从而得到最终的结果。

横向思维常用方法有：

(1) 横向移入

横向移入是指跳出本专业、本行业的范围，摆脱习惯性思维，侧视其他方向，将注意力引向更广阔的领域，解决本领域的问题；或者将其他领域已成熟的、较好的技术方法、原理等直接移植过来加以利用；或者从其他领域事物的特征、属性、机理中得到启发，形成对原来思考问题的创新设想。电话发明人贝尔说：“有时需要离开常走的大道，潜入森林，你肯定会发现前所未有的东西。”

(2) 横向移出

与横向移入相反，横向移出是指将现有的设想、已取得的发明、已有的感兴趣的技术和本公司产品，从现有的使用领域、使用对象中摆脱出来，将其外推到其他意想不到的领域或对象上。

(3) 横向转换

横向转换是不直接解决问题，而是将其转换成其他问题。例如曹冲称象，把测重转换成测船入水的深度。

2. 纵向思维

纵向思维是指在一种结构范围内，按照有顺序的、可预测的、程式化的方向进行的思维形式，这是一种符合事物发展方向和人类认识习惯的思维方式，遵循由低到高、由浅到深、由始到终等线索，因而清晰明了，合乎逻辑。事物发展的过程性是纵向思维得以形成的客观基础，任何一个事物都要经历一个萌芽、成长、壮大、发展、衰老和死亡的过程，并且在这个发展过程中可捕捉到事物发展的规律性，纵向思维就是对事物发展过程的反映。纵向思维被广泛应用于科学和实践之中。我们平常的生活、学习中大都采用这种思维方式。

纵向思维是从对象的不同层面切入，具有纵向跳跃性、突破性、递进性、渐变的连续过程等特点。具有这种思维特点的人，对事物的见解往往入木三分，一针见血，对事物动态把握能力较强，具有预见性。

纵向思维是按照时间轴即由过去到现在，由现在到将来的顺序来考察事物的。此种历时性思维方法被众多学科所运用。在事物发展历史中考察事物，其考察的事物必须是同一的，具有自身的稳定性和可比性。对未来的推断就是对事物的发展进行预测。通过对事物现有规律的分析预测未知的情况相当普遍，如在气象预测、地质灾害预测等领域的广泛应用，对于指导人们的行为、决策和规划起着较大作用。

横向思维与纵向思维的区别：纵向思维是分析性的，横向思维是启发性的；纵向思维按部就班，横向思维可以跳跃。有人用挖洞来比喻，认为纵向思维是为了把一个洞挖得更深的工具，横向思维是在别处挖一个洞的工具。

阅读案例

2.4.3　正向思维与逆向思维

正向思维是指人们在创新思维活动中按常规思路沿袭某些常规去分析问题，按事物发展的自然进程、特征、趋势进行思考推测的思维方式，是一种从已知到未知来揭示事物本质的思维方法。逆向思维也称为逆反思维或反向思维，与正向思维相反，在思考问题时，为了实现创造过程中设定的目标，跳出常规，改变思考对象的空间排列顺序，从反方向寻找解决办法的一种思维方法。正向思维与逆向思维相互补充、相互转化，在解决问题中共同使用，经常取得事半功倍的效果。

1. 正向思维

正向思维法是人们经常用到的思维方式，它是在对事物的过去、现在充分分析的基础上，推知事物的未知部分，提出解决方案，在人们面对生产生活中的常规问题时，具有较高的处理效率，能取得很好的效果。

正向思维具有的特点：在时间维度上的一致性，随着时间进行，符合事物的自然发展过程和人类认识的过程；认识上具有统计规律的现象，能够发现和认识符合正态分布规律的新事物及其本质。

发现天王星之后的几十年里，人们又发现天王星的实测轨道同理论数据存在偏差，表现出轨道上下摆动的现象。有的天文学家大胆地推测，天王星的外边还有一颗未发现的行星。19世纪40年代，英国的亚当斯花费了近两年时间，终于用万有引力定律和天王星实测数据推算出这颗尚未被发现的新星的轨道。几乎与亚当斯同时，法国天文学家勒威耶也用艰难的数学方法推算出这颗新星的可能位置。1846年9月23日，柏林天文台台长加勒果然在勒威耶推算的位置方向找到了一颗未列入星表的八等小星，即海王星。它的发现又使太阳系的空间范围增加了一倍半。80多年之后,天文学家们又通过类似的推理演绎方法在海王星外发现了冥王星(矮行星)。这些太阳系行星的发现均是正向思维的结果。

我国古代的"月晕而风、础润而雨","朝霞不出门、晚霞行千里","鱼鳞天不雨也风颠"之类预报天气的谚语,都体现为正向思维。

2. 逆向思维

任何事物或过程,都包含着相互对立的因素,都是相反的对立面的统一体。正向思维是人们习以为常、合情合理的思维方式,而逆向思维则与正向思维背道而驰,朝着它的相反方向去想,常常有违常理。逆向思维可以更好地想出解决问题的方案。

我国古代有这样一个故事,一位母亲有两个儿子,大儿子开染布作坊,小儿子做雨伞生意。每天,这位老母亲都愁眉苦脸,天下雨了怕大儿子染的布没法晒干;天晴了又怕小儿子做的伞没有人买。一位邻居开导她,叫她反过来想:雨天,小儿子的伞生意做得红火;晴天,大儿子染的布很快就能晒干。逆向思维使这位老母亲眉开眼笑,活力再现。

在创新发明上更需要逆向思维,逆向思维创造出许多意想不到的人间奇迹。由我国发明家苏卫星发明的"两向旋转发电机"诞生于1994年,同年8月获中国高新科技杯金奖,并受到联合国TIPS组织的关注。1996年,丹麦某大公司曾想以300万元买断其专利,可见其发明价值之巨大。"两向旋转发电机"的发明应归功于逆向思维。翻阅国内外科技文献,发电机共同的构造是各有一个定子和一个转子,定子不动,转子转动。苏卫星发明的"两向旋转发电机"定子也转动,发电效率比普通发电机提高四倍。苏卫星说,我来个逆向思维,让定子也"旋转起来"。这是他发明的思维基础,也是他对创新发明思想的一大贡献。

逆向思维可分为结构逆向、功能逆向、状态逆向、原理逆向、序位逆向、方法逆向等。

结构逆向就是从已有事物的结构形式出发所进行的逆向思维,以通过结构位置的颠倒、置换等技巧,使该事物产生新的性能。

功能逆向是指在原有事物功能上去进行逆向思维,以寻求解决问题方案,获得创造发明的思维方法。

状态逆向是指人们根据事物某一状态的反面来认识事物,从中找到解决问题的办法或方案的思维方法。

原理逆向是指从相反的方面或相反的途径对原理及其运用进行思考的思维方法。

序位是指顺序和方位。顺序又指时序或程序,方位又指方向和位置。序位逆向是指对事物的顺序和方位逆向变动,以产生新的较佳效果的思维。

方法逆向是指在解决问题时,采用与惯用方法截然相反的方法的思维。

逆向思维的特征是突破常规和互换性。当用常规方法思考问题得不到解决时,应当考虑转换思维方向进行,以寻找、发现或创新解决问题的新方法和新方案。

判断是何种思维方式

2.4.4 形象思维与逻辑思维

1. 形象思维

形象思维是指以具体的形象或图像为思维内容的思维形态,它是人的一种本能思维,每个人从一出生就会无师自通地以形象思维方式考虑问题。随着思维的成熟和后天的教育，人们的思维方式才逐渐由形象思维（具体）向抽象思维（概念、逻辑思维）过渡，并最终由抽象思维取代形象思维的主要地位。

但这并不意味着形象思维就一定是低层次的思维方式，因为当大脑在抽象思维的进化道路上走到极致的时候，形象思维又会以一种新的姿态焕发新生，并引导思维向更高的层次发展，它不仅适用于不同的领域，而且适用于任何层次，尤其是在一些极度抽象的高尖端科技领域，形象思维的作用更是不可替代的。爱因斯坦说："想象比知识更重要，因为知识是有限的，而想象力概括着世界上的一切，推动着进步，并且是知识进化的源泉，严格地说想象力是科学研究中的实在因素。"韩信五寸布帛画千军万马而挂帅印，说明形象思维的重要。

形象思维具体体现为想象思维、联想思维、直觉思维和灵感思维等。

(1) 想象思维

想象是人脑对记忆中的表象进行加工和改造以后，组合成新形象的过程。它是形象思维的具体化，是人脑借助表象进行加工操作的最主要形式。想象具有形象组合性、时空跨越性和高度自由性的特点，是自觉进行的一种积极主动的心理现象。

康德说过："想象力是一个创造性的认识功能，它能从真实的自然界中创造一个相似的自然界。"想象力是创新思维的重要品质，它能使我们超越已有的知识和经验，使思维插上翅膀，达到新的境界。创新者借助于丰富的想象力，可以超越时空条件限制，自由地驰骋在科学发现和技术发明的广阔疆域，畅游创新的自由快乐。

案例 2.5

爱因斯坦相对论的诞生

相对论是想象力赋予它生命。爱因斯坦于 1879 年 3 月 14 日在德国小城乌尔姆出生，父母是犹太人。和牛顿一样，年幼时爱因斯坦未显出智力超群，相反到了四岁多还不会说话，家里人甚至担心他是个低能儿。

关于光的性质，还有很多谜，直到现在也无法用科学解释。不过 20 世纪初，在人们了解光、研究光的过程中，带来了物理学两场革命，这就是相对论和量子论。为建立这两个理论体系，许多杰出的物理学大师都做出了重要贡献，其中最为突出的是爱因斯坦。

早在 16 岁时，爱因斯坦就从书本上了解了光是以极快速度前进的电磁波，他产生了一个想法，如果一个人以光的速度运动，将看到一幅什么样的世界景象呢？他将看不到前进的光，只能看到在空间里振荡着却停滞不前的电磁场。这种事可能发生吗？于是他的智慧在想象中闪光。1905 年，爱因斯坦发表狭义相对论理论，并冲破有 200 年历史的牛顿物理理论体系。在相对论中，许多在牛顿构建的世界下不可能发生的事情都有了转机，比如飞向未来的时间旅行。在牛顿的宇宙中，时间在任何一个地点，任何一个时间都是恒定的：它永远不会加速，也不会减速。但在爱因斯坦看来，时间是相对的。时间旅行不仅是可能的，它已经实实在在地发生。爱因斯坦在时空观彻底变革基础上建立了相对论力学，指出质量随着速度的增加而增加，当速度接近光速时，质量趋于无穷大。他给出著名的质能关系式：$E=mc^2$，此式对原子能事业发展起到了指导作用。到1915年，爱因斯坦终于达到事业的巅峰，提出了广义相对论的完整理论形式，永远地改变了人类对整个宇宙的理解。

人们喜欢具有超级想象力的科幻作品。科幻作品本身就带有先验的性质，它既有扎实、准确的科学依据，又要对未来进行思考和预测。我们不能苛求科幻小说设想都在未来能够证实，但肯定会有被未来的人们惊呼的预言得以实施和实现。《西游记》和《封神演义》都不是科幻小说，却不乏科学幻想的成分，顺风耳、千里眼在当代已经不再是神话，土行孙也有了盾构机可以注解。人们不能不佩服小说家们的奇思妙想。英国著名科幻作家克拉克的小说中预言了同步卫星通讯、光帆飞船的出现，已经被科学技术的发展所证实。倘若这些预言性质的设想，哪怕只有极少成分能在人们的思想上发酵，为他们提供启示，那就是人类思维明亮的火花，就是了不起的成就。中国著名科幻作家、世界华人科幻协会副会长、高级工程师王晋康认为，科幻能激发人的想象力，人类最为重要的能力就是想象力。在他的小说《时间之歌》中描写了人工智能战胜人类围棋之王的一个场景，2018年当记者采访时他坦言，自己也没有料到小说描写的场景，会于2017年在围棋世界排名第一的棋手柯洁和人工智能AlphaGo的比赛中再现，柯洁落败后现场流下眼泪，让人们惊呼人类已经阻止不了人工智能了。柯洁也表示此后不再对战人工智能。但一年后，柯洁食言了。柯洁亮相福州与国产人工智能围棋“星阵”对弈。2018年末王晋康再次想象，人工智能将具有情感，照料我的晚年生活，形成生物人、机器人和谐共处的世界。

(2) 联想思维

联想思维，就是根据当前感知到的事物、概念或现象，想到与之相关的事物、概念或想象的思维活动。联想思维方式也就是通常所说的由此及彼、举一反三、触类旁通。联想思维主要有接近思维、相似思维、对比思维、关系联想、对称联想、自由联想、因果联想和强制联想等。

案例 2.6

微生物的发现

荷兰生物学家列文虎克从自由联想中发现了微生物。1675年的一个雨天，列文虎克在工作很长时间后走到屋檐下休息，他看着下个不停的雨思考着刚刚观察的结果，突然想雨水里会不会有什么东西呢？他从院子里舀了一杯雨水用显微镜观察，发现水滴中有许多奇形怪状的小生物在蠕动，而且数量惊人。在一滴雨水中，这些小生物要比当时全荷兰的人数还多出许多倍。列文虎克在显微观察中，第一次发现一些非常细小并只能透过显微镜观察到的生物，他称之为“微生物”。1675年，他首次在盛放雨水的罐子里发现了单细胞的微生物；1683年，他又在自己的牙垢物中发现了更小的单细胞生物。他发现“这些生物几乎像小蛇一样用优美的弯曲姿势运动”。此后，列文虎克又用显微镜发现了红血球和酵母菌。过了200多年以后，人们才搞清楚列文虎克发现的微生物是细菌。

(3) 直觉思维

直觉思维是指当人们研究某个问题时未经逐步分析，不受固定的逻辑规则约束，凭借已有的知识和经验，便对问题的答案做出迅速而合理的判断的一种思维方式。是一种无意识、非逻辑的思维活动。爱因斯坦关于科学创造原理的思想可以简洁地表述成这样一个模式：经验—直觉—概念或假说—逻辑推理—理论。爱因斯坦说过，“真正有价值的东西就是直觉。”直觉是直接的感觉，本源于第一感觉和第六感觉，一种无意识的、非逻辑的思维活动。玻恩认为，“实验物理的全部伟大发现都是来源于一些人的直觉。”法国著名物理学家德布罗意指出：“想象力和直觉都是智慧本质上所固有的能力，它们在科学的创造中起过，而且经常起着重要的作用。”数学家彭加勒在《科学与方法》中指出，逻辑是证明的工具，直觉是发现的工具。在人们面前有无数条可供选择的道路，逻辑可以告诉我们这条或那条路保证不遇见任何障碍，但是它不能告诉我们哪一条道路能引导我们到达目的地。必须从远处瞭望目标，教导我们瞭望的本领是直觉，没有直觉，数学家便会像这样的一个作家：他只是按语法写诗，但是却毫无思想。魏格纳的大陆漂移假说提出就是直觉思维。

直觉思维是由想象和判断组成的，以想象为主，因此直觉的形式主要是形象或图形。魏格纳的大陆漂移假说就是直觉思维的成果。直觉思维具有直接性、突发性、跳跃性、或然性、理智性等特征。

(4) 灵感思维

灵感思维是指经过长期的冥思苦想之后，突然产生新设想，瞬间解决问题的思维活动。

灵感思维是突如其来的，瞬间产生的，是一种顿悟，是思维过程中的一种短暂的最佳状态。

灵感思维的出现往往带有神秘感，具有不可确知性，但它是可以开发的，可以通过勤奋思考获得的。灵感是人脑的机能，是人对客观现实的反应。钱学森说：“如果把非逻辑思维视为形象思维，那么灵感思维就是顿悟，实际上是形象思维的特例。灵感的出现常常给人们渴求已久的智慧之光。”

作为一种特殊的创新思维方式，它具有累积性、偶然性、易逝性、诱发性、独创性、模糊性、情感性、结果性等特征。

案例2.7

吉列的发明

美国吉列公司创始人坎普·吉列，于1855年1月5日出生在美国芝加哥一个小商人家庭。因父亲做的是小生意，家里经济状况很紧张。16岁吉列被迫辍学，开始走向社会，寻找一份自食其力的工作。对一个没有学历、没有经验的人来说，最容易找到的工作就是推销员。在巴尔的摩瓶盖公司做了连续24年的推销员，40岁的人生没有任何起色。

直到有一天，当他手托下巴陷入沉思的时候，那刮不干净的胡须扎了一下他的双手，同时也刺激了他的思绪：每个男人都需要刮胡子，而刮胡子就需要剃须刀。一想到剃须刀，他顿时高兴地跳起来，联想到自己修面整容时的很多不方便后，便暗暗下定决心，一定要开发出一种"用完即扔"的剃须刀，来实现自己的发财梦想。一个触摸的瞬间，产生了一个难忘的灵感。

正是吉列发明的小小剃须刀，使得世界上所有的男人改变了剃须方式。小小刀片的包装上，吉列用他留满胡须的脸当商标，随同他的刀牌一块卖到世界各地，他的脸因此被人们称为"世界上最有名气的一张脸"。吉列正因这小小的刀片而成为一大富翁。

如何促使灵感产生？心理学认为下列条件有助于产生灵感：① 必须进行长期的预备性劳动。对问题的解决有浓厚的兴趣，对问题和有关数据进行长时间的反复的探索，这是捕获灵感的最为基本的条件。② 必须把全部的注意力集中在问题上，直至对问题达到沉迷的程度。③ 必须摆脱习惯思维的束缚。与他人交换意见，参加问题讨论，特别是听取和分析不同意见，有助于打破习惯思维的束缚，激发灵感的产生。④ 充分利用原型启发。从其他事物引起联想，找到解决问题的途径，即是启发，起启发作用的事物，称为原型。日常用品、自然现象、机器、图片、提问、文字等都可能对发明创造有启发作用。⑤ 保持乐观而镇定的心情。⑥ 梦中产生灵感。经过调查，有70%的科学家和发明家在梦中得到过启示，解决了一些白天未能解决的难题。⑦ 博学多识，文理兼通，有助于灵感产生。著名科学家李政道说，科学与艺术是山脚下分手，在山顶上重逢。科学发展艺术化，艺术发展科学化是人们关注的命题，科学的准确性、发展性，艺术的完美性、简单性，正是科学与艺术互相结合的磁性轨道。

1943年美籍意大利物理学家费米得出了一个引起原子核裂变的关键性发现：如果中子束事先通过石蜡来降低速度，那么当中子束射中靶子的时候，就能极其有效地使靶子中的原子核变得不稳定。费米回顾这一重大科学发现的灵感产生情景时说："当时我们正在不辞辛苦地研究中子诱发放射性的问题，迟迟得不出有意义的成果。一天，我不到实验室，忽然产生一个念头：我应该考察一下在入射中子前面放置一块铅有什么效应。我一反往常，不惜付出艰苦劳动，到机床上加工了一块铅，我分明感到某种不满意，因此我找到种种借口拖延时间，不把这块铅放上去。最后，我终于准备勉强把它放到那里去。可是，我喃喃自语：不，我不想把铅块放在这里，我想放一块石蜡。事情就是这样。没有前兆，事先也不曾有意识地进行推理。我马上随手取了一块石蜡，把它放到原来准备放铅的地方。"这喃喃自语的一闪念，使他获得了成功。

2. 逻辑思维

逻辑思维也称抽象思维或理论思维，是以逻辑推理为主的创新思维方式，是人们借助概念、命题、判断、推理等思维形式，运用比较、分析、综合、概括、归纳、演绎等方法，有步骤地根据已有的知识及所占有的事实材料，导出新的认识或结论的思维过程。钱学森指出，人们对抽象思维的研究成果曾经大大推进了科学文化的发展。在数学论证、福尔摩斯侦探故事、专业论文、战争博弈等领域的思维都是运用逻辑思维的结果。

具有严密逻辑思维能力的人，在学习、研究、生活等方面，都能更加准确地对事情进行逻辑推断，得出合理的结论。逻辑思维具有概念化、广泛化、多样化、抽象化的特征。逻辑思维方法是一个整体，它是由一系列相互联系、相互区别的方法组成的，主要有：归纳和演绎，分析和综合，从具体到抽象和从抽象上升到具体，逻辑和历史统一的方法等。

阅读案例材料

2.4.5 平面思维与立体思维

1. 平面思维

平面思维是指对思维对象只在一个平面上作单一定向的思维，是线性思维向着纵横两个方向扩张的结果。可表现为平面上一个点向周围展开，也可以表现为向着一定方向延伸开来的直线。当思维定向、中心确定后，就要从几个方面去分析说明问题。当这些点并不构成空间，而是处于同一平面不同方位时，思维就进入到了平面思维。

平面思维具有明确性、跳跃性、广阔性和不全面性等特征。

同为平面思维，每个人拓展的范围是不一样的。书读得多，思考就会广。在某个方面无限拓展平面思维，就容易成为某个方面的行家能手。假如你整天想的是衣食住行、吃喝玩乐，就有可能成为玩家、烹饪大师、美食家、旅行家等。若是运用平面思维考虑某个行业领域的问题，就有可能成为该行业领域的专家、权威。

案例 2.8

一道香港小学生入学测试题

一香港小学新生入学测试题，卡片上画几个并排的停车位，从左往右，第一车位号是16，第二个是06，第三个是68，第四个是88，第五个车位上停着一辆豪车，遮挡了车位号，每六个车位号是98。问题是汽车停的是几号车位?

此题很多成年人回答不出，因为车位号之间太缺少逻辑性，实在看不出到底存在什么关系，这就形象说明线性思维的局限性。相反，小学生倒是有可能是容易回答，因为小孩的思维没有成年人的条条框框。题目的正确答案是：汽车停的是87号车位。道理很简单，你只要把图片倒过来看，就明白了。

“倒过来看”就是典型的平面思维，其主要特征是换个角度看问题。从百科全书式的全才牛顿身上我们知道，数学是自然科学中的哲学，哲学是社会科学中的数学。我们在做数学题的时候，训练的就是运用各种定理、公式进行多角度多维度的思考。

2. 立体思维

立体思维亦称整体思维、空间思维或多元思维，是指人们跳出点、线、面的限制从上下左右前后四面八方进行思考问题的思维方式。在立体思维中，对思维对象从多角度、多方位、多层次、多学科、多手段考察研究，力图真实反映思维对象的整体以及与其周围环境事物构成的立体画面。立体思维要反映思维对象在时空内的结构、位置、运动、变化的全息图像。立体思维不只是反映对象的个别或者是对象的某个一般，而是对象的有机整体；不只是反映对象的某个层次，而是由诸多层次互相承续而构成的不断在时空运动中的相互联系的整体。立体思维的成果，一定是综合的或整体性的。

以养鱼为例说明立体思维。人们开始考虑养鱼，可能仅仅考虑饲养某类鱼而未能考虑某个水域的线、面、体之利用，这是点思维，特征是只确定了思考的中心，没有将它展开或延伸。若人们开始将养鱼问题具体化，根据各种鱼类活动的习性进行水体分层养鱼，就是一维思维或线性思维。若人们将养鱼具体化为某个河段或某个水域水面的利用时，开始了二维思维或平面思维。但不同水面、不同的层次平面、各个立体方位，可以养殖不同的鱼类，形成了养鱼的立体思维。借助空间三轴坐标体系，可以将湖泊、海域等水域形成不同的层次或各个立体方位，养殖不同的鱼类，形成了一种立体思维的模型，可以充分利用各类水体进行养鱼。过去人们在一方鱼塘内可能只养一个品种的鱼，后来人们发现各种鱼的生活习性是不一样的，有的生活在水域的中层，有的生活在水域的底层，鱼的饲料也不一样，因此人们把多种鱼进行混养，组成一个立体的养殖网络。不仅如此，人们还在鱼塘内养蚌，采珍珠，鱼与蚌组成另一个新的网络。同时，还可以在鱼塘边种果树，鱼与果相结合。还有的在鱼塘旁边养猪等，鱼和畜的结合形成了一个有机的生态循环。

狭义的立体思维是指空间三维思维和加上时间的时空四维思维。广义的立体思维则是指含有时空在内的多维或 n 维思维。广义的立体思维，注重从思维的客体实际出发，考察并把握思维客体，其思维的本质就是要真正把握思维对象的外在整体和内在整体。因此广义的立体思维是包括多侧面、多视角、多方位、多层次的，具有系统性、完整性、全面性的 n 维思维。

立体思维具有层次性、多维性、联系性、系统性和整体性的特征。

立体思维具有以下三个规律：① 诸多因素综合律，指思维在由低级向高级发展的过程中，要运用多种观察工具、多种思维形式，把思维对象的各个方面、各种因素综合为一个整体。② 纵横因素交织律，指在纵向分析与横向分析的基础上，使两者交织成为一个有机整体，这里的纵向分析是对认识对象进行历史分析，横向分析是分析思维对象运动全过程中内在与外在矛盾的各个方面。③ 各层次、因素、方面贯通律，指从问题的提出到问题的展开，须按照思维自身和事物自身的层次、环节、阶段或结构体现出立体思维的有序性。

立体思维主要方法有整体思考方法、系统性思考方法和结构分析方法。服装设计是一门综合性艺术，是科学技术和艺术的有机结合，不但要有艺术的形象思维，更要有工程技术的逻辑思维。服装设计的立体思维如果只是凭空想象就很难把立体形状想清楚。特别是由平面转化成立体的成型过程和具体的形态细节，需要设计者做到心中有数。只有充分掌握各种复杂造型的技巧，合理运用材质特性，结合空间美学，运用立体思维，才能体现服装设计的最佳效果。

书海擘鲸毛泽东

思考题

1. 什么是思维？什么是创新思维？简要地说明创新思维的形成过程。

2. 什么是思维障碍？思维障碍有哪些表现形式？如何克服思维障碍？请列举主要思维障碍的类型及其克服方法。

3. 请结合自己专业学习或生活的实际，说明创新思维的形成过程。

4. 创新思维的类型有哪些？请列举出学习或生活中的相关例子。

5. 结合大学生活和专业学习，列举创新思维应用实例。

6. 通过信息检索技术收集两年来你感兴趣的科技领域最新成果的相关新闻，进行总结与概括，写一篇科技新进展的交流文章。

第3章 批判性思维与科技创新

【学习目标】

理解逻辑与逻辑思维的概念，理解命题与论证关系，掌握演绎与归纳推理方法。明确对思维展开的思维，即批判性思维的作用和价值。熟悉批判性思维者应当具有的理智素质，理解并掌握批判性思维的中心问题，以及批判性思维的任务与步骤。理解科技创新中的推理，明确隐含假说及其挖掘的意义。切实理解并掌握没有批判精神，创新意识难以形成，创新过程就不能启动并持续下去，创新成果也就不能最终完成的主要断言。

思维是人类最重要的资源。批判性思维是理性和创造性的核心能力，是学生智能素质的重要构成部分，可以说没有批判性思维教育就没有真正的全面素质教育。知识经济时代是崇尚“批判性思维”的时代，因为它是推动知识社会前进的动力。全面素质教育所强调的“创新精神与实践能力”，倘若离开了批判性思维，将是一句空话。1972 年美国教育委员会进行了一个调查研究，发现在 4 万名从事教学的成员中，97%认为“大学本科教育的最重要的目的，是培养学生的批判性思维的能力”，“熟练地和公正地评价证据的质量，检测错误、虚假、篡改、伪装和偏见的能力”，“这对个人的成功和国家的需要都有核心的重要性”。人的生存和发展的状态取决于是否善于思考，在 21 世纪的今天尤其是这样。如果不能批判性思维，你的生存也将陷入危险，你将在生活中受到伤害，让那些希望你受伤害的人得逞，而你自己却懵然无知；如果不能批判性思维，你将无法辨别是非，更不用说抵抗，你将任人摆布；如果不能批判性思维，实现预期结果的可能性就更小。所以，批判性思维不仅能让你在考试中取得好的成绩，写出论证缜密的文章，或是提出一种经得起检验的实验假说；批判性思维更是一种生活方式，在某些组织试图左右你的思维时，它能帮助你明辨是非。

爱因斯坦指出，“批判性思维，是科学创新的前提。没有批判性思维，就没有科学创新。发展独立思考和独立判断的一般能力，应当始终放在首位，而不应当把获得专业知识放在首位。如果一个人掌握了他的学科的基础理论，并且学会了独立地思考和工作，他必定会找到他自己的道路，而且比起那种主要以获得细节知识为其培训内容的人来，他一定会更好地适应进步和变化。”美国投资家沃伦·巴菲特说，“你的正确来自于你的事实对和你的推理对——这是唯一使你正确的原因。如果你的事实对和推理对，你没有必要担心别人的看法。”

3.1　逻辑思维及其方法

3.1.1　逻辑与逻辑思维

1. 逻辑与逻辑学

逻辑源自古典希腊语(logos)，最初意思是词语或言语，引申出“思维”或“推理”的意思，是人通过概念、判断、推理、论证来理解和描述客观世界的思维过程。1902年严复译《穆勒名学》，将其意译为名学，音译为逻辑。因该词是由日制汉语伦理一词分拆而来，所以日语还把它译为伦理学。传统上逻辑被作为哲学的一个分支来研究。

逻辑的词义有四种：一是思维的规律、规则，如“无论说话或写文章都要符合逻辑”，这里强调的是清晰、条理、顺序与关联性。常常有人告诉我，他讲话的问题是缺乏逻辑性，意思就是混乱。精神病患者的特征就是缺乏逻辑，跳跃、不连贯，前言不搭后语，或者如成语所说叫语无伦次。二是客观的规律性，尤其指事物变动发展的顺序与规则。如“这些人的做法简直不符合逻辑”，“某个说法不合逻辑”，这里的逻辑等同于规律。三是某种理论、观点，如“按照强者的逻辑，谁先控制海洋谁就将控制世界”。我们说强盗逻辑、富人逻辑、穷人逻辑，都是这个意思。如我们常听到，“历史的逻辑决定了人类社会将一直向前发展。”四是指逻辑学或逻辑知识。老舍《黑白李》中说“黑李并不黑，只是在左眉上有个大黑痣，因此他是黑李；弟弟没有那么个记号，所以是白李；这在给他们送外号的中学生们看，是很合逻辑的”。

逻辑就是思维的规律、规则。从狭义来讲，逻辑就是指形式逻辑或抽象逻辑，是指人的抽象思维的逻辑；广义来讲，逻辑还包括具象逻辑，即人的整体思维的逻辑。

逻辑学是研究用于区分正确推理与不正确推理的方法和原理的学问。有时逻辑和逻辑学两个概念通用。在我国古代，逻辑学又被称为理学、理则学、名学、刑名之学等。自十九世纪中期，逻辑经常在数学和计算机科学中研究。逻辑的范围非常广阔，从核心主题如对谬论和悖论的研究，到专门的推理分析如或然正确的推理和涉及因果关系的论证。

2. 逻辑思维

学习就是要学会思维。思维的形式有多种。首先，“意识流”，就是遍布于我们头脑中的无意识的和不受控制的观念过程，比如，呆呆地在想些什么，或者心中的一个闪念，都属于意识流；其次，“虚构故事”，比如，我们偶然间想到“农夫和蛇”的故事，这个故事是我们没有直接感知的，而且是虚构的，是不带连续性的，这不同于观察到的实际的记录。第三，“没有证据的信念”，比如“我想明天将冷起来了”，等于说“我相信明天会冷起来”。信念包含那些我们并无确定的知识，然而却确信不疑地去做的事情，也包含那些我们现时认为是真实的知识，而在将来可能出现疑问的事情。这些形态的思维，或者是无意识产生的，比如第一种“潜意识”；或者是随意的、没有连续性的，比如第二种“偶然的想象”；或者是人云亦云，直觉猜测，想当然，比如第三种“没有证据的信念”。

通过逻辑进行思考就叫逻辑思维。逻辑思维是思维的一种高级形式，是指符合世间事物关系(合乎自然规律)的思维方式,也常称为抽象思维或理性思维或“闭上眼睛的思维”。

逻辑思维是人的理性认识阶段,是人们在认识过程中借助于概念、判断、推理等思维形式能动地反映客观现实的理性认识过程,又称理论思维,抽象思维。它是作为对认识者的思维及其结构以及起作用的规律的分析而产生和发展起来的。只有经过逻辑思维,人们对事物的认识才能达到对具体对象本质规律的把握,进而认识客观世界。它是人的认识的高级阶段,即理性认识阶段。

逻辑思维以抽象为特征,通过对感性材料的分析思考,撇开事物的具体形象和个别属性,提示事物的本质特征,形成概念,并运用概念进行判断和推理来概括地、间接地反映现实。

逻辑思维是一种确定的,而不是模棱两可的;前后一贯的,而不是自相矛盾的;有条理、有根据的思维;在逻辑思维中,要用到概念、判断、推理等思维形式和比较、分析、综合、抽象、概括等思维方法,而掌握和运用这些思维形式和方法的程度,也就是逻辑思维的能力。

社会实践是逻辑思维形成和发展的基础,实践的发展也使逻辑思维逐步演化和发展。

支持人们做出或接受某些断言的方式很多,推理并非唯一的一种,比如可以诉诸于权威或情感,在某些语境中,它们可能很适当且颇具有说服力。不假思索的时候,我们通常依赖习惯。但是,如果要做出可靠的判断,最坚实的基础就是正确的推理。

3.1.2 命题与论证

1. 命题

语言是我们交流的工具。生活中交流有不同的需求、内容和方式,因此语言有不同的功能和运用目的。表达事实和观点的句子为陈述句,或称断言,或称命题。如陈述句:

母亲的生日是十月一日。

人的认识只能从实践中来。

美国最大的州曾经是一个独立的共和国。

有耕耘才有收获。

这些句子陈述事实、表达观点,可以是真也可以是假,可客观检查它们的真假可能性,其答案不依赖于人们的想法。“母亲的生日是十月一日。”不是表达个人感情,也不是做善恶评价,可以不依靠说话人进行真假判断:找出出生证来进行检查。根据个人和别人的经验来讨论“人的认识只能从实践中来”观念的真假。有些人可能会用不用辛辛苦苦劳动获得幸运的事例争辩“有耕耘就有收获”的观念其实并不一定真。

命题可以是上述的简单陈述句,也可以是两个或两个以上的陈述分句组成的复合形式。

太阳是红的并且大海是蓝的。

如果下雨,草地就会湿。

亚马逊河流域制造了大约全球百分之二十的氧气,产生了其流域内的绝大部分降水,并且拥有许多未知的物种。

命题是推理的建筑基块。每一个陈述或命题都是或真或假的。

在实际情形中，准确识别命题虽然是首要的任务，但也是困难重重的。有问题的命题识别，受到有意混淆、含混不清的术语、思想本身的混乱等因素的干扰。前美国总统沃伦·哈丁在就职演说上的一段话：

我们曾毫无准备地错过了面临的实际挑战，现在该考虑如何让我们所有的公民都加强公民责任并增加我们的成就。

没有人能够理解哈丁的意思，因为此句话根本就不表达任何意义，美国讽刺作家亨利·路易斯·门肯就将其描述为"通过手势而明白的冠冕堂皇的废话"。

如我们不知道一个命题或陈述到底指的是什么，就无从评价支持或反驳该命题的论证，对于解决该命题的争议就会束手无策。因此，评价一个论证需要对论证中出现的命题或陈述有全面的理解。如高谈阔论的人总是喜欢说"向往自由是人的本性"，听来深入人心，但仔细推敲后不禁要问：到底有哪些证据支持这个说法呢？

2. 论证

论证是这样的命题组：一个命题从其他命题推出，后者给前者之为真提供支持，对任一可能的推论，都有一个与之相应的论证。

论证有三大基本要素：前提、结论、前提和结论之间的推理关系。判断一段话是不是论证，就看是否至少包括这样的一个基本结构。没有前提或者没有结论，不是论证；没有推理关系，也不是论证。

甲：听说有只猪被砍了头跑了几百米。

乙：不可能！

甲：怎么不可能？

乙：当然不可能。

甲：完全可能。

乙：绝对不可能。

甲：你懂什么？思想僵化！

乙：你就会胡言乱语！

上述对话展示了什么是争论，什么是论证。争论只有立场没有理由，除了生气上火不会带来任何收获。论证是由两个或更多的陈述组成的，陈述间有一种关系，其中一个陈述叫结论，其余的是理由。

小丽要为是否收养一只狗做决定。这是一个闺密希望给她的小狗。小狗名字叫甜葡萄，可爱但也很调皮、吵闹，小丽深深地喜欢上了它。经过思考，小丽决定让甜葡萄成为家庭一员。她想，"我很爱甜葡萄，我能够照料它，我找不到任何理由拒绝接受它"。当我们为接受一个断言给出理由时就是在做论证。小丽为收养甜葡萄所作的思考就是论证，她为"我该领养甜葡萄"给出了理由。小丽的论证如下：

前提：我爱甜葡萄，我能够照料它，我找不到任何理由拒绝接受它。

结论：所以，我应该领养甜葡萄。

小丽的命题是她是否收养小狗甜葡萄，小丽的结论表达了她对命题的立场。对于任何论证而言，论证的结论是在表明对命题所持的立场，而论证的前提则是要给出持特定立场的理由。小丽推理的质量决定于她为得出自己的结论给出了多少支持的前提。支持结论的前提必须是真的，可以支持结论的前提必须是和结论相关的，而且必须和结论真相关。总之，前提必须是令人信服的。

再思考小丽所给出的前提："我能够照料它"。此前提与其结论是相关的。但它的确为真吗？小丽真的有时间训练小狗甜葡萄吗？她有没有训练场所？如果她外出或是旅行，甜葡萄怎么办？每年夏天小丽要休假或去看望父母亲，甜葡萄怎么办？当小丽思考得越深入，她才能知道当初的思维中哪些需要重新思考。

由此来看，论证是由前提和结论所构成，其中前提为结论提供理由，结论是被前提所支持的断言。仅仅报告一个事实，如"太阳每天都会从东方升起"，这不是论证，既不能证明什么，也不意味着让你相信它。但如加上一句"因为它以前天天从东方升起"，那么这就是论证，前一句是后面一句的结论，后面一句是前面一句的理由，也称之为前提。它意味着让你相信，过去我们天天看到的事实，是我们相信太阳每天都会从东方升起的理由。

显然，从文章或讲话中辨认出论证，是分析、评价的起点。在看似严谨的学术论文中，论证也可能不总是一目了然的，更别说那些躲藏在用美女或者名人作推销广告吸引你过去的煽情用语。结论或理由经常省略，关键证据常被煽情代替，所以要避免盲从，人们必须具备分辨论证的技能：能够解读图像语言或图像之后的意义，从纷杂的句子或美女后面辨认出原意和论证。辨识论证的线索主要有：注意关于事实、观点和提议的陈述语句；找出引导理由、结论和推理的语句；明确作者的意图并以此为根据；从结论向上追寻理由的方法；整体的理解和判断。

3.1.3 演绎与归纳推理

从前提到结论需要推理。推理是从已知的前提推出结论的过程。推理属于科学，也属于技艺。通过推理训练可加强推理技能，从而更有可能做出正确的推理。推理是决定论证好坏的一大关键因素。即使前提真实可靠，不合适的推理还是会导致错误结论。现代逻辑学中推理的方法分为演绎推理和归纳推理两种，演绎推理是一种从一般结论推理出特殊结论的过程，归纳推理相反，是从特殊结论推理出一般结论的过程。

划分演绎和归纳的一个方法是根据前提和结论所涉及的普遍性：演绎是从普遍的论断推理到具体的事例上，而归纳推理则是从个别的、过去的事例推论到普遍的论断。

1. 演绎推理

演绎推理是从一般向个别的推理。它的前提不是个别的例子或情况，而是普遍的规律，它的结论则是这个普遍规律的一个例子。

由亚里士多德提出来的"三段论"，是人类最基本的逻辑推理方法。一个三段论就是一个包括有大前提、小前提和结论三个部分的论证。最为人所熟悉的典型例子是：

所有的人都会死(大前提)。

苏格拉底是人(小前提)。

所以，苏格拉底会死的(结论)。

这是一种最常用的推理形式。你已经知道所有的人都会死，自然作为人的苏格拉底也会死。任何三段论都必须具有大、小前提和结论，缺少任何一部分就无法构成三段论推理。但是，在具体的语言表述中，无论是说话还是写文章，人们常常把三段论中的某些部分省去不说，或是大前提，或是小前提，或是结论。举例来看：

① 你是学习经济专业的学生，你应当学好经济理论。
② 企业都应该提高经济效益，国有企业也不能例外。
③ 所有的人都免不了犯错误，你也是人嘛。

例①省略了大前提“凡是学习经济专业的学生都应该学好经济理论”。例②省略了小前提“国有企业也是企业”。例③省略的结论是“你也免不了犯错误”。

演绎推理结论的内容少于它的前提，结论的内容是其前提内容的一部分。

例如：有一青年在商店门前观看了一名盲人的音乐演奏，十分赞叹地说：“盲人都有音乐才能，这个人是盲人，所以这个人有音乐才能。”这个演绎推理可表示为：

盲人都有音乐才能，
站在门前的这个人是盲人，

所以，站在门前的这个人有音乐才能。

如果你能肯定“盲人都有音乐才能”是真的，那么必然肯定这个盲人有音乐才能，否则就自相矛盾。演绎推理的结论没有新的内容，一般比它的前提的内容还少，所以演绎推理不给人新的知识。虽然这种知识没有超出前提的范围，但毕竟是从“隐藏”走向了“呈现”，对于我们来说，往往也是新的，而且由于我们常常是为了某种实际的需要才做演绎推理，其结论很可能是具有实际应用价值。

对于一个演绎论证，如果其前提为真，则证明了其结论。当一个论证满足条件：当其前提为真时，其结论不可能为假，这个论证是有效的。

显然，你已经注意到，并不是所有盲人都具有音乐才能的，例子中的前提是假的，但这个论证是有效的。因为该论证不可能出现前提为真而结论为假的情形。有效的意思是前提如果是真，那么结论不可能为假。

可以用可靠论证来描述前提为真的有效推理。

前提：小张比小李高，小李比小赵高。
结论：小张比小赵高。
再如：
前提：一切化学元素都是在一定条件下发生化学反应，惰性气体是化学元素。
结论：惰性气体在一定条件下确定能发生化学反应。

上述推理有效且前提为真，所以是可靠推理。

要正确运用“三段论”，还必须遵循亚里士多德提出的逻辑推理三大规律，即同一律、矛盾律和排中律。

2. 归纳推理

另一位青年在商店门前观看了一名盲人的音乐演奏后说:“盲人都有音乐才能,比如阿炳,你一定听过《二泉映月》吧?”

“盲人都有音乐才能”把音乐天才和失明联系起来,是盲人就会有音乐才能,这是一个普遍的断言。青年的另一个理由是创作《二泉映月》的阿炳,他是盲人,又是有音乐才能。所以他的前提到结论的推理是:

站在门前的这个人是盲人,有音乐才能。
阿炳是盲人,有音乐才能。

所以,盲人都有音乐才能。

由一个个例子推导出一个普遍的结论,是归纳推理中最基本的一种。由于列举的事例都是已经发生的、已知的,而普遍结论隐含着一切情况,包括未来的、我们现在还不知道的情况,所以归纳推理是从个别到一般、从过去到未来、从已知到未知的推理。上述例子中,阿炳是个盲人是已知的事实,而结论“盲人都有音乐才能”表明任何盲人,包括还没有碰到的、其他地方的、将来的盲人,都有音乐才能。

归纳推理有几种类型,包括统计归纳、类比推理、因果推理等,这些都是从有限数量的事件推论到普遍规律,从过去发生的事件推论未来发生规律,从已知推论未知,其结论的内容多于前提包含的内容。长期以来,人们把归纳推理作为得到新知识的方法。

(1) 统计归纳推理

统计归纳是在一定数量的事物 A(样本)中发现有若干百分比的 A 有属性 B,然后归纳为在所有的 A 中也有这样百分比的 A 有属性 B。比如,在一个有数万学生的大学中对 200 人进行问卷调查,统计显示 65%的学生回答说他们有异性的朋友,但不打算结婚。由此推论说该学校 65%的学生有异性朋友,但不打算结婚,这就是统计归纳。调查的 200 人有这种情况,然后推理到总体,说该大学所有的大学生 65%的人都有这种表现。

1936 年美国的民意测验机构《文学文摘》杂志,为预测总统候选人民主党罗斯福与共和党兰登两个谁能当选,对电话簿上的地址和俱乐部成员名单上的地址发出 1 000 万封信,收回回信 200 万封,花费大量人力物力。杂志社相信自己的调查结果——兰登将以 57%对 43%的比例获胜,并进行大力宣传,最后选举的结果却是罗斯福以 62%对 38%大获全胜。同时美国盖洛普等三家民意测验机构事先根据人口分布特点设计抽样方案,派调查员调查 3 000 选民,预测罗斯福当选,结果居然在预料之中。《文学文摘》杂志调查失败的原因是抽样不是从总体(全美国选民)中抽取。1936 年美国有私人电话和参加俱乐部的大部分都是比较富裕的家庭。以电话簿和俱乐部名单发信,忽略了平民选民,选取的样本严重偏离了总体,也就缺乏全美国选民的代表性。盖洛普等三家民意测验机构调查成功的原因是所取样本的个体具有选民的代表性。

在信息化时代的今天,几乎每天的报纸或网络上都会有这样的统计方式出现。由于用统计归纳得到的结果大多数情况是正确的,如美国总统选举的民意预测,或是因为不可能对整体调查,如全体公民,所以统计归纳推理广泛。

有三个统计学家上山打猎,一只野猪突然出现。第一个人开枪,结果偏左一米。第二个人开枪,结果偏右一米。第三个人放下枪欢呼:"平均而言我们打中了!"

由此可见,统计远不是如此容易简单。有一流传广泛的顺口溜:"钱家有财一千万,九个邻居穷光蛋,平均起来算一算,个个都是钱百万。"若是轻率地运用,或是有意地操纵,统计数字实际上就是流言和八卦,更别说真正的流言和八卦也被弄得很像是统计。"世上只有三种谎言:谎言、该死的谎言和统计"已经流传了一百余年。

好或坏的统计归纳的检验,首先要检查前提的可靠性和结论的相关性,还要看样本的代表性和数量,更容易被忽略的是调查方式、计算标准和解释。因此上述三个方面是评价统计归纳推理的主要因素。

(2) 类比推理

类比推理是从两个事物的一些性质相似,推导出这两个事物在别的性质上相似的过程。例如日常生活中你决定去购买特定的鞋子,是因为以前与之类似的其他鞋子你穿后感觉舒适。人类科学新思想和新发明来自于思维的跳跃和联想,许多就有类比的要素。小鸟因有翅膀和力量而飞翔,人类一直梦想自己也可安装上可以飞翔的翅膀。科学研究的很多依据就是类比。医学研究中大量使用小白鼠做实验,因为小白鼠和人在一些方面相似,所以小白鼠产生的反应,也可能在人身上产生。

其实人们在做决策、预言时,只要是根据过去的经验,就可能做类比推理。按赫拉克利特所说,人不可能两次踏进同一条河流,历史没有完全一样,虽然看起来很多方面一样。类比推理要注重前提中列出的相似性的真假、多少、重要性,以及和结论的相关性,更要注意寻找差异性,把它们与相似性比较,看哪边更多、更重要、与结论更相关。

肤浅的相似性受思考的简单习惯和偏见的影响。如中国寓言邻人偷斧的故事一样,偏见看到的一切都有它需要的相似性。类比的谬误出现最多的就是根据表面的、不重要的相似性来推理。据说俄罗斯《真理报》一篇文章将奥巴马与希特勒类比,发现 12 大相似性:有类似的祖先血统,奥巴马的母亲是德国人,希特勒的祖先是奥地利人;两个人的出生证、公民身份以及宗教信仰都是存在很多争议;都是缺乏父爱;年轻时曾酗酒;曾当选《时代》杂志年度人物;曾出版过畅销书;奥巴马曾深受美国民权运动领袖马丁·路德·金的影响,而希特勒也受到了德国宗教改革人物马丁·路德的启发;掌权时都正值经济衰退期;都是深受民众崇拜的领导人;都推行了医疗改革,都是天才的演说家。文章没有说结论,读者也能猜出:奥巴马也很危险,应该警惕。

评价类比推理可靠性应当考虑到:(前提中)事物间相似性的真实性,事物间相似性的数量、种类和重要性,事物间差异性的数量、种类和重要性,事物间相似性和差异性与结论中的性质的关系,相似性和不相似性的比较、权衡。

(3) 因果推理

因果推理一般是根据事件相继发生或者是一起出现的现象,推论它们之间有因果关系。因果推理是从已知的现象推导出普遍的因果结论,所以也是一种归纳推理。例如,我们多次观察发现温度到达 0 ℃以下水结冰,于是归纳出温度到达 0 ℃以下是水结冰的原因。一旦天气预报明天温度到达 0 ℃以下，我们就会想到路面上的水会结冰，走路时要小心。我们这样的预期是因为因果关系是普遍的关系，作为原因的事件必然带来结果的事件。

对因果关系的认识极为重要但得之不易。今天洗手对预防流感等重要性已经是常识，但在 19 世纪中叶，为让医生洗手，匈牙利医生塞梅尔魏斯进行了悲剧的斗争，是科学史上一个著名的故事。塞梅尔魏斯在维也纳总医院工作，妇科临床中心有第一和第二门诊。在第一门诊的产妇和新生儿因产褥热死亡率高达 18%，而第二门诊的产妇和新生儿因该病死亡率仅为 2.7%。当时产褥热病因不明，塞梅尔魏斯花了大量心血来排除各种可能的原因。他几乎消除了两个门诊之间所有可能的不同之处。1847 年他的好友、同事科勒契卡教授在一次尸体解剖时手指不慎割破而感染，后因患败血症死亡，尸体检查发现其病理改变，与死于产褥热的妇女非常相似。此事件像一道闪光照亮黑夜，他发现医生和实习生经常做完病理解剖后，不洗手就进病房为产妇检查或接生，推断产褥热是由于医生不洁净的手或产科器械将某种传染性的物质（当时他认为是腐败的动物有机毒素）带进产妇创口所致。阻止它的办法就是清除，为此，他下令执行检查产妇之前一定要用漂白粉溶液洗手的新政策。孕妇的死亡率立刻下降了 90%，最低月份的死亡率为 0。实施这种做法后感染率大为下降，他的产科消毒法在匈牙利得到公认。1861 年发表《产褥热的病因、概念及预防》，书中以大量的统计资料阐明、论证他的发现和理论。他将著作寄给外国杰出的产科医师及医学学会，他的概念却受到许多权威的反对，当时正统的医学拒绝了他的假说。医学权威和同事们嘲笑、非难、羞辱、排挤他。他被迫离开医院，最终精神失常。他至死都不知道自己的见解会有拨云见天的时日。随着新的致病理论与越来越多的实验证据被发现，人类确认了致病的细菌原因和机制，理解了塞梅尔魏斯的道理。1965 年联合国宣布此年为塞梅尔魏斯年。他无愧于这样的荣誉。

一个因果推理的前提是事件相继发生的证据，结论是它们有因果关系。证明相继发生的事件不是偶然而是有必然的因果关系，必须要有充分的、具体的和细致的证明。

人们说传统的穆勒五法就是用来确定因果关系的。① 求同法，某个因素或事态在被考察的现象的所有场合中是共同的，它可能是该现象的原因（或结果）。② 求异法，某个因素或事态的出现或不出现，区分了被考察的现象发生的所有情形与该现象不发生的那些情形，该因素或事态可能是该现象的原因或部分原因。③ 求同存异并用法，同时使用求同法和求异法为归纳出的结论提供高概率。④ 剩余法，已知被考察的现象的某个部分是充分理解的先行事态的结果，此时能够推论：该现象的剩余部分是剩余先行事态的结果。⑤ 共变法，当一个现象的变化与另一个现象的变化高度相关时，其中一个现象可能是另外一个现象的原因，或者它们可能作为某第三个因素的产物而关联起来，这第三个因素引起了它们俩。穆勒五法是在现象的多种因素中发现 A 和 B 因果关联的方法，穆勒五法的运用依赖于考虑因素的全面性。尽管现代的实验方法更为精致复杂，但是穆勒五法的思想还是它们的设计原则。科学的控制实验，就是控制各种因素的存在。

因果关系来自于因果机制的发现。塞梅尔魏斯的“微粒”假说最后获得公认（真正的原因是细菌），是因为巴斯德详细说明和证明了微生物可以在生物体内繁殖生长并致病的过程和道理。因此，即使统计的关联是真实的，其本身也不能说明有因果关系。因果机制是关于因果之间具体和细致的联系及其方式。科学探索就是要揭示出这样的因果机制。对因果机制的解释和推理的好坏判断是看此解释是不是最佳的解释。

3.2　批判性思维及其作用

我应该相信什么，做什么？这些问题时时处处出现于支配人类思维的特殊难题和目标的情境中。我们就是我们自己，问题的答案是我们自己给出。在众多的答案中，有一个是"为了寻找更好的答案，我们应该总是继续质疑"。质疑，问为什么，勇敢且公正地去寻找每个可能问题的最佳答案，这种一贯态度正是批判性思维的核心。"思维僵化"和"否定一切"是两种极端，在应该质疑和创新的地方人们却墨守成规，应该欣赏和接受的地方却充斥着非理性的反对。追求知识发展的批判性思维不仅鼓励质疑，而且强调学会质疑；不仅要敢于提问，而且要善于提问，还要善于表达为什么有疑问，能说出理由，特别是相关的、好的理由。

3.2.1　批判性思维的由来

人们普遍承认，批判性思维源自苏格拉底(约公元前469—前399)所倡导的一种探究性质疑，即苏格拉底方法或对话。在柏拉图对话中的苏格拉底，示范了体现批判性思维实质的探究方法，彰显了一种行动、精神和生活方式。苏格拉底诘问是苏格拉底方法最显著的特征，它培育一种问题思维。

在2000多年前古希腊思想家们有一个想法，自然界的物体是由少量的基本元素组成，有了原子的原始概念，并认为地球绕着太阳转。早期的希腊哲学家在西方智力传统中得到尊崇，不是因为他们给出了问题的答案，而是因为他们提出的问题和他们设法寻求全新答案的胆略。把怀疑方法应用于一切事物，包括权威所说的让人相信、让人去做的事情，是最为革命性的观念，其核心人物苏格拉底是这种质疑精神的化身。他挑战各种权威，揭示盛行的"官方的事物观"中的不一致，作为偶像崇拜的反对者，他鼓励年轻人寻找更好的解释和更好的答案。正因为这种行为，苏格拉底被处以死刑，罪名是腐化年轻人，对法律不敬，叛国或异端。权力主宰一切，独裁的宗教当权者总是高度控制人们的所有行为和信仰。当伽利略开始讨论他用天文望远镜看到的夜空时，同时代的权威竭尽全力阻止他说话。哥白尼的思想被认为是一种便利的理论，而不是物理实在的理论。这样的不同是因为在伽利略时代，同样的理论被认为与圣经里的教义有关。如果伽利略是对的，《圣经》就错了，但《圣经》怎么可能会错呢？

批判性思维最初是由德国法兰克福哲学学派提出和倡导的一种思维方式和教育价值观，美国哲学家约翰·杜威首次提出批判性思维概念。今天"批判性思维"这个术语已被通用，这个普通的命名是为了坚持不懈地聚焦于重要问题和客观地遵照引导我们走向答案的理由和证据。1910年，杜威《我们怎样思考》一书中提出："反思性思维是根据信仰或假定的知识背后的依据及可能的推论来对它们进行主动、持续和缜密的思考。""如果提议一提出就马上被接受，那么我们的思考是非批判性的，反思极少。要将它在头脑中反复考虑，进行反思，就意味着要搜寻另外的证据，搜寻那些会发展这个提议的证据，如我们所说，或支持它，或搜寻把它的错误揭示出来的新证据……简言之，反思性思维就是在进一步探究之前延迟判断。”杜威的反思性思维本质上是对假设进行系统检验。该思维始于对理解某一现象产生的问题的确定。一个或多个假设被当作可能的解决方案提出来后，人们设计并用系统的观察和实验来检验这些假设，再对实验结果进行定性或定量的分析和解释，随之产生一些猜测性但需要进一步检验的结论。因此，杜威反思性思维或批判性思维首要关注的是对解决问题的假说的考察。

从 20 世纪 60 年代开始，西方教育界兴起了一场大范围内研究批判性思维的思潮，它提倡在大、中、小学的课程大纲中都开设有关批判性思维的课程，以锻炼、强化学生的批判性思维能力和精神，并将其作为一项重要的教学培养目标。在整个美国和许多其他地方，大学教育的基本目标之一就是教会学生批判性思维。对美国大学各个学科全体教员的研究表明，作为教师的最重要的目标之一是提高学生的推理技能。

1990 年彼得·范西昂向美国哲学协会预科哲学委员会提交了一份批判性思维专家共识声明，其主要目的是对批判性思维教育进行评估与指导。这是一个耗时两年，由 46 位批判性思维的心理学家、教育研究者及哲学家运用 Delphi 方法研究的成果。成果表明批判性思维的关键概念包括两个部分：认知技能（智力技能）与情感倾向（批判精神）。他们一致认为批判性思维的特点是：“有目的的、自律性的判断，通过这种判断得到针对它所依据的那些证据性、观念性、方法性、标准性或情境性思考的阐释、分析、评估、推导以及解释……”报告指明了这种一般性定义的判断所需的核心技能和子技能，同时列出了“理想的批判性思维者”应具有的心智习惯（如勤学好问、思想开明、思维有序、专心致志、持之以恒）。

3.2.2 批判性思维的定义与特点

批判性(critical)源自希腊文“kritikos”，意思是洞察力、辨别力、判断力，还有敏锐、精明。“kritikos”又源自“krinein”，其意为决断。

批判性思维有不同的定义。在不同定义中共同点是：批判性思维是一种思维；批判性思维可以应用于一切题材；批判性思维包括反思、回顾、延迟判断；好的批判性思维是合理的；批判性思维包括仔细推敲的证据；批判性思维的目标是做出明确的判断；理想的批判性思维者在恰当的时候都会批判地思考；做一个批判性思维者需要有相关的学识、技能、态度以及习性行为倾向。但不同的学者各自的侧重点不同，杜威等人认为批判性思维只是评估已存在的理智成果，如假说、语句和论证等。恩尼斯等认为批判性思维更广泛，它还会创造理智成果，如解释复杂的现象，在复杂情况下做出决定以及回答难题等。有的学者定义注重技能；有的强调态度；有的强调两者；有的认为批判性思维至少在某些方面是普遍的，但有的认为不同领域的批判性思维必然会有不同。

批判性思维是面对做什么或相信什么而做出合理性决定的一系列思考技能和方法。最有名最简洁的定义是 1987 年 R. 恩尼斯给出的：批判性思维是合理的、反思性的思维，其目的在于决定我们的信念和行动。

批判性思维关注的焦点是：如何做出合理的决定。从逻辑的角度看，合理性决定就是通过正确推理对相信什么或者做出什么所做出的决定。批判性思维是理性的思维，即不管是信念还是行动，都要建立在合理的基础上。

批判性思维是一种评估、比较、分析、批判和综合信息的能力。批判性思维者愿意探索艰难的问题，包括向流行的看法挑战。批判性思维的核心是主动评估观念的愿望。在某种意义上，它是跳出自我，反思自己思维的能力。不管是评估一个科学研究实验，还是找到家用电器的毛病，批判性思维是一个重要和通用的工具。批判性思维适用于一切需要获得知识、解决问题、做出合适决策和行动的地方。

批判性思维的人们细致考察他们决定、信念和行动的基础假设。当他们面对一个新的观念或者一个有力的论证时，他们谨慎地分析它，检查其逻辑一致性，搜索那些可能会扭曲真相的隐含假设。批判性思维是立足于我们自己的发展而主动进行的自我反思。

学习批判性思维，需要熟悉批判性思维过程的四个特有的原则：① 发现和质问基础假设；② 检查事实的准确性和逻辑一致性；③ 说明背景和具体情况的重要性；④ 想象和开创替代选择。

3.2.3　批判性思维的价值

批判性思维能力，在国际教育界被认为是和读、写一样基本的学习和学术技能，是创造知识和合理决策所必需的能力。批判性思维不仅仅是技巧，更是一种态度和精神，其核心是求真、公正、反思和开放。善于发现别人论证的缺点而将其一棍子打死，以使自己的理论免受严格考察，这就是有批判性思维的学阀行为，这将阻挡认识的发展。发现和开创不同的思路、立场、解释、假说、行动方案，并且公正评价它们，是一个好论证必须完成的规定动作。

批判性思维引导人们冲破盲从，真正的独立思考。在互联网时代，人们该如何分辨与选择鱼龙混杂的海量信息？日见增多的现象是，在网络或其他媒体上，某个消息、某篇文章、某次访谈，或者是某篇博文，经常会引起一边倒的情绪化浪潮。运用批判性思维，人们会分辨信息的真实性、推理的充足性和论证的全面性，避免被诱惑而轻信，做出不明智的决定。理性的批判就是破除迷信、偏见、陈规、误导、封闭、单一和绝对的观点，这就避免了盲从。如果我们普遍有批判性思维，网络蔓延的那种盲目反对和不负责的发泄将会大大减少。诚实、认真地考虑各种不同的观点，持开放心态，公正考察已知的事实和不同的观点，在这样的思考下，即使你最后完全赞成某一观点或立场，这也是你独立思考的结果。

然而，偏见和保守是人的本能，尽管人们明知兼听则明、偏信则暗。人们常被传言左右，被一篇偏向和漏洞明显的文章俘获，一个极为重要的原因是它和已有的、流行的想法相符合。塞梅尔魏斯悲剧性的故事就是专门代表人类因为传统习惯、观念和思维范式而无视、拒绝合理新知识的痼疾。我们已经知道，自1847年开始，为了要求医生在检查产妇前洗手的提议，塞梅尔魏斯受尽了前辈、权威和同仁的嘲笑、冷眼、排挤和打击。尽管事实简单明了，用这个简单的办法在任何地方实施都能把产妇死亡率降到原来的10%，正统和专家们就是不承认。有的原因是社会心理的：有些医生认为这隐含着他们手不干净，作为社会上受到尊敬的上流绅士，当然不能接受这样的暗示，更不能容忍他们是产妇死亡罪魁祸首的想法。有的原因是认识和观念上。希波克拉底创立的古希腊医学“体液学说”认为，人体是由血液、粘液、黄胆和黑胆四种液体组成，这四种液体的不同配合使人们有不同的体质，疾病是这四种体液不平衡的结果，这一古老的学说认为每一个人的疾病都是特殊的，产妇死亡不可能只是一种原因（塞梅尔魏斯的同事写的教科书说产褥热有 30 种原因，包括受孕、器官受压迫、情绪创伤、饮食不当、受凉、空气污染等），塞梅尔魏斯的假说要想撼动占支配地位的"体液学说"是困难重重。即使实际履行洗手建议的医生也不相信塞梅尔魏斯关于产褥热是手不干净引起的理论，因为当时公认的观念认为疾病是通过空气中的化学物质或"瘴气"传播，那种人的手指上藏有传染病的微粒的想法是荒谬的。权威们利用经验和实证的旗号来反驳看不见的"尸体微粒"的假说，认为这是不科学的。塞梅尔魏斯曾去德国科学会议上演讲，与会的大多数人拒绝他的理论，包括当时科学权威、细胞病理学之父魏尔啸，他的反对起了很大的阻挡作用。挫折使塞梅尔魏斯怨恨暴躁，他写文章把不肯采用他方法的人骂为杀人犯，但这样做只能引起更多的嘲笑。最后他的老婆都认为他精神有问题，被送进疯人院的几天后，他因进疯人院前最后一次产科手术时手指受伤感染而死，成为他毕生呼吁要预防的细菌感染的牺牲品。我们接受的观念，不但不一定真，还有可能成为束缚我们思想的枷锁。法国生理学家伯纳德说，阻碍我们学习的，常常是我们认为已经知道的东西。

批判性思维的目标就是知识、理解和价值的增长，批判性思维的原则和方法本身就是扩大知识、增加价值的工具。批判性思维强调不要盲目接受现成的观点，不要墨守成规。批判性思维的目标是增加知识和合理决策，这就要以敢于质疑现有知识系统的态度为先导，没有敢于质疑的态度和胆量，就不会有突破。批判性思维的主要原则就是大胆质疑、谨慎断言。在对科学假说进行主动、持续和细致的理性探究之前，先不要决定是接受还是反对，要延迟判断。合理的信念和行动，不仅需要"大胆质疑"，更需要"谨慎断言"。谨慎断言，按权威的话说，如果对一个观念没有细致、深入、全面的合理思考和探究，就不要下判断。说"不"并不难，难的是说得有道理。只有在经过谨慎反思和研究得到站得住的理由后，才能下否定或肯定判断。科学史证明，旧理论只有在新理论真正成功的时候才会盖棺定论。因此，追求知识发展的批判性思维不但鼓励质疑，而且更强调学会质疑，不但要敢于提问，而且要善于提问，还要善于表达为什么有疑问——能说出理由，特别是相关的、好的理由。很多人不敢质疑，其真正原因是不会质疑，即不知道怎样提出好的问题，这需要理性和探索性思考。否定不等于批判性思维，批判性思维不一定包含否定，而是谨慎反思和创造。批判性思维的真正要点是走向合理的知识和行动。

批判性思维推动人和社会的理性化。人和动物的差别在于智力、理性能力。成为一个好的人意味着成为一个有好的批判性思维的人，成为运用批判性思维来决策和行动的人。理性的方法不是保证你料事如神、一定获得成功的方法，却是获得智慧和真理最为可靠的方法。只有理性的方法和标准，可以最大限度地保证你达到目的，因为情感、习惯、利益、权威、声誉等因素，更容易引导你的思想走向迷途，掩盖重要事实，歪曲现象的真实面貌，阻碍你做出有针对性的判断。一个社会的公正性、生活质量、发展的可持续性等水平，是由社会公众的思维水平和理性程度决定的。在一个民众会轻易被情绪、思潮、权势、利益集团所控制的社会里，正义不会得到广泛的实现，法制难以严格贯彻，文明没有自我进化和净化的能力。人的素质从根本意义上是指人的批判性思维能力和理性精神。

批判性思维是正面的、建设性的思想力量。阻碍认识发展的不是发现错误，而是不去发现错误，没有什么比发现错误能更快促进新理论的产生。波普尔认为，科学史表明，久经证实的科学理论也可能有错，更好的理论只能是通过改正它的错误而产生。批判理性主义者阿加西说："对已接受的观点，或最好的科学观点、观念和提议等进行反驳的要旨，不过是这一点：反驳打开了革新的道路。什么都不比反驳更有强烈的启发性。什么都不比批判现状对进步更有促进作用，什么都不比对旧事物的不满更可能预示新事物的来临。批判就是解放。"

3.3　批判性思维过程

批判性思维就是根据理智标准，对认识和实践中的思考、推理和论证进行多方面、反思性的探究、分析、评价和判断的活动。伽利略说过，"在科学的问题上，一千个人的权威，抵不上一个人的谦卑的推理。"批判性思维在本质上就是一个理性的表达和实现过程，思考的合理性很大程度在于从好的理由出发进行合理的推理。

3.3.1　批判性思维者的理智素质

一个思考被认为是合理的，指的就是符合好的理由和推理过程，因其客观性，不受个人的主观的感觉、情绪、价值观等的影响。要完全的排除个人主观、情感因素的影响，对大多数人是困难的。批判性思维的核心精神是求真、公正、反思和开放，为此，对成熟的批判性思维者而言，应当具有以下理智素质。

1. 理智的谦虚

学无止境，知识建立在人类努力的历史进程中，要坚守理智的谦虚，杜绝理智的傲慢。人们应当认识到，每个人的智力能力是有限度的，人类具有自我中心的倾向。我们要有这样的认识并告诫自己：在许多情况下我们都是会产生假象、误解和成见，受到个人立场的限制，实际上我们没有知道全部的真相。理智的谦虚不易做到。在2008年陕西出现的"周老虎照"事件中，7名专家的专业领域没有一个是研究老虎的，但做出了照片为真的鉴定，没有一个专家认为自己没有资格鉴定老虎。

2. 理智的勇气

不仅能够有勇气坚持接受不喜欢的观念中的真理，而且能够有勇气抛弃公认的观念中的错误。然而理智的勇气经常受到挑战。强烈坚持自己观点的布鲁诺最后上了火刑架。坚持独立判断的"周老虎照"事件中的县林业局野生动物管理站站长李评，第二天就被委婉地请出"专家"队伍，领导让他不要"掺和"，结果是准备多日的病假条当天获批。可见敢于坚持认为对的思想需要理智的勇气。

3. 理智的自主性

人极容易跟随传统、公众舆论、专家权威的言论。如在阅读时跟随作者的思路，而不是停下来想一想，问问为什么，被动阅读的结果是被作者牵着鼻子走。理智的自主性要你树立自我意识，成为一个主动的、审慎的认识主体，对作者抱着怀疑和拷问的态度，结合知识和经验的角度提出问题：根据是什么？真的这样吗？还有更多的例子和说明？反例有没有？经过审问，形成不同的观察面和思考的角度，发现事情的多重侧面，从而形成独立的判断。

4. 理智的换位思维

在研究别人的论证时，应当尽量站在他人的立场，从背景、前提和假设出发来推理，理解和评价结论的合理性。真正要了解他人的立场和想法，就应该从他人的角度来思考，设身处地的从他人的立场看事情。换位思考是自我反思的一个方法。

5. 理智的诚实

诚实是理智活动的基本道德要求。在“周老虎照”的事件中，除了信息提供者的不诚实，还有另一位是有多年专业素养的管理干部的“证实”，林业厅派他上山进行核实，事后证明他根本就没有核实。理智的诚实要求坦率承认自己的思想中的不足、错误、矛盾，对待自己和别人要求一致，而不是双重标准，否则就会犯理智的虚伪的错误。

6. 理智的坚持

探索与开创比其他任何活动有更多的困难、迷惑、阻碍、挫折、反对等，获得新认识是最难的人类活动之一。甘于寂寞、长期专注、锲而不舍是成功的前提。只有坚持不懈的人，才会获得新思想，获得理智的快乐。爱因斯坦不赞成的科学家类型是：找到木片最薄的地方钻上许多的孔，找到最容易的地方做研究。

7. 相信理性

要在理由和证据的平台上思考。没有实践联系的观念是空洞的且是不可依靠的。要相信通过理性的方式可以达到目的和愿望。人们通过学习寻找有力的证据，形成有效和一致的推理，获得合理的结论。要相信在理性基础上交往的人，能够成为讲道理的人，用理由来说服人，形成良好的团体。

8. 心灵公正

当在评价、判断一个观点真假对错时，要使用一样的理性分析和批判标准，要把个人的情感和利益放在外，因为理性只根据实践经验和逻辑的理由来判断。如果卷入个人、群体、社会或是民族的情感、利益等其他的因素，就经常会产生诉诸权威、大众、情感、传统、威胁等谬误。

批判性思维是理智素质和分析技巧的统一，而且在实践中的艰巨性超过人们的想象。谁都喜欢自己是正确的而不是错误的，分析别人的缺点容易，人们会很高兴地指出别人的差错，愿意学习能把别人击倒的各种本事，所以人们极容易用批判性思维来剖析别人的缺点而不是自己的。作为美国的开国元勋之一、杰出的政治思想家汉密尔顿说：“人是推理的而不是讲理的动物。”然而他却死于和政敌的决斗中。科学哲学家波普尔提出要求，一个“批判理性主义者”唯一要重视的是论证，而不是给出论证的人。此意义上的纯理性要求抛弃情感、信仰、利益、迷信等非理性的杂质。纯理性如同一个冰冷的机器，很难从血肉之躯中造出来。因此，遵循求真、公正、反思和开放的批判性思维精神核心，锤炼理智素质，是批判性思维终身学习者的修养。

3.3.2 批判性思维的中心问题

当说“维生素C可以预防感冒”，我们会不自觉地问：理由是什么？如果说“维生素C可以预防感冒，因为最新的报道说维生素C可以阻止病毒生长”，这样就有了理由，形成了一个论证。根据理由的推理活动就是论证。现在就可以讨论理由本身的问题，如最新的报道是否真实？是怎样证明维生素C阻止病毒生长的？是阻止哪一种病毒？此病毒与感冒有联系吗？理由充足吗？等等。自此批判性思维就在这个论证上展开了。分析、考察、评价论证是批判性思维的主要工作。

1. 论证是理性的载体

论证是信念、决定和行动的合理性的起点。没有论证就不能进行理性的分析。

假设最近你牙齿疼痛，到医院检查后，年轻的牙科医生告诉你：“你需要拔掉这颗、这颗……总共5颗牙齿。”你感到晴天霹雳！“什么？”你压制心中的不安与怒火，耐心地问：“请医生告诉我，为什么一定要拔掉这么多的牙齿？”

医生说：“因为你的这颗、这颗、这颗牙齿的牙周有菌，牙骨已经损失，如不拔掉会影响其边上的牙齿，损失更多的牙齿。”

此时你冷静下来，根据你的知识和经验，再加上5颗牙齿的重大损失，你一定会认真思考着医生拔牙的理由，牙周有菌？牙骨已经损失了吗？不拔掉会影响到旁边的牙齿？有没有别的方法来除菌呢？

看到你的犹豫不决，医生给你一张X光片：“看看，这、这……你的牙已经损失了多少牙齿的骨头……说明牙的深部有问题，必须拔掉。”

你耐心地回答说：“等等，让我看看这些，并同家人商量后再作决定。”

面对医生你作出了一个极其正确的反应。面对提议、断言或是劝告，理性反应的第一步，就是要求提供理由，要求用理由来为提议进行辩护。医生在你的要求下给的一个论证是：“因为你的这颗、这颗、这颗牙齿的牙周有菌，牙骨已经损失，如不拔掉会影响其边上的牙齿，所以必须拔掉。”

“因为”后面是理由，或者叫前提；“所以”后面是提议或是结论。这个论证可以表示如下：

牙周有菌，牙骨已经损失，如不拔掉会影响其边上的牙齿。

所以，必须拔掉牙齿。

如果是用箭头“→”表示从前提到结论的推理关系，这个论证可以表示为：

牙周有菌，牙骨已经损失，如不拔掉会影响其边上的牙齿→必须拔掉牙齿。

虽然你感觉医生真是可恶，但是医生给出了一个论证。从例子中可以看到的是，一个论证是由前提、结论和推理构成。

2. 好论证是核心问题

运用推理走出了第一步，但上述论证是否成功？医生是否成功证明了拔牙的必要性？

这是考察论证品质好坏的问题，好论证是批判性思维的中心问题。有论证，是理性探讨的开始；有好论证，是理性的目的，也即是接受目前的论证是合理的。无论一个信念是否真，或是一个解决问题或行动的方案是不是合适，都是可以归结到论证是否好的问题上。所以，批判性思维对信念和行动的合理性检验，就是对相关论证的检验。

我们一起回到拔牙医生的论证。年轻医生的理由是，这些牙齿周边有菌，牙骨已经损失，如不拔掉会影响其边上的牙齿。聪明的你已经冷静，试图分析医生的理由。牙齿周边有菌？牙骨已经损失了吗？如果这理由不真或不准确，比如说细菌不在牙根处，通过拔牙的方式就不能清除病根，医生拔牙的提议不好。不过，医生给理由提供了证据：一张X光片。但照片上看到的是各种牙齿的阴影，医生的解释是牙骨的损失，还是建议拔掉牙齿。

现在你面临的问题是相不相信年轻医生的解释和判断。这可能意味着是否相信他的专业能力水平，会不会误读了X片，也可能意味着是否相信他的判断的客观性，如是不是因为医院绩效考核影响收入或者是拔牙的方便而对病菌严重性夸大。因为事关5颗牙齿的大事，你采取了一个正确的办法：听取不同方面的意见。你礼貌地要求医生说回家与家人商量后再说。然后到另一家医院，再次看看牙医，听听第二个牙医对事实判断和估计。

显然你关心的是“不拔掉这些牙，细菌会影响其周边的牙齿”，这是一个原因和结果的关系的断言，完整的表述为：这些牙齿的细菌，在不拔掉的情况下，必然会影响到旁边的牙齿。你现在的问题是：是真的吗？除了拔牙，有别的办法来除菌或者阻止细菌的生长吗？若第二个医生说，像你这样的情况，除了拔牙，其他的方法也有的，比如进行牙根深部植入抗菌药等。因此，你得到了第一个医生的因果关系推理不是真的，拔牙的论证不合适，而且你可以避免拔牙的结果。

仔细检查第一个医生的话还有这样的意思：拔牙就可以避免旁边的牙齿受到影响。其推理表达如下：

如果不拔这些牙，旁边的牙齿就会受细菌影响。
拔掉这些牙。

所以，旁边的牙齿就不会受细菌影响。

横线上面是前提，下面是结论。你可以问，这是肯定的吗？如我拔掉这些牙，就能保证旁边的牙齿不受影响了吗？

你显然不会信服，因为病牙拔掉，但还是有别的牙齿出现了细菌。完全有可能是别的原因，细菌不会因拔牙而完全清除，其他的牙齿也会有细菌。所以病牙拔掉并不能证明别的牙齿不会受到细菌的影响。可见第一个医生的推理是无效的。这说明即使你做了前提要求的事，它的结论也不能保证为真。

至此，你可以判断：拔牙论证的前提（“不拔牙就必然影响别的牙齿”）是不真的（至少按第二个牙医的说法），推理（拔牙就不会影响别的牙齿）是无效的。通过分析，你了解到医生论证存在的问题，你不一定接受拔牙的建议。而且，你还获得了知识：知道了自己的牙齿的细菌和牙骨的损失程度，并且知道可以用别的方法来阻止它们（如定期洗牙，在牙根部植入抗菌药品等），至此有了行动选择的余地。

你遇到的医生不会如此简单。假如你追问:“拔掉这些牙后,别的牙齿就会没有事了吗?”医生的回答可能是:“还要进行一些别的定期治疗。这样拔牙后就可根除隐患。”医生考虑了其他的因素,并不单纯地认为拔掉病牙就自动的保证旁边的牙齿不受影响。其推理如下:

如果不拔这些病牙,旁边的牙齿就会受细菌影响。
拔掉这些牙,加上别的定期的治疗。

所以,旁边的牙齿就不会受细菌影响。

“加上别的定期的治疗”没有特指什么,但这个附加的前提,使得这个推理变得合理。拔牙不能单独地阻止牙病的发展,因为加上附加的条件,结论成为必然的。和医生的对话可能是这样结束:

问:你肯定拔掉这些牙齿后,加上别的定期治疗作为保护措施,别的牙齿就没有事了?
医生:不能百分之百,但成功的可能性很大。

医生给自己的推理又加固了一次。这说明,“如果拔掉这些牙,加上别的定期的治疗,旁边的牙齿就不会受影响”只是一个高概率意义上为真的事件。不管加上别的什么样的定期治疗,它都是不能绝对地推出“旁边的牙齿就不会受影响”的结论,它只是一个很大的可能性,并不排除有不成功的情况。即使你就是不成功中的一个,医生也不会有问题!

由此来看,在不同的情景,根据不同的理由,推理的合适性会有不同的判定标准。如是演绎推理,那么就要求保证结论真;若是归纳推理,如果结论有高的概率,那么采取它就是合理的。医生将自己的论证变成高概率的归纳论证,不需要强调万无一失,如果他的证据表明这样拔牙后是有很大的可能性保护住其他牙齿,那么可说这推理是合理的,而当你采取他的建议也就在归纳意义上具有合理性。

每一个论证,都会有自己的基础,都是建立在一定的事实、知识和观念背景之上。论证的人都是有自己的观点和立场,会有假定。论证是为了一定的目的,也会有现实的意义和后果。这些隐含的深层次因素,却决定着论证的内涵、性质和走向,如果忽视这些可能会导致灾难性的错误。因此,人们把论证的有关全部构成分为:论证的主题、论点和背景,论证的目的,论证的立场,论证的事实根据,论证的语言和概念,论证的假定,论证的解释和推理,论证的含义和后果。

判断论证是一个好论证的指导原则包括:清晰性、准确性、精确性、相关性、重要性、充足性、深度、广度、逻辑、公正性等。

3. 图尔明论证模型

英国哲学家图尔明在20世纪50年代提出一个好论证的模型,指出一个好论证由六部分组成:

(1) 数据或者是根据,就是用来论证的事实证据、理由。

(2) 断言,即结论,是要被证明的陈述、主题、观点。

(3) 保证,用来连接证据和结论之间的普遍性原则、规律等,是连接证据和结论之间的桥梁。常被归为理由(前提)一类,常常是其中的大前提,或者是隐含假设或者是其他推理根据。

(4) 支撑,用来支持上面保证(大前提)的陈述、理由,它不是直接来支持结论,而是支持保证,表明这些普遍原则或关系是真的。

(5) 辩驳,是对已经知道的反例、例外的考虑、反驳和说明。

(6) 限定,对保证、结论的范围和强度进行限定的修饰词,常常因为有了反例的考虑,从而对结论进行限定。

图尔明论证模型可以由3.1图解:

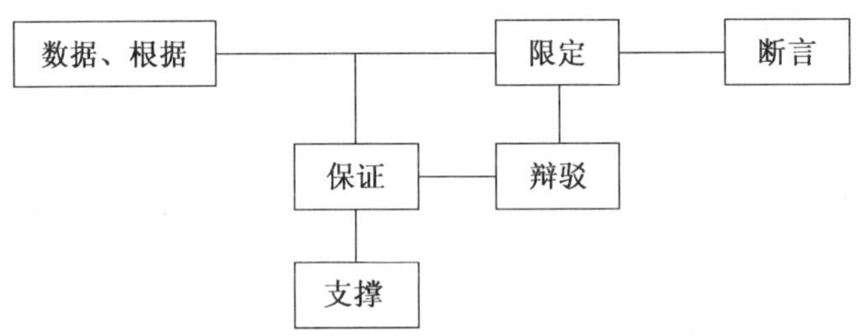

图3.1 图尔明论证模型

图尔明论证模型具有显著的优点,能表述实际的论证模式,更能反映具体情况对论证的作用,对分析和批判论证有指导意义。

3.3.3 批判性思维的任务与步骤

批判性思维就是根据理智的标准,对认识和实践中思考、推理和论证进行多方面、反思性的探究、分析、评价和判断的活动。

学习在于思考。展开批判性思维首先是对一个论证设问:是真的吗?事实可以确证为真吗?推导真的充分有理吗?对事实的说明真的准确、清楚吗?然后就会考虑还有别的说法吗?还有别的事实或证据吗?还有别的解释、原因吗?还有别的角度看问题吗?还有别的论证吗?还有反例吗?可以找到别的证据、说明、原因和论证吗?通过思考活动,形成评价与判断。

中国最有创造性和批判精神的人是毛泽东。毛泽东是批判性阅读的典范。他对身边的工作人员说,用百分之百相信的态度读书,还不如不读。读书,一要读,二要怀疑,三要提出反对的意见。不读不行,不读你不知道呀。凡人都是学而知之,谁也不是生而知之啊。但光读不行,读了书而不敢怀疑,不能提出不同的看法,这本书算你白读了。毛泽东极为推崇徐特立老师"不动笔墨不读书"的学习方法。24岁的毛泽东在德国哲学家泡尔生所著约10万字的《伦理学原理》上批注了12 000余字的笔记。他一生强调读书重在钻研、实践和创新。他认为要真正把书读透的方法是"四多"——多读、多写、多想、多问。他从不被动接受书中的观点,而是一边读一边想一边批注,赞同时往往大加发挥,不赞同时亦陈述己见。批判性阅读是更高层次的精神活动,调动大脑更多的智力,更有可能激发人的原创造力,更有可能把知识的学习者转变成知识的创造者。

创造性思考可以用下列一些问题来发掘思路:

准确地说，什么是中心议题？

我全部同意还是部分同意它的断言，为什么？

它的断言实际上奠定在某种假设上吗？如果是，这假设合理吗？

它的断言是否仅在某些条件下有效，如果是，那是什么？

我需要限定或解释断言中的某些词吗？

什么样的理由支持我采取这样的立场？

可以用什么样的例子说明这些理由？什么例子最有力？

别人会用什么样的理由来反驳或削弱我的立场？

我该怎样承认或反驳他们的观点？

这些思考可以概括为下面的几大内容：了解讨论的议题、立场；分析论证的结构要素；质询其他依据的假设；澄清关键词的含义；考虑对立的观点；运用合适的例子来支持理由，并以此论证你的立场。

董毓提出了批判性思维的任务和步骤如下：

(1) 理解主题问题：理解论证涉及的论题、关键问题、立场和论点。

(2) 分析论证结构：辨别和分析论证及其结构。

(3) 澄清观念意义：澄清观念意义，定义关键词。

(4) 审查理由质量：分析和综合所有可能得到的信息，评估它们的真假或可接受性。

(5) 评价推理关系：清理和评价推理关系，审视它们的相关性和充足性。

(6) 挖掘隐含假设：挖掘和拷问隐含的前提、假设、含义和后果。

(7) 考察替代论证：创造、考察不同的观点、论证和结论，进行竞争、比较和排除。

(8) 综合组织论证：综合各方论证的优点，形成一个全面和合适的结论。

八大任务不仅仅是分析他人思考和论证时要做的事情，同样也是构造我们自己的论证时所要完成的工作。上述任务和步骤的先后顺序并不是一定的，可在实际应用中变动、交替和重复。比如考察不同观点和论证的工作可能会与考察信息质量、推理和假说的工作交织进行。

3.4　批判性思维与科技创新

批判性思维与科技创新相互作用，形影不离。一方面是科技创新离不开批判精神的支持和帮助。在面对现有思想观念与技术时，创新者要实现理论或技术的突破，必须具有独立思考、敢于怀疑的胆略；要具有寻根究底的强烈好奇心和舍我其谁的高度自信心；具有善于批评和自我批评的勇气……这就是典型的批判精神。科技史上数以万计的科学创新都离不开创新者的批判精神。没有批判精神，创新意识难以形成，创新过程就不能启动并持续下去，创新成果也就不能最终完成。另一方面是一个人如果是偏见成癖、思想懒惰、人云亦云，没有批判思维，对创新就会起阻碍作用。

3.4.1　科技创新中的推理

科技创新始于问题的提出，终于问题的解决。我们已经知道维也纳总医院第一门诊

产妇易得产褥热死亡的问题(事实),我们倒推出它的前提,也即寻找引起它的原因或者是支配它的规律。其论证可以表示为:

如果医生的手沾染了尸体的“微粒”,它就会进入产妇的血液里引起(产褥热)感染。
在第一门诊为产妇检查的医生的手沾上了尸体的“微粒”。

所以,第一门诊的产妇易得(产褥热)感染。

提出解释是科学的一大任务,然后还要确证,确证解释所根据的原则、原因是真的。如医生的脏手真的导致产妇的感染和死亡吗?这是科学的另一大任务。

科学发现是一个解决问题的活动,在问题和解决问题之间,大致会经过以下步骤:

(1) 始于问题。问题是科学探索的起点。问题可以来自反常、奇怪的事实、现象,也可以来自观念、理论的矛盾冲突。如19世纪年轻的爱因斯坦面临着物理学实验和理论上的疑难。当时人们认识到光和电磁波都是波,就像声波依靠空气传播一样,光和电磁波也需要媒介,这样就产生了“以太”,但寻找“以太”媒介的实验都没有成功,包括著名的迈克耳孙-莫雷实验,人们怎么也找不到物体在这个媒介中运动的痕迹。另一问题是电动力学和牛顿力学所遵从的相对性原理的不一致。按麦克斯韦理论,真空中的电磁波速度,也就是光的速度是一个恒量,而按牛顿力学的速度加法原理,不同惯性系的光速不同,两个理论体系是对立的,“以太”无法找到。这就是20多岁的爱因斯坦思考的问题。

(2) 尝试提出初步的解释性假说。在研究问题的一开始,科学家和侦探一样,不可能提出一个完整、肯定的假说。假说是指描述现象间可能存在的关系或者规律的一组陈述,这样的关系和规律被用来解释现象。侦探能做的是根据现有的有限线索,开始思考可能的原因,提出初步的猜想,如侦探根据血迹、脚印、打开的窗户、凌乱的房间等,思考这是什么目的的谋杀:钱、情、过去的纠纷……他思考与死者接触的人,思考谁会因此得利,等等,提出一个初步的假说,比如是因为情或财而引起的谋杀。科学家的思考方式也是这样。

(3) 进一步收集事实。尝试性假说能指引我们如何去寻找信息和可靠的解释。科学家面对过量运动降低免疫能力现象,提出免疫能力和人的细胞的作用关系猜测:在过量运动的条件下抵抗病毒的细胞是怎样的?科学家会设立一个实验,让小白鼠做剧烈运动,然后抽取它们的血液分析细胞。正如侦探有了初步的假说,便开始去查死者亲密接触和交往的人一样,就要进行信息的收集与排除,这一过程也是锤炼假说的过程。

(4) 完成解释性的假说。形成一个比较成型的假说是复杂的、有难度的。像福尔摩斯大侦探也仍然要绞尽脑汁反复沉思冥想。爱因斯坦之所以是爱因斯坦,就是在此高人一等。要把获得的全部线索用因果关系链连结,用规律把它们统一起来,表示现象产生的源头和规律,这是创造性思考的过程。爱因斯坦狭义相对论的最大突破,就是提出了时间没有绝对的定义,时间和光信号的速度有一种不可分割的联系。寻找新的甚至是革命性的观念和规律是最难的,也是最需要创造性的。

(5) 从假说中得出新的预言。解释性的假说提出新的预言来检验,要证明它的原理在别的情况下也适用。比如说,我认为电池失效了,充电对它不起作用,那么预言在另外一个可靠的充电器上充电,它也不会有电。

(6) 检验预言。根据假说推导出的新预言自然要检验。杨振宁和李政道的宇称不守恒的假说,要依靠吴健雄巧妙设计的实验检验,所以吴健雄也获得人们的尊重。爱因斯坦的广义相对论认为,由于物质的存在,空间和时间会发生弯曲,引力场实际上是一个弯曲的空间。1919年,英国天文学家爱丁顿证实了爱因斯坦的光线会被物体吸引而弯曲的假说,确定广义相对论是正确的。著名物理学家汤姆孙说:"这是自牛顿时代以来所取得的关于万有引力理论的最重大的成果","爱因斯坦的相对论是人类思想最伟大的成果"。

3.4.2 挖掘科技创新推理中的隐含假设

1. 挖掘隐含假设

隐含假设是论证者相信为真,并认为大家也接受的立场、信念、知识等,是论证者和读者相互理解、论证可以进行的共同前提和基础。从下面一个酒会上的论证寻找隐含的假设。

在酒会上,一位男士摇晃地站起,准备再次举杯敬酒。他端起酒杯,忽然闻了一下,说:"这不可能是茅台酒。如果是的话,它会很香。"桌边的人笑着说:"什么?你喝了一晚上的茅台酒,喝多了,鼻子有问题了吧?"另一人喊着:"他杯子里有酒吗?看一看,他是不是拿着空杯说胡话!"

尽管男士好像是醉了,但这位先生给出了一个论证。结论是"这不可能是茅台酒",前提是"如果是的话,它会很香"。显然,此处省略了一个前提:他端着酒杯正在闻,不用说出他闻出这酒不很香的感觉。若把省略的前提(也即是隐含假设)补上,会形成如下的论证:

如果是茅台酒,它会很香。
(这杯子里的酒不很香)。

所以,这不可能是茅台酒。

补上前提后,我们应该理解他的意思了。但我们会相信他吗?显然,其他人不相信,有的认为他的嗅觉出问题了,怀疑他的感官是否正常。一般地,当人们去表达他们的感觉时,大多会认为人的感觉能力是正常状态,不会去追究。感官能力正常显然是假设,且并不总是正确。男士已经摇晃,就引起人的怀疑。影响感官是否处于正常状态的因素很多,如生病、吃药、醉酒、精神失常、环境条件等。在这种情况下,这杯子里的酒不很香的隐含前提下面,应该表示出支撑感官正常的假设(鼻子有问题),以及怀疑这个假设的理由(喝多了)。

这杯子里的酒不很香　　　　(隐含前提)
↑
鼻子有问题　　　　(下一层的支撑假定)
↑
喝多了　　　　(更下一层的支撑假定的理由)

还有在场的人不相信他的杯子中有酒。这是关于对象存在的隐含假设。如果男士的话说得通，除要假设他的感觉正常，他的酒杯中要有酒可闻。另外，茅台酒很香也是一个预设的、没有说出来的知识，是这位男士推理的一个根据。这是因为在场的大概都知道，不必言明，不然的话就需要表达出来。

如果把补充的隐含假设表达出来，就会形成如下的较为完整的论证：

(这杯中有酒。)
(茅台酒很香。)
如果是茅台酒，它就会很香。
(我的感官感觉正常。)(因为我没有喝多酒也没有生病。)
(这杯子里的酒不很香。)

所以，这不可能是茅台酒。

隐含前提就是那些需要填补在前提和结论间的隐含假设。在酒桌上喝得摇晃的男士，他其实也能形成一个完整的论证，只是省略了他认为大家都知道的部分。

2. 科学是隐含假设织成的网

科学推理是假说、假设的集合体，检验一个假说就是要检验这样一个集合。科学史一再表明，挖掘出隐藏的假设，科学得以研究它、推翻它，从而科学不断前进，达到革命性的进步。从科学史上的实例，可以看出挖掘出隐含假设的重要性。

古希腊哲学家阿那克西美尼和恩培多克勒认为地球是平坦的，此观点与常识接近，一直持续到中世纪和文艺复兴时期。15 世纪航海家哥伦布认为地球是圆的。其论证是看到一艘船驶离海岸时，船体甲板由低到高逐渐消失，然后剩下桅杆，最后消失在视野中，所以证明了我们看到的船体由地球曲面的一侧驶向另一侧。哥白尼也用类似的论证来证明地球是球形的。对相信地球是球体的人来说，船体逐渐消失的现象相当于一个决定性的试验，判定地球是平坦的假说为假，判定地球是球体的假说为真，因为这个现象只能从地球是球体的假说中推导出来。如果地球是平坦的，没有理由相信船体的一部分会比另一部分先消失。

但是事情不是这样简单的。人们完全有办法既接受这个观察事实，又坚持地平说是正确的。因为观察的预言并不是从假说地平或地圆单独推理出来的，而是从它们加上额外的隐含辅助假设“光线以直线传播”一起推出来的。这个辅助假设对推理起关键作用。地平说的推理是：

地球是平坦的。
光线以直线传播。

所以，船体的底层不会先于桅杆消失。

船体逐渐消失的事实应该否定了地平说，预测检验说明它的前提有错。但前提有两个，是都错了，还是其中的某一个错了？如果是某一个错了，是哪一个？逻辑只能表示这些前提有错，但不能说到底哪一个有错。虽然现在我们知道是第一个前提地平的假说错了，但如果我们愿意想象是第二前提错了，也即是光线不是直线传播而是弯曲传播，则地平的假说完全可以保持。问题是光线弯曲传播加上地平说，可以推导出船体的底层先于桅杆消失的预言吗？应该是可以的。

一个比较抽象、普遍的假说不可能单独推导出观察预言，它必然是假说和相关辅助假设的集体努力的成果。科学是信念、假说和辅助假设结成的网，假说不能单独被检验，被检验的是整个网。当检验产生否定的结果，说明网至少一个"结"有错误，但不能由逻辑而推导出哪一个有错。光线以直线传播的观念是哥伦布和哥白尼地圆说的假说，但它却是一直深藏不露，人们没有意识到这样的假设，更谈不上去检验它们的真假。历史一再表明，因为挖掘出隐藏的假设，科学得以研究它、推翻它，从而达到革命性的进步。

3. 怀疑根本假设引起的科学革命

新的假说提出后，总会面对许多的反例，然后发明一些假说把它们撇到一边，以挣得喘息机会，有时这样的办法对科学发展是有益的。把光线以直线传播的假设改成以曲线传播，可以一时挽救地平说被观察证伪的命运，但它仍会产生问题，可能是和别的事实矛盾，或者自己不能被证实。人们用"事后假设"来称呼这样的补救手段，有的是新发现的来源，有的却只是权宜之计。科学方法论的一个问题是：什么时候该停止通过调整别的假设来挽救主要的假说、原理，即什么时候应该丢"车"保"帅"，什么时候该推倒棋盘从头再来，人们从科学史中寻找启示，这是一个逐步的过程。遇到问题时一开始都是先调整容易的、非根本的假设；逐渐地，问题不能解决，矛盾越来越多，调整越来越困难吃力，科学革命就要开始了。

19世纪天文观察发现，天王星的运行轨道总是偏离于牛顿的万有引力理论计算的结果。对于这个反常，一些科学家解决的办法是根据万有引力理论提出，一颗尚未发现的行星对天王星的引力作用而引起了这个偏离。运用这个假设，科学家计算这个未知的行星应当位于摩羯座δ星之东5度左右，它的移动速度应为每天后退69角秒。天文观察果然在偏离预言位置不到1度的地方发现了一颗新的八等星，它的移动速度也与牛顿引力理论的预言符合，这就是海王星。增加假设使万有引力理论成功地将反常转化为巨大的成功。科学家们对牛顿理论的奇妙成功是多么的惊喜和信服。

仅仅十几年后，当1859年又发现牛顿的万有引力理论计算水星轨道有反常时，人们自然认为这只是无往而不胜的万有引力理论的小小例外，不值得奇怪。这就是著名的"水星近日点进动"反常。按照牛顿的引力理论，在太阳的引力作用下，水星的运动轨道将是一个封闭的椭圆形。但实际上水星的轨道并不是严格的椭圆，而是每转一圈它的长轴也略有转动。长轴的转动，就称进动。水星的进动速率比牛顿引力理论计算的每百年快38角秒，后来测定快43角秒。

面对43角秒的反常，科学家们按照海王星模式如法炮制，用添加假设来解决。法国科学家勒威耶曾成功预言过海王星，为此再次预言，在太阳附近还存在一颗很小的行星，引起水星的异常进动。但这个预言没有成功，所有的观察努力都没有发现它。还有的科学家提出新的假设来解释，比如星际弥漫的阻尼；太阳的未观察到的扁平效应；水星可能存在的卫星作用；还有的试图修改牛顿万有引力定律，如给它赋予依赖速度的性质等。但是，所有的假设和修改要么没有被观察到，要么和别的行星运动的观察和知识矛盾。

科学历史显示,尽管理论可以有无数成功,全盘动摇它的根基的可以只是一两个反常。后来证明,这个水星近日点进动反常,不仅反驳了牛顿力学的一次计算,而且是动摇了牛顿力学本身。不过,人们看到这个反常所具有的意义,是在不同理论诞生之后,沉迷于牛顿理论的科学家们一直在固有的框架中用发明假设的办法来解决问题。忘记旧观念比接受新观念还难。

科学方法论家拉卡托斯用一个假想的故事描述历史上常见的科学家死撑残局的现象。假设一位爱因斯坦时代前的牛顿物理学家使用牛顿力学和万有引力理论,加上初始条件,计算了一个新发现的小行星 P 的轨道,但结果是该行星的轨道与计算不符。物理学家不会认为这个不符是对牛顿力学的否定。他会提出一个新的假设,认为有一颗现在没有观察发现的行星 P1 在附近起作用,扰乱了那颗行星的轨道。P1 计算的轨道请实验天文学家来检验。由于 P1 太小,现有的望远镜不能观察到,实验天文学家便申请拨款专门建造一个更大的望远镜。几年后,望远镜造好了,假如这颗未知的行星 P1 被发现了,它就会被当作牛顿科学的新胜利。但行星没有观察到,物理学家会不会认为牛顿力学不对呢?他不会,他又会提出新的假设:有一团宇宙尘埃挡住了这颗行星,人们观察不到它。他计算了这个宇宙尘埃的位置和大小,申请拨款发射一颗卫星来检验。假设卫星上的仪器记录了那个假设的宇宙尘埃,它自然会看作牛顿科学的又一新胜利。但是如它没有发现,物理学家会不会放弃牛顿物理学呢?当然不会。他会再次提出新的假设:宇宙的这个区域有磁场干扰了卫星上的仪器。于是,一个新的卫星再次发射了,以检验磁场……磁场没有被发现,这位牛顿物理学家便再提出新的辅助假说……整个故事被埋葬在杂志案卷中,最后再也没有人提起它。

结束这样死不认输的游戏办法,是推翻旧棋盘打开新格局。

1915 年,爱因斯坦发表了广义相对论,与牛顿万有引力理论不同,广义相对论引入了根据行星自转引起的力的作用,由此计算得出了 43 角秒差值,很好解释了水星近日进动点的反常。这成为天文学对广义相对论的最有力的验证之一。

当然,打破旧假说,产生新假说的道路可能是极为漫长的。新的假说不最后登上舞台掌管全局,旧的假说是不会退出舞台的。不管面对什么样的反常,旧假说是可以调整下去的,直至新假说的全面胜利,使旧假说不再有任何吸引力。没有破旧不能立新,而只有立新才能完成破旧。没有新的假说、观念,进步既不能开始,也不能完成。只有冲破旧观念的束缚,才能有新的观念、理论的产生。

3.4.3 培养批判性思维技能

孟子曰:"尽信书,则不如无书。吾于武成,取二三策而已矣。仁人无敌于天下,以至仁伐至不仁,而何其血之流杵也?"我们应该意识到,我们不能头脑空空任人摆布,不能依赖别人思想生存,不能总像愤青一样活着,我们需要靠自己去问为什么。

美国哲学学会形成的关于批判性思维和理想的批判性思维者技能的一致意见是:"我们将批判性思维理解为有目的的、自我调节的判断,它导致的结果是诠释、分析、评估和推论,以及该判断所基于的证据的、概念上的、方法的、标准的解释或语境考虑。批判性思维本质上是一种探究工具。同样,批判性思维是教育中的一股解放力量,在个人和公民生活中，它是一种强大的资源。尽管批判性思维不等同于好思维，但它是无处不在的、自我矫正的人类现象。理想的批判性思维者习惯上是好奇的、见多识广的，相信推理，思想开放、灵活，能合理公正地做出评估，诚实地面对个人偏见，审慎地做出判断，乐于重新思考，对问题有清晰的认识，有条理地处理复杂问题，用心寻找相关信息，合理选择评价标准，专注于探究，坚持寻求学科和探究环境所允许的精确结果。所以，培养优秀的批判性思维者意味着朝这个理想的方向努力。它把发展批判性思维技能和培养那些倾向结合起来，而这些倾向不停地产生有用的洞见，它是一个理性的和民主的社会基础。”

批判性思维的目标在于做出明智的决定，得出正确的结论。掌握一些批判性思维的技能对于大学生极为重要。通常认为，批判性思维能力至少包括解释、分析、评估、推论、说明和自我修正六种基本能力。美国教育资助委员会的大学学习评估工程具体罗列了以下重要技能：判断信息是否恰当，区分理性的断言和情感的断言，区分事实和观点，识别证据的不足，洞察他人论证的陷阱和漏洞，独立分析数据或信息，识别论证的逻辑错误，发现数据和信息与其来源间的联系，处理矛盾的、不充分的、模糊的信息，基于数据而不是观点建立令人信服的论证，选择支持力强的数据，避免言过其实的结论，识别证据的漏洞并建议收集其他信息，知道问题往往没有明确答案或唯一解决办法，提出替代方案并在决策时予以考虑，采取行动时考虑所有利益相关的主体，清楚地表达论证及其语境，精确地运用论据为论证辩护，符合逻辑且言辞一致地组织论证，展开论证时避免无关因素，有序地呈现增强说服力的证据。

批判性思维者不仅仅具有批判性思维的技能，还会在合适的时候运用。这种倾向被称为习性，它们反映在人的心智态度。习性和态度的共同特征有：思想开明，心态公正，寻求证据，尽可能全面充分了解，关注他人的观点及其理由，信念与证据的相配程度，愿意考虑替代和修正信念。

科学史表明，久经证实的科学理论也可能有错，更好的理论只能是通过改正它的错误而产生。所以通过严格检验和批判来挑错的探索方式，是促进认识发展的更有效的方法。阻碍认识发展的不是发现错误，而是不去发现错误。所以，不管从什么角度理解，批判性思维都是正面的、建设性的思维力量。

批判性思维倾向的自我测评

思考题

1. 识别下列语段中的前提和结论。

① 管理得当的民兵组织对于一个自由国家的安全是必需的，因而人民保存和持有武器的权利不得侵犯。

② 房子不是建来观看，而是建来用的，因此让实用性优先于统一性吧。

③ 凡法皆恶，乃因凡法皆为自由之违背。

④ 好的感觉能力是这个世界上分布最为平均的东西，因为所有的人都认为他们自己拥有的足够多，以至于即使是在其他事情上最不容易被满足的人也不会要求更多的感觉能力。

⑤ 没有森林，猩猩就没有办法生存。它们超过95%的时间都是在树上度过的，它们

的食物有超过95%是由树、葡萄和白蚁提供的。它们唯一的栖息之地是由婆罗洲和苏门答腊热带雨林提供的。

2. 批判性思维以承认真理客观存在为基础，并认为理由、论证是达到真信念的桥梁。但是理性是可以错的，即使再好的论证也不能保证它辩护的信念一定真。你对这样的冲突是如何认识的。

3. 在一个成熟的批判性思维者应该有的理智素质中，你认为哪些最为重要，哪一项最难做到?

4. 针对你阅读并有深刻印象的名著或故事，从全新的角度重新进行解读或叙述。

第 4 章　创新思维技法

【学习目标】

理解创新思维技法,掌握头脑风暴法等传统创新思维技法,并能够应用创新思维技法对问题进行多方位思考。掌握多屏幕法等 TRIZ 理论思维工具,能够将其应用于实际问题思考。理解并掌握资源类型,掌握系统资源分析步骤。掌握常用因果分析方法,并能运用因果分析为寻找问题解决方案提供思路。

思维惯性是创新思维的最大敌人。价值观、生活环境和知识能力影响人们对事物的态度和思维方式,其中经验对思维影响最为重要。积极思维是创新的前提,历史上所有重大发明创造无一不是积极思维的结果。积极思维要有科学的方法提升创新的效率和质量。人类在长期的生产实践中,发明了大量的创新思维技法。

4.1　传统创新思维技法

4.1.1　试错法

试错法是指人们根据已有方法、理论或产品设计原理和经验,通过不断尝试使错误(或不可行的方案)逐渐减少,最终获得能够正确解决问题方案的一种创新方法。

对于发明创造,多少年来人们一直在使用试错法来求解发明问题。当尝试利用一种方法、物质、装置或工艺来求解某一问题时,如果找不到问题的解决方案,就进行第二次尝试,如果还没找到问题的解决方法,则进行第三次尝试,以此类推。这就是试错法解决问题的思路和过程。然而人们采用的试错法只有少数聪明人经过艰苦不懈的努力取得成功,这种成功没有规律可言,也无法传授。

案例 4.1

爱迪生为人类带来光明

爱迪生是位举世闻名的美国电学家和发明家,他除了在留声机、电灯、电话、电报、电影等方面有许多的发明和贡献以外,在矿业、建筑业、化工等领域也有不少著名的创造和真知灼见。相信每个人都知道爱迪生的那句名言:“天才就是百分之二的灵感加上百分之九十八的汗水。”爱迪生不仅有聪慧过人的头脑,更有不懈努力的精神,因此,他获得了巨大的成功。据记载,他在发明电灯时,他和他的助手们历经 13 个月,用过的灯丝材料有 1 600 多种金属材料和 6 000 多种非金属材料,试验了 7 000 多次,终于找到了有实用价值的灯丝材料,为人类带来了光明。

试错法的成果在 19 世纪是非常卓著的。电动机、发电机、变压器、山地掘进机、离心泵、内燃机、炼钢平炉、汽车、地铁、飞机、电影、照相机、电话机、收音机等的发明都是由试错法带来的。对解决简单的发明问题,试错法效果明显,可能的解决方案不超过 10 个或 20 个,找到正确的解决方案并不困难。而对于较复杂的发明问题,因有可能存在成百上千个可能的解决方案,试错法效率就非常低,解决发明问题的周期较长,时间成本和付出精力很高。查尔斯·固特异用一生解决了橡胶最佳选配方案,对他而言要获得“发明的技巧”,一次生命远远不够。事实上,大多数研究者在解决类似的难题时,往往一生也没有任何结果。尤里·萨拉马托夫对试错法做过这样的评价:“人类在试错法中损失的时间和精力,远比在自然灾害中遭受的损失要惨重得多。”20 世纪“在发达资本主义国家中,50%的研究刚刚开展,就因为没有发展前途而被迫终止了;在苏联,有 2/3 的研究根本无法进入生产领域”。随着技术的快速发展,试错法越来越不适应需要。例如,为筛选出理想的核反应堆或核动力航母,人类不可能建造几千个来尝试。

阅读案例

4.1.2 头脑风暴法

1. 头脑风暴法原理与特点

头脑风暴法起源于精神病理学,英文 Brain Storming(头脑风暴)指精神病患者的精神错乱状态,亦称智力激励法、群体集智法、团体创新方法或奥氏智力激励法。如今头脑风暴已经变成“无限制的自由联想和讨论”,目的在于产生新的观念或激发新的设想。

群体决策是一重要的组织管理方法,但由于群体成员间心理相互作用影响,易屈从权威或大多数人意见,形成所谓的“群体思维”。群体思维削弱了群体的批判精神和创造力,损害了创新决策的质量。换句话说,当处于群体中的人在思考时,会有很多人立刻说出自己的想法,这阻碍了思考的过程,会阻止思想的共享。为保证群体的创造性,提高决策质量,管理上发展了一系列改善群体决策的方法,头脑风暴法是较为典型的一个。

头脑风暴法是一种发挥集体创造精神的有效方法,常采用会议形式,与会者可以在没有任何约束的情况下发表个人的想法,提出自己的创意,参与的人甚至可以提出看起来异想天开的想法。会议主持者要以明确的方式向所有参与者阐明问题,说明会议的规则,尽力创造融洽轻松的会议气氛。奥斯本借用头脑风暴来形容会议的特点是让与会者敞开思想,使各种设想在相互碰撞中激起脑海的创造性“风暴”。根据奥斯本及其他研究者的看法,头脑风暴能激发创新思维主要有以下原因:

(1) 个人欲望

头脑风暴法有一条原则,不得批评仓促的发言,甚至不许有任何怀疑的表情、动作、神色。在不受限制、没有顾虑的集体讨论解决问题过程中,人的倾诉和表现欲望增强,自由、不受任何干扰和控制是非常重要的。这就能使每个人畅所欲言，开动思维的机器，突破思维阻碍，有利于提出大量的新观念。

(2) 联想反应

联想是产生新思维的重要途径。在集体讨论问题的过程中，人们提出的新观念都会引发联想，产生连锁反应，形成新观念，为创造性解决问题提供了更多的可能性方案。

(3) 竞争意识

心理学研究表明，人类都有争强好胜的心理，在有竞争意识的情况下，人的心理活动效率可增加 50%或更多。群体讨论中，人人都会开动脑筋，争先恐后竞相发言，不断地开动思维机器，力求有独到见解，以新奇观念展示个体的竞争力。

(4) 热情感染

在不受任何限制的情况下，集体讨论问题能激发人的热情。人人自由发言、相互影响、相互感染、思维共振，突破固有观念束缚，最大限度地发挥创造性的思维能力。

头脑风暴法的特点是以一种与传统会议截然不同的方式召开专题会议。群体智慧不是个人智慧的简单叠加。一些科学测试证实，在群体联想时，成年人的自由联想可以提高 50%或更多。国外有人对 38 次智力激励会提出的 4 356 个设想进行分析，结果表明其中有 1 400 条设想是在别人的启发下获得的。

实践经验表明，头脑风暴法能排除折中方案，对所讨论问题通过客观、连续的分析，寻找一组可行的方案，其应用十分广泛。如美国国防部在制订科技发展规划时，曾邀请 50 名专家采取头脑风暴法开了两周会议，参加者的任务是对事先提出的长远规划提出异议。通过讨论，得到一个使原规划文件变得协调一致的报告，在原规划文件中只有 25%—30%的意见得到保留。再如，我国地方政府发展规划的制定得到有效落实，均是在广泛征求意见的基础上形成的。由此可见头脑风暴的应用价值。

2. 应用原则与程序

奥斯本在研究人的创新能力时发现，正常人都有创新潜力，都有可能产生创新的设想，对创新潜力的开发和创新设想的提出，可以通过群体相互激励的方式来实现。

实施头脑风暴法的精华和核心在于它的自由畅想、推迟评判、以量求质、综合集成。头脑风暴法的有效性取决于人们对这些原则的贯彻程度。

(1) 鼓励自由畅想原则

爱因斯坦曾经说过，“很少有人镇定地表达与他们的社会环境之偏见相左的意见，大多数甚至无法形成这种意见。”参加者不应该受任何条条框框限制，放松思想，让思维自由驰骋，从不同角度、不同层次、不同方位大胆地展开想象，尽可能地标新立异、与众不同，提出独创性的想法。要创造一种自由、活跃的气氛，要求与会者解放思维，各抒己见，自由鸣放。提倡并鼓励自由奔放、积极思考、充分想象。与会人员不论成就、年龄、地位，一律平等。对各种设想甚至是最荒诞的设想，记录人员也要认真地将其完整地记录下来，设想越新越怪越好，因为它能启发人联想出好的想法。错误的设想也是催化剂，没有它们就不能产生正确的设想。

(2) 务必延迟评判原则

创新思维的产生是一个不断诱发、深化和完善的过程。对各种意见、方案的评判必须放到最后阶段，此前不能对他人的意见提出批评和评价。认真对待任何一种设想，而不管其是否适当和可行。必须坚持当场不对任何设想做出评价的原则，既不能肯定某个设想，又不能否定某个设想，也不能对某个设想发表评论性的意见，一切评价和判断都要延迟到会议结束以后再进行。这样做一是为了防止评判约束与会者的积极思维，破坏自由畅谈的有利气氛；二是为了集中精力先开发设想，避免把应该在后阶段做的工作提前进行，影响创造性设想的大量产生。日本创造学家丰泽雄曾说过，“过早地评判是创造力的克星”。美国心理学家梅多和教育学家帕内斯在做了大量试验和调查之后认为，采用推迟评判，在集体思考问题时，可多产生 70%的设想；在个人思考问题时，可多产生 90%的设想。

(3) 确保以量求质原则

此原则的关键是质量递进效应。头脑风暴会议的目标是获得尽可能多的设想，追求数量是它的首要任务。意见越多，产生好意见的可能性越大，这是获得高质量创造性设想的条件。参加会议的每个人都要抓紧时间多思考，多提设想，至于设想的质量问题，自可留到会后的设想处理阶段去解决。奥斯本认为，理想结论的获得，常常是在渐进过程后期提出的设想中。有人曾用实验证明，一般后半部分的设想，其价值要比前半部分的设想高出 78%。另据统计，一个在相同时间内比别人多提出两倍设想的人，最后产生有实用价值的设想的可能性比别人高 10 倍。

(4) 综合集成完善原则

综合集成是创新。除提出自己的意见外，鼓励参加者对他人已经提出的设想进行补充、改进和综合，强调相互启发、相互补充和相互完善，以确保提出更有创意的方案。奥斯本曾说：“最有意思的集成大概就是设想的集成。”这既是一个吸收与完善的过程，同时也是一个相互补充不断提升的过程。

发明创新课题涉及的科技领域广泛，因而靠个别发明家单枪匹马来解决课题的收效甚微。相比之下，像体现集体智慧的头脑风暴法效果显著。

3. 头脑风暴法的应用程序

头脑风暴法并不是简单地将一群人集合在一起开个会，它有开会的原则和程序。如图 4.1 所示。

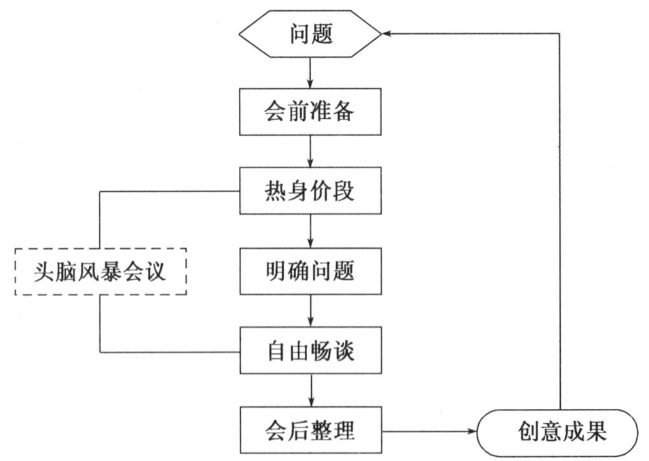

图 4.1 头脑风暴法应用程序

（1）会前准备

① 确定会议主题。头脑风暴法适合解决目标单一且明确的问题，不适合处理复杂、面广的对象。对于后者可分解成若干简单的小课题逐个解决。选择一个合适的议题至关重要。提出的论题一定要表述清楚，不能范围太大，而是要落在一个明确的问题上，如现在手机功能无法实现但人们又需要的功能有哪些？如果论题太大，主持人应将其分解成较小的部分分别提问。会议主题明确、目标单一，容易使与会者思维发散、共振和互补。

② 确定会议主持人。合适的主持人对头脑风暴法的成功运作有很大的作用。

头脑风暴法的主持工作，应由对决策问题的背景比较了解并熟悉头脑风暴法的处理程序和处理方法的人担任。头脑风暴主持人的发言应能激起参加者的思维灵感，促使参加者感到急需回答会议提出的问题。通常在头脑风暴开始时，主持人需要采取询问法，因为一般主持者鲜有可能在会议开始5—10分钟内创造一个自由交换意见的气氛，并激起参加者踊跃发言。主持者的主动活动也只局限于会议开始之时，一旦参加者被鼓励起来后，新的设想就会源源不断地涌现出来。这时，主持者只需根据头脑风暴原则进行适当引导即可。应当指出，发言量越大，意见越多种多样，所论问题越广越深，出现有价值设想的概率就越大。主持人应乐于接受头脑风暴法所造成的奔放而接近狂热的会议气氛，努力使参加者忘却自我，从而能变得更加自由。

一般而言，主持人应做到：掌控会议并使头脑风暴会议的成员严格遵循基本规则；使会议保持热烈而轻松的气氛；保证让全体参与者都能畅所欲言，献计献策。

③ 确定会议人员的数量与结构。

实施头脑风暴法，奥斯本认为由5—10个人为宜，包含主持人和记录员在内以6—7人为最佳。当然，人员数量并不是死板的不变的要求，应当视实际情况灵活变化。但头脑风暴法成员中应有方法论学者——专家会议的主持者，设想产生者——专业领域的专家，分析者——专业领域的高级专家，演绎者——具有较高逻辑思维能力的专家。

与会人员中智力水准、知识结构、职务、资历、经验、级别等应尽可能合理组织，小组中不宜有过多的专家，因为在进行头脑风暴的过程中，如果专家太多，就很难做到暂缓或延迟评价。权威在场必定会对与会者产生威慑作用，给与会者的心理造成压力，因此难以形成自由的发言氛围。

头脑风暴法的所有参加者，都应具备较高的联想思维能力。在进行头脑风暴或思维共振时，应尽可能提供一个有助于把注意力高度集中于所讨论问题的环境。有时某个人提出的设想，可能正是其他准备发言的人已经思维过的设想。其中一些最有价值的设想，往往是在已提出设想的基础之上，经过思维共振的头脑风暴，迅速发展起来的设想，以及对两个或多个设想的综合设想。因此，头脑风暴法产生的结果，应当认为是会议成员集体创造的成果，是宏观智能结构互相感染的总体效应。

会议提出的设想应由专人记录，以便会后对会议产生的设想进行系统化的处理。记录工作也可采用现代信息技术进行，为全面分析提供真实全景资料。

④ 确定会议地点和日期。

在大多数的情况下会议地点是在室内，但选择室外如草坪、树荫等优美静谧的环境中，更加容易让人放松心情。会议环境条件主要是让人体感觉舒适，使与会者能感觉平等，自由联想。会议时长取决于与会者的经验和待解决的问题性质。经验表明，创新的设想一般要在会议开始10—15分钟后产生。美国创造学家帕内斯指出，会议时间最好安排在30—45分钟之间。当然，会议时间一般由主持人掌控，不宜定得太死。若会议时间太长，应当分割成几个时段，中间辅以短暂的休息。

(2) 热身阶段

热身的目的在于使与会者尽快进入角色，全身心地投入，使大脑进入最佳启动状态。给予参会者的邀请函中，应当提供会议背景资料，包含会议的名称、论题、日期、时间、地点，论题可以提问的形式描述出来，并且举一些设想为例作为参考。背景资料提前分发给参会者，可让与会者事先思考论题。

进入会议后的热身，主要是创造一种自由、轻松、和谐、热烈的氛围，进入一种无拘无束的状态。热身活动可以采用多种方式，以有趣的话题或问题，让与会人员的思维处于轻松和活跃的境界。如果所提问题与会议主题有着某种联系，人们便会轻松自如地导入会议议题，效果自然更好。

(3) 明确问题阶段

热身10—15分钟且与会人员的热情被调动起来后，就进入了明确问题阶段。

主持人首先向与会者介绍会议要遵守的基本原则，扼要介绍有待解决的问题。介绍问题时须简洁、明确，点出问题的实质即可，不可过分周全，切忌将自己的初步设想也和盘托出，否则，过多的信息会限制与会者的思维，干扰思维创新的想象力。主持人要选择有利于激发与会者热情和开拓思路的方式，也可以将问题分解成不同的因素，从多角度提出问题。此阶段尽量不要对任何问题解决方法设置障碍，要让与会者相信任何事都是可能的。

(4) 自由畅谈阶段

在与会者对问题有正确的理解后，就进入了自由畅谈。畅谈是头脑风暴法的创意阶段，也是头脑风暴法的核心步骤。要使与会者能突破心理障碍和思维定式，应当极力形成高度激励的气氛，让思维自由驰骋，提出大量有价值的联合行动性设想。

为使大家能够畅所欲言，还需要遵守以下规则：

① 主张独立思考，不要私下交谈，以免分散注意力，防止形成小团体开小会。

② 不应以权威或群体意见的方式妨碍他人发言，不评论他人发言，一次发言只谈一个想法，简单明了，以有利于该设想引起与会者的共振和启发。

③ 与会人员一律平等，会议发言全部记录或现场摄录下来。

④ 见解无专利，鼓励巧妙地利用和改善他人的设想，提倡自由奔放、随意思考、任意想象、尽量发挥，主意越新、越怪越好，真正做到知无不言，言无不尽，畅所欲言。

一般来说，头脑风暴会议持续1小时左右，形成的设想应该不少于30种，但最好的设想往往是会议要结束时才提出的，因此，可以根据情况再延长会议几分钟。会议结束后的一二天内，主持人应向与会者了解大家会后的新想法和新思路，以此补充会议记录。心理学研究发现，当人们对某个问题进行长时间深入思考后，即使在做其他事情时，大脑也有可能继续为这个问题寻找答案。弗洛伊德等人将其归因于人类的潜意识。奥斯本就曾研究发现：人们在第一天的畅谈会上提出了百余条设想，第二天又增补20多条设想，其中有

4 条设想比第一天提出的所有设想都更有实用价值。

(5) 会后整理阶段

会后应组织专人对各种设想进行分类整理，好比找到了一座金矿但要选出真正的金子。如何才能获得具有实用价值的设想，必须对会议的各种设想进行评价和发展，形成最终的方案。具体做法如下：

① 增加和补充设想，形成设想总清单。会后几天继续收集与会者的各种新设想，与会议设想一起，形成总清单。

② 评判和筛选设想。对与会者提出的各种设想既要进行筛选评判，又要进行综合发展完善。为便于筛选和评价设想，应当事先结合具体问题本身的性质和解决问题的要求拟定评价标准。

③ 优中选优与发展设想。对筛选评价出来的设想，必须一一进行分析、比较、发展、完善，做到优中选优。可以是以一个方案为主，并吸收采纳其他方案的优势，以形成新的设想，或者是将两个或多个方案进行集成，优势互补，组合成新的方案。同时，问题提出者也应该对有趣的想法保留一定的关注度。如果条件允许，可对此进行调查研究，可能一条截然不同的全新解决方案就隐藏其中。

经过多年的研究和实践，人们总结了大量简便有效的经验。以下是一些应用头脑风暴法的小技巧，在实际操作中应用可以产生更好的效果。

(1) 问题设置要恰当，否则头脑风暴会议难以获得成功。

在设置问题时必须注意头脑风暴法的适用范围；讨论的问题要具体、明确，不要过大；讨论问题也不宜过小或限制性太强，例如不要出现讨论“A 与 B 方案哪个更好”之类的问题；不要将两个或两个以上的议题同时讨论。主持人要对首次参会人给予关注，让新参加者熟悉会议特点，并能遵守基本规则。

(2) “停停走走”是头脑风暴法一个常用的技巧，即 3 分钟提出设想，然后 5 分钟进行考虑，接着用 3 分钟的时间提出设想……这样 3 分钟与 5 分钟过程反复交替，节奏合理。

(3) “一个接一个”是头脑风暴法又一个常用的技巧，根据与会者座位顺序一个接一个提出观点，如果轮到的人没有新构想就跳到下一个人。如此循环，直至会议结束。

(4) 参加会议成员应定期更换，应有不同部门、不同领域的人参加，以防止形成固定思维方式。

(5) 参加会议成员应当考虑男女搭配比例，以提高产生构想的数目。

头脑风暴法具有以下优点：

(1) 可消除妨碍自由想象的清规戒律，小组成员间平等，轻松愉悦的氛围有助于新创意产生。

(2) 集体讨论能满足人们的社会交往需要，能提高工作效率。相同时间内集体活动比个体活动容易产生更多创意，也就更有可能产生高质量的问题解决方案。

(3) 集体中容易创造出适合创造性思维的环境，成员间相互启发能产生更多高质量的创意。

(4) 体现集体智慧。头脑风暴环境下有利于将他人的创意加以综合与发展，从而形成更有价值的问题解决方案。

头脑风暴法也有自身的一些局限性：

(1) 小组成员间若有矛盾或冲突，会形成不愉快的气氛，从而抑制思维自由，抑制新创意的产生。

(2) 有时因头脑风暴会议失控，违背“暂缓评价”规则，出现消极评价，甚至相互批评或谴责，这些将使人们的创意热情受到“激冷”，从而创意数量减少，创意质量降低。

(3) 一些具有支配欲的人会试图控制讨论，引起讨论方向偏离目标，减少他人参与讨论的机会。一些位高或权威人士会对其他成员施加有形或无形压力，使他们难以产生突破性创意。

(4)集体讨论时间成本较高，对紧急问题的解决，集体创意方法可能并不适用。

虽然头脑风暴法在实施中存在一些问题，但也可通过一些措施加以解决。如通过选择有经验的会议组织者和会议主持人，就能有效减少讨论中可能出现的不利情况，控制会议进程与方向；通过合理地选择与会人员，可避免个别人或权威所带来的不利影响，营造轻松自由的氛围。当然，头脑风暴法不是一成不变的，可以根据问题的性质、与会人员，结合实际条件加以变化和灵活运用。

4. 衍生头脑风暴法

(1) 默写式头脑风暴法(635 法)

默写式头脑风暴法是德国人鲁尔巴赫根据德意志民族习惯于沉思的性格提出来，与奥斯本头脑风暴法中自由畅谈不同，通过填写卡片的方法来实现。头脑风暴法虽规定严禁或延后评判，自由提出设想，但有的人对于当众说出见解犹豫不决，有的人不善于口述，有的人见别人已发表与自己的设想相同的意见就不发言了。把设想记在卡上的具体做法是：每次会议有 6 人参加，要求每人 5 分钟内在各自的卡片上写出 3 个设想(故名“635”法)，然后由左向右传递给相邻的人。每个人接到卡片后，在第二个 5 分钟再写 3 个设想，然后再传递出去。如此传递 6 次，半小时即可进行完毕，可产生 108 个设想。表 4.1 是“635”头脑风暴法表。

表 4.1 “635”头脑风暴法表

1a	1b	1c
2a	2b	2c
3a	3b	3c
4a	4b	4c
5a	5b	5c
6a	6b	6c

“635”法的具体程序：

① 与会 6 人围绕环形会议桌坐好，每人面前放一张画有如表 4.1 所示有 6 个大格 18 个小格的纸；

② 主持人公布会议主题后，要求与会者对主题进行重新表述；

③ 表述结束后开始计时，要求在第一个 5 分钟内，每人在纸上的第一个大格内写出 3

个设想，设想表述尽量简明，每一个设想写在一个小格内；

④ 第一个5分钟结束后，每人把自己面前的纸顺时针（或逆时针）传递给左侧（或右侧）的与会者，在第2个5分钟内，每人再在下一个大方格内写出自己的3个设想；新提出的3个设想，最好是受到纸上已有设想激发的，且又不同于纸上的或自己已提出的设想；

⑤ 按上述方法进行第三至第六个5分钟，共用时30分钟，每张纸上写满18个设想，6张纸共有108个设想；

⑥ 整理分类归纳108个设想，找出可行问题解决方案。

"635"法的优点是能弥补参会者因地位、性格的差别而造成的压抑；缺点是因只是自己看和自己想，影响激励效果。

(2) 卡片式头脑风暴法

可以分为CBS法和NBS法。均是日本人的改良型。

① CBS法

CBS头脑风暴法是由日本创造开发研究所所长高桥诚改良而成。

具体做法是：第一步，会前明确主题，每次会议由4—8人参加，每人持5张名片大小的卡片，桌上另放200张卡片备用。第二步，会议举行1个小时左右。最初10分钟为"独奏"阶段，由到会者各自在卡片上填写设想，每张卡片只写一个设想。接下来的30分钟，由到会者按座位次序轮流发表自己的设想，每次每人只宣读一张卡片。宣读后，其他人可以提出质询，也可以将受启发得出的新设想填入备用的卡片中。最后20分钟，让到会者相互交流和探讨并各自提出设想。

② NBS法

NBS法是由日本广播公司为充分发挥头脑风暴作用，把口头和书面两种方法结合起来提出来的一种方法。具体做法是：第一步，独立设想：参会者各自在卡片上填写萌发的创新思想，每张卡片写一个设想，文字应简明易懂，约占全时1/6；第二步，参加者按座次轮流发表卡片上的设想，自右往左宣读自己的一张卡片，听众可随时提出质询，或实时将新的构想写在备用卡片上，约可占全时3/6；第三步，全体参加者自由发表设想，自由宣读自己手中新设想卡片，可占全时2/6。第四步，待会议发言完毕，将所有卡片集中起来，按内容进行分类并排列。在每类卡片上加上一个标题，然后再进行讨论，从中挑选出可供实施的设想。

(3) 三菱式的头脑风暴法（MBS）

传统的奥斯本法虽然能产生大量设想，但由于严禁批评，难于对设想进行及时的评价和集中。日本三菱树脂公司对奥斯本头脑风暴法进行改进，在后期加入评判环节，它的具体做法是：第一步，提出主题；第二步，由参加会议的人各自在纸上填写设想，时间为10分钟；第三步，各人轮流发表自己设想，每人限1—5个设想，由会议主持者记下每人发表的设想，别人也可以根据宣读者提出的设想，填写新的设想；第四步，将设想写成正式提案，并进行详细说明；第五步，由会议主持者将各人的提案用图解的方式写在黑板上，让到会者进一步讨论和评判，以便获得最佳方案。

如有一公司急需一种净化池，公司领导就召集十余名技术人员，采用MBS法，用半天时间就提出了70种方案。他们从中选出了10种最优方案，画出结构图贴在黑板上，再将各人对新方案提出的改进设想写在纸条上，贴在相应的位置。通过公司技术人员的评审，最后得出最佳方案。

(4) 卡片整理法(KJ 法)

解决问题的过程是一个信息收集和整理的过程。日本文化人类学家喜多二郎，1954年在整理喜马拉雅山探险获得的资料时，尝试着用一种称为“纸片法”的技法。其特点是将所得到的与议题有关的杂乱无章信息或设想记入卡片中，通过进行有机的排列组合方法以寻找这些卡片间的逻辑关系，最终形成比较系统的解决问题方案。把人们的不同意见、想法和经验，不加取舍与选择地统统收集起来，并利用这些资料间的相互关系予以归类整理，有利于打破现状，进行思维创新，从而采取协同行动，以求得问题的解决方法。此法发展成包括提出设想和整理设想两种功能的方法，在 1965 年正式提出。后因在质量管理、创造学等多个领域的神奇功效引起学界的轰动，人们以他的首字母命名为 KJ 法。

其实施步骤如下：

① 准备工作：确定主持人，拟定与会者 4—8 人，并准备好卡片和黑板等文具。

② 获得设想：进行头脑风暴法会议，提出 30—50 条设想，依次写在卡片或黑板上。

③ 制作卡片：主持人和与会者商量，将提出的设想概括为短语写到卡片上。每人写一套，这些卡片称为“基础卡片”。

④ 卡片分类：首先是分成小组，让与会者按自己的思路各自进行卡片分组，把内容在某点上相同的卡片归在一起，并加一个适当的标题，用绿色笔写在一张卡片上，称为“小组标题卡”，不能归类的卡片，每张自成一组。其次是形成中组，将每个人所写的小组标题卡和自成一组的卡片都放在一起，经与会者共同讨论，将内容相似的小组卡片归在一起，再给一个适当标题，用黄色笔写在一张卡片上，称为“中组标题卡”。不能归类的自成一组，再次归成大组，经讨论再把中组标题卡和自成一组的卡片中内容相似的归纳成大组，加一个适当的标题，用红色笔写在一张卡片上，称为“大组标题卡”。

⑤ 编排卡片：将所有分门别类的卡片，以其隶属关系，按适当的空间位置贴到事先准备好的大纸上，并用线条把彼此有联系的连接起来。如编排后发现不了有何联系，可以重新分组和排列，直到找到联系。

⑥ 形成新设想：将卡片分类后，就能分别地暗示出解决问题的方案或显示出最佳设想。经会上讨论或会后专家评判确定方案或最佳设想。

(5) 亚奥氏头脑风暴法

与奥氏头脑风暴法的原则相反，它要求与会者对他人提出的设想进行百般挑剔，设想提出者也要据理力争，在争辩中激励思维，引起共振，从而形成完善成熟的设想。

因与头脑风暴法“推迟评判原则”相背，所以适合在训练有素的与会者间使用。使用本法时要注意，在争辩讨论中要就事论事，不要伤和气，一般适宜于在初步设想筛选后使用，以有利于最终评选出有价值的最佳设想。

(6) 函询集智法

借助于信息反馈，通过反复征求专家意见和见解来获得新的设想。具体做法如下：

① 选择相关专家为函询对象。专家的专业类型要精博结合，特别是要注意交叉学科专家的独特作用。所选择的专家对函询议题有兴趣，且愿意承担任务。专家的人数要结

合任务的性质、规模和要求确定，数量合理。

② 编制函询调查表。函询调查表是组织者与专家之间、专家与专家之间的主要信息载体与沟通渠道，可以将议题寄给专家或通过 QQ、微信、电子邮箱等信息平台发送，并规定回复期限。函询调查表所列问题应分门别类、简明扼要。便于专家理解和填写。力求避免先入为主，诱导专家按设计者的意志回答问题。

③ 组织函询调查和加工整理设想。组织者收到专家自由思考和独立判断获得的众多设想，应进行设想统计分类、归纳概括，将整理好的信息反馈给专家。此时，可根据专家的设想，优化原始调查表结构和内容，以便在其他专家设想的激励下，提出新的设想或修改自己原来的设想。如此循环多次，最终获得有价值的新设想。

应当说，头脑风暴法是一种生动灵活的创新思维技法，应用时完全可结合与会者的情况以及时间、地点、条件和议题的变化而有所变化和创新，不要拘泥形式。例如中国机械冶金工会举办的一次合理化建议和技术革新工作研讨会，用头脑风暴法思考"未来的电风扇"，36 人在 30 分钟内提出了 173 条新设想。其中典型的设想有：智能式电扇、理疗电扇、驱蚊电扇、催眠电扇、解忧愁录音电扇、恋爱电扇、美容电扇、解酒电扇、吸尘电扇、台灯电扇、太阳能电扇，等等。

4.1.3　六顶思考帽法

1. 方法概述

六顶思考帽法是指用六顶思考帽代表 6 种思维角色分类，有效地支持和鼓励个人行为在团体讨论中充分发挥作用的方法。在英国学者爱德华·德·博诺博士开发后，因其提供了平行思维方法，避免了将时间浪费在相互争执上，在实践中发挥了巨大的作用。运用博诺的六顶思考帽，将会使混乱的思考变得更清晰，使得团体中无意义的争论变成集思广益的创造，使每个人变得富有创造性。六顶思考帽法作为思维工具，已被美、日、英、澳等 50 多个国家在学校教育领域内设为教学课程，也被世界许多著名商业组织，如微软、IBM、西门子、诺基亚、摩托罗拉、爱立信、波音公司、松下、杜邦以及麦当劳等所采用作为创造组织合力和创造力的通用工具。

六顶思考帽法强调能够成为什么，而不是本身是什么，目的寻找一条向前发展的路，而不是争论对错。六顶思考帽法的主要内容是用蓝、绿、黄、红、白、黑 6 种颜色的帽子来代表不同的思考方向。运用六顶思考帽法模型，团队成员不再局限于某种思考模式，思考帽代表的是思考角色分类，是一种思考要求，不是代表扮演者本人。

任何人都有能力使用以下六种基本思维模式(如图 4.2)：

蓝色思考帽，负责控制和调节思维过程。它负责控制各种思考帽的使用顺序，它规划和管理整个思考过程，并负责做出结论。

绿色思考帽，代表茵茵芳草，象征勃勃生机。寓意创造力和想象力。它具有创造性思考、头脑风暴、求异思维等功能。

黄色思考帽，代表价值与肯定。从正面考虑问题，表达乐观的、满怀希望的、建设性的观点。

红色思考帽，红色是情感的色彩。人们可以表现自己的情绪，人们还可以表达直觉、

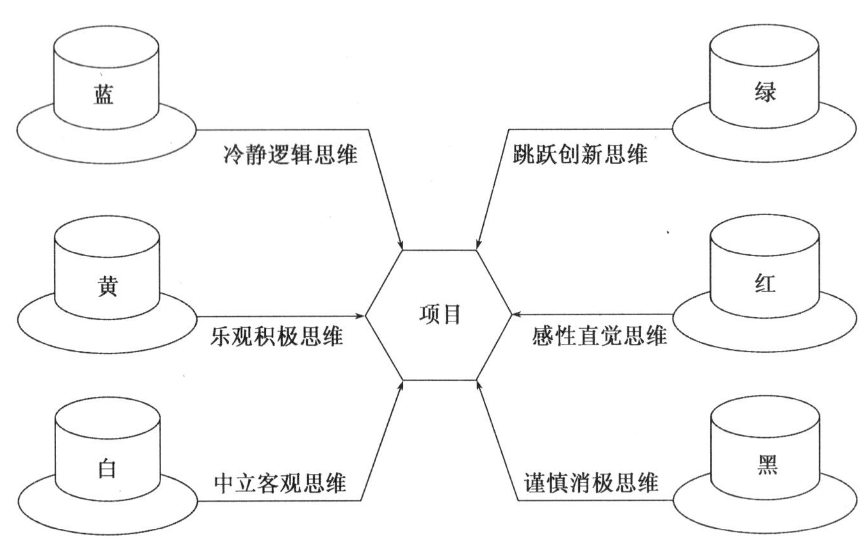

图 4.2 六顶思考帽法模型——水平思维

感受、预感等方面的看法。

白色思考帽，是中立而客观的。人们思考的是关注客观的事实和数据。

黑色思考帽，人们可以运用否定、怀疑、质疑的看法，合乎逻辑地进行批判，尽情发表负面的意见，找出逻辑上的错误。

对六顶思考帽法理解的最大误区是仅仅把思维分成六个不同颜色，其实应用六顶思考帽法关键在于使用者用何种方式去排列帽子的顺序，也就是组织思考的流程。只有掌握如何思考的流程，才能说是真正掌握六顶思考帽的应用方法。

2. 应用步骤

思维帽子顺序非常重要，在会议中典型的六顶思考帽法应用步骤是：陈述问题（白帽）；提出解决问题的方案（绿帽）；评估该方案的优点（黄帽）；列举该方案的缺点（黑帽）；对该方案进行直觉判断（红帽）；总结陈述，做出决策，落实具体措施（蓝帽）。

（1）白色思考帽。白帽也称数据帽，是天然的，代表中立和客观的事实与信息。白帽思维的原则是不可以对任何的思维做出分析或加上自己的观点。此时信息可以分为头等信息和次等信息。头等信息是指已经被证实的信息，次等信息是指还未完全被证实正确的信息。白帽思维者一般有纪律、目标和方向明确，不会根据自己的预感、直觉、感情、印象和意见来处理事情，不相信由经验获得的答案。

（2）绿色思考帽。绿色帽子是“活跃的”帽子，也称为创造力帽，是用来进行创造性思考的。绿帽关注的是建议和提议，创造性思考意味着带来某种事物或者催生出某种事物，创造性思考意味着新的创意、新的选择、新的解决方案、新的发明，重点在于“新”。绿帽思考时喜欢刺激，经常希望有不一样的方案，冒险是其精神。绿帽者会以提供替代的选择为原则，不断产生新的思维。

（3）黄色思考帽。乐观帽，是正面的、积极的。黄色帽思考者经常是给予很多积极的正面建议，强调建设性建议。在使用黄色思维时，要时刻想到以下问题：有哪些积极因素？

存在哪些有价值的方面？这个理念有没有什么特别吸引人的地方？这样可行吗？通过黄色思维的帮助，做到深思熟虑，强化创造性方法和新的思维方向。当说明为什么一个主意是有价值的或者是可行的，必须给出理由。黄帽的问题是“优点是什么”或“利益是什么”。

(4) 黑色思考帽。谨慎帽，是负面的，代表逻辑与批判，黑帽子问的是“哪里有问题”。使用黑帽思维主要是发现缺点并做出评价，找到事情的漏洞及错误。人们经常用黑帽思维提出质疑，合理利用个人经验提出事情的危险和可能发生的问题。思考有什么错误？这件事可能的结果是什么？黑帽思维有许多检查的功能，可以用它来检查证据、逻辑、可能性、影响、适用性和缺点。通过黑色思维也可以让你做出最佳决策；指出遇到的困难；对所有的问题给出合乎逻辑的理由；当用在黄色思维之后，它是一个强效有力的评估工具；在绿色思维之前使用黑色思维，可以提供改进和解决问题的方法。

(5) 红色思考帽。情感帽，红色的火焰，使人想到热烈与情绪、愤怒与狂暴的情感特征，是对某种事或某种观点的预感、直觉和印象。用感觉思考，它既不是事实也不是逻辑思考；它与不偏不倚的、客观的、不带感情色彩的白帽思维相反。使用红色思维时无须给出证明，无须提出理由和依据。红色思维可以帮你做到：你的情感与直觉是什么样，你就怎么样将它们表达出来。在使用红帽思维时，将思考时间限制在 30 秒内就给出答案。红帽的问题是：我对此的感觉是什么？红帽思维就像一面镜子，反射人们的一切感受。

(6) 蓝色思考帽。指挥帽，是平静的，代表系统与控制。蓝色是天空的颜色，有纵观全局的气概。蓝色思维是“控制帽”，掌握思维过程本身，被视为“过程控制”；蓝色思维常在思维的开始、中间和结束时使用。用蓝帽可以定义目的、制定思维计划，观察和作结论，决定下一步。蓝色思维可以发挥思维促进者的作用；集中和再次集中思考；处理对特殊种类思考的需求；指出不合适的意见；按需要对思考进行总结；促进团队做出决策。用蓝帽提问的是“需要什么样的思维”、“下一步是什么”、“已经做了什么思维”。使用蓝色思维时，要时刻想到下列问题：议程是怎样的？下一步怎么办？现在使用的是哪一种帽子？怎样总结现有的讨论？决定是什么？

颜色不同的帽子分别代表着不同的思考真谛，要学会在不同的时间带上不同颜色的帽子去思考，创新的关键在于思考，从多角度去思考问题，绕着圈去观察事物才能产生新想法。

4.1.4　焦点客体法

1953 年美国温丁格特提出焦点客体法，其目的在于创造具有新本质特征的客体。方法的主要思想是：为克服与研究客体有关的心理惯性，将研究客体与各种偶然客体建立起一种联想关系。

焦点客体法的工作程序为：

(1) 选择需要完善的客体，即焦点客体。

(2) 制定完善客体目标。

(3) 借助任何书籍、字典或其他资料来选择偶然词，也即客体。

(4) 分析出所选择偶然客体的特征或性质。

(5) 将所选出的特征或性质转向被研究客体。

(6) 记下研究客体与偶然客体特征结合后得到的想法。

(7) 分析得到的结合点,选择最合适的想法。

一般使用表格的形式可以较为方便地解决问题。

如要提高锅的使用性能,通过翻阅书籍随机选择几个偶然词:树木、灯和香烟,利用焦点客体法进行创新设计。表 4.2 是焦点客体法使用的汇总资料。

表 4.2 焦点客体法综合资料及启发结果表

焦点客体——锅		完善目标——增加品种	
偶然客体	偶然客体特征	焦点客体及特征	想法
树木	高、裸露、软木、根	高壁锅、软木锅、有根的锅	底部有支架、有高保温的锅
灯	用电、发光、有裂纹	电锅、发光锅、有裂纹的锅	电子加热锅、自带照明的锅、具裂纹的艺术锅
香烟	冒烟、带过滤嘴、存放在烟盒	冒烟锅、带过滤网的锅、双壁锅	设有显示器、内设笊篱、绝缘盖

结合想法,可建议生产商提供带电子加热、有支架、有高绝缘壁、内部有区域隔离、部分可放笊篱的锅。

下面是焦点客体法应用实例。一位发明家想设计一款新式按摩椅,但苦思冥想多天仍然没有好的主意。一天去公园散步,偶然间看见小刺猬在森林草丛间跳跃,他立即把小刺猬与自己设计的按摩椅联想并产生了设计思路。偶然客体是刺猬,其主要特征是身上有刺;待完善的客体是按摩椅,完善目的是要增加按摩椅的新颖性和有用功能,发明家选择刺猬特征转向被研究客体,在按摩椅上增加了一些小的橡胶刺棒,并使得橡胶刺棒通电后发热并震动。这样的设计使得人坐上按摩椅后感到格外的舒服惬意,达到了按摩放松的目标。

4.2 TRIZ 理论思维工具

相对于传统创新思维,TRIZ 思维工具有鲜明的特点和优势,对问题求解思路有明确的指导性,给创新带来巨大的、易于操作的空间,让创新不再是一个概念或一句口号。需说明的是,思维方法应用是灵活的,要在实践中认真体会,积极结合其他思维方法共同使用。

4.2.1 多屏幕法

亦称九窗口法、九屏幕法、九宫格法等,是一种系统思维的方法,是 TRIZ 理论用于系统分析的重要工具,可帮助使用者进行超常规思维,克服思维惯性,被阿奇舒勒称为"天才思维九屏图"。

1. 普通多屏幕法

系统论认为,系统由多个子系统组成,并通过子系统间的相互作用实现一定的功能。

系统之外的高层次系统称为超系统,系统之内的低层次系统称为子系统。要研究的或问题正在发生的系统,通常也称作“当前系统”(简称系统)。如图 4.3 汽车作为一个当前系统,轮胎、发动机、方向盘、车灯等都是汽车的子系统。因为每辆汽车都是整个交通系统的一个组成部分,交通系统就是汽车的一个超系统。当然大气、道路系统等也是汽车的超系统。

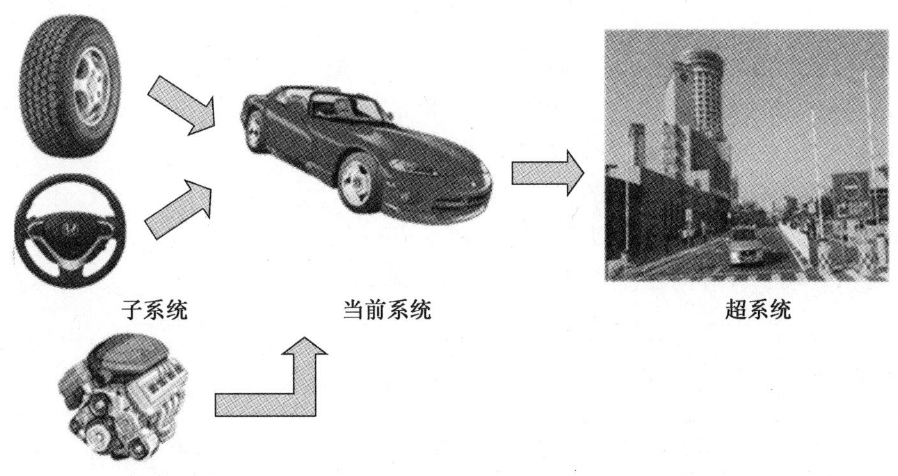

图 4.3　当前系统、子系统和超系统

简单地说,多屏幕法是以空间(范围)为纵轴,来考察“当前系统”及其“组成(子系统)”和“系统的环境与归属(超系统)”;以时间为横轴,来考察上述 3 种状态的“过去”、“现在”和“未来”。如图 4.4 所示,构成被考察系统至少有 9 个屏幕的模型。

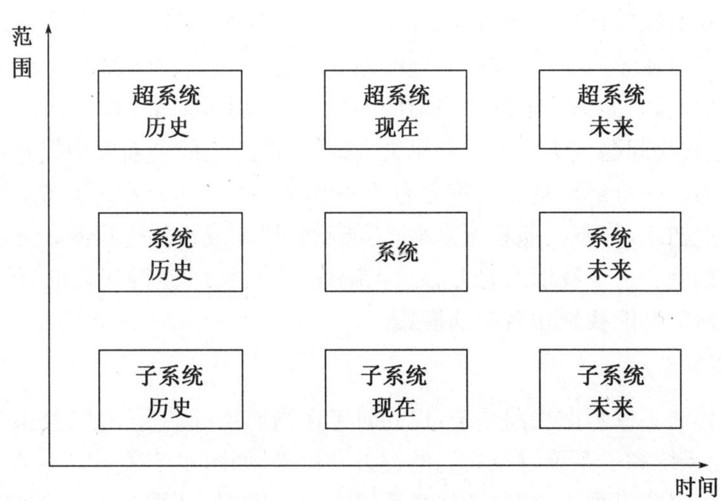

图 4.4　系统思维的多屏幕法

多屏幕法的步骤如下:

(1) 画出三横三纵表格,将要研究的系统填入格 1,详见图 4.5。

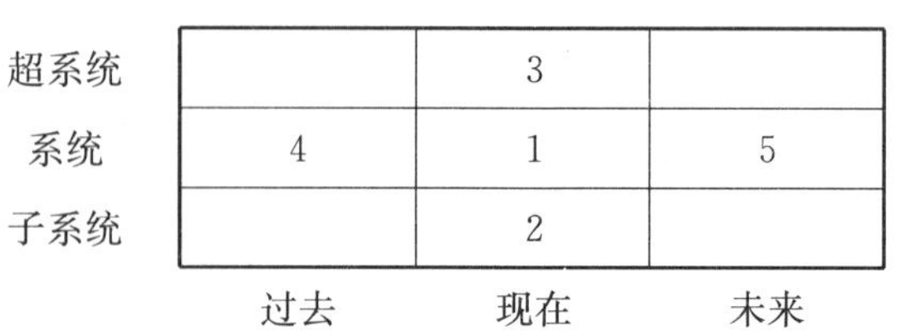

图 4.5 多屏幕法的步骤

(2) 考虑系统的子系统和超系统，分别填入 2 和 3。

(3) 考虑系统的过去和未来，分别填入 4 和 5。

(4) 考虑超系统和子系统的过去和未来，填入余下空格。

(5) 针对各格子，考虑可用的各种类型资源。

(6) 利用资源规律，选择解决问题。

以通信终端手机为例进行多屏分析，如图 4.6。

图 4.6 手机多屏幕分析

多屏幕法从时间和系统二个维度看问题，是理解问题的一种很好的手段，它可以帮助我们重新定义任务或矛盾，找出解决问题的新途径。从与当前问题所在系统（如手机）相关的系统去分析问题，能更好地理解当前的问题，突破思维局限，多个方面和层次寻找可用资源，更好地解决问题。练习九屏幕思维方式，可锻炼人的创新能力以及在系统水平上解决问题的能力。阿奇舒勒将此法称之为天才思考法，"一种天才的思考应当穿过系统不同的层级。透过树木，你不仅能看到木材，还能看到树木成长的生物圈，不仅仅是树叶，还能看到树叶的细胞。……我们的思考必须正确地反映世界，使得问题的复杂性、动态、辩证关系等在脑海时都能找到相对应的模式。"

2. 高级多屏幕法

高级多屏幕法不仅考虑当前系统，也同时考虑当前系统的反系统、反系统的过去和将来、反系统的超系统和子系统以及它们的过去和将来，如图 4.7 所示。

采用高级多屏幕思维法，在思考技术系统升级问题时，还要考虑反系统的 9 个屏幕。我们可以把反系统理解成一个功能与原先的技术系统刚好相反的技术系统。

采用高级多屏幕法，对铅笔与橡皮这样一对"写字"与"消字"的工具，进行系统与反系统的分析，如图 4.8 所示。

作为一种分析问题的工具，多屏幕法的用途很多，在扩大思考领域、排除思维约束、联

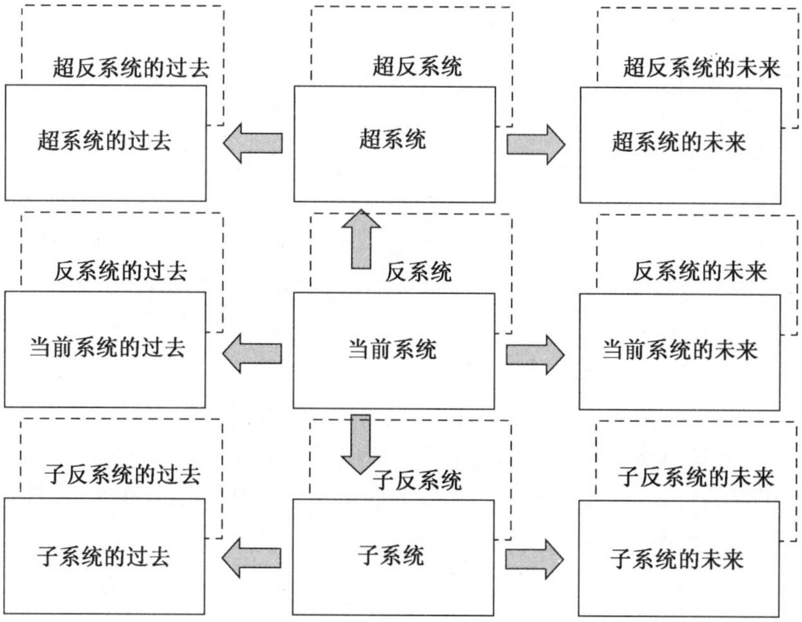

超反系统的过去　超反系统　超反系统的未来

超系统的过去　超系统　超系统的未来

反系统的过去　反系统　反系统的未来

当前系统的过去　当前系统　当前系统的未来

子反系统的过去　子反系统　子反系统的未来

子系统的过去　子系统　子系统的未来

图 4.7　高级多屏法

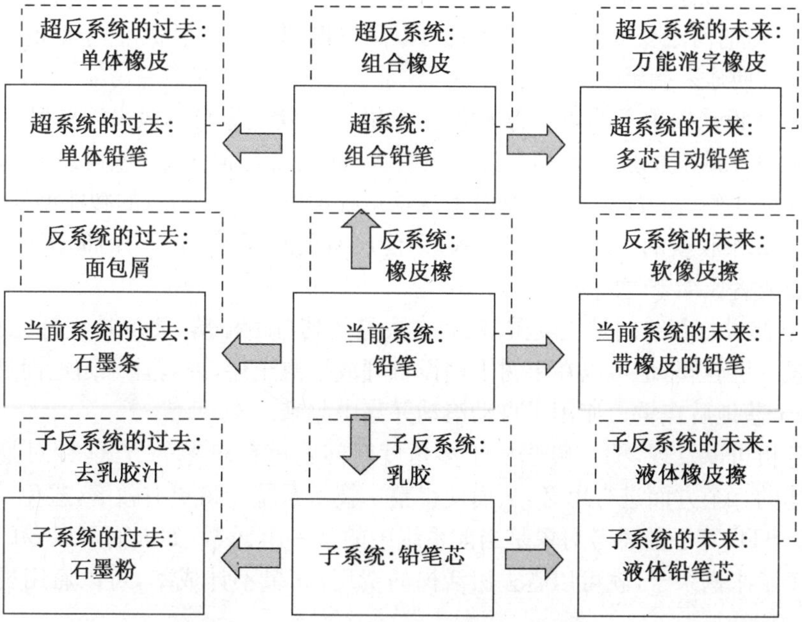

超反系统的过去：单体橡皮　超反系统：组合橡皮　超反系统的未来：万能消字橡皮

超系统的过去：单体铅笔　超系统：组合铅笔　超系统的未来：多芯自动铅笔

反系统的过去：面包屑　反系统：橡皮擦　反系统的未来：软像皮擦

当前系统的过去：石墨条　当前系统：铅笔　当前系统的未来：带橡皮的铅笔

子反系统的过去：去乳胶汁　子反系统：乳胶　子反系统的未来：液体橡皮擦

子系统的过去：石墨粉　子系统：铅笔芯　子系统的未来：液体铅笔芯

图 4.8　铅笔和其反系统橡皮多屏幕图

系宏观微观关系、寻找多种问题解决办法等均有广泛应用。应用多屏幕法显示的信息，并不一定都能引出解决问题的新方法。如果找不到好的方法，可以暂时先空着。只要从时间和系统两个层次进行不断分析，从而打破思维的局限，对于问题整体把握一定是有帮助的。

阅读案例材料

4.2.2 STC算子法

STC算子法也称参数算子法，是从物体的尺寸(size)、时间(time)、成本(cost)三个方面进行系列变化的思维实验方法。

STC算子法的规则如下：将系统的尺寸从目前的状态减小到0，再将其增加到无穷大，观察系统的变化；将系统的作用时间由目前的状态减小到0，再将其增加到无穷大，观察系统的变化；将系统的成本由目前的状态减小到0，再将其增加到无穷大，观察系统的变化。按此规则改变原来系统后，可以帮助人们打破思维束缚，从而发现创新解。

例如，使用活动梯子采摘果子是常规方法，但劳动量相当大。如何让这个活动变得更加方便、快捷和省力呢？

为解决这个问题，使用STC算子方法，从尺寸、时间和成本这三个角度来考虑问题。事实上，这三个角度为我们的思考提供了一种思维的坐标系，使问题变得容易解决。这一坐标系具有很强的启发意义，并可在很多问题的解决中灵活运用。在STC算子法思维的坐标系中，沿着尺寸、时间、成本三个方向来做六个维度的发散思维尝试。

尝试1：假设果树的尺寸趋于零高度，这种情况下，不需要活梯的。因此可联想到第一种解决方案是种植低矮的果树。

尝试2：假设果树的尺寸趋于无穷高，在此情况下，是无法制造常规活梯的，但可以建造通向果树顶部的道路和桥梁，将这种方法转移到常规尺寸的果树上，就可以得出一个解决方案：将果树的树冠变成方便人攀登且可以用来摸到果子的形状，梯子形的树冠就可以代替活梯以方便地采摘果子。

尝试3：假设采摘果子的成本为无穷小，收获方法就是靠自然风来摇晃果树。

尝试4：如果收获的成本费用允许为无穷大，而没有任何限制，就可以使用昂贵的设备来完成这个任务，如发明一台带有电子视觉系统和机械手控制器的智能型摘果机。

尝试5：如果收获的时间趋于零，即必须使所有的果子在同一个时间落地，可以借助于轻微爆破或者压缩空气喷射。

尝试6：假设收获时间是不受限制的，方法是任其自由掉落，要保持完好无损，只需在果树下放置一层软膜，也可以在果树下铺设草坪或松散土层，或者让果园地面具有一定的倾斜度，果子落地后在重力作用下自动滚动并集中起来。

以上分析可以发现，STC算子属于多角度对问题进行思考的方式，针对某一特定元素按有规律的六个方面进行思考，从而使得整个技术系统变得更有效率，避免试错法的低效或失效。STC算子的思考对象是当前系统中的某一个元素，如人们可以专门招聘2米以上的高个子来摘果子，就可以省去搬活梯的费用；如果不计成本，可以雇用更多的人来摘果子。

再如废旧电线回收后需要将没有利用价值的电线绝缘层与金属分离，目前的方法是燃烧，但对环境污染严重。要找到一种金属回收方法且不污染环境，利用STC算子法如表4.3。

表 4.3　应用 STC 算子分析解决废旧电线回收问题

参数变化	物体或过程改变	引起问题解决方法的改变	问题的可能解决途径
尺寸→无穷大	电线长度无限长	对问题解决没有获得任何益处	无
尺寸→无穷小	电线长度无限短	当电线长度大大小于电线直径时，绝缘表层很易剥离	将电线破碎后再考虑绝缘层和金属的分离
成本→无穷大	成本无限高	可用化学试剂实现金属置换和还原以提取金属	可用化学试剂提取金属
成本→无穷小	成本无限低	对问题解决没有获得任何益处	无
时间→无穷大	所用时间无限	绝缘层在特定条件下自降解实现剥离绝缘层，但要求电线在正常使用时不会降解	改进电线绝缘层
时间→无穷小	所用时间极短	对问题解决没有获得任何益处	无

总之，多角度地看待问题的思维方式，可协助思维进行有规律的、多维度的发散而并非胡思乱想。即使不能给出精确的答案，但通过多角度提出的问题解决思维，可以克服分析问题时的思维惯性，启发获得解决问题的思维成果。

4.2.3　聪明小矮人法

当系统内的某些组件不能完成其必要的功能，并表现出相互矛盾的作用，就用一组小矮人代表不能完成特定功能的组件，通过重新组合能动的小矮人，执行预期的功能。然后根据小矮人模型对系统结构重新设计。聪明小矮人法的目的是克服思维惯性，提供解决问题的思路。阿奇舒勒运用聪明小矮人法成功发明了一个扫雷装置。

聪明小矮人法工具很简单，但功能极其强大。聪明小矮人是一个虚拟的小生命体，分别代表问题的不同因素，通过小人模拟问题，站在对象或问题的换位角度观察，让意见相左或互补的团队成员从不同侧面观察和分析问题。聪明意味着有洞察力，能够正确理解和解决特定条件下的问题，小意味着尽可能小。小矮人是一群相互博弈的对手，按要求行事，即使牺牲自己也在所不惜，并且其中的一些小矮人可能就是矛盾的制造者，而另一些可能是纠错的角色。

应用聪明小矮人法的步骤：

(1) 将对象中各个部分想象成一群的小人。(当前怎样)

(2) 把小人分成按问题条件而行动的组。(分组)

(3) 研究得到的问题模型(有小人的图)并对其进行改造，以便实现解决矛盾。(该怎样打乱重组)

(4) 过渡到技术解决方案。(变成怎样)

如何应用聪明小矮人进行模拟问题呢？下面以海关核原料探测为例说明。为防止走私核原料，快速探测集装箱内是否有核原料是海关面对的问题，一方面要快速准确地检查大面积集装箱内是否有核原料，往往需要很长时间；另一方面又不能使此项工作影响海关车辆的通过能力。如图 4.9 用聪明小矮人法模拟此问题，将系统用许多小人表示执行不同的功能,然后重新组合这些小人,使小人发挥作用解决问题。核原料为中间的实心小黑人,四周被外壳小人包围。想象用一种具备一定特性的工具或检测仪器或材料,即工具仪器小人在通过外壳小人和实心小黑人时表现出不同特性,如遇到外壳小人不改变前进方向,而遇到实心小黑人时,则改变前进方向。实际应用中,可以选择高能粒子 μ 介子作为工具仪器小人,因 μ 介子在与核原料相撞时会偏离前进方向,而与非核材料相遇时仍沿原方向前进。

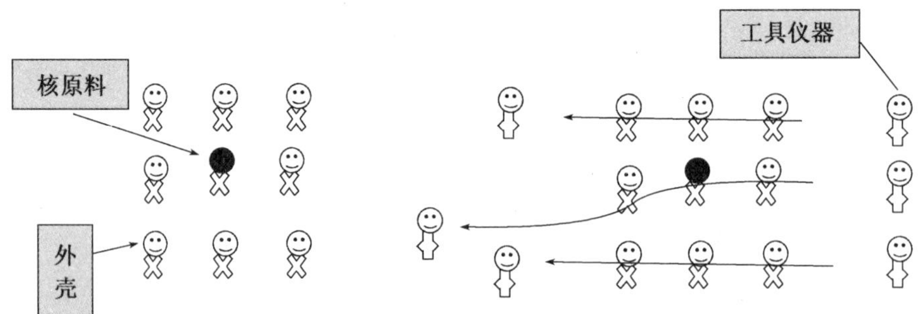

图 4.9 聪明小矮人法检测集装箱

4.2.4 金鱼法

金鱼法又叫情境幻想分析法,其名称来自俄罗斯普希金的童话故事"金鱼与渔夫",故事中描述了渔夫的愿望通过钓鱼变成了现实,映射幻想部分变为现实的寓意。金鱼法基础是将一个异想天开的想法分为两个部分:现实部分及非现实(幻想)部分。然后将解决构想的非现实部分再分为两部分:现实部分及非现实部分。

非现实(幻想)部分 1—现实部分 1=非现实(幻想)部分 2

非现实(幻想)部分 2—现实部分 2=非现实(幻想)部分 3

这样继续划分,直到余下的非现实部分有时会变得微不足道,而想法看起来却愈加可行为止。最后集中精力解决幻想部分,只要此幻想部分解决,整个问题也就迎刃而解了。

创新过程中有时产生的想法看起来并不可行甚至不现实,但此种想法的实现却绝对令人称奇。如何才能克服对"虚幻"想法的自然排斥心理呢?金鱼法可帮助解决此问题。

应用金鱼法的具体步骤是:

(1) 将不现实的想法分为两个部分:现实部分与非现实部分。精确界定什么样的想法是现实的,什么样的想法看起来是不现实的。

(2) 问题 1:幻想部分为什么不现实?并解释为什么非现实部分是不可行的。

(3) 问题 2:在哪些条件下,想法的非现实部分可变为现实?

(4) 详细列出系统、超系统或子系统中的可利用资源。

(5) 从可利用资源出发,提出可能的解决方案。将新想法与初始想法的可行部分,组合为可行的解决方案构想。

(6) 如果我们无法通过可行途径,来利用现有资源为看起来不现实的部分提供实现条件,则可将这一"看起来不现实的部分"再次分解为现实与非现实部分。然后,重复步骤

(1)至(5),直到得出可行的解决方案构想。

金鱼法是一个反复迭代的分解过程,其本质是将幻想的、不现实的问题求解构想,变为可行的解决方案。

例如,埃及神话故事中会飞的魔毯遐想,现实中有会飞的毛毯吗?问题是如何让毛毯飞起来?

步骤1:将问题分为现实和幻想两部分。现实部分:毯子是存在的;幻想部分:毯子能飞起来。

步骤2:幻想部分为什么不现实?毯子比空气重,而且它没有克服地球重力的作用力。

步骤3:在什么情况下,幻想部分可变为现实?施加到毯子上向上的力超过毯子自身重力;毯子的重量小于空气的重量;地球引力消失,不存在。

步骤4:列出所有可利用资源。超系统资源:空气、风(高能粒子流)、地球引力、阳光和重力、系统资源、毯子的形状和重量、子系统资源、毯子中交织的纤维。

步骤5:利用已有资源,基于之前的构想(步骤3)考虑可能的方案。

毯子的纤维与太阳释放的粒子流相互作用可使毯子飞翔;

毯子比空气轻;

毯子在不受地球引力的宇宙空间;

毯子上安装了提供反向作用力的发动机;

毯子由于下面的压力增加而悬在空中(气垫毯);

磁悬浮;

……

步骤6:构想中的不现实方案,再次回到第一步。

选择不现实的构想之一:毯子比空气轻,回到第一步重复以上步骤。

步骤1:分为现实和幻想两部分。现实部分:存在着重量轻的毯子,但它们比空气重;幻想部分:毯子比空气轻。

步骤2:为什么毯子比空气轻是不现实的?制作毯子的材料比空气重。

步骤3:在什么条件下,毯子会比空气轻?制作毯子的材料比空气轻;毯子像尘埃微粒一样大小;作用于毯子的重力被抵消。

步骤4:考虑可利用资源。超系统资源:空气、风(高能粒子流)、地球引力、阳光和重力;系统资源:毯子的形状和重量、子系统资源、毯子中交织的纤维。

步骤5:结合可利用资源,考虑可行的方案。如采用比空气轻的材料制作毯子;使毯子与尘埃微粒的大小一样,其密度等于空气密度。毯子由于空气分子的布朗运动而移动;在飞行器内使毯子飞翔,飞行器以相当于自由落体的加速度向上运动,以抵消重力。

步骤6:构想中的不现实方案,再次回到第一步。

选择不现实的构想之一:采用比空气轻的材料制作毯子。继续回到第一步进行分析,直到找到切实可行的解决方案。

科技创新正在实现人类梦想。哈佛大学马哈德温教授成功展示了一个纸币大小的毯子在空中飞行。经计算101.6 mm长、0.1 mm厚的毯子飘浮在空中,需要每秒振动大约

10 次，振幅大约为 0.25 mm。圣安德鲁大学利昂哈特教授已经确定出转变这种现象(即卡西米尔力)的方法，就是用排斥代替相互吸引。原则上相同的效果能让更大的物体甚至是一个人漂浮起来，科技让魔毯向现实迈进一步。

4.2.5 最终理想解(IFR)法

最终理想解(Ideal Final Result, IFR)来源发明问题解决算法。IFR 的作用是指明通往解决方案之路，使问题尖锐化，拒绝折中方案。阿奇舒勒对 IFR 作比喻："可以把 IFR 比作绳子，登山运动员只有抓住绳子才能沿着陡峭的山坡向上爬。绳子不会向上拉他，但可以为其提供支撑，不让他滑下去。只要松开绳子，他肯定会掉下来。"

1. 理想化与理想化方法

理想化是科学研究中创新思维的基本方法之一，它主要是在大脑中设立理想模型，通过思想实验方法来研究客体运动规律。一般操作程序为：首先对经验事实进行抽象，形成一个理想客体，然后通过思维想象，在观念中模拟其实验过程，把客体现实运动过程简化并上升为一种理想化状态，使其更接近理想指标。在一定条件下把物质看作质点，把实际位置看作数学上的点，忽略摩擦力的存在，都是理想化的结果。科学历史上，很多科学家正是通过理想化获得划时代的科学发现，如伽利略的惯性原理、牛顿的抛体运动实验等。

理想化最为关键部分是思想实验或理想实验，它是从一定原理出发，在思想中按实验模型展开思维活动。思想实验是形象思维和逻辑思维共同作用的结果，同时也体现理想现实的对立统一。虽然思想实验还不是科学实践活动，其结论仍需要科学实验等实践活动来检验，但并不能否认思想实验在理论创新中的地位和作用。新理论常常与人们常识不吻合甚至矛盾，致使人们为传统观念束缚而不易走向理论创新。借助于思想实验进行理论创新及对新理论的认同是一种有效手段。

理想化方法另一个关键是如何设立理想模型。理想化模型的表现是没有实体，没有物质，也不消耗能量，但能实现所需要的功能。理想化模型所涉及要素有理想系统、理想过程、理想资源、理想方法、理想机器、理想物质等。理想系统就是既没有实体和物质，也不消耗能源，但是能实现所有需要的功能，而且不传递、不产生有害的作用(如废弃物、噪声等)；理想过程就是只有过程的结果，没有过程本身，从提出需求的一瞬间就获得所需结果；理想资源就是存在无穷无尽的资源，供随意使用，而且不必支付成本(如空气、重力、阳光、风、泥土、地热、地磁、潮汐等)；理想方法就是不消耗能量和时间，通过系统自身调节，就能够获得所需功能；理想机器就是没有质量、体积，但能实现所需要的功能(类似理想系统)；理想物质就是没有物质，但是功能得以实现。

理想化模型指明问题解决方向，突出主要矛盾，简化了分析问题过程，降低了解决问题难度。如几何学中"点""线""面"，恒星学定义恒星理想形状是圆球体，物理学中"绝对黑体""真空""质点""理想气体"等都是理想化模型，它们没有大小和质量，只有属性需要突出；"不战而屈人之兵"是我国古代军事家孙武给出的战争理想化结果，也是兵法的最高境界。

理想化是一种完美境界，是真实物体存在的一种极限状态。在某种程度上是一种追求完美的情感和愿望，这种情感和愿望能转变成一种追求理想化动力。如果产品(系统)

初始状态与理想状态之间存在距离则称之为问题。因此创新进化就是不断地提升系统的理想状态。理想化不仅是对产品的理想化，而且是对人类更合理、更有效生存方式的理想化。

任何产品或系统是不断向理想化境界进化的。TRIZ 理论中系统理想化方法，按照理想化涉及范围大小，分为部分(局部)理想化和全部理想化两种。

2. 理想度

理想度是系统理想化程度的衡量。技术系统功能的实现，同一功能存在多种技术实现方式，任何系统在实现所期望功能的同时，也会有不期望功能的出现。系统理想度与有用功能之和成正比，与有害功能之和成反比，理想度越高，产品竞争能力越强。创新过程就是系统理想度不断提高的过程，应以提高系统理想度作为创新目标。

一个技术系统存在的原因是提供了一个或多个有用功能。有用功能有且只有一个是最有意义的功能，此功能是技术系统存在的目的，称为主要功能，也称为首要功能或基本功能。为使主要功能得以实现，或提高主要功能性能，技术系统会有多个辅助性的有用功能，称为辅助功能或称伴生功能。同时，每个技术系统也会有一个或多个所不希望出现的效应或现象，称为有害功能。

例如，汽车主要功能是实现人或物体移位。为使移位主要功能得以高效实现，需要安全防护、高效动力、自动导航等有用功能辅助，同时汽车移位过程产生尾气、噪声等污染环境的有害功能。

任何一个技术系统发展进化过程表现为：技术系统提供有用功能越来越多，所伴生的有害功能越来越少；有用功能越来越强，有害功能越来越弱。此进化趋势可用理想度来衡量。

$$I=\frac{\sum U_F}{\sum H_F}$$

式中：I 为理想度；$\sum U_F$ 为有用功能之和；$\sum H_F$ 为有害功能之和。

从公式中，可以用以下方法来提高系统的理想度：

(1) 同时增大分子，减小分母。最佳改进，孵化期策略。

(2) 分子、分母同时增加，但确保分子增速高于分母，成长期策略。

(3) 分母不变，分子增大。提高性价比，成熟期策略。

(4) 分子不变，减小分母。质量归零，降本增效，成熟期策略。

为方便在实际工作中各个因子的细化，并对技术系统进行理想化水平分析，通常用效益之和代替分子(有用功能之和)，将分母分解为成本之和和危害之和两部分。理想度公式为：

$$I=\frac{\sum B}{\sum C+\sum H}$$

式中：I 为理想度；$\sum B$ 为效益之和；$\sum C$ 为成本之和(如材料、时间、空间、资源、复杂度、能量、质量等)；$\sum H$ 为危害之和(废弃物、污染等)。

综上，增加理想度的方向有：增加新的功能，或从超系统获得功能，增加有用功能的数量；传输尽可能多的功能到工作元件上，提高有用功能的等级；利用内部或外部已经存在的可利用资源，特别是超系统中的免费资源，以降低成本；实现自服务，系统自我控制与发展；通过剔除无效或低效率的功能，减少有害功能的数量；预防有害功能，将有害功能转化为中性的功能，减轻有害功能的等级；将有害功能转移到超系统中，不再为系统有害功能。

3. 最终理想解

理想化的最终目标是达到理想状态，TRIZ 称之为最终理想解，也叫理想系统。处于理想状态的技术系统不消耗任何能源，无任何有害功能，却能完成系统主要功能。绝对理想状态系统是不存在的，但系统各条演化趋势和路线的最终目标却是指向理想状态的。

最终理想解实现可这样表述：系统自己能够实现需要的动作，并且没有有害作用的参数。IFR 表述中需包含两个基本点：系统自己实现这个功能；没有利用额外资源且实现了所需的功能。

例如：高层建筑物的玻璃幕墙外表面需要定期进行清洗。清洁要在高层建筑物外进行，由于高空作业，只有经过特殊培训和认证的“蜘蛛人”才能从事此类高危险、高成本的工作。能否在高层建筑物的内部对玻璃幕墙进行清洁呢？针对该问题，最终理想解是在不增加玻璃幕墙设计复杂度、实现玻璃幕墙现有功能且不引入新的有害功能情况下，玻璃幕墙能够自清洁。

最终理想解同时具有四个特点：

(1) 保持了原系统的优点；

(2) 消除了原系统的不足；

(3) 没有使系统变得更复杂；

(4) 没有引入新的缺陷。

当确定了创新产品或技术系统的最终理想解后，可用上述特点检查其是否符合最终理想解，并进行系统优化，以确认达到或接近最终理想解为止。

最终理想解的确定步骤：

(1) 现有问题描述。

(2) 问题解决的 IFR 描述。自我服务，实现有用功能，利用聪明的材料或物质；有害作用自我消除。

(3) 分析现有可用资源。充分利用现有的能量和资源；尽量少引入新资源。

(4) 得到接近 IFR 的技术方案。

例如，给鸡蛋标注生产日期、产地、保质期等信息，消费者就能够据其确定鸡蛋的身份，价格也高于无此信息的鸡蛋。养殖场决定做此事，但进口电脑喷码仪成本高，如何解决问题呢？用最终理想解的确定步骤来分析如下：

(1) 现有问题描述。要给鸡蛋标注生产日期、产地、保质期等信息，但不能用昂贵的进口电脑喷码仪。

(2) 问题解决的 IFR 描述。不增加新设备，给鸡蛋标注信息。

(3) 分析现有的可用资源。大量鸡蛋、蛋格、蛋框、流水线、操作人员的手和眼。传送带传送鸡蛋；工人用手将鸡蛋放到蛋格中；蛋格封装入箱。

(4) 得到接近IFR的技术方案。利用现有的与鸡蛋有直接接触的组件,打上标记。

设定了最终理想解,就是设定了技术系统改进的方向。最终理想解是解决问题的最终目标,即使理想的问题解决方案不能100%的获得,但会引导你得到最巧妙和有效的解决方案。

以定义最终理想解作为解决问题的开端,具有以下优点:有助于产生突破性的概念解决方案;避免选择妥协性的折中解决方案;有助于通过讨论来清晰地设立项目的边界。

最终理想解不仅用于发明问题解决理论中,同样可用于其他科学领域。如何在不增加系统复杂度的前提下得到所需的功能,是创新人员确定理想目标的有效方法。

4.3 资源分析法

资源是一切可被人类开发和利用的物质、能量和信息及其属性的总称。任何可用于解决发明问题的事物及其属性都是资源,或者说资源是指有用的但是还没有被利用的东西。解决问题的实质就是对资源合理应用。任何系统只要还没有达到最终理想解,就应该具有可用资源。

“资源”最初是指自然资源,人们经常说矿产资源、环境资源、人力资源、财务资源等。1985年,根里奇·阿奇舒勒将资源引入TRIZ理论,创造性地利用了系统中可用的资源,提高系统的理想度,成为解决发明问题的一个伟大创举。

TRIZ理论认为,对技术系统中可用资源的创造性应用能够增加技术系统理想度,这是解决发明问题的基石。资源分析,即集中分析可用的资源(空间、时间、物质、场、功能、信息等资源),同时将物质或场资源的属性也作为资源的一部分。

4.3.1 资源分类

资源有很多不同分类方式。从资源存在形态角度出发可将资源分为宏观资源和微观资源;从资源使用的角度出发可将资源分为直接资源和派生资源;从分析资源角度出发可将资源分为显性资源和隐性资源。显性资源是已经被认知和开发的资源,隐性资源是尚未被认知或虽已认知却因技术等条件不具备还不能被开发利用的资源。从资源与TRIZ中其他概念结合的角度出发可将资源分为发明资源、进化资源和效应资源。系统资源包括内部资源和外部资源。

TRIZ认为,任何技术都是超系统或自然的一部分,都有自己的空间和时间,通过对物质、场的组织和应用来实现功能。资源也通常按照物质、能量、时间、空间、功能、信息等角度来划分。

1. 物质资源

物质资源是指用于实现有用功能的一切物质。系统或环境中任何种类的材料或物质都可看作是可用物质资源。例如原材料、产品、系统组件、功能单元、廉价物质、水、废弃物等。应该使用系统中已有的物质资源解决系统中问题,系统中或系统周围可用于其他用途的任何可用能量,都可看作是一种资源,例如机械资源(旋转、压强、气压、水压等)、热力资源(蒸汽能、加热、冷却等)、化学资源(化学反应)、电力资源、磁力资源、电磁资源等。例如陶粒生产厂使用陶粒作为净化工业水的过滤填料;在北方用雪作为过滤填料净化空气;扫雪车的废气用于被清扫雪的预处理等。再如为保护输油管道不因含硫废料腐蚀,提前在管道内注油,然后吹热气氧化内壁形成油膜,形成漆状物保护层。

2. 能量资源

能量资源是指系统中存在或能产生的场或能量流。一般能够提供某种形式能量的物质或物质的转换运动过程都可以称为能量。现有能量资源是系统及其周围尚未储备的所有能源,如为使喷雾人员行走时产生液压,把水泵固定在工作人员的靴子上;自清洁浮子——清除水泵入口处海藻的设备,入口上套着一个带刃的轭(套筒),波浪垂直运动时,浮子就能清洗管道,在1964年申请了专利。派生能量资源是现成的能源资源转变为其他形式的资源,或者改变其作用方向、强度和其他特性时形成的能源,如利用焊工面罩上镜子反射的弧光照亮焊接点。

3. 信息资源

信息资源是指系统中存在或能产生的信息。信息作为反映客观世界各种事物的特征和变化结合的新知识已成为一种重要的资源,在人类自身的划时代改造中产生重要作用。其信息流将成为决定生产发展规模、速度和方向的重要力量。如中医结合望、闻、问、切判断患者的病情,如藏医通过脉搏跳动可诊断近200种疾病。也可利用派生信息,如利用各种物理及化学效应,将难于接受或处理的信息改造为有用信息。

4. 时间资源

时间资源是指系统启动之前、工作中以及工作之后的可利用时间。常利用空闲时刻或时间周期,部分或全部未使用的各种停顿和空闲,以及运行之前、之中或之后的时间等。如运行之前、之中、之后的时间,预处理,同时作用(并行工程),运输的过程中加工,事后处理,操作之间的停顿、空闲的时间等,如混凝土搅拌车运输途中搅拌作业;在石油管道运输过程中进行石油脱水和脱盐;油轮运输的同时对石油进行加工。派生时间资源可以是加快、减慢、中断或转变发生过程中的时间间隔,如根据速度的快慢进行测量,加快或放慢测量;生物降解的缝合线使用,随着伤口愈合缝合线也随之消失,不需要再进行拆线手术,也使伤口免除再次破损,伤口完全愈合的时间缩短。

5. 空间资源

空间资源是指系统本身及超系统的可利用空间。为节省空间或者当空间有限时,任何系统中或周围的空闲空间都可用于放置额外的作用对象,特别是某个表面的反面、未占据空间、表面上的未占用部分、其他作用对象之间的空间、作用对象的背面、作用对象外面的空间、作用对象初始位置附近的空间、活动盖下面的空间、其他对象各组成部分之间的空间、另一个作用对象上的空间、另一个作用对象内的空间、另一个作用对象占用的空间、环境中的空间等。如宿舍中的双层床,把平房改成高楼的旧城改造,使用梅比乌斯条(弯曲空间表面)可将任何环状构件(皮带轮、录音磁带、刃带刀等)有效长度至少提高一倍等。

6. 功能资源

功能资源是系统或环境能够实现辅助功能的能力,也可以理解为利用系统的已有组件，挖掘系统的隐性功能。例如将飞机机舱门用作舷梯；人站在椅子上修理屋顶板时，椅子的高度是一种辅助功能的利用；阿司匹林具有抑制血小板的作用，在某些情况下产生副作用，这一特性可用于预防和治疗梗死；锻模经过适当改进后，锻件本身可以带有企业商标。

一次著名心理学实验表明，观察表面以下的东西是非常重要的。实验内容如下：实验要求完成一项任务，需要用一种尖锐物体，在卡纸板上打一个洞。在第一组进行实验的房间内，桌上有多种物体，包括一根钉子。在第二组进行实验的房间内，也有很多物体放在桌上，但是没有一样尖锐物品，但墙面上突出一根钉子。第三组实验的房间与第二组相似，只是墙面上突出钉子上挂着一幅画。第一组能100%完成任务，第二组有80%能完成任务，第三组有80%的不能完成任务。实验表明人们很难发现图画背后的钉子。

4.3.2 资源分析与利用

资源分析是从系统高度挖掘系统的隐性资源，使隐性资源显性化，显性资源系统化，合理组合、配置、优化资源结构，提升系统资源的应用价值或理想度（或资源价值）。资源分析有助于找到解决问题所需资源，找到理想度相对较高的问题解决方案。

1. 资源分析步骤

（1）发现及寻找资源。可以使用多屏幕法和组件分析法等工具，资源发现及寻找路径如图4.10。不管面对何种问题，了解需要是第一位的。

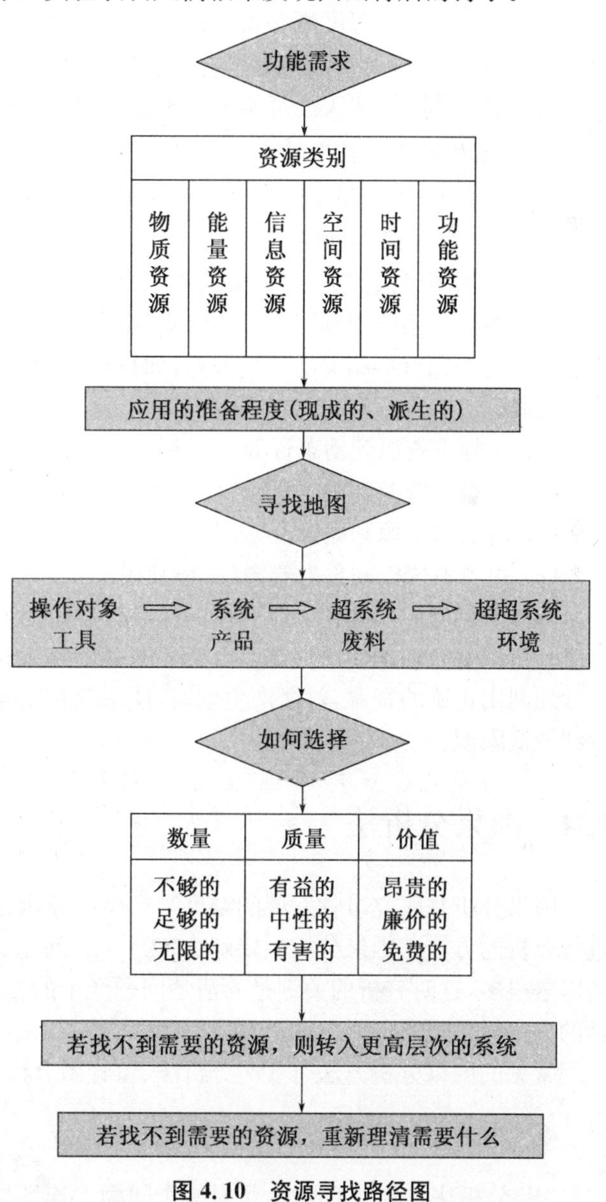

图4.10 资源寻找路径图

（2）挖掘及探索资源。挖掘是向纵深获取更多有效的、新颖的、潜在的、有用的资源。探索是以问题为中心寻找更深层级的资源及派生资源。

通过某种变换，使不能利用的资源成为可利用的资源，这种可利用的资源就是派生资源。主要有物理方法和化学方法来改变物质资源的形态。改变物质的物理状态（相态之间的变化），包括物理参数的变化，如形状、大小、温度、密度、重量等；机械结构的变化，如直接相关(材料、形状、精度)、间接相关(位置、运动)等。改变物质的化学状态,包括物质分解的产物;燃烧或合成物质的产物。

(3) 整合资源。资源整合是指对不同来源、不同层次、不同结构、不同内容的资源,进行识别与选择、汲取与配置、激活并有机融合,使其具有较强的系统性、适应性、条理性和应用性,并创造新资源的复杂动态过程。

资源整合是优化配置的过程,以取得“1+1>2”的效果。根据系统的发展和功能要求对系统资源整合,以突显系统的核心能力,寻求资源配置与功能要求的最佳结合点,提高资源的利用价值。

(4) 评价及配置资源。资源配置是指各种资源在各种不同的使用方向之间分配。最佳利用资源理念与理想度概念紧密相关。某一问题解决方案中采用资源越少,求解问题的成本就越小,理想度指数就越高。最理想资源是取之不尽、用之不竭、不用付费的资源。技术系统中资源配置要关注资源利用率,资源利用率的不断提高,则资源使用价值更高。

2. 资源利用的一般原则

(1) 由实物资源到虚物资源(微观资源、场)。

(2) 由内部资源到外部资源。

资源使用顺序依次为:执行机构资源;技术系统资源;超系统资源;环境资源;系统作用对象资源。当系统内部资源不能解决问题时,才考虑从系统外部引入新资源。内部资源指的是与问题直接相关的系统资源,如执行机构资源。外部资源是与问题间接相关的系统资源。

(3) 由静态资源到动态资源。

(4) 由直接资源到派生资源。

(5) 由贵重资源到廉价资源。

(6) 由自然资源到再生资源(循环利用)。

资源是创新的燃料。资源利用的核心思想是挖掘隐性资源,优化资源结构,体现资源价值。认识并合理地使用资源是 TRIZ 的基础和最核心的追求,一旦能够熟练地发现和巧妙地利用正确的资源,就会产生创新,使系统在变得更好的同时,将成本、问题和危害减少到最低限度。

4.4 因果分析法

因果分析是研究事物发展的结果与产生的原因之间的关系,并对影响因果关系因素进行分析的方法。因果分析主要解决“为什么”问题。当面对一个技术问题时,往往牵涉的因素很多,这时分析的关键是弄清楚问题产生的原因究竟是什么,为找到最有效解决问题的方案提供思路。

常见的因果分析方法有 5W 分析法、鱼骨图分析、因果链分析、故障树分析等。

4.4.1 5W 分析法

5W 分析法又称“5 问法”,是对一个问题点连续以 5 个“为什么”来提问,以追究其根本原因。虽为5个为什么,但使用时不限定只做“5次为什么的探讨”,主要是必须找到根本原因为止,有时可能只要3次,有时也许要10次。中国人常讲“打破砂锅璺到底”,璺就是砂锅上的裂纹,因和问同声,所以就改用问字,比喻对问题的追根究底,体现了一种追求真相的精神。

日本丰田公司流程改善中提出著名的“5个为什么”分析法,也是对问题进行多次不断的寻问,直至找到真正原因的一种方法。要解决问题首先要找出问题产生的根本原因,而不是问题本身,根本原因隐藏在问题的深处。例如你可能会发现某产品质量问题的源头是某个供应商或机械加工中心,即问题发生在哪里,但造成质量问题的根本原因是什么呢?答案必须靠深入挖掘并询问问题何以发生才能得到。在问第一个“为什么”获得答案后,再问为何会发生,依此类推,问五次或更多次“为什么”,直到问题产生的原因被找到。丰田公司成功秘诀就是把每次错误视为学习的机会,通过识别因果关系链,进行问题诊断,不断反思和持续改善。

5W分析方法使用前提是对问题信息的充分了解,关键是要鼓励解决问题的人要努力避开主观或自负的假设和逻辑陷阱,从结果着手沿着因果关系链条顺藤摸瓜,直至找出原有问题的根本原因。

下面来自丰田公司的例子,生动地展现该方法特点。

案例4.2

丰田汽车

丰田汽车公司前副社长大野耐一先生,曾举了一个例子来找出停机的真正原因。一次,大野耐一发现一条生产线上的机器总是停转,虽然修过多次但仍不见好转。于是,大野耐一与工人进行了以下的对话问答:

一问:“为什么机器停了?”

答:“因为超过负荷,保险丝就断了。”

二问:“为什么超负荷呢?”

答:“因为轴承的润滑不够。”

三问:“为什么润滑不够?”

答:“因为润滑泵吸不上油来。”

四问:“为什么吸不上油来?”

答:“因为油泵轴磨损、松动了。”

五问:“为什么磨损了呢?”

再答:“因为,没有安装过滤器,混进了铁屑等杂质。”

经过连续五次不停地问“为什么”,找到了问题的真正原因和解决方法,在油泵轴上安装过滤器。如果没有追根究底发掘问题,很可能只是换根保险丝草草了事,真正的问题还是没有解决。

解决问题的步骤可分两个部分：

第一部分是要把握问题的现状。

步骤1：识别问题

在方法的第一步中，你开始了解一个可能大、模糊或复杂的问题。你掌握一些信息，但一定没有掌握详细事实。问：我知道什么？

步骤2：澄清问题

方法中接下来的步骤是澄清问题。为得到更清楚的理解，问：实际发生了什么？应该发生什么？

步骤3：分解问题

由于专业等原因，这一步需要向相关人员调查，将问题分解为小的、独立的元素。关于这个问题我还知道什么？还有其他子问题吗？

步骤4：查找原因要点

焦点集中在查找问题原因要点。需要通过追溯来了解第一手的原因要点。问：我需要去哪里？我需要看什么？谁可能掌握有关问题的信息？

步骤5：把握问题的倾向

要把握问题的倾向，问：谁？哪个？什么时间？多少频次？多大量？在问为什么之前，问这些问题是很重要的。

第二部分是问题产生的原因调查。

步骤6：识别并确认异常现象的直接原因。

如果原因是可见的，验证并确认它。如果原因是不可见的，考虑潜在原因并核实最可能的原因。依据事实确认直接原因。问：这个问题为什么发生？我能看见问题的直接原因吗？如果不能，我怀疑什么是潜在原因呢？我怎么核实最可能的潜在原因呢？我怎么确认直接原因？

步骤7：使用"5个为什么"调查方法来建立一个通向根本原因的原因/效果关系链。

问：处理直接原因会防止再发生吗？如果不能，我能发现下一级原因吗？如果不能，我怀疑什么是下一级原因呢？我怎么才能核实和确认下一级的原因呢？处理这一级原因会防止再发生吗？如果不能，继续问"为什么"直到找到根本原因。

在必须处理以防止再发生的原因处停止，问：我已经找到问题的根本原因了吗？我能通过处理这个原因来防止再发生吗？这个原因能通过以事实为依据的原因/效果关系链与问题联系起来吗？这个链通过了"因此"检验了吗？如果我再问"为什么"会进入另一个问题吗？确认你已经使用"5个为什么"调查方法来回答这些问题。为什么我们有了这个问题？为什么问题会到达顾客处？为什么我们的系统允许问题发生？

步骤8：采取明确的措施来处理问题。

使用临时措施来去除异常现象直到根本原因能够被处理掉。问：临时措施会遏止问题直到永久解决措施能被实施吗？

实施纠正措施来处理根本原因以防止再发生。问：纠正措施会防止问题发生吗？

跟踪并核实结果。问：解决方案有效吗？我如何确认？

通常情况下，在询问为什么时，由于是发散性思维，很难把握询问和回答者是否在受控范围内。

比如：这个工件为什么尺寸不合格？因为装夹松动；

为什么装夹松动？因为操作工没装好；

为什么操作工没装好？因为操作工技能不足；

为什么技能不足？因为人事没有考评。

拓展案例材料

类似这样的情况，在5W分析中经常发现。

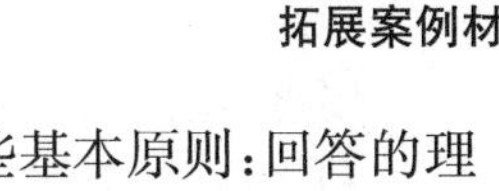

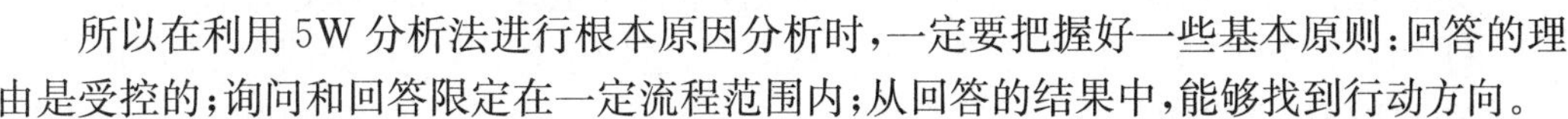

所以在利用5W分析法进行根本原因分析时，一定要把握好一些基本原则：回答的理由是受控的；询问和回答限定在一定流程范围内；从回答的结果中，能够找到行动方向。

很多时候看起来复杂无比的问题，只要找到真正的原因，其实解决起来很简单。

4.4.2　鱼骨图法

鱼骨图又名因果图、鱼刺图、石川图，是一种发现问题"根本原因"的分析方法，由日本管理大师石川馨先生所发明。鱼骨图的特点是简捷实用，深入直观。鱼骨图顾名思义像鱼的骨架，头尾间用粗线连接，有如脊椎骨。在鱼头填上问题或现状，脊椎就是达成过程所有步骤与影响因素或原因。想到一个因素或原因，就用一根鱼刺表达，把能想到的有关项都用不同的鱼刺标出。之后再细化，对每个因素或原因进行分析，用鱼刺分支表示每个主因相关的元素，还可以继续三级、四级等分叉找出相干元素。经过反复推敲后，一张鱼骨图就有了大体框架。针对每个分支、分叉填制解决方案。最后把所需工作、动作以及遗留问题进行归类。这样就很容易发现哪些是困扰当前关心问题的要因，该如何去解决与面对，哪些可以马上解决，需要调动哪些资源等。

制作鱼骨图分两个步骤：分析问题原因及其结构、绘制鱼骨图。

1. 分析问题原因及其结构

(1) 针对问题点，选择层别方法(如人、机、料、法、环、测等)。

(2) 用头脑风暴等方法分别对各层别类别找出所有可能原因(因素)。

(3) 将找出的各要素进行归类、整理，明确其从属关系。

(4) 分析选取重要因素。

(5) 检查各要素的描述方法，确保语法简明、意思明确。

分析要点：

① 确定大要因(大骨)时，现场作业一般从"人、机、料、法、环、测"着手，管理类问题一般从"人、事、时、地、物"层别，视具体问题决定；

② 大要因必须用中性词描述(不说明好坏)，中、小要因必须使用价值判断(如……不良)；

③ 应尽可能多而全面地找出可能的原因，而不仅限于自己掌控或正在执行的内容。如人的原因分析，应从行动而非思想态度层面着手分析；

④ 中要因跟特性值、小要因跟中要因间有直接的原因-问题关系，小要因应分析至可以直接下对策；

⑤ 如果某种原因可同时归属于两种或两种以上因素，可以关联性最强者为准(必要时考虑三现主义：即现时到现场看现物，通过相对条件的比较，找出相关性最强的要因归类)；

⑥ 选取重要原因时，不要超过7项，且应标识在最末端。

2. 鱼骨图绘图过程

(1) 填写鱼头(按为什么不好的方式描述),画出主骨。

(2) 画出大骨,填写大要因。

(3) 画出中骨、小骨,填写中小要因。

(4) 用特殊符号标识重要因素。

要点:绘图时应保证大骨与主骨成60°夹角,中骨与主骨平行,形似鱼骨。

利用鱼骨图能有效分析工作遇到的一些问题,适用于各行各业,如图4.11和图4.12是相关问题分析图实例。

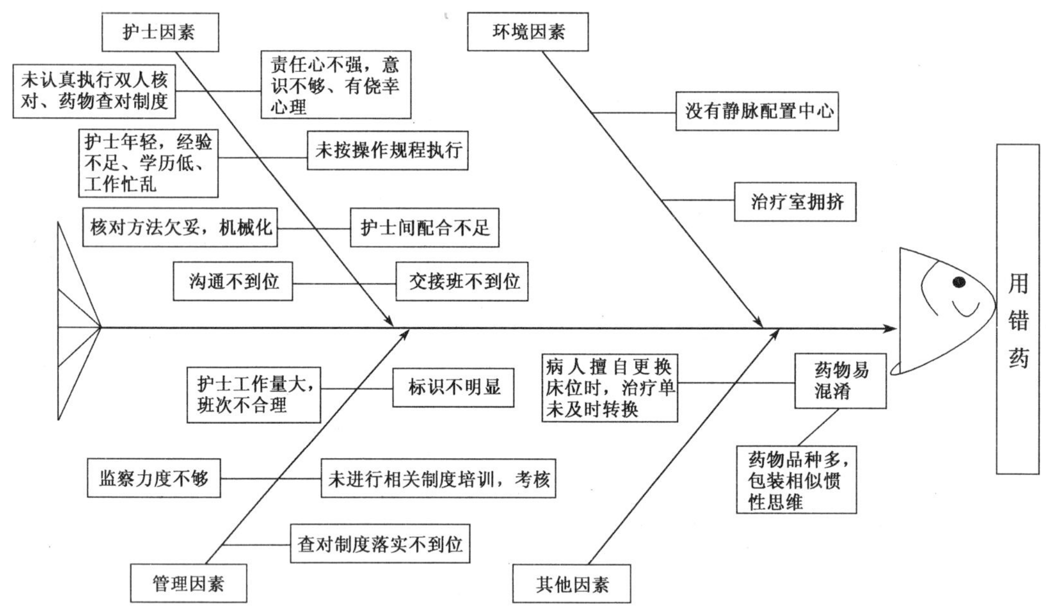

图4.11 某医院对用错药的原因分析

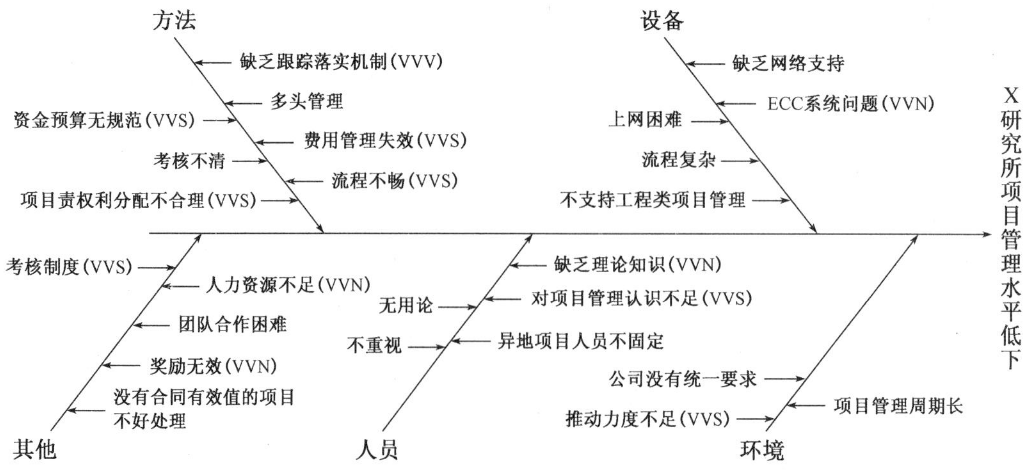

图4.12 X研究所项目项目管理水平低的原因分析

鱼骨图分析法与头脑风暴法结合是比较有效的寻找问题原因的方法之一。

4.4.3　因果链分析法

问题不会平白无故的产生，问题的背后总是隐藏着原因。找出问题产生的原因，是彻底解决问题的基础，因此发现问题往往比解决问题更为重要。因果轴作为TRIZ理论中分析问题的重要工具，可以帮助人们找到潜伏在系统中深层的原因，建立起初始问题与各个底层问题的逻辑联系，从而找到更多解决问题的突破口。一般来说，消除引起问题的原因要比消除问题本身更容易，也更加有效。如找到某一原因，一旦将其消除就彻底解决了问题，此原因就是根本原因。

1. 概述

因果链分析法也称因果轴分析法，是通过构建因果链探明事件发生原因和产生结果之间关系的分析方法，可以找出问题产生的根本原因。

在应用TRIZ理论解决问题过程中，首先需要明确问题本身，对初始问题进行分析和梳理，初步确定需要解决的问题。明确问题后需要梳理清楚造成该问题出现的原因。进行因果关系分析的工具有很多，如5W分析法、鱼骨图法、故障树、因果链分析等。因果链分析与其他工具相比，重点是在操作区域、系统内分析问题的原因，多数情况下一般不分析制度、人、环境等超系统因素，具有很强的实用性。因为相比超系统而言，系统具有较强的可控性和可改变性，对于解决问题有很强的现实性。

凡是结果，必然有其原因。因果链分析是一种识别解析系统关键原因的分析手段。它是通过建立因果链的缺陷而完成的，以将目标问题和关键原因联系起来。欧洲广泛流传这样的故事。传说中一个国家灭亡了，为什么灭亡呢？是因一场战役失败；为什么失败？国王没有打好此役；为什么国王没有打好？因为国王的战马倒下了；为什么国王的战马倒下？战马的一个马掌掉了；为什么马掌掉了？因为钉马掌时少钉了一个钉子。这是历史上一个真实的故事，人们很难想象，一个国家的灭亡与马掌上的一颗钉子联系起来。虽然例子极端，但一些大的灾难却是由一些被忽视的小事造成的。显然，少了一个马掌钉是国家灭亡的关键原因。因此，不要急着解决系统的初始问题，而要使用因果链工具找到系统深层的关键缺点加以解决。

因果链分析工具有明显的特点：一是因果链分析虽然有较为明确的步骤和算法，但由于应用者的专业知识不同、分析问题的思维角度不同、出发点不同，往往分析的结果不同；二是因果链分析是其他TRIZ解决问题的基础，只有通过因果链分析得到关键问题后才能进行问题的解决；三是因果链分析是为了搜索识别目标问题的关键原因，通过解决关键原因可消除目标问题。而关键原因通常没有被明确地表示出来，需要通过不断地分析才能寻找到。

因果链分析是对造成问题出现的原因不断挖掘，并对原因进行层层分析并构建因果链条，指出事件发生的原因和导致的结果，通常由若干条链条组成，原因与结果构成的因果链条如图4.13所示。

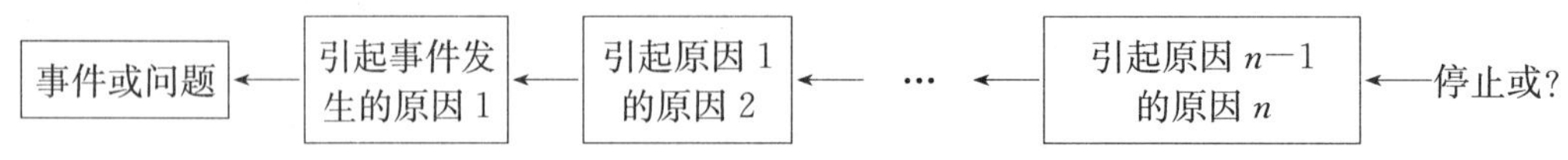

图 4.13 无限链接的因果分析法

2. 分析步骤

(1) 因果链分析步骤

① 确定目标问题,并将其记录下来。

② 判定出现目标问题的原因,采取规范的表述将其记录下来。

③ 重复第②步,直到确定的原因为一个根本原因。

④ 将每个原因与其结果用箭头连接,箭头从原因指向结果,构成因果链,并将同层次原因用"和"、"或"的运算符进行表示。

⑤ 根据因果链条分析,确定造成目标问题出现的关键原因,根据关键原因提取关键问题。

⑥ 针对关键问题提出初始解决方案假设,或者将关键问题转化为技术矛盾、物理矛盾等工具进行解决。

在发掘整个因果链的时候,需要注意原因轴的结束条件,防止过度发掘带来成本以及效力的降低。一般在以下三种情况时即可终止:当不能继续找到下一层的原因时;当达到自然现象时;当达到制度/法规/权利/成本等极限时。

另外,对于因果轴的分析,除了原因轴之外,还需要对结果轴进行分析。结果轴是不断推测问题蔓延的结果,用于了解可能造成的影响,寻找可以控制原因发生和蔓延的时机和手段。结果轴对于防止问题升级到无法接受的程度有着突出的意义。结果轴在遇到以下几种情况时也可以结束:当不能继续找到下一层的结果时;当达到重大人员、经济、环境损失时;当达到技术系统的可控极限时。

因果轴分析可以发现问题产生的根本原因,并从发现问题产生和发展链中的"薄弱点",为解决问题寻找入手点。对于原因和结果的描述应该与功能描述对应起来,需要对应到参数。而功能主要是通过相互作用来体现。

(2) 注意事项

① 注意因果关系之间的逻辑关系。在分析实际项目的过程中,一般一个结果由多个原因造成,这些同级别原因有不同的关系,一类是"和关系",即几个原因同时存在,才会导致结果,另一类为"或关系",即几个原因只要有一个存在,就会导致结果,这为识别关键原因提供了重要依据。

② 注意因果关系之间的分析与表述。一是通常在分析因果关系时,需要注意因果关系的成立是由于某个或多个参数发生了改变而导致结果的发生,如力作用的大小、时间的长短、温度的高低、形状的变化、位置的改变等。分析过程中尽可能应用参数的变化来表述原因。二是注意从目标问题出发,一层一层地寻找原因,如果跳跃太大,则不容易挖掘出关键原因。如我们在拿高温水杯时,手被烫伤,但我们不能直接将手被烫伤的原因确定为是由于水的温度较高造成。手被烫伤—手表面的温度高—手与水杯接触和杯子表面温度高—水杯导热性高和水的温度高,这样才是比较完整的分析因果链。三是在因果作用

关系中，作用本身有两个方面，通常会遗漏了反作用。如玻璃杯从手中滑落与地面接触后碎了，在分析下落的过程中，一方面，杯子在此过程中，因重力作用下落速度较快，形成较大的动能；另一方面在下落过程中空气浮力抵消下落重力的能力较低，于是造成了最终杯子碎掉的结果。

③ 注意确定根本原因。在一层一层分析原因时，当有下列原因出现时，不需要继续向下寻找。一是当不能继续找到下一层的原因时；二是当达到自然现象时；三是当达到制度/法规/权利等极限时；四是当遇到人的问题时；五是当遇到过大的成本时。

④ 注意识别关键原因。因果链分析完成后，需要识别关键原因。这时需要应用者结合问题特征和相关领域知识进行选取。如果能够从根本原因上解决问题，确定根本原因为关键原因；如果根本原因不可能改变或控制，那么沿原因链从根本原因向问题逐个检查原因节点，找到第一个可以改变或控制的原因节点确定为关键原因。通过清除关键原因，从而清除因果链中的大部分原因。根本原因可能是关键原因，也可能不是关键原因。

3. 因果链分析实例

问题描述：静电是通过两种物体相互摩擦和接触而产生一种处于静止状态的电荷，有时候晚上脱衣服睡觉时，你会听到啪啦的嘶声，那就是静电。静电无处不在，人们在触摸到铁门、汽车门、与人握手时经常受到静电的击打，人对于较大静电能量会有疼痛的感觉，让人感到极不舒服。如果是电子元件，静电可能击穿元件，导致极为严重的后果。静电对人体是有危害的，例如：影响中枢神经、影响机体的生理平衡、影响各脏器（特别是心脏）的正常工作等。用因果链分析法如何找到深层原因，解决静电对人体的影响。

问题解决步骤：

(1) 找到目标问题

项目目标是如何消除静电对身体造成的危害，让人不会感觉到疼。目标问题是：静电打到我们时会感觉到疼痛。

(2) 寻找问题的原因

什么是引起疼痛的原因呢？疼痛是因电流刺激指尖等部位的神经末梢引起。因此造成疼痛的直接原因是电流和神经末梢。

神经末梢能感应到外界的刺激属于物理现象。如继续分析属于生物学或医学关注的范畴，与本项目关系不大，不再分析。

电流则有必要分析是如何形成的。电流是由于二个物体间存在电压，并且二者之间相互接触形成回路才会产生电荷的流动。因此，电压、有接触和导体三者缺一不可。手和金属都是导体，属于物理现象，继续研究与项目关系不大。有接触，如开门、握手等是人的本性需要，继续分析也与项目无关。电压是电荷的持续累积造成不等电势差形成的，因此对电荷累积继续分析。

电荷累积是因电荷的持续产生和电荷不能导出两个因素共同造成的，缺少任何一个，都不会产生电荷累积。电荷是由于摩擦产生，电荷积累是由于人体没有持续接触导体，人体周围的物体，如衣服、空气等都不能导电。摩擦起电是由于接触在一起的物体相对运动产生摩擦引起的，但与摩擦的材料密切相关，有的材料容易起电，而有些材料则不易。衣服能否导电是由其材料性质决定的，继续分析没有必要。空气不能导电的原因是空气干燥，北方因空气的湿度小于潮湿的南方，静电打人容易发生。至此，相对运动摩擦、材料特性和空气干燥是物理现象或人的本性，再无必要继续分析下去。整个因果链分析结束。

综上，可以得到静电打人问题的因果链分析，如图 4.14 所示。

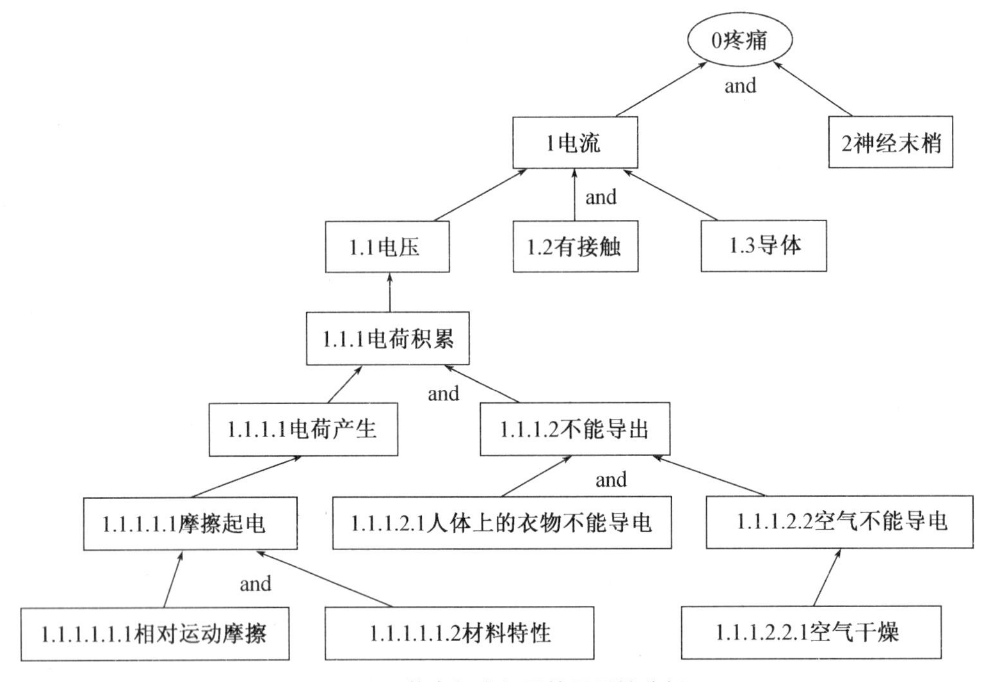

图 4.14 静电打人问题的因果链分析

经过认真细致的因果链分析，将最初的问题转化为多个问题，只要解决了其中的一个或几个关键问题，就可以解决初始问题。

再如通过因果链分析确定油画摔坏的关键问题。人们利用钉子将带有绳带的油画固定在墙面上，有一天油画突然从墙壁脱落摔坏，同时发现绳子与钉子接触的地方有铁锈。

从油画的破碎区域和时间来看，首先是在与地板撞击的过程中，地板提供了很强的向上支撑力，同时油画本身不能承受这种压力。油画不能承受压力是因为油画本身的材质较脆，同时油画中没有缓冲装置来抵消压力。地面提供向上支撑力是因为地面硬度高，油画下降速度快。油画下降速度快是因为绳子断了，同时油画从高处坠落。油画从高处坠落是因为为满足观赏的需求，必须处于高处。绳子断了是因为油画太重、绳子应力过于集中、绳子承受压力不足造成。绳子承受压力不足是因为绳子材质的问题和钉子生锈。钉子生锈是因为房间内有水分和钉子表面无隔绝空气的涂层。

在此例中，通常工程师在画因果链的过程中极其容易出现原因层级跳跃，将因果链确定为油画碎←地板硬和下降速度快←绳子断了←钉子锈了。这样分析使很多深层次的原因没有分析出来，丧失了很多容易解决问题的切入点。

根据问题的实际情况，在因果链分析的基础上，将关键原因转化为关键问题。可以将关键原因确定为油画挂的位置高、绳子断了、钉子生锈、钉子切割绳子、油画内无缓冲装置等。再将关键原因转化为关键问题，针对关键问题利用 TRIZ 中的其他工具予以解决。

4.4.4　故障树分析

故障树分析又称事故树分析，是一种描述事故因果关系的有方向的“树”，是安全系统工程中最重要的分析方法。1961 年，美国贝尔电话研究所的沃森在研究民兵式导弹发射控制系统的安全性时首先提出了这种方法。随后，该研究所的门斯等人改进了这种方法，成功地预测了导弹发射意外事故。波音公司进一步发展了故障树分析技术，使之与计算机的运用相结合。在美国原子能委员会进行的核电站危险性评价中，大量地用故障树分析方法进行概率危险性评价，1974 年发表了 WASH－1400 研究报告，引起世界各国关注，并被迅速推广到各工业部门的安全工作中。

故障树是一种特殊的倒立树状逻辑因果关系图，它用事件符号、逻辑门符号和转移符号描述系统中各种事件之间的因果关系。逻辑门的输入事件是输出事件的“因”，逻辑门的输出事件是输入事件的“果”。

事故树分析从一个可能的事故开始，自上而下、一层层地寻找顶事件的直接原因和间接原因事件，直到基本原因事件，并用逻辑图把这些事件之间的逻辑关系表达出来。故障树分析能对各种系统的危险性进行识别评价，既适用于定性分析，又能进行定量分析，具有简明、形象化的特点，体现了以系统工程方法研究安全问题的系统性、准确性和预测性。

故障树图是一种逻辑因果关系图，它根据元部件状态（基本事件）来显示系统的状态（顶事件）。一个故障树图是从上到下逐级建树并且根据事件而联系，它用图形化“模型”路径的方法，使一个系统能导致一个可预知的、不可预知的故障事件（失效），路径的交叉处的事件和状态，用标准的逻辑符号（与，或）表示。在故障树图中最基础的构造单元为门和事件，这些事件与在可靠性框图中有相同的意义并且门是条件。

从系统的角度来说，故障既有因设备中具体部件（硬件）的缺陷和性能恶化所引起的，也有因软件如自控装置中的程序错误等引起的。此外，还有因操作人员操作不当或不经心而引起的损坏故障。

故障树分析法具有以下特点：

(1) 一种从系统到部件，再到零件，按“下降形”分析的方法。从系统开始，通过由逻辑符号绘制出的一个逐渐展开成树状的分枝图，来分析故障事件（又称顶端事件）发生的概率。同时也可以用来分析零件、部件或子系统故障对系统故障的影响，其中包括人为因素和环境条件等在内。

(2) 对系统故障不但可以做定性的而且还可以做定量的分析；不仅可以分析由单一构件所引起的系统故障，而且也可以分析多个构件不同模式故障而产生的系统故障情况。因故障树分析法使用一个逻辑图，因此不论是设计人员或是使用和维修人员都容易掌握和运用，并且由它可派生出其他专门用途的“树”。例如，可以绘制出专用于研究维修问题的维修树，用于研究经济效益及方案比较的决策树等。

(3) 计算机的广泛应用。故障树是一种逻辑门所构成的逻辑图，因此适合用电子计算机来计算；对于复杂系统的故障树的构成和分析，也只有在应用计算机的条件下才能实现。

显然，故障树分析法也存在一些缺点。其中主要是构造故障树的多余量相当繁重，难度也较大，对分析人员的要求也较高，因而限制了它的推广和普及。在构造故障树时要运用逻辑运算，在其未被一般分析人员充分掌握的情况下，很容易发生错误和失察。例如，很有可能把重大影响系统故障的事件漏掉；同时，由于每个分析人员所取的研究范围各有不同，其所得结论的可信性也就有所不同。

20 世纪 60 年代初，随着载人宇航飞行、洲际导弹发射以及原子能、核电站应用等尖端和军事科学技术发展，需对一些极为复杂的系统做出有效的可靠性与安全性评价，故障树分析法就是在这种情况下产生的。故障树分析法虽还处在不断完善的发展阶段，但其应用范围正在不断扩大，是一种很有前途的故障分析法。

思考题

1. 以小组为单位尝试用头脑风暴法解决学习或生活中的现实问题。认真记录头脑风暴法全过程，对头脑风暴法的优缺点进行评价，并思考其原因和改进方法。

2. 请选择生活中你熟悉并正在使用的任一产品，如投影仪、跑步机、计算机、暖水瓶、移动 U 盘等，运用创新思维方法进行产品改进设想。

3. 利用多屏幕法对汽车、手机等你所熟悉产品进行讨论分析。

4. 提升理想度的方式有哪些？请分别在熟悉的技术领域内列举一个案例，说明其理想度的提升方式。

5. 请针对你所熟悉的技术或管理等问题，尝试综合运用创新思维技法发现问题，并提出解决问题方案。

第 5 章　常用典型创新方法

【学习目标】

理解并掌握图解思维法、问题引导法、类比创新法、列举型方法、组分型方法等典型创新方法的概念及其基本类型，掌握思维导图绘制规则与流程，熟悉检核表法、和田十二法、5W2H 法的问题引导方法，掌握各种类比创新方法思考与应用步骤，能应用属性列举法、缺点列举法、希望点列举法、成对列举法等流程和规则进行事物分析并能进行创新思维。掌握组合法、分解法、形态分析法、信息交合法的原理与实施流程。

5.1　图解思维法

5.1.1　什么是图解思维法

人类在发明文字前是用图画来交流信息的，中国汉字本身就是从图画发展而来。从某种意义上，图画天然就是人类表达思想的有效工具。

图解思维法是一种通过插图、图形、图表、表格、关键词等把信息传递，将人们的想法画出来，帮助人们有效地分析和理解问题、寻求解决问题方案的思考方法。通过图解思维法把大脑中的信息提取出来用图画、表格表达，可将许多枯燥的信息高度组织起来，容易实现抓住主要信息，便于整理与记忆。

5.1.2　图解思维法的类型与作用

图解思维法主要有逻辑型图解、过程型图解、图表型图解、思维导图等类型。

1. 逻辑型图解

逻辑型图解是根据人们思考的逻辑顺序出发，在解决和思考问题的过程中，用图解的形式建立事实间、概念间的逻辑联系。如图 5.1，逻辑型图解是常见的图解思维法，可以分为逻辑树型和金字塔型两种结构图解。

逻辑型图解能够系统地把思考对象和关键词间的关系转接起来，更好地从全局出发，全面思考问题解决办法，不易出现迷失方向或重复、遗漏等情况。

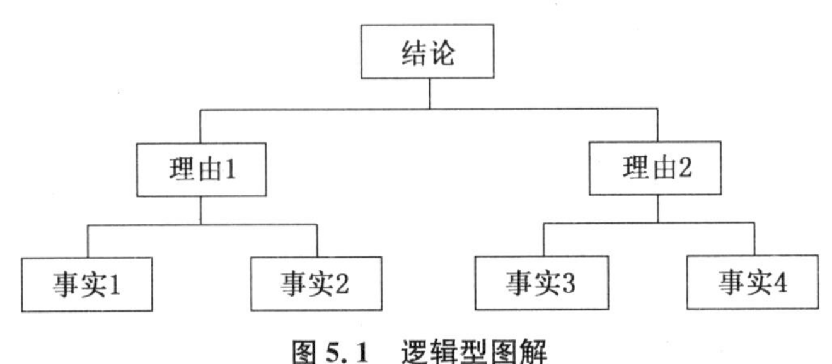

图 5.1 逻辑型图解

2. 过程型图解

过程型图解通过图文表现过程整体概要，展示整个运行过程、工序或作业流程。如图 5.2 是某新产品开发的过程图解。

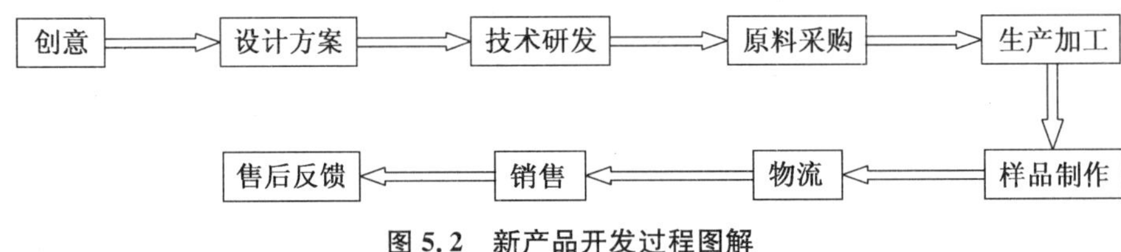

图 5.2 新产品开发过程图解

过程型图解既可以表现整个工作过程，也可以表现出细节的分析；既适用于复杂作业过程，也可以用于体现不同环节、部门之间的联系。

3. 图表型图解

图表型图解是通过图表形式呈现具有一定序列化的数据信息，以帮助人们了解和掌握事物的发展趋势和动向，快速清晰地掌握事物整体发展概要，并做出相应判断和决策。

如图 5.3，人们常用饼图、柱状图、雷达图、拆线图等多种形式，呈现不同数据信息来增强视觉效果，直观、形象表现数据信息间的关系。

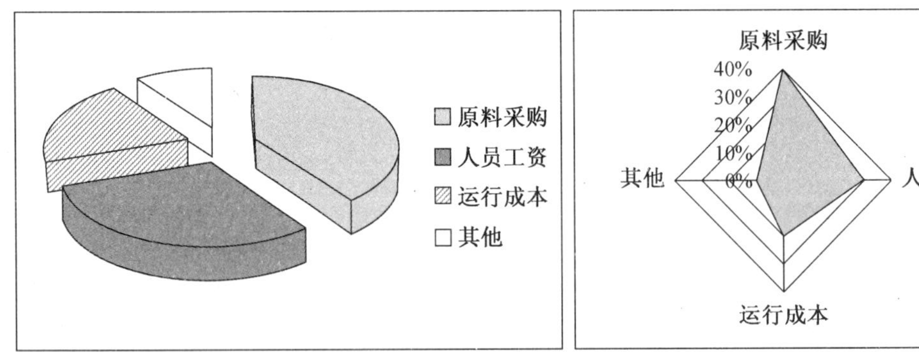

图 5.3 公司成本关系图

4. 思维导图

思维导图是东尼·博赞发明的一种图解思维方法，用于描述或构建针对某一问题的各个方面，帮助人们记忆、理解并拓展思路。1942 年出生英国伦敦的东尼·博赞是世界著名心理学家、教育学家，大脑和学习方面的世界顶尖演讲家，被称为“智力魔法师”、“世界大脑先生”。他曾因帮助查尔斯王子提高记忆力而被誉为英国的“记忆力之父”。他发明的“思维导图”思维工具全世界超过 2.5 亿人使用。

思维导图从思考的中心出发，绘制要解决问题的不同方面，运用图文并茂的技巧，把各级主题的关系用相互隶属的层级图表表示出来，将主题关键词与相关层级图表联系起来，使主题关键词语图像、颜色等建立记忆链接。此法应用广泛，不仅可以帮助人们描绘工作或学习计划，进行学科或课程知识概括，而且可以用来描述一个问题的不同思考方向或解决的多种途径，如图 5.4 所示思维导图用途。

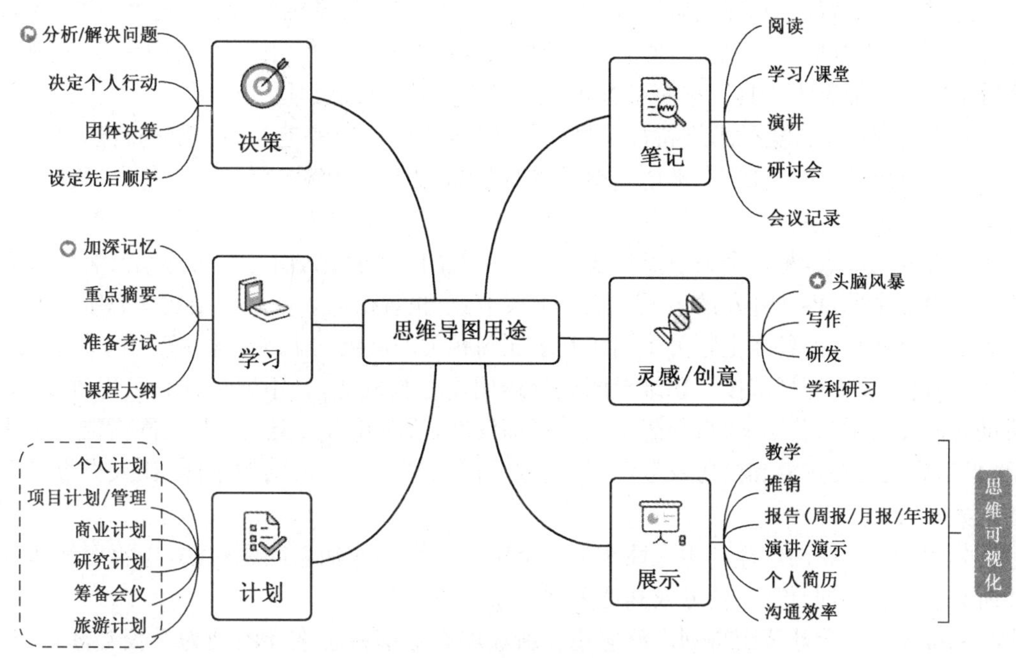

图 5.4　思维导图用途

波音公司负责人斯坦利说：“使用图解思维是波音公司质量提高的有效手段之一，它帮助我们节省了 1 000 万美元。”图解思维法就是利用了人们思维加工的过程，把复杂的东西简单化，把平面的东西立体化，把抽象的东西具体化。图解思维法无论是在理解、记忆信息方面，还是在制订计划、解决问题等方面相比语言文字描述有明显的优势。图解思维不仅可以帮助学习和存储想要的所有信息，对信息进行系统分类，使思考过程条理清晰，中心明确，而且还可以强化人大脑的想象与联想功能，让人们更为有效地将信息存储或输出大脑。

5.1.3　思维导图

托尼·博赞因创建“思维导图”而以大脑先生闻名国际，成为英国头脑基金会的总裁，身兼国际奥运教练与运动员的顾问，并担任英国奥运划船队及西洋棋队的顾问，国际心理学家委员会会员，“心智文化概念”创作人，“世界记忆冠军协会”创办人，发起心智奥运组织，致力于帮助有学习障碍者，同时有全世界最高创造力 IQ 的头衔。托尼·博赞出版大量著作，他曾说：“通过探索记忆和理解的不同，才使我想起了要去开发思维导图。在 20 世纪 60 年代，我去各个大学讲授学习和记忆心理学，同时注意到了我所讲的理论和自己实际进行的事情之间有一段距离。我的讲授笔记都是传统的线性笔记，忘记的东西和无法沟通的东西与传统的笔记一样多。我把这些笔记当作记忆讲座的基础。在这个基础上，我指出，回忆的两大主要因素是联想和强调。可是，这些因素却在我自己做的笔记里找不到。我不断问自己，我的笔记中有什么东西会帮助我产生联想和强调？结果，我就形成了思维导图的初期概念。”

思维导图又叫心智导图、脑图、心智地图、脑力激荡图、灵感触发图、概念地图、树状图、树枝图或思维地图等，是一种图像式思维的工具以及一种利用图像式思考表达发散性思维的有效图形思维工具。它简单有效，是一种实用性思维工具。

科学研究揭示人类的思维特征是呈放射状的，放射性思考是人类大脑的自然思考方式。进入大脑的每一条信息，不论是感觉、记忆或是想法，包括文字、数字、符号、气味、食物、线条、颜色、意象、节奏、音符等，都可以成为一个思考的中心，并由此中心向外发散出成千上万的关节点，每一个关节点代表与中心主题的一个连结，而每一个连结又可以成为另一个中心主题，再向外发散出成千上万的关节点，呈现出放射性立体结构。思维导图运用图文并重技巧，把各级主题关系用相互隶属与相关的层级图表现出来，把主题关键词与图像、颜色等建立记忆链接。思维导图充分运用左右脑机能，利用记忆、阅读、思维规律，协助人们在科学与艺术、逻辑与想象之间平衡发展，从而开启人类大脑的无限潜能。本质上，思维导图是在重复和模仿发散性思维，这反过来又放大了人脑的本能，让人类思维更加强大有力。

如图 5.5 互联网怎样利用人性作为一个中央关键词或探索问题想法，以辐射线形连接所有的代表字词、想法、任务或其他关联项目的图解方式。

思维导图在全球范围得到广泛应用。新加坡教育部将思维导图列为学校必修科目，世界上 500 强企业大量使用思维导图。20 世纪 80 年代思维导图传入中国大陆，最初是用来帮助“学习困难学生”克服学习障碍，但后来主要被工商界（特别是企业培训领域）用来提升个人及组织的学习效能及创新思维能力。

5.1.4 绘制思维导图

1. 绘制思维导图规则

思维导图入门极易，但要想高效地利用大脑，充分发挥左右脑功能，使用思维导图需要遵循一些规则，以帮助人们更快地提高学习能力、记忆能力和创新能力。如图 5.6 为思维导图绘制技法。

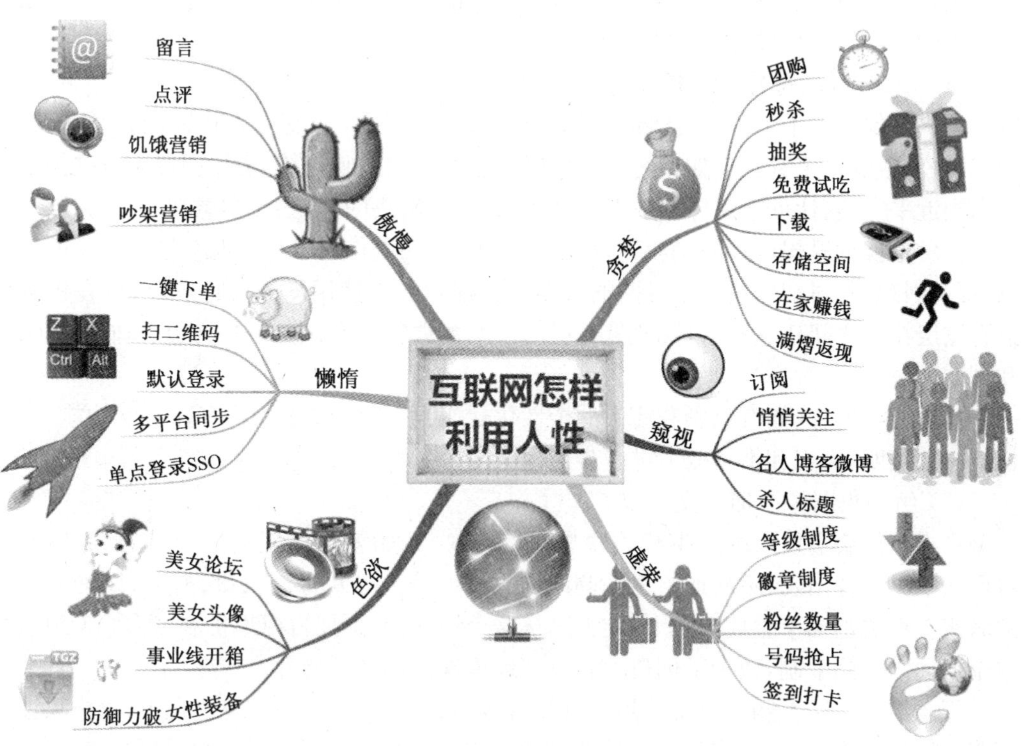

图5.5 互联网怎样利用人性

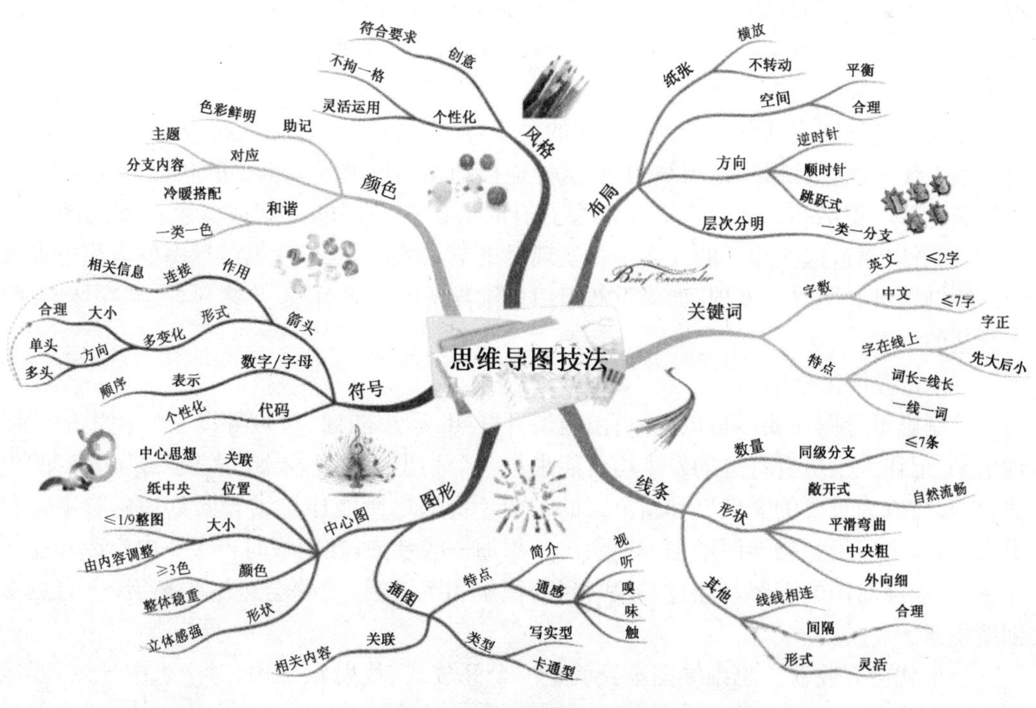

图5.6 思维导图绘制技法

正如交通系统中各类交通工具要遵守交通规则一样，思维导图绘制应该按照东尼·博赞先生谈到的思维导图基本规则来画。

(1) 使用图像、符号和色彩

一幅图像胜过千言万语，图像不仅能吸引人们注意力，触发无数联想，而且便于大脑记忆，并产生愉悦感觉。正如达·芬奇建议要有适当的大脑训练，运用图像可以把记忆力提高到近乎完美，让创造性思考效率提高十倍，增强解决问题、交流和感知的能力。

色彩是各种思想产生的刺激物，色彩也有美感，在制作思维导图时会增加大脑的愉悦感，提高回顾、复习和使用思维导图的兴趣。思维导图中使用图像和色彩，可以在视觉和语言皮层技能之间建立刺激性的平衡，提高人的视觉感触力，更有利于提升我们的记忆力和创造力。

运用各种形状(如有色彩和箭头的个性化代码)使得思维导图具有四维度功能，对分析、构造、说明、组织和推理能力进一步加强。

(2) 给中央图像添加分支

中央图像会引发大脑产生相关联想，但不要一开始就急于建立一个良好的结构图。可以从中央图像出发，不断地给出关键词(或图像、符号等)，每个关键词都可以触发无限的联想。把关键词单独放在线上，让大脑从这个词开始，更加自由地扩展出去。词组会让单个的词语受到限制，减少了创造力和清楚地再现记忆的可能性。

好的结构按照大脑的自由联想就可以自然形成，给自己充分的思想自由，给中央图像不断地添加分支，在各分支间自由移动，也可随时回到前一个分支添加新的内容。

需要注意的是要把写有主题的连线与中央图像连在一起，主题被连起来是因为大脑是通过联想来工作的，如果线条附着于主题，就会在大脑内部产生类似于“附着”的思想。靠近中央图像的线条要粗一些，字号大一些，以反映主题的重要性。

(3) 建立联系

寻找思维导图内部各部分内容之间的关系，用连线、图像、箭头、符号、代码或颜色等将关系表现出来。可以用线与线相连，这种连接的结构反映了大脑中的联想本性，如果连线断裂，思维、记忆和创造也会产生断层。有时会出现相同的文字或概念在不同的分支上，人们可以通过这些相同的文字主题发现思维节点的附着点，使思维导图的应用更加流畅。绘制思维导图时会发现，如果重新组织思维导图的基本骨架，许多单词会“突然出现”在合适的位置。

(4) 完善优化分享

绘制思维导图时要尽量放松，自由地展开联想，运用图像、符号等以个性化生动地体现出来，记住人生所有奇迹的发生均可能来自一个小小的改变，看似“荒诞”或“愚蠢”的想法，常常会成为重要的突破口和新范式的东西。要竭尽所能让思维导图更加色彩丰富和引人瞩目，可以给整幅导图增加一些层次和添加一些装饰，在闲暇时再多一次修改和完善导图，以加深对图的理解。经过一段时间的积累和沉淀后，思路会进一步拓展，会有更多创新主意。

分享就会有收获。思维导图本身就是一个开放式、放射状架构，对于思维导图，要经常与他人分享。一个人是一个蓄水池，只有不断地让水流进来，又让水流出去，才能保证池水是新鲜的，是有生命力的活水。和别人分享思维导图，会发现该图又可以加入一些新鲜的东西。思维导图具有生命力，就像是一棵参天大树，如果愿意分享，那收获的将是一片浓郁的森林。

2. 绘制流程

首先找到一张合适的白纸。注意要用没有任何字迹的白纸，不要有任何横格和线条，纸张大小合适，不仅能有记录各种细节的空间，而且不能限制人们的创意发挥，方便收藏。如果用有线条的纸，会发现原本向外拓展的曲线不自觉地会受到暗示而画成直线。纸最好是横着放，视野的宽度会大些，随着思维导图连线的增多，会越画越宽，可保证大脑有足够的想象空间和画图空间。

思维导图的绘制流程如图 5.7 所示。

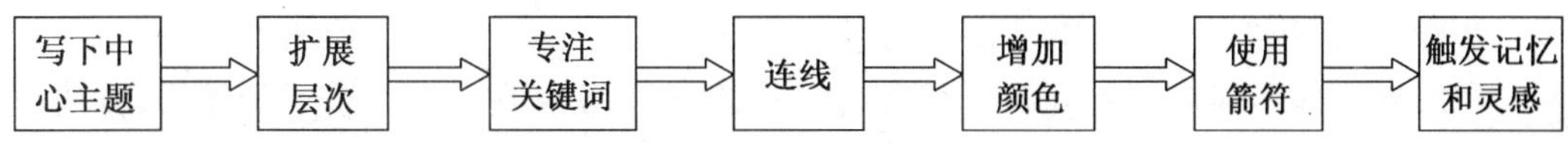

图 5.7　思维导图绘制流程

步骤 1：写下中心主题——智慧从图开始。

从纸的中心开始绘制，画一个独特且与所要表达的主题有关的图形。如绘画技巧不能表达主题，也可找一个符合想法的图像先行替代。颜色和图像能让大脑兴奋，值得花点时间来妆点思维导图，并尽可能多地使用色彩，至少用三种颜色来画，让图形更具吸引力，使得重点突出。中心主题不要用方框框起来，这样才能自由地扩展分支。

步骤 2：扩展层次——生长枝繁叶茂。

思维导图的分支通常是放射式层级的，有些图形像大树。越重要的内容越靠近中心，由内向外逐渐扩展。画分支时通常从时钟钟面 2 点钟的位置开始，顺时针画。阅读思维导图自然也是从这个位置开始。层次分明，枝叶清晰，突出重点事物。可用不同的分支形状，让独特的外形激发分支里的记忆信息。用不同的支点叶片点缀，可以反映思维者深入细致的思考。

步骤 3：专注关键词——采摘智慧果实。

关键词通常是名词，占总词汇量的 5%—10%。使用思维导图比传统的做笔记的词汇量要少得多，意味着无论是记忆还是阅读，将节约大量的时间。

关键词用正楷字来书写，以方便大脑记忆辨识，同时通过想象来帮助大脑将词汇“形象化”。关键词写在线条的上面，每条线上使用一个单词或词语，这样可以触发更多的想象和联系。字体字形都可以根据需要多一些变化，这有助于人们按照一定的视觉节奏进行阅读，同时也有助于我们理解和记忆。

步骤 4：连线——记忆与联想的桥梁。

连线、所写的关键词与所画图形等长，太短显得过于拥挤且不美观，太长则浪费空间。保证每条连线都与前一条连线的末端衔接起来，并从中心向外扩散。如果连线之间不衔接，那么在回忆的时候，思维也会跟着“断掉”，从而导致记忆的断层。连线从中心到边缘逐渐由粗变细，就像一棵树的树干比较粗，树枝比较细。从中心延伸出来的主干最好不要超过7个(大脑的短时记忆一次能记住7±2个信息片断),因为主干过多不利于记忆,而且理解起来也很困难。

连线用较自然的波浪状分支,这样能向外引导视线进行阅读。同时,使用曲线也能更有效地利用纸上的空间,可以让眼睛感受线条或内容的视觉节奏,而不易造成大脑的视觉疲劳。每一个主干及下面的分支用一种颜色,这样在回忆时就非常容易,例如,“那个概念在绿色的分支上”、“是一个比较长的词汇”等。

步骤5:增加颜色——刺激视觉感官。

生活是一个五彩缤纷世界,人天生就喜欢色彩。与其用白纸黑笔写一些单调的文字,不如用最好的纸张、水彩笔或彩色铅笔来创作。根据爱好可去文具店找些不同的笔——油性笔、荧光笔、香水笔……用它们来标注关键词,画不同的线条。不要小瞧这小小的改变,不同类型的笔也能触发人们的记忆和思考。

步骤6:使用箭符——创新关联妙想。

思维导图能增强对事物理解,了解信息是如何相互联系在一起。普通和优秀、成功与失败的区别就在于是否知道知识与事物之间的内在关联。当发现一个单词出现在不同的分支上时,用一个箭头连接,记忆和思考也随之连接。连线可以变成箭头、曲线、圆圈、圆环、三角形、多边形等,也可以从大脑这个无限的仓库里想象各种形状。只要是喜欢的,就会愿意投入更多的时间去关注它。

字母和文字是一种象征符号。交通标志、电脑中的图标、五线谱、数字等都是符号。整理思维导图中使用的符号,可建立个人符号库,如一个词汇在思维导图里出现多次,可用一个符号代替它,这样下次再出现时,只要画一个符号就行了。

思维导图中也可使用颜色进行标记,如用红色表示紧急事情,用蓝色表示需要他人支持的事,用绿色表示已经完成的。对于相关的概念或想法,同样可用一种颜色来表示。

步骤7:触发记忆和灵感——发挥感官技巧。

思维导图是一种非常有趣、具有创造性记录思维的方式。为让思维导图更加有趣,让大脑处于兴奋状态,可以使用更多的感官技巧。任何经历都是所有感官体验的总和,在思维导图中加入文字、图片,可以增加感官体验。如果记录的信息非常重要,可用透视法画出类似三维的表现效果,或是使用一些特别的颜色和符号代码等,当回忆时这些信息就会跃入眼帘,记忆起思维导图的原图。在这样做的时候,实际上是在重新创造和更新,触发记忆和灵感,优化思维导图。

思维导图的关键在于应用,只有不断地应用,才能创造价值和奇迹!

3. 利用计算机绘制思维导图

随着信息时代发展和科技进步,思维导图由传统的手绘转变为计算机绘图新时代。目前计算机思维导图制作与传统的思维导图相比,在灵活度和表现形式上或者是方便程度上还存在着一定的差距,但利用全新的科技工具辅助大脑正变得日益重要,用计算机制作思维导图为高效地管理信息数据提供了可能。如图5.8为用计算机绘制的商业计划思维导图。

计算机绘制思维导图的优势是非常明显的。

首先是利用软件制作的思维导图易于修改。计算机思维导图制作与手绘思维导图一

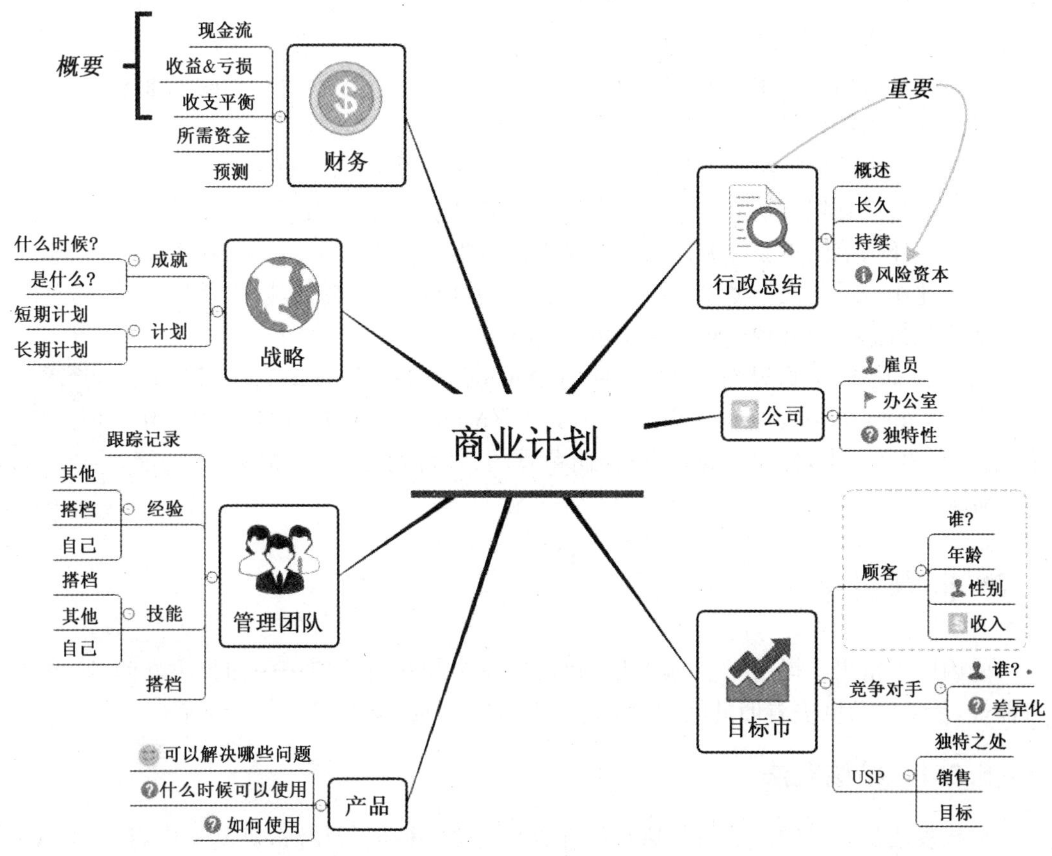

图 5.8　商业计划思维导图

样,可随时加上主要课题和分支并可着色,每个子分支都可沿用主题色调。思维导图制作极容易地输入信息,并且非常准确地区分开来制作和编辑部分。可随时重构和编辑修改,对各分支重新定位、着色、拷贝、移动。每一单个因素或者子分支包括分支本身都可以挑出来移动至思维导图的任何部分。分支还可以用不同于分支行的一些关键词单个着色,并且在计算机里面的色彩选择要远远大于手绘的色彩种类,也为各种图片的选择提供了很大空间,对思维导图的美观和关联性起到了很大的促进作用。使用计算机有助于规范绘图行为,提升人们绘图积极性。特别是对于那些绘画技能不是很好的人,手绘很容易造成信心不足,但是使用计算机之后,计算机会提供大量的图形图像供我们选择,对于积极性的培养很有帮助。

其次是范围更广,深度更深,层次分明。计算机的放大或缩小功能允许思维导图放大到非常大的幅面,如果需要看更详细的细节,缩放功能可看到思维导图上的任何详情,思维导图可在计算机多层次展开,允许任何思想或者分支成为新中心,让巨型思维导图的其他元素根据这个中心来显示,使其生成数量众多的“不同视点”,每一个分支或者子分支变成一幅完整的思维导图本身。这个思维导图然后又可以与主思维导图连接起来,具有更为广泛的分支结构分层。

第三是成本低，便于传播。在计算机上绘图基本上是零成本状态，且在互联网上可广泛传播。计算机绘图与其他文件结合，生成各种格式、图片、文本、动画，并可进行多次利用。通过计算机信息技术进行广泛合作，集聚全球智慧，联合绘制巨型的思维导图，形成强大的思维导图体系。

第四是强大的数据组织处理能力。计算机思维导图制作最大的益处之一是具有强大的信息组织与信息处理功能。集成数据组合分成目录、子目录和子目录的子目录，这样就很容易地从任何范围里立即调用任何目录下的数据。计算机思维导图制作软件，能够创立一个彼此相联系的文本体系，并把这些文件合并成一单个文件，以方便进行文字处理。强大的系统数据组织处理优势会给予极大的方便。

目前比较流行的思维导图软件有XMind、MindManager、FreeMind、iMindMap、inspiration、PersonalBrain等，其中XMind是基于FreeMind开发出来，已经有中文版本，界面美观，还可绘制鱼骨图、甘特图、组织结构图等，功能较为强大。

思维导图赏析

5.2 问题引导法

爱因斯坦指出："提出一个问题往往比解决一个问题更重要……而提出新问题，新的可能性，从新的角度去看旧的问题，都需要有创造性的想象力。"

5.2.1 检核表法

检核表法是现代创造学的奠基人奥斯本创立的一种创新技法，其基本内容是围绕一定的主题，将有可能涉及的有关方面罗列出来，用设计好的表格形式逐项检查核对，从中选择重点，深入开发创新。用以罗列有关问题供检查核对用的表格就是检核表。

奥斯本设计的检核表罗列9个方面的问题：

(1) 能否改变。现有事物或产品的形状、色彩、声音、味道等性质能否加以改变？这是从人的各种感官入手来探索新的途径。如小号上的消音器就是这一思路发明出来的。

(2) 能否转移。现有事物的原理、方法、功能能否转移或者移植到别的领域中去应用？如国外根据电吹风的原理，开发出酒店业使用的被褥烘干机。

(3) 能否引入。在现有事物中引入新的设想？如火柴引入新的设想后，开发出系列产品——防风火柴、长效火柴、磁性火柴、保险火柴等。

(4) 能否改造。改造以提高现有事物的使用价值，如增加功能、延长寿命、降低成本等。此思路对老产品改造更新尤其适用，如自行车链罩。

(5) 能否缩小。现有事物能否缩小体积、减轻重量或分割？其前提是要保持原有功能，但结果经常是降低成本或增加功能。如铁轨就是能否缩小思路的结果。

(6) 能否替代。现有产品能否用其他材料替代来制造？如用纸代替木料作为铅笔的外围材料，用塑料替代金属制造某些机器零件等。

(7) 能否更换。现有的程序能否变化？如当今城市上下班高峰的交通问题，可否采取错开上下班时间和轮休的办法解决问题。

(8) 能否颠倒。现有的事物原理、功能、工艺能否颠倒?逆向思维的典型成果是人类根据电对磁的效应发明了电动机,反之,根据磁对电的效应发明了发电机。

(9) 能否组合。主要是追求整体化和综合效应。如坦克就是攻击性武器(大炮)、防御性设施(堡垒)和运载工具三者的组合。

使用检核表法时,为了获得解决问题所需的数据,需要构造问题列表。表中所提出的问题,可以是最意想不到的,这样有利于削弱思维定式。通过检核表法,可以获得对问题的详述和查找规定问题解决方案的附加数据。表5.1是按检核表提示进行杯子设计创新。

表5.1 使用检核表法进行杯子设计创新

序号	检核问题	创新思路	创新产品
1	能否他用	保健、灯罩、量具、装饰、火罐	磁化杯、消毒杯、微量元素杯
2	能否借用	借助电照技术、磁疗、音乐	会说话、能提示的智能化杯
3	能否改变	颜色,形状	变色杯,仿形杯
4	能否扩大	加厚,加大,消防,报警,过滤	双层杯,安全杯
5	能否缩小	微型化,便携式,可伸缩	迷你观赏杯,可折叠便携式杯
6	能否替代	材料替代,可食质	钢、木、铜、玉、纸、布
7	能否调整	比例工艺流程尺寸的调整	各种流行杯
8	能否颠倒	不漏水,透明/不透明,有嘴/无嘴	旅行杯
9	能否组合	将容量器具、香料、加热、炊具、保鲜、保温等功能组合	闷烧杯、多功能杯、电烧杯

5.2.2 和田十二法

和田十二法,又叫"和田十二动词法"或"和田创新十二法",是我国学者许立言、张福奎在奥斯本检核问题表基础上,借用其基本原理,根据12个动词(加、减、扩、缩、变、改、联、学、代、搬、反、定)提供的方向进行设问进而创新的一种思维技法。它既是对奥斯本检核问题表法的一种继承,又是一种大胆的创新。这些技法更通俗易懂,简便易行,便于推广。

(1) 加一加:加高、加厚、加多、组合等。如橡皮和铅笔组合橡皮铅笔,收音机和录音机组合收录机。

(2) 减一减:减轻、减少、省略等。如简化体汉字是繁体字的简化。

(3) 扩一扩:放大、扩大、提高功效等。如怀抱小孩子的母亲专用的长舌太阳帽。幻灯、电影、投影电视等也是扩一扩的结果。

(4) 变一变:变形状、颜色、气味、次序等。黑白电影、黑白电视变为彩色电影、彩色电视。

(5) 改一改:改缺点、改不便、不足之处。上海和田路小学发明的多用触电插头在国际青少年发明竞赛中获奖。

(6) 缩一缩:压缩、缩小、微型化。英汉袖珍字典,压缩食品。塑料薄膜制地球仪,用时把气吹足,放在支架上,可以转动;不用时把气放掉,方便携带。

(7) 联一联:原因和结果有何联系,把某些东西联系起来。干湿球温度表的发明。

(8) 学一学:模仿形状、结构、方法,学习先进。传说鲁班从茅草的叶片把手拉破中得到启发,进而模仿草叶边缘的形态发明了锯。

(9) 代一代:用别的材料代替,用别的方法代替。大量的合金、高分子材料、新型陶瓷材料等广泛应用。

(10) 搬一搬:移作他用。哨子搬到开水壶就形成了能自动提醒水开的新产品。

(11) 反一反:能否颠倒一下。吸尘器的发明是其成功案例。

(12) 定一定:定个界限、标准,能提高工作效率。定量化是人们对客观事物认识精确化的体现。经典成果有尺、秤、天平、温度计、噪声显示器、电表、水表等。

简单的十二个字概括了解决发明问题的 12 条思路。

5.2.3 5W2H 法

5W2H 法是第二次世界大战期间由美国陆军兵器修理部首创,指用 5 个以 W 开头和 2 个 H 开头的英文单词进行设问,发现解决问题的线索,寻找发明思路,进行构想,做出新的发明。5W2H 法简单、方便,易于理解、实用,富有启发意义,广泛用于技术创新、事物处理、公共关系策划、营销策划、广告设计、社会活动的组织与管理等。

(1) WHY——为什么?为什么要这么做?理由何在?原因是什么?

(2) WHAT——是什么?目的是什么?做什么工作?

(3) WHERE——何处?在哪里做?从哪里入手?

(4) WHEN——何时?什么时间完成?什么时机最适宜?

(5) WHO——谁?由谁来承担?谁来完成?谁负责?

(6) HOW——怎么做?如何提高效率?如何实施?方法怎样?

(7) HOW MUCH——多少?做到什么程度?数量如何?质量水平如何?费用产出如何?

善于质疑对于发现问题和解决问题极其重要。创新能力强的人,都具有善于提问题的能力。提出一个好问题,意味着问题已经解决了一半。提问题的技巧高,可发挥想象力。相反,有些问题提出来,可能会挫伤人的想象力。发明者在设计新产品时,常常提出:为什么(Why);做什么(What);何人做(Who);何时(When);何地(Where);如何(How);多少(How much)。这就构成了 5W2H 法的总框架。如果提问题中常有"假如……"、"如果……"、"是否……"这样的虚构,就是一种设问,设问需要更高的想象力。

若创新中对问题不敏感,看不出毛病和漏洞,与平时不善于提问是有密切关系的。对一个问题追根刨底,有可能发现新的知识和新的疑问。故从根本上讲,学会创新首先要学会提问,善于提问。阻碍提问的因素,一是怕提问多,被别人看成什么也不懂的傻瓜;二是随着年龄和知识的增长,提问欲望渐渐淡薄。如果提问得不到答复和鼓励,反而遭人讥讽,就会在人的潜意识中形成一种看法:好提问、好挑毛病的人是扰乱别人的讨厌鬼,最好紧闭嘴唇,不看、不闻、不问,但是这恰恰阻碍了人的创造性的发挥。

5W2H 法可以准确界定、清晰表述问题，提高工作效率；能有效掌控事件的本质，抓住问题积极思考，有助于思维的逻辑性，全面思考分析。

5.3　类比创新方法

5.3.1　综摄法

1. 基本含义

有一年日本南极探险队第一次准备在南极过冬，输送船把汽油运到越冬基地，但因为事先计划不充分，实际操作过程中才发现从日本带来的输油管长度根本不够，南极基地又没有备用的管子，如果返回日本，最快也要二个月时间。所有的队员都呆住了，不知该如何办才好。队长向国内请示，并准备返程。有一名队员喝水时，无意中把水泼洒在一张卷成筒状的报纸上，水自然很快结成冰。另一名队员拿起报纸发现它非常坚硬光滑。这时，队长西堀荣三郎突然提出了一个很奇特的设想，“我们用冰来做管子吧！”这个设想当然不是凭空想出来的，因为南极非常冷，水在碰到外界空气的瞬间就会变成冰，真可以说是滴水成冰。但问题的关键是怎样使冰形成管状，而且在中途不会断裂。西堀队长很快又有了灵感。“我们不是有医疗用的绷带吗？就把它缠在铁管上，上面再淋上水让它结冰，然后拔出铁管，不就成了冰管子了吗？用这种方法做冰管子，再把它们一截一截连接起来，要多长就有多长。”在西堀队长的整个构想中，首先是找出冰管来代替输油管，其次是将绷带的机能由包扎伤口转为包缠铁管。

西堀队长的聪明在于通过已知的东西做媒介，将毫无关联、不相同的知识要素结合起来，也就是摄取各种事物的长处，把它们综合在一起，再制造出新产品。西堀队长运用的方法就叫综摄法。运用这种方法，解决了越冬输油管的难题。

综摄法是由美国麻省理工学院教授威廉·戈登与乔治·普林斯于 1944 年提出的一种利用外部事物启发思考、开发创造潜力的方法，是在长期研究和实验的基础上提出的一种新颖独特、比较完善的创新发明方法。戈登发现，当人们看到一件外部事物时，往往会得到启发思考的暗示，即类比思考。而这种思考的方法和意识没有多大联系，反而是与日常生活中的各种事物有紧密关系。事实证明：不少发明创造、不少文学作品都是由日常生活的事物启发而产生的灵感。这种事物，从自然界的高山流水、飞禽走兽，到各种社会现象，甚至各种神话、传说、幻想、电视等，比比皆是，范围极其广泛。戈登由此想到，可以利用外物来启发思考、激发灵感解决问题，1952 年将这一方法称为综摄法。

综摄法是指以外部事物或已有的发明成果为媒介，并将它们分成若干要素，对其中的元素进行讨论研究，综合利用激发出来的灵感，来发明新事物或解决问题的方法。综摄法作为一种创造技法虽然诞生于美国，但早在 1921 年，梁启超在《中国历史研究法》就提出：“天下古今，从无同铸一型的史迹，读史者于同中观异，异中观同，则往往得新理解焉。”仁者见仁，智者见智，一千人读《红楼梦》就有一千个理解；三国中的不同人物形象，至少有历史形象、小说形象和艺术形象等多种。这里讲的“同中观异，异中观同”正是综摄法的精髓，但它要比威廉·戈登提出相类似的思想要早三十年。

综摄法的基本思路是：在构思设想方案时，对将要研究的问题适当抽象，以开阔思路，拓展想象力。将问题适当抽象要根据激发创意的多少，逐步从低级抽象向高级抽象渐进，直至获得满意的设想方案。

2. 思考原则

实现综摄法创新要遵循异质同化和同质异化两个基本原则。

（1）异质同化

异质同化简单说就是变陌生为熟悉的过程，其内涵是用自己和别人都熟悉的事物去思考和描述自己接触到的新事物。如计算机领域的病毒，就是利用人们较熟悉的语言描述计算机专业的事物或现象。异质同化的原则是创新发明不熟悉的新东西时，可以借用现有熟悉的知识来进行分析研究，启发出新的设想。例如脱粒机发明前谁也没有见过此机械设施，于是要通过当时已有的知识或熟悉的事物来进行创新。脱粒机的作用是将稻草和稻谷分开，其方法有用手分开、用栖息木片把稻谷从稻草上刮下来等。后有人发现用雨伞尖顶冲撞稻穗可以把稻谷从稻禾上分开，根据这个发现人们制成了带有尖刺的滚桶状脱粒机。

（2）同质异化

同质异化简单来说就是变熟悉为陌生的过程，其内涵是对已有的、熟悉的事物，运用新知识或从新的角度来观察、分析和处理，得出新东西。如拉杆天线原是收音机用的，可以把它用作相机支架、伞把、鱼竿、教鞭等。同质异化的原则是通过对现有的各种发明，积极运用新的知识或从新角度来加以观察、分析和处理，从而产生创新成果。如电子计时笔，电子表主要用于计时，笔用于书写。两者表面上好像毫无关系。因为用笔书写时，常常会想到写了多长时间，写到何时停止，或者是从什么时候开始写等。制作者就把两者的长处综合在一起，将电子表装在笔杆中，电子计时笔就这样诞生了。

3. 模拟技巧

为了加强发挥创造力的潜能，使人们有意识地活用异质同化、同质异化两大原则，戈登提出四种极具实践性、具体性的模拟技巧。

（1）人格性模拟

一种感情移入式的思考方法。先假设自己变成该事物以后，再考虑自己会有什么感觉，又如何去行动，然后再寻找解决问题的方案。

（2）直接性模拟

指以作为模拟的事物为范本，直接把研究对象范本联系起来进行思考，提出处理问题的方案。

（3）想象性模拟

指充分利用人类的想象能力，通过童话、小说、幻想、谚语等来寻找灵感，以获取解决问题的方案。

（4）象征性模拟

指把问题想象成物质性的，即非人格化的，然后借此激励脑力，开发创造潜力，以获取解决问题的方法。

4. 实施过程

综摄法的实施过程可以分为五个阶段。

(1) 提出问题,分析问题

创新就是不断提出问题并解决问题。问题可以是外界提出来的,也可以是创新小组提出来的。分析问题可先由专家对问题进行解释和概要的分析,此过程是将陌生的东西熟悉。

(2) 模糊主题,类比设想

主持人要引导小组成员讨论,将与问题本质相似的同质问题在会议上提出,而把原本的问题隐匿起来。将具体问题包含在广义的问题中提出,营造一种可以使构思自发产生的条件,以引起广泛的设想,激发创造力,然后使广义的问题逐步清晰和具体化,最终完成创意。

(3) 自由联想,无限延展

此阶段可视为一次远离问题的"假日",也正是综摄法的关键所在。因目标抽象,与会者可对问题的讨论进行延展。当某些见解对于揭示主题有利时,主持人及时加以归纳,予以引导。

(4) 架构互转,牵强配对

有两种做法:一是威廉·戈登的做法,把类比联想的事物与主题牵强地进行配对,在这种情况下,通常会产生创意;二是把两种元素牵强地联系在一起,同时展开幻想并与主题联系起来。不管是哪种方法,小组成员均需要围绕主题和类比元素展开讨论和研究,直至找出表现主题的创意为止。此阶段由分而合的目的在于使陌生者熟悉,并针对联想与主题进行链接,链接的结果可发展为创新的立足点。

(5) 实用配对,制定方案

结合解决问题的目标,对经过类比联想所得的启示进行研究,将创意构思转化为问题的解决方案。

5.3.2　类比法

300多年前的一天,一位医生找到伽利略,请求他发明一种能够准确测量体温的仪器以诊断病情。伽利略想:要找到一种东西随着体温升高而升高,随着体温下降而下降。此时他想起白天给学生上的实验课,水罐中的水随着温度的升高,水的体积增大,水就膨胀而上升,温度下降时水也下降。那么,从水的体积变化不是也能测出温度的变化吗?他马上进行实验,用手握住试管的底部,让管内的空气渐渐变热,然后把试管的上端插入冷水中,松开手时发现水在试管里被慢慢地吸上,再握住试管,水又渐渐从试管中压了下去。尽管从水的上升和下降可看出管内温度的变化,但不能看出变化的程度,且用一根试管和一盆水也较复杂,可这却是世界上第一个温度计。这里伽利略用的就是类比方法,他通过水位高低类比体温高低。

"类比"是在两个事物间进行比较,找出事物之间的相似之处,从中产生新设想。特点是异中求同,同中求异,从而诱发想象力,提出创新设想。任何事物是共性和个性的辩证统一,相同的一面形成了普遍性、共性,相异的一面形成了个性、特殊性。

类比法的作用是“由此及彼”。如果把“此”看作前提，“彼”看作结论，类比思维的过程就是一个推理过程。类比又称为类推或类比推理，它是以对象之间的某些属性的相同点为依据，从而断定它们在其他属性上也可能相同。古典类比法认为，如果在比较过程中发现被比较的对象有越来越多的共同点，且知道其中一个对象有某种情况而另一个对象还没有发现这个情况，这时人们就有理由进行类推，由此认定另一对象也应有这个情况。现代类比法认为，类比之所以能够“由此及彼”，其实是经过了一个归纳和演绎程序，即已知某个或某些对象具有某情况，经过归纳得出某类所有对象都具有这情况，然后再经过一个演绎得出另一个对象也具有这个情况。

有意识地、强制性地使某个事物与解决问题的对象进行类比，有助于克服常规思维和定势思维，从而产生创新思维。类比也可认为是一种移植，把一事物的某些特性应用于、移植于自己的研究对象中去。类比的基础是比较，它的创新原理包括两个方面：异质同化（变陌生为熟悉）和同质异化（变熟悉为陌生）。

最常见的类比就是比喻，如人们将小女孩好看的脸比喻为红苹果。高级的类比就是隐喻，即一种暗含的比喻，如人生就是个舞台等。

类比思考程序如图5.9。

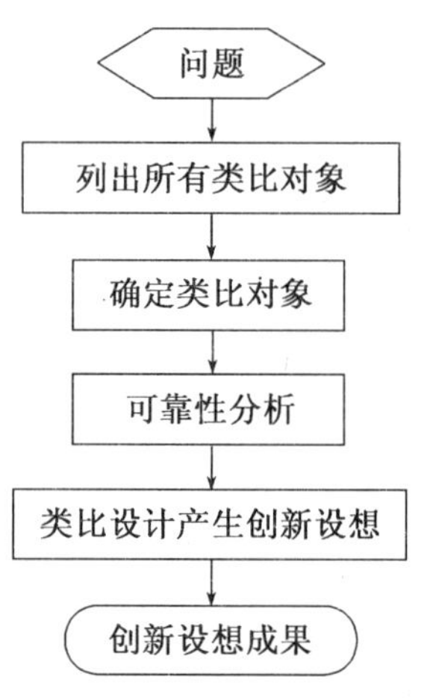

图5.9 类比思考程序

根据类比中对象的不同，类比可分为个别性类比、特殊性类比和普遍性类比等类型。根据类比中的内容不同，分为性质类比、关系类比、条件类比等类型。根据思维方向，分为单向类比、双向类比和多向类比等类型。根据类比中的前提和结论中的对象不同，分为同类类比和异类类比等类型。同类类比又可分为“以己推人”式类比、“以人推己”式类比、“以人推人”式类比、“以物推物”式类比等类型；异类类比又可分为“以人推物”式类比、“以物推人”式类比等类型。根据结论的可靠程度，分为科学类比和经验类比等类型。根据对象的多少，还可分为完全类比和不完全类比等类型。以下介绍典型的类比法。

（1）直接类比法

从自然界现象或人类社会已有发明成果中寻找与问题对象相类似的事物，并通过比较启发出创意。运用直接类比法主要是通过描述与思考对象相类似的事物、现象，去形成富有启发的创新设想。直接类比是事物之间的类比，在技术发明中最经常使用的思路是将创造对象与其他事物进行类比。如锤子是从人的拳头直接类比来的，汽艇上的控制系统则是直接模仿了汽车上的控制系统。

（2）拟人类比法

亦称亲身类比、角色扮演，是指在解决某些问题时，让我们设想自己变成问题中的某些事物，从而去设身处地感受体验问题的本质。如模仿人的手和臂的动作发明了挖土机，用带有情感的机器人替代家居养老护理人员。孔子“智者乐水，仁者乐山；智者动，仁者静；智者乐，仁者寿”，是用自然山水比拟人的性格。如石峰之坚固、正直，青松不老，寒梅傲立风雪，是主观情感的外移。在创新发明中，如果能通过拟人化，把自身的性格、情感、感觉与问题对象等同起来，会使看问题的角度改变，从而获得关于对象的全新感受和深刻见解，帮助实现创新设想。

(3) 幻想类比法

幻想类比法是将幻想中的事物与要解决的问题进行类比，由此产生新的思考问题的角度。如美国好莱坞拍摄的“星球大战”科幻电影，大量的科幻小说，人类拥有的神话和传说，大胆的想象可以启发思维、激发想象力。要强调的是幻想类比只是运用幻想激发想象力，是帮助我们过河的垫脚石，是一个工具，幻想并不是马上实现的目标。

(4) 符号类比法

符号类比法就是通过逆向思考、浓缩矛盾等技巧，在抽象的语言(符号)与具体的事物之间建立新联系，从而从原有的观点中超脱出来获得新颖创意。莎士比亚在一幕悲剧中使用了短语“被俘虏的胜利者”，描写一个靠魔鬼帮助取胜的人是自己的罪恶的俘虏。科学家们使用浓缩矛盾“安全攻击”给法国科学家巴士德一个启发，他通过给患者注射少量的病菌去阻止患者的病情恶化，因为人体会变得适应那些病菌。用小病去代替死亡，这就是“安全攻击”。自相矛盾在创造性思考过程中具有重要作用，因为它同时容纳两种不同甚至是对立的见解。这样会刺激人们走出狭隘的思维轨道，迫使人们对已有的假设产生怀疑，从而带来科学上的重大突破。

5.3.3 模拟法

模拟是一种直接类比，有时把原来看似不相关的事物联系起来，对其中的一项属性进行模仿。模拟不是简单的模仿，而是要有洞察力，冲破原有框框，以全新的角度去看待旧事物，模拟带来了新的解决问题的思路，借用被模拟的事物特点去解决眼前的问题。模拟过程中的前半段是相似联想，后半段是类推，两者结合，构成了模拟法。

仿生学是人类从生物界获得灵感的模拟，在研究生物系统的结构和性质的基础上为工程技术提供新的设计思想及工作原理，它是类比法的一种引申。自然界的生物以其精妙绝伦的结构和性能为人类孕育出来的新事物和新方法提供了学习样板，大自然是人类最大的学术图书馆。电子仿生、控制仿生、材料仿生、机械仿生、化学仿生、医学仿生、建筑仿生、管理仿生等应用领域和产品丰富多彩。

一般来说，模拟法根据模拟对象可以分为生物模拟法和非生物模拟法。也可根据模拟方法分为形态模拟法、结构模拟法、功能模拟法、信息模拟法、内容模拟法、原理模拟法、方法模拟法等。

模拟法应用分为五步骤：

(1) 发现问题。观察身边事物，发现并抓住问题的实质。

(2) 选择样本。在明确问题实质的基础上，收集整理对此类问题有解决方法的事物或生物信息，选择一种最感兴趣的进行剖析、仿效。

(3) 观念移植。设法将某个领域的理论、方法和策略引用、模仿到另一个领域。如将戏剧表演的手法用到语言教学情境和销售员培训情境，将冰雪形状应用到冬季运动会标志设计和建筑物设计中。

(4) 利用矛盾。利用事物的对立面，如橡皮铅笔就是利用同时在做写字和消字两件事矛盾的发明。

(5) 更“高”更“快”。模拟也是创新,要对知识产权进行保护。如果通过模拟创新新产品、新事物,就应快推广、快应用。产品质量应当高品质,以最大程度降低风险。

形态模拟法是通过对事物外在形态的模拟,使人产生联想、灵感和开拓思路的方法。形态模拟仅仅是对事物外在形态进行模仿,具有直观性和形象化的特点。如图 5.10 北京国家游泳中心的“水立方”和国家体育场“鸟巢”是模拟创新的代表。

图 5.10　北京国家游泳中心“水立方”和国家体育场“鸟巢”

事物的结构是丰富多彩的,各类事物间的结构有着奇妙的相似性和规律性,看起来完全不同的事物之间,有时却存在着相似的结构和排列方式。如分工和金字塔式的组织是蚂蚁王国的组织结构与人类社会组织构成方面的相似性。模仿人眼的构造设计照相机,其主要结构与人的眼睛相似。结构模拟法就是利用不同事物的组成部分搭配和排列上的相似,或者发现相距甚远的事物间的问题结构,然后通过联想和类比进行结构移植、结构仿生,以达到开辟新的解决问题思路的方法。奥斯卡·尼迈耶进行巴西新首都巴西利亚规划设计时,整个城市的结构形态是一个喷气式飞机形状,“机头”部分是三权广场,主要包括政府三个权力部门的办公楼,“机翼”各长约 6 千米,为 10 层楼高的政府部门建筑,“机身”长为 8 千米,主要包括城市的休闲设施、动植物园等,“机尾”为火车站。用来源于自然界的灵感设计出仿生机器产品能提高效率,如图 5.11 为部分人工智能产品。应用结构模拟法实现创新是现代人工智能时代的重要特征。如果实现对人类感情进行模拟,生产出具有情感的机器人,人类和机器人类共存,未来的世界将重新进行定义。

图 5.11　人工智能部分产品

功能模拟是以事物之间的功能相似为基础，通过从功能到功能的方式，模拟原型功能。功能模拟不受外观形态的制约，不受原型内部结构的限制，不受原型材质制约，只对功能进行模拟。结构模拟以模型和原型之间的结构相似为基础，是在弄清原型的内部结构的条件下，通过模拟原型的内部结构的方式来再现原型功能的。但人脑是极为复杂的系统，人脑的内部结构还不清楚，难以复制，虽然人脑的结构暂时难以模拟，但可运用功能模拟实现输入与输出的功能相似；电脑就是人脑的功能模拟，具有一定判断、选择和计算的思维功能。在自然界有许多生物都能发光，生物光是一种人类理想的光源，科学家通过对萤火虫的研究创造了日光灯。蜻蜓和苍蝇的复眼是由许多单眼组成的，在每一只小方角形的单眼中，都有一个小块角膜，这种角膜像照相机一样单独成像。在蜻蜓和苍蝇的复眼前边，即使只放一个目标，但经过一块块角膜，可看到许许多多个相反的影像，形成360°无死角。仿照复眼功能，把许多光学小镜陈列起来，人们发明了复眼透镜。用这种复眼透镜制成照相机，一次可以拍下千百张相反的影像。复眼有非常大的视角和景深，对运动物体的感应也十分灵敏，此技术在军事、医学、航空、航天等领域广泛应用。

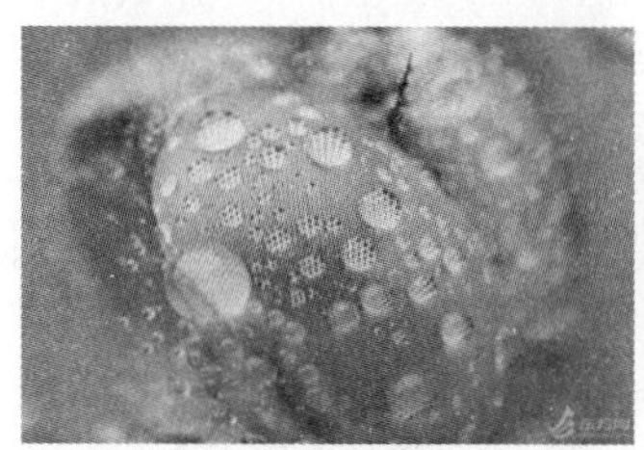
蜻蜓复眼

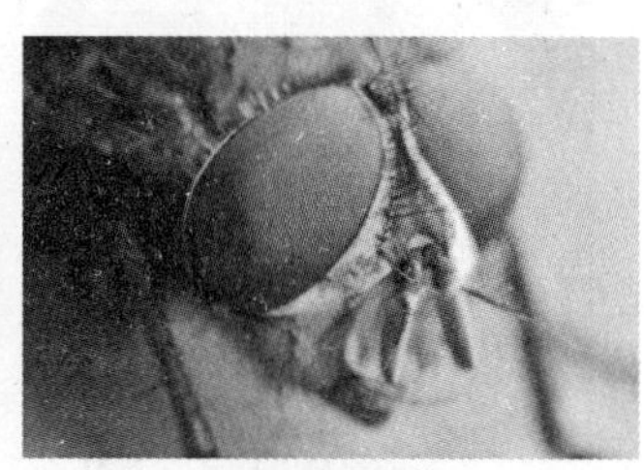
苍蝇复眼

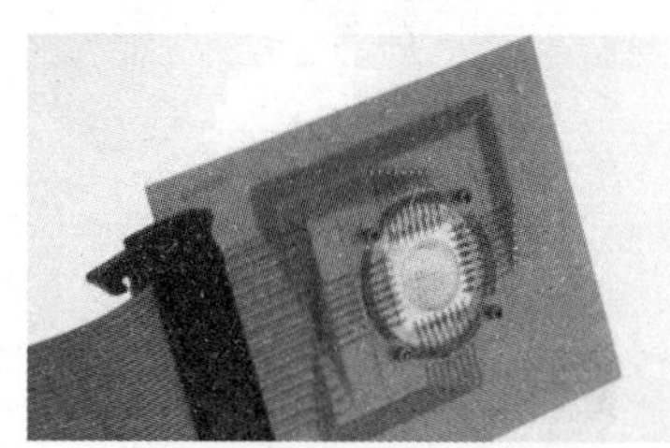
仿生复眼照相机

图5.12　从生物复眼到复眼相机

信息是指运动变化的客观事物所蕴含的内容，信息是客观事物的一种属性，也是一种重要的资源。人们通过获得、识别自然界和社会的不同信息来区别不同事物，得以认识和改造世界。数学家香农(1948)指出："信息是用来消除随机不定性的东西。"世界是由物质组成的，物质是运动变化的，客观变化的事物不断地呈现出各种不同的信息。信息无处不在，人们通过感觉器官时刻感受来自外界的信息。信息具有普遍性、客观性、依附性、共享性、时效性、传递性等基本特征。通过对事物产生或存在的信息进行模拟而创新是重要的创新方法。动物也有语言，一次科研人员把动物的声响用录音机录下，同时细心观察该动物的相应行为动作，发现了它们间的关系。如把一支灵敏度很高的话筒放到人工孵卵器里，发现一种非常奇特的现象：在小鸡出壳前三天就已经"吱吱"说话了。起先声音很低，后来耳朵都能听到。孵蛋鸡就是根据这些要求翻动它们，改变离开或孵在蛋上的孵蛋动作。据此，人们一旦掌握了动物的言语秘密，就可以指控动物。飞机场、菜园、养鱼池塘等为什么不受鸟的危害，因为按鸟语设立了"鸟语广播台"，播放鸟类遇到风险时发出的惊叫声音，以驱赶飞鸟。

原理模拟是将某一事物的基本原理向另一事物转移的方法，实际上是事物原理向新的领域推广和外延。如根据香水喷雾器的雾化原理，研制出油漆喷枪、喷射注油壶、汽化器等。

内容模拟法实质上是对事物的组成内容进行模拟。如用纸代替或是部分代替各种不生锈的可盛装固体、液体的容器,用高分子材料替代各类钢材等。

方法是发明创造获得成功的思想工具,科学研究和技术创新从某种意义上讲就是方法的进步和创新。方法包含发现问题、观察事物、思维分析、统计计算、试验实验等,一种新的理论或是一种技术创新发明,都伴随着方法的创新与突破,而这种方法的诞生和推广,其意义要比科学研究和技术创新的成果本身重要得多,此方法会在很多领域发挥启迪和催化作用。方法的生命力往往超过成果自身的生命力。如对铝合金的热处理就是模拟了钢铁热处理的方法。面团经过发酵进入到烘箱,内部产生大量气体,使得体积膨胀,变成松软可口的面包。这种使物体体积增大、重量减轻的发酵方法,应用到塑料生产中发明了价廉物美的泡沫塑料,此种材料质地轻、防震性能好,有着广泛的应用。发酵方法用到金属材料上,德国人制造出了泡沫金属,可以填充工艺构件中的洞隙,浮在水面,有很大的开发价值。如图 5.13 所示发酵方法形成的不同材料。

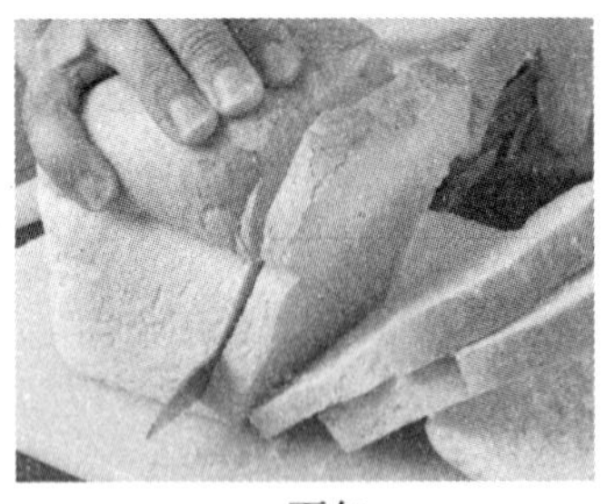

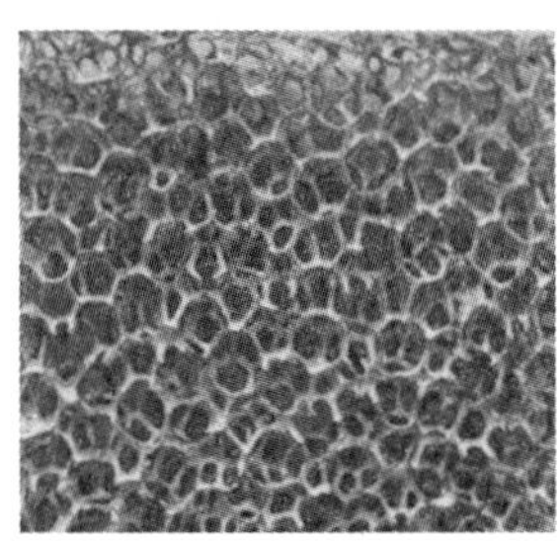

面包　泡沫塑料　泡沫金属

图 5.13　发酵方法形成的不同材料

解决问题时应用模拟法,要拓展知识面,开阔思路,才能运用模拟法实现创新。

5.4　列举型方法

5.4.1　概述

列举法是把与解决问题有联系的众多要素逐个罗列,用强制分析把复杂事物分解并分别加以研究,以有助于克服感知不足的障碍、寻求科学解决问题方案的方法。列举法是在美国内布拉斯加大学克劳福特教授创造的属性列举法基础上形成的,通过对事物的分析而列出其各方面的特性,从而有助于创新问题的选择和确定,是一种常用的创新方法。按照所列对象不同,列举法分属性列举法、缺点列举法、希望点列举法、成对列举法和综合列举法。

列举是人们思维活动的表现形式之一。通过列举事物各方面的属性来促进全面考虑问题,防止遗漏,有助于产生新的设想。列举法要求人们以一丝不苟的态度,对事物进行重新观察,列举出每个细节,从中发现存在的问题,提出改进意见和希望并实现创新。例如,对一个熟悉老产品的细节包括缺陷统统列举出来,强制性分析、配对、组合,并试着用别的东西替代,创新发明也就由此开始。

列举法的特点是采用系统分析方法，重视需求分析，创新过程具有系统化、程序化特征；在详细分析的基础上运用了分解和分析方法；具有直接、简单、实用的特征，特别适用于新产品开发、旧产品改造的创新发明过程；是创新发明的主要方法，且为解决创新问题提供了方向和思路，常用于简单设想的形成与发明目标的确定。

列举法主要运用如下原理：

(1) 强制性分析。本质上列举法是一种分析方法。分析就是把整体分解为部分，把复杂的事物分解为简单要素分别加以研究的一种思维方法。事物整体功能是由相互联结的各个部分有机构成的。为改变整体功能，着手从部分考虑问题，把被考察部分与其他部分暂时分割开，从整体中抽出部分，这就是分析方法的基本特点。与一般分析方法不同的是列举法带有强制性，必须分析罗列所有因素。列举法突出强制性分析方面，要求将事物各个特性所包含的每一个子因素全部列举出来，然后逐个分析，以促使人们全面考虑问题。

(2) 一览表式展开。人们常用一览表以帮助记忆、安排工作等，为寻找创新设想，借助于列举的方式展开问题，以一览表形式帮助思考。每个列举法是带有比较性的一览表，从中可以发现问题、明确目标、解决矛盾。通过一览表展开，有利于对事物细心观察和分析，同时从多方面、多角度、多层次把不同事物和不同的设计强制联想，易打开思路，超常组合。

(3) 突破思维定式。古希腊哲学家柏拉图写道："经验使人失去的东西往往超过给人带来的东西。"因感觉处于饱和状态，感知觉就不敏锐。"少见多怪、见多不怪"。列举法有利于克服思维定式的障碍，以全面搜索、不断挑剔、大胆幻想的思路获得创新目标。

(4) 综合运用发散思维和集中思维。在运用列举法时，列举过程以发散式联想思维为主，联想越广越好，思维越发散越好；新设想的分析过程以集中式联想思维为主，越集中越好。

每个人的思维方式是不尽相同的，其感知方式也各具特色。在认识事物时有人注重视觉，有人擅用听觉或触觉、味觉、嗅觉；有人惯用左脑，也有人则偏爱右脑。其结果是或者只注意外形，不注意色彩；或者只迷信于广告介绍，不重视实际的适用性。借助于列举法，可深入到事物的方方面面，有助于克服心理障碍，改善思维方式。一般来说，列举法分析问题要求全面、精细，甚至比较烦琐。列举法主要是提供思路方法，最终要解决问题还需要借助其他创新方法与手段。

5.4.2 属性列举法

也称特征列举法，是通过列举事物的所有属性，包括名词特性、形容词特性和动词特性等，然后分析、探讨是否有改进的必要和可能或以更好的特性替代，最后提出创新方案的创新方法。

1. 方法原理及特点

属性列举法是克劳福特1931年提出的方法。他认为每一个事物都是从另外一个事物基础上产生发展而来的，一般的创新都是从已知的事物中加以改造的结果，而主要改造方面是事物的属性。所谓属性是指事物所具有的固有特性，如人有性别、年龄、体重、身高、出生地等属性。通过对需要革新改进的对象作观察分析，尽量列举该事物的各种不同的特征或属性，然后确定应加以改善的方向及如何实施，有助于提高创新效率。

属性列举法常用于事物的改造创新和发明具体事物；要解决的问题越小、越简单，属性列举法就越容易获得成功；其过程强调观察、分析及发现关系等。此法不仅用于产品的改进创新，也适用管理工作的改进；既可个人使用，亦可集体使用。

2. 实施流程

(1) 明确需要创新的问题，即是确定一个目标的研究对象。

(2) 了解事物现状，熟悉其基本结构、工作原理，通过分析、分解及其分类方法对对象进行研究，将对象属性全部罗列出来，犹如把一架机器分解成一个个零件，每个零件功能如何，特性怎样，与整体的关系如何都一一列举出来，并用表详细记录。如对象繁复，则应先将对象分解后选一个目标较为明确的课题，课题宜小不宜大。

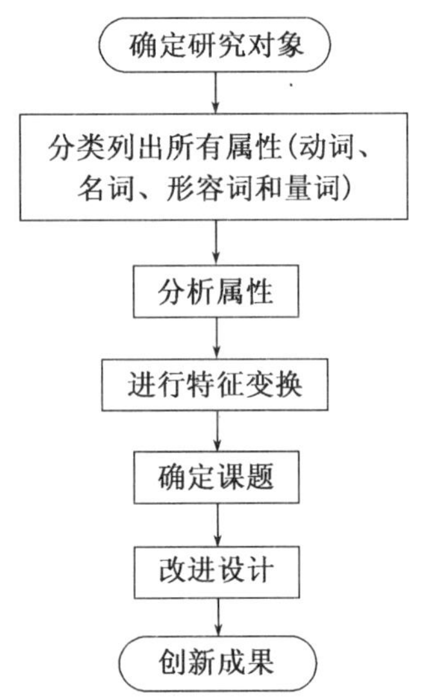

图 5.14 属性列举法流程

(3) 分门别类整理属性，主要从以下几个方面：名词属性主要是指事物的结构、整体、组成部分、材料、制造工艺方法等；形容词属性主要是指事物的性质，描述的是人对事物的感性认识，如颜色、形状、感觉、冷暖、软硬、状态等；动词属性主要是指事物的功能，包括主要功能、辅助功能、附属功能及其在使用时所涉及的重要动作等；量词属性主要是指事物的数字属性，如耗电量、使用寿命、保持期等项目。在实际创新中也可视不同情况选用不同的属性表征，物理属性：如软、硬、导电、轻、重等；化学属性：如抗腐蚀、易氧化、耐酸碱等；结构属性：如固定结构、可拆重组结构、混合结构等；功能属性：如能吃，可玩，做礼品等；形态特性：如色、香、味、形状等方面列举。也可以从自身属性：事物本身的结构、形状、感观方面属性；用途属性：事物可用于哪些方面；使用者属性：可适合使用人群，有何特征；经济性属性：其生产成本、销售价格、市场规模等方面列举。

(4) 对列出的属性进行分析、抽象，与其他事物对比，并设想从材料、结构、功能等方面加以改良，试用可替代的各种属性加以置换，提出问题，诱发创新设想。关键是要力求详尽地分析每一属性，提出问题，找出缺陷，

(5) 应用综合方法将属性与新属性进行综合，寻求功能与属性的替代、更新与完善，提出方案并对方案进行评价讨论，使产品能符合人们的需要和目的。

3. 应用规则

(1) 属性列举法适用于研究对象较为单一的项目，即解决的问题宜小不宜大。对较为庞大、复杂的课题，应先分成若干个小课题分别进行研究，然后再综合。

(2) 列举属性应尽量全面，越细越好，避免遗漏。对于大量列举属性，必须进行分析和鉴别，从中找到影响最大的主要方面作为创新目标。

(3) 提出新设想时，对创新点要运用集中思维，从众多信息中寻找合适、有良好效果

的若干新设想。

随着科技发展和市场快速变化,使用属性列举法可主动寻找改进产品的思路。可列举类似产品的名词属性、动词属性、形容词属性,然后进行同类产品属性比较,取长补短,以获得最佳方案。

5.4.3　缺点列举法

1. *方法原理及特点*

缺点列举法是把认识的焦点集中在事物缺点上,通过发现、发掘现有缺点,一一列举并分析缺点产生的原因,提出有针对性的改进方案,从而确定创新目标,获得创新发明成果的一种创新方法。

任一产品都不可能十全十美,缺点按其形成原因可分为造就性缺点(事物于孕育和形成过程中造成的缺点)和转化性缺点(随着时间的推移、环境条件的改变,原来的优点失去了积极作用或转化为消极作用而转变为缺点);按事物缺点的属性分功能性缺点、原理性缺点、结构性缺点、造型性缺点、材料性缺点、工艺性缺点和使用维修性缺点等。列举缺点就是要抓住改进原有事物的着手点,如德国一家公司抓住被面怕烟头烧的缺点,集中力量研究,推出名为"特力维拉"的特种纤维,制成了不怕火烧的被面,上市后颇受市场的欢迎。

缺点列举法直接从社会需要的功能、审美、经济等角度出发,研究对象的缺陷,提出改进方案,显得简便易行。直接列举缺点,具有问题意识和问题导向,有利于打破思维定式。围绕事物的缺陷加以改进,一般不改变原事物的本质与总体,属于被动型的方法。可用于产品改造,对不成熟的新设想、新产品的完善,还可用在对企业经营管理的改进方面。

2. *实施流程*

实施流程如图 5.15。

(1) 选择需要研究的对象,从各个方面(如事物的性价比、方便性、实用性、安全性、外观等)进行分析与评价,尽量列举事物的缺点;

(2) 针对所列缺点逐条分析,并将缺点加以归类整理,按重要性进行排序;

(3) 分析形成主要缺点的原因,尽可能地揭示深层次矛盾;

(4) 综合运用创新方法,针对研究对象的缺点提出改进设想,并付诸实施。

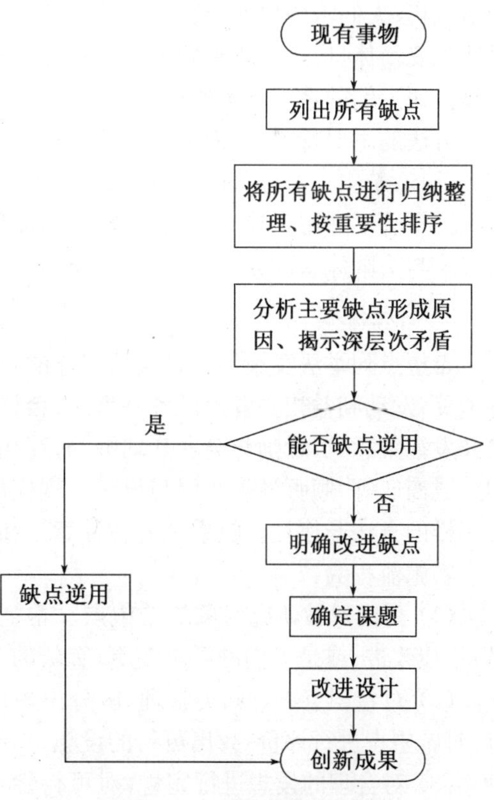

图 5.15　缺点列举法流程图

3. 缺点逆用法

缺点逆用法实际上是逆向思维方法。将逆向思维方法引入缺点列举法，不以克服事物的缺点为目的，反过来是利用缺点的有用性为人服务，通过发散思维，寻找将缺点以某种方式转变为优点，创新另一种新事物的方法。这是一种缺点逆用的创新方法。

世界上的事物总是一分为二的，是对立统一的。台风给人类带来灾难，但把台风带来的雨水蓄积在水库，就可以用来发电。城市垃圾处理是一大难题，但垃圾的无害化处理会成为极有发展前景的行业。

5.4.4 希望点列举法

1. 方法原理及特点

希望点列举法是从人们的愿望和需要出发，通过列举种种希望，形成创新目标和构思，进而产生出具有价值的创新发明的方法。将希望点转化为明确的创新对象并提出完成课题的途经，是希望点列举法的基本内容，也是此法具有创新功能的基本原理。

希望点列举法不同于缺点列举法。希望点列举法是从发明者的意愿出发提出各种新设想，它可以不受原有物品的束缚，是一种积极主动的创新方法。例如，人们希望走路时能听音乐，于是就有了“随身听”；人们希望茶杯在冬天能保暖，在夏天能隔热，就发明了一种保温杯；人们希望打电话的同时能见面，就发明了视频电话；人们希望冬暖夏凉，就发明了空调机；人们希望快速计算，就发明了计算机；有人希望发明一种“定时安眠药”，在疲劳时让你安稳休息，定时醒来后继续工作，经常服用无副作用。古今中外的许多创新发明，都是按照人们的希望产生的科学结晶。

方法的主要特点：由列举希望点获得的发明目标与人们的需要相符，产品具有良好的市场前景；希望是由想象产生的，思维的主动性强，自由度大，发明目标的创新成分高。希望点列举法不适用于较为复杂的项目，不能最终解决较复杂的问题，应通过希望点列举法的形式与头脑风暴法、综摄法等综合应用。

2. 实施流程

希望点列举法实施形式是灵活多样的，常用的有：书面搜集法，按拟定的目标，设计一种卡片，发动利益相关者提供各种想法；会议法，召开小型会议，由主持人就创新项目或产品开发征集意见，激励与会者开动脑筋，互相启发，畅所欲言；访问谈话法，派人直接走访用户或商店等，倾听各类建议与设想。现代信息技术的快速发展，为收集希望点提供了更加多样的方法与途径。收集到的各种意见和希望，要进行分析研究，制订可行方案。

实施流程为：

(1) 列出对被研究对象的希望点。希望一般来自于两个方面：或是事物本身存在不足，希望改进；或是人们的需求变更，有新的要求。

(2) 对希望点进行归类整理，区分出短期内可达到的希望点与暂时不可达到的希望点，对希望点进行评价，找出可行的设想。

(3) 对合理的设想进行完善，对可行性希望作具体研究，并制订方案，实施创新。对暂时做不到的设想可进行改善，供未来参考。

3. 应用

使用希望点列举法应当注意：要认真地鉴别表面希望与内心希望、现实希望与未来希望；不要轻易放弃“不可能的希望”，对于一些看似“荒诞不经”的意见，要用创新的观点分析，不要做轻易的判断。凡尔纳说：“一些人能够产生想象，另一些人就能够将这些想象变为现实。”

在电话刚出现时，美国人艾可夫曾对电话罗列下列希望点：不需要用手即可使用电话；只要想用电话就能在任何场合使用它；不会接到错拨号码的电话；听到铃声就知道是谁从何处打来，这样可以不去接那些不想接的电话；如果拨电话给他人，遇到占线也不必挂断，待对方通话完毕后即可自动接通；当不方便接电话时，可以告知对方在电话里留言；能使三个人同时通话；可以选择使用声音或画面。事实上我们今天所用的电话，正是他设想的电话。

5.4.5　成对列举法

1. 方法原理及特点

研究目标的确定是创新活动的起点，当人们想创新发明，却又找不到课题时，可以用成对列举法得到启示，以寻找到好的课题。

成对列举法是通过列举两种事物的不同属性，并在这些属性间进行成对组合，通过相互启发而发现发明目标的方法。

此方法既利用了特性列举法务求全面的特点，又吸收了强制联想法易于破除条条框框、产生奇想的优点，因而更能启发思路，收到较好的效果。

2. 实施流程

(1) 确定两个事物为研究对象。

(2) 分别列举两个事物的属性，把某一范围内所能想到的所有属性依次列举出来。

(3) 强迫联想，任意地选择其中两项依次组合起来，想象这种组合的意义。

(4) 对所有的组合进行分析筛选，形成新的设想。

3. 应用

应用成对列举法要遵循两个规则：必须十分明确所要解决的问题，这样可以确定所列举事物的类别；要把所列事物、因素的所有组合都加以研究，即使是一些初看是莫名其妙的组合也不要轻易舍弃。这与头脑风暴法延迟判断相似，因为乍看是荒唐的想法可能会随时间而成熟，或者能据此启迪另外的思路。

5.4.6　综合列举法

1. 方法原理及特点

属性列举法、缺点列举法、希望点列举都是只偏重于某一方面来开展创新思维，因而在一定程度上也给创新以束缚。从根本上讲，创新应是没有任何限制，当我们在开展发散思维时，可以综合运用上述方法，这也就是综合列举法。

综合列举法就是针对所确定的对象，从属性、缺点、希望点或其他任意创新思路出发列举尽可能多的思路方向，对每一思路方向开展充分的发散思维，再进行分析筛选，寻找最佳的创新思路的方法。

其特点是：从多角度出发列举出尽可能多的思路方向，采用发散思维要尽可能对每一思路方向都充分发散。

2. 实施流程

实施流程如下：

(1) 确定研究对象。

(2) 应用属性列举法分析分解研究对象，列举各项属性。

(3) 运用缺点列举法和希望点列举法对逐项属性进行分析。

列举法应用案例

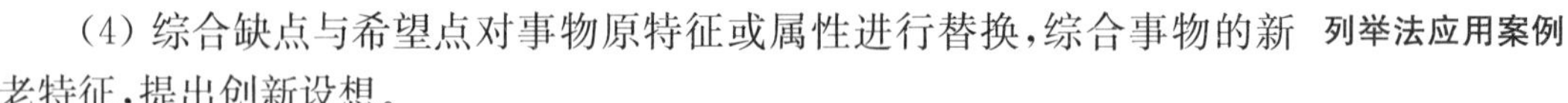

(4) 综合缺点与希望点对事物原特征或属性进行替换，综合事物的新老特征，提出创新设想。

5.5 组分型创新方法

组合现象十分普遍，也极为奇妙复杂。组分型创新方法中，组合创新早就引起关注并得到广泛的应用，而分解创新长期被忽视。创新实践表明，分解一件事物的创新比组合两个及以上事物的创新更难，然而，一旦掌握了分解创新法，就能化难为易，取得意想不到的效果。

5.5.1 组合法

1. 组合法含义

组合法是指运用创新思维，将已知的两个及以上技术思想、物质产品的一部分或整体，巧妙地加以组合变化，形成新的技术思想、新的物质产品的创新方法。能被称为创新的组合，必须具备以下要素：由多个特征组合在一起；所有特征都是为单一的目的共同起作用，它们相互支持、促进及补充；产生一个新的效果，并大于组合前各元素或系统的单独效果之和。

爱因斯坦曾说："我认为，一个为了更经济地满足人类的需要而找出已知装备的新的组合的人就是发明家。"因此，组合方法和组合设计技巧，是发明创新需要掌握的基本技能，组合原理有着广阔的用武之地，在大学生的发明创造活动中，组合原理属于应用最多、效果最好的发明创造原理之一。组合不是胡乱拼凑，系统、巧妙的组合有时能够产生重大的发明。同样是碳原子，其晶体结构的不同组合成为截然不同的坚硬的绝缘体金刚石和脆弱的导体石墨。而人与人、物与物、人与物的组合中，更是千变万化，各不相同。

2. 组合法的类型

(1) 同类组合

同类组合是指若干相同或相似的事物进行的组合。组合后的事物在基本原理或基本结构上没有根本的变化，往往具有组合的对称性和一致性的趋势。但通过数量的增加能够弥补原有事物的性能缺陷，从而产生新的功能和内涵。如图 5.16 瑞士军刀是最精彩的同类组合发明的案例。图5.17满足不同形式需求的电源插座，实际上都是同类组合的产物。日常所见：两把刀组合在一起可为剪刀、双管猎枪、鸳鸯共枕、情侣表、龙凤笔等举不胜举。

图5.16 瑞士军刀

图5.17 组合电源插座

(2) 异类组合

异类组合是指两种或两种以上不同种类事物组合，产生新事物的创新方法。组合对象来自不同的方面，一般没有明显的主次关系，组合过程中参与组合的对象从意义、原理、构造、成分、功能等方面可以互为补充和相互渗透，从而引起整体的显著变化，异类求同，创新性较强。我们到处可见异类组合的产品：电视电话、可以计数的刮胡刀、CT扫描仪(X射线＋计算机)、闹钟式收音机、日历式笔架等。

异类组合的类型包括：元件组合、功能组合、材料组合、方法(原理)组合、现象组合和增减组合等。

异类组合的实施流程，首先是明确组合的目的，并据此确定创新选题；其次是根据选题进行联想和发散性思维，以确定组合元素，选定事物的切入角度；再次是选定组合内容，并把组合元素的各个部分、各个方面和各个要素联系起来加以考虑；最后是研究组合效果，组合关系是否实现目标。

无一例外的是，异类组合将功能作加法，将体形作减法，获得的创新产品极大地方便人们使用，满足人的精神需要，同时帮助人们节省时间、空间或经费。

(3) 主体附加

主体附加法是指以某一事物为主体，再增添新的附件，从而使新的物品性能更好、功能更多更强的组合方法。主体附加法应用随处可见，在电风扇中添加香水盒，在摩托车的储物箱上加装电子闪烁装置，加过滤网的杯子，照相机加闪光灯，电冰箱加温度显示器，食品中添加微量元素等。主体附加法的组合主体不变或变化微小，附加只是主体的补充，附件可以是已有技术、产品，也可以设计新的设计或装置，附加物为主体服务。

(4) 重组组合

任何事物都可以看作是由若干要素构成的整体，各组成要素之间的有序结合，是确保事物整体功能和性能实现的必要条件。人们囿于有限的实践与经验，往往习惯于原有的模式，似乎只有自己熟知的结构才是合理的。如果有目的地改变事物内部结构要素的次序，并按新的方式进行重新组合，以促进事物的功能和性能发生变化，从而取得新的较佳效果，这不是重组组合。

重组组合是先分解再组合，改变的是各组成部分的相互关系。重组的切入点是在结构上打主意，从调整位置或顺序方面改变原有部件相互关系获得创新。重组组合是在一件事物上进行内部调整，一般不增加新的东西。例如，飞机机首的螺旋桨的安装角度变换90°便成为直升机，水平的喷气式飞机变换90°对地面喷气而成为垂直起落飞机。

3. 实施流程

如图5.18为组合创新法实施流程。

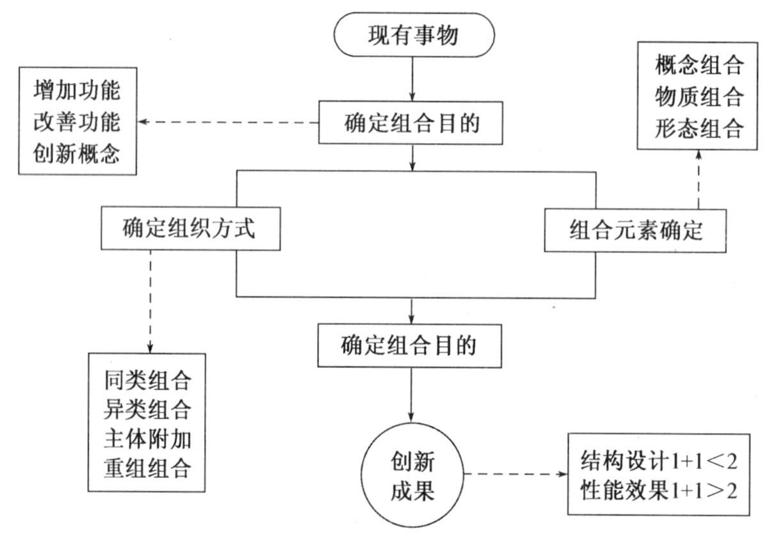

图5.18 组合创新法实施流程

组分法应用案例

5.5.2 分解法

1. 分解法含义

分解与组合是两种互为逆向的创新方法。从数学因式分解、力的分解、化学的分解反应等科学知识的学习可知，分解的基本原理就是将一个整体分成若干部分或者分出某部分。把整体化为局部，把大问题分解为小问题，把系统分解为子系统、子子系统，分解是通过对某一事物(原理、结构、功能、用途等)进行分解而实现创新的方法。分解不是简单分离，从什么角度加以分解有一定的技巧；组合也并非简单的罗列与堆砌，组合偏重于系统性和目的性，既要符合创新者的意图，又要形成一个完整的体系。在具体的创新过程中，分解与组合往往同时使用，形成互为补充式的创新方法。

例如，一件衣服，将它的大半个衣袖裁剪下来，就是一副套袖，余下部分就是短衬衫；如从肩部裁下来，余下的部分是坎肩；如再裁大一点，就是背心了。当然，这是创新的思想，实用产品需要加工才行。

2. 分解方式

按事物分解前后功能或用途的变化可以分为三种，如表5.2。

表 5.2　事物按分解前后功能或用途变化的分类

序号	分解方式	内涵	应用实例
1	原功能分解	将产品或事物分解，形成新事物与原事物的功能和用途相同	对广告灯箱进行分解，推出可组装的灯箱，方便了生产与运输。原公路旁水泥固定连片的人行道，分解成用水泥砖或是彩色水泥砖，方便施工运输与维修，还易于变换图案。
2	变功能分解	将产品或事物分解，形成新事物与原事物的功能和用途不同	将自行车分解成为独轮自行车，功能变成为杂技表演的道具。橡胶手套食指部分分解出来，形成橡胶指套，使用它翻纸张方便实用。
3	创功能分解	将某个整体分成若干部分或分出某一部分作为一个新的整体时，产生了新的功能	活字印刷术的发明，就是对先前古老的雕版分解发明的成果。抽离出计算机中的硬盘，变成了可以独立使用的移动硬盘。

3. 实施流程

首先要选择和确定分解对象。分解对象与组合对象不同，分解创新对象只是一个事物，经过分解创新，该事物的局部结构或功能产生脱离整体的状态。

其次是分解。对于任何一个整体，只要能分解成异于原状态，区别于原先的功能或者分解出新的事物，就有进行分解的意义和价值。在分解过程中，接触事物各层次的功能、结构，会看到巧妙的结构，学到许多结构设计的方法。

再次是组合。将用分离规律研究的结果，按一定方式进行组合。

20 世纪初，美国一位商人从法国进口一批手套。当时美国对法国进口手套征收高额关税，为省进口关税，美国商人将这批手套分成左手手套和右手手套两批，先后发往美国不同的港口。直至过了提货期限，海关只能按无主货处理拍卖。因为手套只有单只，没有人买。这个商人以单价远远低于关税的低价买下。利用法律的漏洞谋取私利不可取，但这个例子是分解法的一个实例，先分开手套使之无用，再合上左右恢复价值。

5.5.3　形态分析法

形态分析法是一种从系统论的观点看待事物的创新方法，指将研究对象视为一个系统，分成若干结构或功能上专有的形态特征，即将系统分成人们借以解决问题和实现基本目的的参数和特性，而后加以重新排列与组合，从而产生新的观念和创意的方法。

这种方法是由美国加州理工学院教授 F. 兹维基与美籍瑞士矿物学家 P. 里哥尼联合创建，广泛应用于自然科学、社会科学以及技术预测、方案决策等领域，对解决方案的可能前景进行系统的分析。1943 年兹维基参加美国火箭研制小组，他把数学中常用的排列组合原理应用于新颖技术方案的设计中，他将火箭的各个主要部件可能具有的各种形态进行了不同组合，得到令人惊奇的结果：他一周内提交 576 种不同的火箭设计方案，几乎包括了当时所有制造火箭的可能设计方案。后来才知道，就连美国情报局挖空心思都没能弄到手的德国正在研制的带脉冲发动机的 F-1 型和 F-2 型巡航导弹的设计方案也包括在其中。兹维基的天才受到人们的关注。1948 年兹维基发表构思技巧——形态分析法。

因素和形态是运用形态分析法时用到的基本概念。因素是指构成某种事物各功能的特性因子;形态是指实现事物各功能的技术手段。例如一种工业产品,可将反映该产品特定用途或特定功能的性能指标作为基本因素,而将实现该产品特定用途或特定功能的技术手段作为基本形态,如图 5.19 所示。

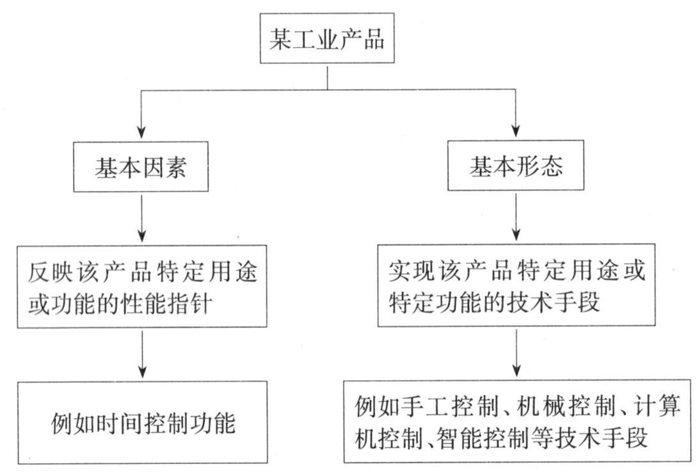

图 5.19 以产品为例理解因素和形态

兹维基将形态分析法的运用程序分为 5 个步骤:

步骤 1:明确问题。确定预测对象,这并不是提出一个准确的、具体的设想方案。如明确研究对象把一种物品从某一位置搬运到另一个位置。

步骤 2:因素分析。就是确定发明对象的主要组成即基本因素,把问题分解成若干个基本组成部分。确定的基本因素在功能上应是相对独立的。因素的数目不宜太多,也不宜太少,一般 3—7 个为宜。如通过分析某运输系统组成因素,可有装载形式、输送方式、动力系统三种要素。

步骤 3:形态分析。列出每一元素可能包含的所有要素,即按照发明对象对诸因素所要求的功能,列出各因素全部可能的形态。完成这一步需要有很好的知识基础和丰富的工作经验,对本行业及其他行业的各种技术手段了解得越多越好。如详细列出各个独立要素所包含的几个形态,装载形式有车辆式、输送带式、容器式、吊包式等,输送方式有水、油、空气、轨道、管道、滑面等,动力来源有压缩空气、蒸汽、电动机、电磁力、内燃机、原子能等。

步骤 4:形态组合。按照对发明对象的总体功能要求,分别将各因素的不同形态方式进行排列组合而获得尽可能多的合理方案。如开发某种运输系统,可得到 300 多种组合方案,如采用容器为装载方式,轨道作运输方式,压缩空气作为动力;吊包作为输送方式,电磁力作为动力;容器为装载方式,水作为输送方式,内燃机作为动力等。

步骤 5:评价选择最合理的具体方案。即从组合方案中选优,从中筛选出切实可行方案。

案例5.1

汽车前照灯设计方案的选择

汽车的前照灯一般有白炽、卤素、氙气等类型。随着汽车技术的不断发展，过去那种白炽真空灯已先后被淘汰。汽车的前照灯以卤素灯、氙气灯为主，激光灯没有普及。汽车前照灯是汽车的眼睛，是漂亮时髦外表的重要特征。有了可靠且性能良好的照明方能提高汽车的夜间行驶速度，对确保汽车的安全行驶极为重要。汽车前照灯结构直接影响到汽车前端的外形，对构建低空气阻力的流线型车身外廓非常重要。考虑到这些功能，要求对前照灯的外形、光源类型、散光玻璃类型、控制方式等因素的各种形态进行分析，编制形态表。

图5.20　汽车前照灯

表5.3　汽车前照灯形态表

因素 形态	前照灯外形	前照灯光源	散光玻璃材料	控制方式
1	矩形	卤素灯泡	玻璃	手控开关
2	圆型	氙气灯	树脂	自适应系统
3	椭圆形	LED	复合材料	智能化控制系统
4	异形			

根据上表进行排列组合，有4×3×3×3＝108种设计方案。考虑生产成本、重量、可靠性与耐久性、消费者的认可度等，分别对方案进行分析对比，可选出最优方案。

形态分析法最大的优点是对每个方案都要进行可行性分析，有利于寻找到最佳的解决方案，主要缺点是使用不便，工作量大。如一个系统由10个部件组成(因素)，而每个部件又有10种不同的制造方法(形态)，那组合数目就会达到10的10次方。使用手工方法进行形态分析，则费时费力，极不方便，但计算机技术的应用为分析海量数据信息提供了条件。

新产品或新型服务模式、新材料应用、新的市场分割及市场用途、开发具有竞争优势的新方法、产品或服务的新颖推销技巧、新的发展机遇的定向确认等观念创新特别适用于形态分析法。但在仅存在唯一一种问题描述方法、开发项目规模很小、涉及问题的概念特性只有一个方面等情况下，不宜采用形态分析法。

5.5.4 信息交合法

1. 信息交合法含义

信息交合法是我国创造专家许国泰于 1983 年首创，俗称“魔球”理论，又称“要素标的发明法”或“信息反应场法”。信息交合法是一种在信息交合中进行创新的方法，即把物体的总体信息分解成两种或两种以上的要素，然后将这些要素进一步分解成信息因子，把信息要素及其信息因子用信息坐标的形式呈现，若干条信息坐标相交，构成信息反应场。每个轴上各点的信息因子可以依次与另一轴上的信息因子交合，从而产生新信息的方法。

信息交合法的发布还有一段故事。1983 年 7 月，中国创造学第一届学术讨论会在南宁召开。与会期间，日本专家村上幸雄先生给大家作了精彩的演讲，演讲中，他突然拿出一把曲别针说：“请大家想一想，尽量放开思路来想，曲别针有多少种用途？”与会代表七嘴八舌议论开了：“曲别针可用来别东西——别相片、别稿纸、别床单、别衣物。”有人想的要奇特一点：“纽扣掉了，可用曲别针拉长，连接东西。”“可将曲别针磨尖，去钓鱼。”……归纳起来，大家说出了 20 多种用途。在大家议论的时候，有代表问村上：“先生，那你能讲出多少种？”村上故作神秘地莞尔一笑，然后伸出三个指头。代表问：“30 种？”村上自豪地说：“不！300 种！”人们一下子愣住了，真的？村上先生拿出早已准备好的幻灯片，展示了曲别针的诸种用途。与会代表中就有许国泰，看着村上先生颇为自负的神态，他心里泛起浪潮：在硬件方面，或许暂还赶不上你们，但是，在软件上——在思维能力即聪慧上，咱们倒可以一试高低！他向村上先生说：“对曲别针的用途，能说出 3 千种、3 万种！”人们更惊诧了：“这不是吹牛吗？”许国泰登上讲台，在黑板上画出了图，然后，他指着图说，“村上先生讲的用途可用勾、挂、别、联 4 个字概括，要突破这种格局，就要借助一种新思维工具——信息标与信息反应场。”他首先把曲别针的若干信息加以排序：如材质、重量、体积、长度、截面、韧性、颜色、弹性、硬度、直边、弧等，这些信息组成了信息标 X 轴。然后，他又把与曲别针相关的人类实践加以排序：如数学、文字、物理化学、磁、电、音乐、美术等，并将它们也连成信息标 Y 轴。两轴相交并垂直延伸，就组成如图 5.21“信息反应场”。现在，只要

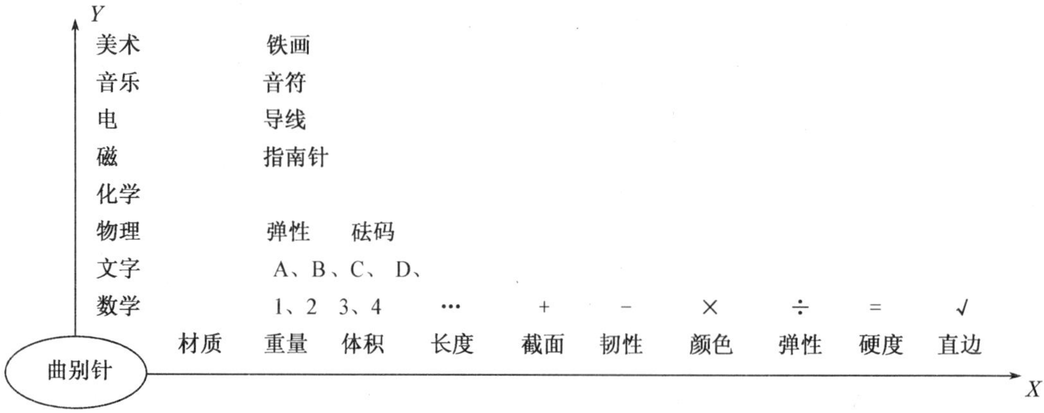

图 5.21 曲别针的信息反应场

将两轴各点上的要素依次“相交合”，就会产生出人们意想不到的无数的新信息来。比如将Y轴的数学点，与X轴上的材质点相交，曲别针可弯成1、2、3、4、5、6、+、-、×、÷等数字和符号用来进行四则运算。同理，Y轴上的文字点与X轴上材质、直边、弧等点相交，曲别针可做成英、俄、法等各国字母。再如，Y轴上的电与X轴上的长度相交，曲别针就可以变成导线、开关、铁绳等。看，这是一个多么广阔、多么神奇的思维空间。

世界是相互联系的，而信息则是联系的印记。在联系的相互作用中，不断地产生着新信息、新联系。人的思维活动的实质，是大脑对信息及其联系的输入、运行过程及其结果的表达，一切创新活动都是创新者对自己掌握的信息进行重新认识、联系的作用过程。任何事物均有一定的条件限制，信息交合法也不是万能的，它只不过是一种较有实用价值的思维技巧。它不可能取代所有的人类思维技巧，更不可能取代人类的任何思维活动。

2. 信息交合法的原理

信息交合法是一种在信息交合中进行创新的方法，主要基于以下两条原理：

(1) 不同信息的交合可产生新信息

心理世界的构象即人脑中勾勒的映象，由信息和联系组成。① 不同信息、相同联系所产生的构象。比如轮子与喇叭是两个不同信息，但交合在一起组成了汽车，轮子可行走，喇叭则发出声音表示“警告”。② 相同信息、不同联系产生的构象。比如同样是“灯”，可吊、可挂、可随身携带(手电筒)，也可做成无影灯。③ 不同信息、不同联系产生的构象，比如，独轮自行车本来与盒、碗、勺没有必然联系，但杂技演员将它们交合在一起，构成了杂技节目这一物象。

(2) 不同联系的交合可产生新联系

具体的信息和联系均有一定的时空限制性，没有相互作用就不能产生新信息、新联系。新信息、新联系在相互作用中产生，所以“相互作用”(即一定条件)是中介。当然，只要有了这种特定条件，任何的信息均可以进行联系。如手杖与枪是风马牛不相及的不同信息，但是，在战争环境条件下，则可以交合“手杖式枪支”。

3. 实施流程

信息交合法实施一般可分为五步骤，如表5.4。

表5.4　信息交合法实施流程步骤

序号	流程步骤		实例1:笔	实例2:杯子
1	定中心	确定课题目标即研究对象，所研究的信息及联系的上下维序的时间点和空间点，也就是零坐标。	研究“笔”的创新，就以笔为中心。	研究“杯子”的改进，就以杯子为中心。
2	画标线	根据研究对象的需要列出标线，也即确定信息轴。	研究笔，则在笔的中心点画出时间(过去、现在、未来)、空间(结构、种类、功能等)若干坐标线。	研究杯子，可从功能、材料、形态结构等方面画出坐标线若干。

(续表)

序号	流程步骤		实例1:笔	实例2:杯子
3	注标点	在信息标上尽可能罗列注明有关信息,可将信息因子按顺序(重要性、等级、时空等)排列在信息标上。	在“种类”标注钢、毛、圆珠……意为钢笔、毛笔、圆珠笔等。	如将“材料”标信息分成塑料、玻璃、木头、纸、金属、瓷等信息因子,功能信息因素分成携带、观赏、储存、盛载等,形态结构信息因素分为杯盖、杯体、杯把等。
4	相交合	若干信息标及信息标上的信息点形成信息反应场,信息在信息反应场中交合产生新信息。	以“钢笔”为母本,以“音乐”为父本,交合后产生“钢笔式定音器”,“钢笔”与“电子表”交合可产生“钢笔电子表”,与“历史”交合产生有历史图表或十二生肖的钢笔,与指南针交合产生“罗盘钢笔”,与温度计交合产生“钢笔式温度计”,与兴奋交合,产生“提神钢笔”。若将笔帽与笔尾延伸,即可想出一种带温度计、药盒、针灸用针的“保健笔”。	将杯把与储存两个信息交合,会有开发一种杯把中放置茶包、汤匙等物件的想法;将纸和观赏交合,可能会想到能否在杯子上加上数学公式、地图,或者杯子与便笺纸结合制造具有记录功能的杯子;将玻璃、携带、杯体信息交合,会联想开发出一种玻璃内壁、塑料外壳的环保杯子。
5	筛方案	在所有产生的新设想中进行筛选,寻找最优方案。	以“笔”为研究对象,其创新产品数以万计,现代科技发展使得利用信息交合法产生的“笔”新设想仍有广泛的市场前景。	用信息交合法产生的杯子设计方案可达千万种,根据可行性、科学性、创新性等决定选择具有市场价值的方案。

通过实施信息交合法流程步骤,人们就可以将看似孤立、零散的信息,通过相似、接近、因果、对比等联想手段整合在一起。信息的引入和变换会引出大量的信息组合,不同信息之间的相互渗透、相互制约、互为因果的反应,实质上也是对人的潜意识能力的开发。列出标线并标注每条标线上的信息因子需要逻辑思维能力,而在信息反应场中运用信息交合产生新事物,需要有一定的非逻辑思维能力,特别是要借助于想象、联想等方式产生新信息。

思考题

1. 请结合大学学习与生活选择一主题,利用思维导图进行讨论。

2. 用思维导图构思手机对生活学习的影响分析。

3. 以小组为单位尝试用头脑风暴法解决学习或生活中的现实问题。认真记录头脑风暴法全过程,对头脑风暴法的优缺点进行评价,并思考其原因和改进方法。

4. 人工智能发展前景广阔,请运用类比型创新方法设想“机器人”社会运行管理模式。

5. 请应用列举法对家用空调机进行创新设计。

6. 请用信息交合法进行家具新产品的设想。

第 6 章　TRIZ 创新方法基础

【学习目标】

了解 TRIZ 理论的诞生和发展，理解 TRIZ 理论来源和主要内容。掌握 TRIZ 问题模型与工具，明确 TRIZ 应用流程，了解创新等级划分指标特征及其意义。掌握系统与技术系统的基本概念，理解技术系统 S 进化曲线及其应用，掌握技术系统进化八大法则及其应用。

6.1　TRIZ 理论诞生与应用发展

6.1.1　TRIZ 理论诞生

人物介绍：根里奇·阿奇舒勒

苏联海军专利局专利审核员、发明家、科幻小说家、科学家根里奇·阿奇舒勒(Genrich S. Altshuller，1926—1998)于 1946 年创立 TRIZ。阿奇舒勒在做专利审查员工作时发现，发明和创新是有规律可循的，技术发展是遵循一定客观规律的，如果一个普通人学习并掌握，也能进行发明创新。阿奇舒勒和他的弟子们一起，对数以万计的专利文献和科学知识进行研究、整理和总结，抽取大量发明中运用的规律，最终建立起一套实用、以解决问题为目的的理论和方法体系，创建了“发明问题解决理论”(TRIZ，Theory of Inventive Problem Solving，汉译为萃智，拉丁文 Teorija Rezhenija Inzhenernyh Zadach 的首字母)。

在 TRIZ 理论诞生前，人们通常认为发明创造是“智者”的专利，是灵感爆发的结果。纵观人类的发明史，一项发明或创新需要经历漫长的过程和无数次失败才能获得成功。直至发明问题解决理论——TRIZ 的出现，才为人们提供了一套全新的创新理论，揭开了人类创新发明史的新篇章。

6.1.2　TRIZ 理论发展

对一般工程问题用常规方法就能解决，如如何让手机在使用时操作方便，或者是用手机输入时更加容易，一般来说就是将手机输入的键盘做大就行。用常规方法能解决的问题就不用 TRIZ。但人们在解决方案时常会遇到矛盾，如手机输入的键盘太大就产生另外的问题，必须加大屏幕面积并产生携带和耗电量等不利影响，这是一个手机输入键盘既要大又要小的矛盾问题。要完美地解决这类问题，常规的方法已经不再奏效。用常规的方法解决时遇到了矛盾的问题就是发明问题。TRIZ 的最初目的就是想要解决这样的问题，而这些发明问题的巧妙解决办法存在于大量的专利中。用巧妙的办法而不是常规的办法解决发明问题的理论就是 TRIZ。图 6.1 是解决问题的不同阶段的方法运用。

问题解决之前	问题解决之中	问题解决之后
工具： TRIZ 和其他工具 目的： 了解需求，进行系统分析，找出问题的主要原因	工具： 激发灵感，头脑风暴，创新性工具，TRIZ 概念性方案包括 40 条发明原理、76 条标准解、8 大系统进化法则 目的： 利用世界知识和 TRIZ 工具，找出问题解决方案	选择和发展方案 工具： TRIZ 和其他工具 目的： 发展概念，选择概念，运用创新和科技成就

图 6.1　解决问题的不同阶段的方法运用

TRIZ 公认为是“使人聪明”的理论。苏联解体前，美国等西方国家惊诧苏联军事、工业、航天等领域的创新能力，围绕作为苏联国家机密和专有创新技术的 TRIZ 理论进行了长期的情报谍战。苏联的解体使得大批 TRIZ 专家移居国外，TRIZ 不断被世界认识，受到世界各国的极大重视。TRIZ 的基本原理是客观存在的，当人们掌握该理论时不仅可以提高发明的成功率，缩短发展周期，也可使得发明问题的解具有可预见性。

TRIZ 是一套独具一格的严密且强大的工具，通过它可寻访已有的科技与工程学方面的成果，帮助人们解决问题。经过 TRIZ 的总结和提炼，人类已经形成了数量有限、功力无限的概念方案，以最有效的方式帮助人类解决实际问题。TRIZ 已经是公认的世界最强创新工具与方法。

国际 TRIZ 协会认为，TRIZ 是研究工程及其他人工系统进化的应用学科、开发工具和方法，以实现引导工程系统依据它们的进化模式进化、保证它们最有效和最高效的发展、最有效和最快速的方式解决问题及其障碍的目的。

TRIZ 的发展简史表

TRIZ 经历创立阶段，20 世纪 90 年代苏联解体后的传播阶段，2005 年后世界知名公司引入并加强应用阶段。图 6.2 是 TRIZ 发展历程。按照 TRIZ 发展的内容与时间可分为经典 TRIZ 和现代 TRIZ。经典 TRIZ 是指由阿奇舒勒开发以及他的弟子开发并经他认可的相关 TRIZ 理论方法与工具(从 20 世纪 40 年代中期到 80 年代中期)，现代 TRIZ 是指苏联的政治经济体制改革开始时研究和发展的 TRIZ 理论方法与工具(从 20 世纪 80 年代中期至今)。区分经典 TRIZ 和现代 TRIZ 的主要因素在于：侧重于企业与商业应用，而不限于技术问题的解决；侧重于开发具有实际意义的创新产品与技术，而不仅限于创新想法；全球的 TRIZ 存在。

TRIZ 是在苏联经济社会环境中形成的，计划经济体制下企业间竞争少，但当今企业面临着全球经济竞争，激烈的市场竞争要求市场主体快速高效回应市场需求，获得竞争优势更需要领先一步的创新。传统的 TRIZ 对现代经济社会科技发展来说，存在一些还没有完全解决的环节或缺陷，如 TRIZ 的知识效应库仍要不断完善。TRIZ 理论的信息化建

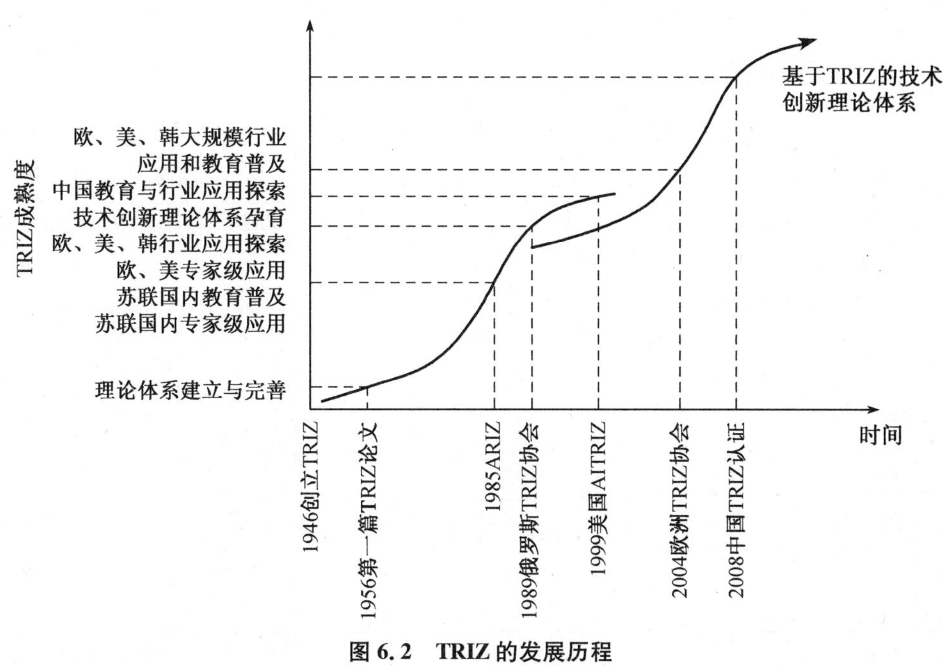

图 6.2　TRIZ 的发展历程

设也是发展的重要内容。虽然 TRIZ 经过了 70 余年发展,作为解决发明问题的理论仍处于婴儿期,正在处于发展的阶段。

阿奇舒勒 1998 年去世后,TRIZ 研究与应用呈现百花齐放。具有代表性的流派有:

(1) 独联体国家的 TRIZ 学派。现在俄罗斯、白俄罗斯等独联体国家,仍然活跃着一大批 TRIZ 专家,其中大多数人是阿奇舒勒的亲传弟子或第二代学生,是经典 TRIZ 学派的中坚力量。他们治学严谨,不断丰富 TRIZ 的理论体系,应用领域广泛而深入,普遍坚持继承经典 TRIZ 的基本内容,研究成果丰硕,学术特点鲜明。

(2) 美国 GEN3。总部在波士顿的一家创新咨询公司,拥有多名 TRIZ 大师和专家,公司除了直属职员外,有约 8 000 名专家群体,组成了全球知识网。该公司的专家群体凭借语言优势、理论研究成果,开展全球的 TRIZ 培训、新产品开发、理论研究等服务。

(3) 美国 i-TRIZ。是美国 Ideation 公司在经典 TRIZ 的基础上开发出来的 TRIZ 理论之一,它不仅发展了经典的 TRIZ 的内容,并丰富和完善了发明问题的概念、资源的系统属性、资源转换等,提出流的概念。

(4) 韩国实用 TRIZ。韩国的 TRIZ 专家昊宗认为,现实存在的问题中,几乎不存在找不到物理矛盾的情况,所有技术问题都存在着物理矛盾,最有实用性最为重要的核心是寻找并解决物理矛盾。推崇极简而实用的解题模式,用三或四个步骤,通过功能分析导出物理矛盾,用分离方法解决问题。

(5) SIT 和 USIT。阿奇舒勒的学生费尔阔夫斯基从 TRIZ 的小矮人法开发出“以色列法”。费尔阔夫斯基的学生霍洛维茨开发了封闭世界法和质变图,配合“以色列法”创立了 SIT 法。美国的锡卡弗斯在福特汽车推广 SIT 法中不断完善,形成 USIT(Unified Structured Inventive Thinking,“统一结构创新思维”)。日本人中川彻综合 TRIZ 发展相关成果，形成了简单、清晰和较完善的USIT，并于2003年公开发表了现代的USIT。

6.1.3 TRIZ的主要内容

如图6.3所示，TRIZ理论是基于全球发明专利、解决问题的过程和自然科学知识分析、总结和归纳而形成。TRIZ认为，技术系统向着通过最少引入外部资源，消除矛盾和增加理想度的方向进化发展。技术系统进化法则是TRIZ创新理论体系的基础。随着TRIZ的不断发展，TRIZ理论体系不断丰富和完善。

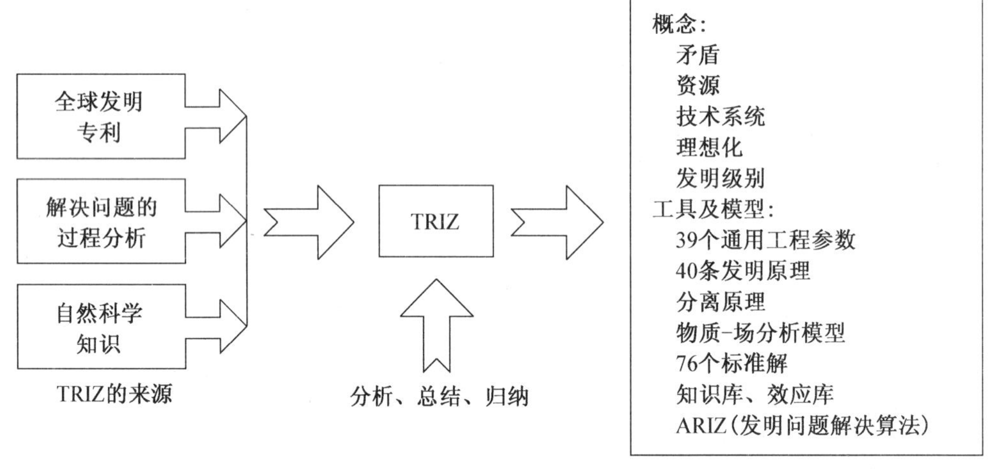

图6.3 TRIZ理论的来源及内容

从图6.4经典TRIZ理论体系结构看：TRIZ的理论基础是自然科学、系统科学和思维科学；TRIZ的哲学范畴是辩证法、系统论和认识论；TRIZ来源于对海量专利的分析和总结；TRIZ的理论核心是技术系统的进化法则；TRIZ的基本概念有技术系统、技术过程、矛盾、资源、理想化；TRIZ的问题分析工具有功能分析、物场模型、矛盾分析、资源分析；TRIZ的创新问题求解工具有发明问题标准解法、科学原理知识库、技术矛盾创新原理、物理矛盾分离方法；TRIZ的创新问题解题流程是发明问题解决算法(ARIZ)。

为帮助人们突破思维障碍，拓展创新思维，TRIZ理论体系中还包括了相应的创新思维工具，包括：最终理想解、资源分析法、多屏幕法、尺寸-时间-成本法、聪明小人法、金鱼法等。

1. TRIZ理论核心思想

TRIZ作为创造性地解决发明问题的理论工具，其核心思想有：

(1) 在以往不同领域的发明中用到的原理并不多，不同时代、不同领域的发明，应用的原理重复出现。

通过对数以万计的发明专利的分析研究，TRIZ得出了不同行业中的问题经常采用了相同的解决方法的结论。如瞬间压力差原理(缓慢施压，快速释放压力)在瓜子、松子、开心果、核桃等不同坚果硬壳类食品取仁加工设备制造中有很多相关的专利。同样，对有

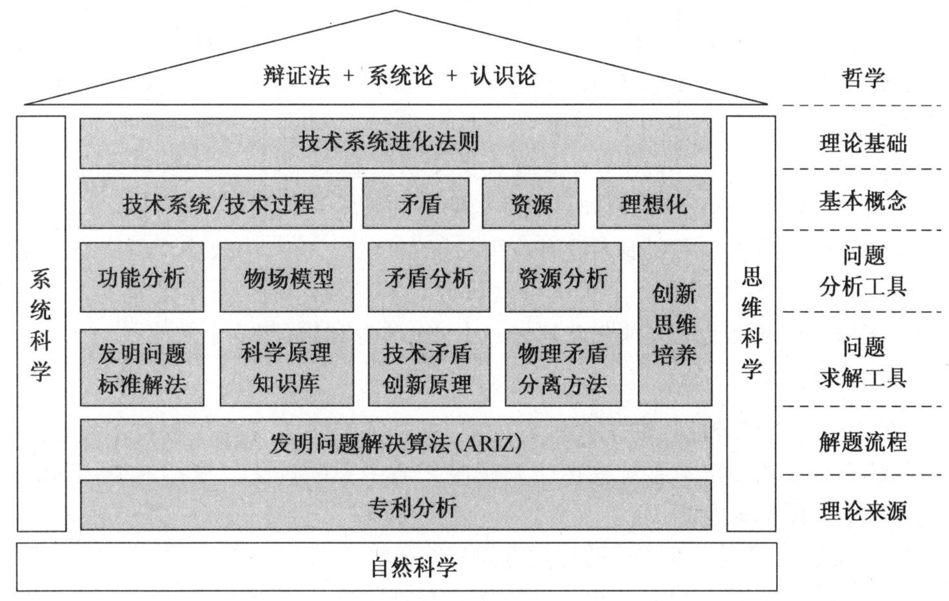

图 6.4　经典 TRIZ 理论体系

微裂纹的钻石加工时，为获取原料的最大价值，在已有裂纹处分裂、加工也采用了相同的原理；船用发动机水管水垢去除的工艺同样使用了瞬间压力差原理。在使用瞬间压力差原理的这些发明中，所不同的是压力大小的区别。

对已有的发明专利分析发现，99.7%的发明都是应用已知的原理，且这些原理在不同的工业部门、不同的行业和领域反复应用。现代 TRIZ 的发展，已经成功将 40 个发明原理应用到各行各业、各学科领域，如面向组织创新、管理创新、市场创新、营销创新、社会创新、质量创新、软件开发、电子商务等。发明原理的深入应用可以实现突破性创新，找到系统特定的解决方案。

(2) 技术系统进化法则在不同的工业部门及不同的科学领域重复出现。

TRIZ 发现并经统计规律证实技术系统(产品)是按一定规律在发展，技术系统进化的 S 曲线法则描述了技术系统从一种状态进化到另一种状态的进化发展过程。TRIZ 提出的八大进化法则适用于所有的技术系统，具有强大的作用，不仅可以改进技术系统，完善解决问题的程序，应对商业环境变化，优化管理等，且能在更宽更广的领域看待和分析系统的现状，预测未来产品趋势，开发下一代产品，以提升竞争优势，获得更大的市场。如在任何技术系统的生命周期内，总是沿着提高系统理想度向最理想系统方向进化的，提高理想度则代表着技术系统进化的最终方向。增强动态性法则告诉人们，技术系统的变化将从过去的固定、非移动特性向自适应、灵活的方面转化，直到高度自由的状态，使系统的各种元素越来越小，最后形成一种基于场效应的系统，即刚体→可动链接→柔性体→粉体→液体→气体→场的趋势演化。在创新方法中，只有 TRIZ 理论具备技术系统进化的完善内容。

(3) 发明经常采用不同领域中存在的效应。

阿奇舒勒早期已经验证:对于一个给定的技术问题,可运用各种物理、化学、生物和几何效应获得更加理想的方案并更加简单地实现。同时发现了高等级的专利中常采用的解决方案均应用了不同的效应。

人类现有的工程技术产品和方法是在人类文明发展中,以一定的科学效应为基础点滴累积起来的。阿奇舒勒指出:不同凡响的发明专利常常是利用了某种科学效应,或者是出人意料地将已知的效应用到前人没有应用的技术领域。每一个效应都可能是解决一批问题的解决方案,或是说用好一个效应可以获得众多专利。如发明家爱迪生 1 023 项专利用到 23 个效应;飞机设计大师图波列夫的 1 001 项专利用到 35 个效应。

2. TRIZ 理论基本内容

TRIZ 理论建立在辩证唯物主义观点之上,是辩证唯物主义在工程技术领域的最好诠释。其核心观点就是技术系统在产生和解决矛盾中不断进化。概括地说,TRIZ 理论主要包括以下九项基本内容:

(1) 进化法则:预测技术系统的进化方向和路径。

(2) 最终理想解:系统总是向更为理想化的方向发展,最终理想解是进化的顶峰。

(3) 40 个发明原理:浓缩在 250 万份专利背后隐藏的共性原理。

(4) 39 个工程参数和矛盾矩阵:解决技术矛盾的发明工具。

(5) 分离原理:解决物理矛盾的发明原理。

(6) 物-场模型:用于建立与已存在系统或新技术系统问题相联系的功能模型。

(7) 标准解法:分 5 级 18 个子级共 76 个标准解法,可以将标准问题在一两步中快速进行解决。

(8) 发明问题解决算法(ARIZ):针对非标准问题而提出的一套解决算法。

(9) 知识效应库:将解决方案、物理现象和效应应用在问题解决过程中。

3. TRIZ 理论结构模型

TRIZ 理论认为所有的问题都可以浓缩为三种不同的类型,即管理问题、技术问题和物理问题,并表现为三种相应的结构模型。

(1) 管理问题,即问题的情境是通过缺点或目标的形式给出的,其中缺点应当克服,目标应该达到,而与此同时却并不指出产生缺点的原因以及消除缺点和达到目标的方法。

(2) 技术问题,即问题的情境是通过指出不兼容的系统功能或功能属性给出的,其中一个功能(或属性)促进全系统的主要有益功能(系统目标)的实现,而第二个属性因素阻碍其实现。

(3) 物理问题,即问题的情境是通过指出系统某个组分的一个属性或整个系统的物理属性的形式给出的,该属性的某一个值对于达到系统的某项特定功能来说是必需的,而其另一个值则是针对另一个功能的。但这两个值是不兼容的,对各自的改善来说,都是具有相互反方向排斥的属性。

TRIZ 理论针对问题给出了功能结构模型:管理模型、技术模型和物理矛盾模型。

6.1.4 TRIZ 与其他创新方法间关系

创新是一个极其复杂的过程，人类对于创新本质的认识与研究还没有真正到达科学的层次。但经过创新研究者的不懈努力发现，科学技术的发明创造有一定的规律可循，且大多以原则、诀窍、思路形式指导人们以克服心理和思维的障碍，实现思维的灵活性。目前人类应用的创新方法有多少种没有准确的统计数据。有学者认为有数千种之多，也有学者对自 20 世纪 30 年代至 80 年代有记载的方法统计得出 300 余种。

科学思维、科学方法和科学工具总称为创新方法。众多创新方法可分为两大类型，一是创新思维类，二是工具方法类。创新思维类又可再分为逻辑思维型和非逻辑思维型，如图 6.5 所示。

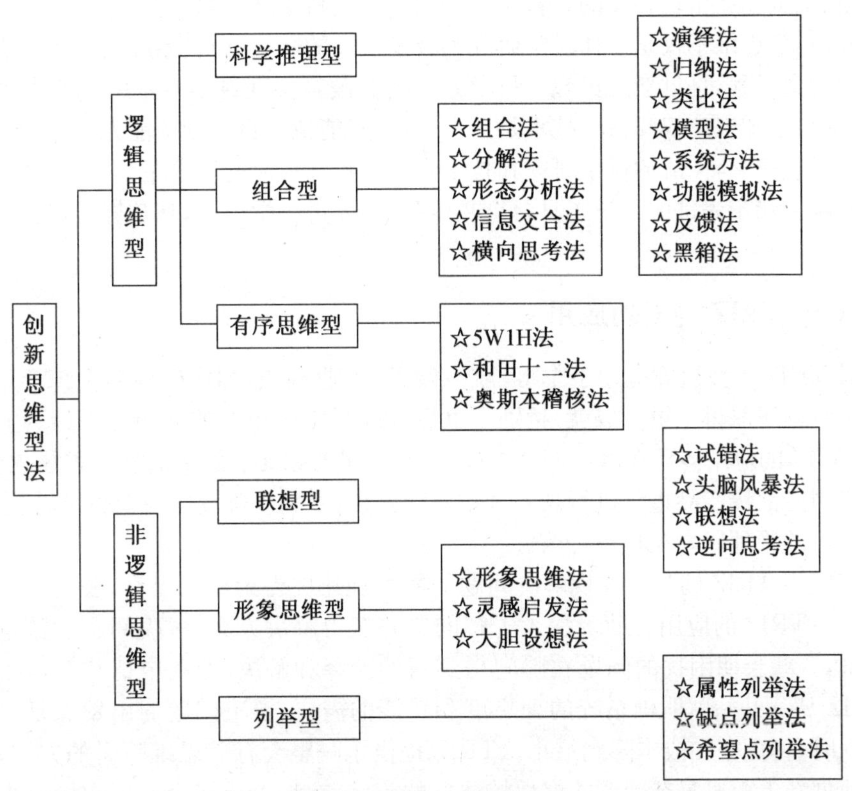

图 6.5　创新思维方法类型

工具方法类创新方法与创新实践更为接近，TRIZ 理论方法是当今世界上为寻找方案和解决问题，同时简单实用的特点帮助人们分析系统、理解需求、激发奇想、发现最具创造性的解决方案方面独一无二，其他工具也许通过深入分析需求和方案筛选方面能够提供有益的启示，但不可避免地存在着某些局限。TRIZ 是一套更为优秀的工具，TRIZ 体系不仅具有操作层面的工具价值，而且体系中包含着矛盾哲学和理想化方法，TRIZ 体系兼具创新思维方法与工具方法的双重属性。

汇丰银行最佳实践部门的负责人、六西格玛专家约翰・托伊尔科夫说："初次参加

TRIZ 研讨会时，我的看法是‘阳光下并无新鲜的东西’。我知道很多解决问题的工具，以为 TRIZ 与它们没有什么不同。事实上，TRIZ 向我们展现了‘阳光下的新东西’，包含了很多独特的解决问题的工具，如 8 个趋势、40 条原理和标准解等。我不是一个轻易被打动的人，这回却被深深地打动了。”

TRIZ 对问题的识别和解决方案的产生表现出强大的实用价值，而不是对创新所有阶段发挥作用。如在问题的选择中，TRIZ 不具备对问题进行价值判断的功能，也即 TRIZ 及其工具可以帮助人们正确地解决问题，但没有涉及解决正确的问题。问题选择是战略方向，解决问题是策略技巧。多种创新工具方法的交叉综合应用，TRIZ 与其他创新方法集成使用，是解决复杂创新问题的发展趋势。

人类发展和科学技术演变的历史表明，重大的历史跨越和科技进步都是与思维创新、方法创新、工具创新密切相关的。科学思维的创新是科学技术取得突破性、革命性进展的先决条件，科学思维不仅是一切科学研究和技术发展的起点，而且始终贯穿于科学研究和技术发展的全过程，是创新的灵魂。科学方法的突破是实现科学技术跨越式发展的重要基础，关键自主知识产权和核心技术是买不来的，只能依靠自主创新能力。科学工具是最为重要的科技资源，一流的科学研究和技术发展离不开一流的科学工具，现代科技的重大突破越来越依赖于先进的科学工具，只要掌握了最先进科学工具，就掌握了科技发展的主动权。

6.1.5 TRIZ 的成功应用

苏联 TRIZ 主要研究应用于军事、航空航天、工业领域，苏联解体后全球 TRIZ 应用在工业企业领域取得了重大成就，特别是世界 500 强工业企业的应用成果最为显著。三星公司 TRIZ 的应用体现在以下四个方面：一是三星专家无法解决的技术难题攻关；二是对三星集团产品按产品进化进行技术预测；三是进行专利规避设计与专利布局设计；四是对公司实行的管理研发流程进行改进。

许多应用 TRIZ 的公司发现解决问题的能力和速度得到极大提升，公司系统性创新得以前行。TRIZ 的应用有助于深入了解问题并获得解决方案，解决问题的数量和质量不断上升，一些长期困扰的问题在瞬间得到新的诠释和解决，专利申请和获准率大大提高。TRIZ 从一开始就明确系统的理想度和功能的需要，解决问题的出发点是谋取最大收益的同时，将危害和成本降到最小。TRIZ 提供了一整套打破思维障碍的方法，这些方法应用使创新者面对复杂问题能够保持清醒的头脑，在一个或多个新的领域获得新的方案。TRIZ 是一套具有普适性解决问题的工具和方法，既适合工程技术人员解决工程技术问题，又适合其他人群解决生活和工作上的问题。

根里奇·阿奇舒勒生前进行的人的创新能力及差异性研究发现：TRIZ 能使聪明人的创新能力提升 3 倍，平庸人的创新能力提高 10 倍。TRIZ 提供人们如下帮助：

▲ 解决问题。

▲ 遇到复杂问题时使人保持清晰的思路，既看到森林，又能看到树木。

▲ 更具有创造性(创新想法，发明新系统，发展下一代系统)。

▲ 更具有创新性(按新的方法使用现有系统和科技成果)。

▲ 团队成员紧密协作，集聚众人的智慧和经验。

▲ 改善现有系统，提升系统理想度。

▲ 充分利用资源获得低成本方案。

▲ 快速获取众多解决方案。

▲ 思考问题效率提升。

▲ 变害为利。

TRIZ 的帮助不止于此，但 TRIZ 也不是包治百病的灵丹妙药，TRIZ 是实现创新的重要工具，但不能替代人脑的努力工作。

经过 70 余年的发展，TRIZ 在近二十年的迅速普及及应用，越发突出其在市场和技术竞争激烈的环境下强大的生命力量。俄罗斯、瑞典、日本、以色列、美国、英国等成立了 TRIZ 研究中心，大量跨国公司广泛开展 TRIZ 应用获得了巨大的收益。如今，TRIZ 已经发展成为一套解决发明问题的成熟理论和方法体系。

TRIZ 早期主要应用于军工、航空航天领域，并对苏联在与美国的竞争保持优势方面有突出贡献。随着 TRIZ 的全球传播与应用，TRIZ 的商业化发展快捷，大量企业迅速导入 TRIZ。美国的波音、福特、通用汽车、克莱斯勒、强生、惠普、宝洁、礼来、罗克维尔等，欧洲的劳斯莱斯，英国原子能集团、宾利汽车、英国航空公司、北苑化工、安内特、皮尔金顿、赛诺菲，皇家荷兰壳牌集团等，日本的索尼、松下、富士、理光、施乐、日立、三菱、丰田等世界级大企业都在使用 TRIZ。三星公司总裁李正龙曾说："是什么救活三星？用的就是 TRIZ！"这是三星首次在媒体宣布技术创新与 TRIZ 实施的关联性。

2006 年 11 月宝钢公司引入 TRIZ。2008 年 4 月 23 日，科技部、国家发改委、教育部、中国科协发布《关于加强创新方法工作的若干意见》。2008 年 11 月 28 日，国家创新方法研究会成立，标志中国创新方法的研究和推广进入了新的发展时期。2015 年 6 月 2 日国家标准《创新方法应用能力等级规范》发布，提出了不同等级创新能力要求。国内知名企业如中国电子科技集团、中国船舶重工集团、三一集团、格兰仕集团等积极进行 TRIZ 理论的培训与应用。

TRIZ 广泛应用于技术工程领域已经获得共识，随着 TRIZ 的发展，在社会经济管理各领域也表现出应用的优势。有学者将 TRIZ 比作三十六计，三十六计来源于兵法，但其应用已经远超军事领域，在政治、商业等各领域已经广泛应用。

公元 16 世纪前的中国是发明大国，在世界 100 项重大发明中，前 27 项中有 18 项是中国人的发明。但自 1600 年后长达 400 余年的时期，世界科技史上重大发明似乎是与中国人无缘。改革开放的中国经过长期奋斗，已经成为世界第二大经济体，如何从制造大国向智造强国和创新型国家转变，仍是中国人面临的重要问题。当今世界科技革命和产业变革方兴未艾，我们要增强使命感，奋起直追、迎头赶上，建设创新型强国。

创新方法应用能力等级规范

6.2 TRIZ 问题模型与创新等级

6.2.1 问题模型与工具

人们通常遇到的问题大多是具体的问题，解决方案也是具体的方案。解决问题的一般方法是，快速利用经验做一系列试验，以图尽快解决。但通常是在一些简单的问题上效果比较显著，而在一些较难或复杂的问题上却要花更长时间和消耗更多资源。

阿奇舒勒将解决工程问题的方法与其他学科解决问题的步骤进行比较，开发了用TRIZ 解决问题模式，如图 6.6 所示。

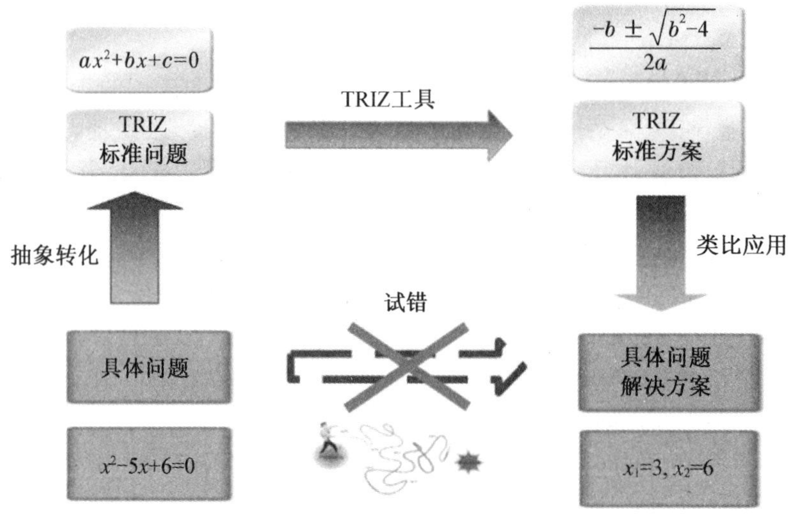

图 6.6 TRIZ 解题模式

以代数问题为例。如要在宽为 20 m，长为 32 m 的矩形地面上，修筑同样宽的两条互相垂直的道路，余下的部分作为耕地，要使耕地的面积为 540 m^2，道路的宽应为多少？如没有通用的求解一元二次方程式方法，用试错法进行求解，需要花费大量的时间。而有了代数方法，就可很快地得出符合实际的方案，得出道路的宽度应当为 2 m。

求解一元二次方程的根，只要把它归结为一个标准的一元二次方程，套用一元二次方程的求根公式，就能快速地得到方程的解。TRIZ 的思路也是先把具体问题转化为问题模型，再用 TRIZ 工具找到解决方案的模型，将解决方案的模型转化为具体的解决方案。TRIZ 理论解决问题的一般步骤是：在进化法则的指导下，分析原始问题，确定最终理想解，然后将问题转化为 TRIZ 理论的标准问题模型（问题建模），再应用相应的 TRIZ 工具获得解决方案模型，经类比应用得到解决方案，最后对方案进行验证。

TRIZ 的各种解决问题的工具各具特色，对于创新问题的解决方法也不尽相同。TRIZ 问题解决工具的特性比较如表 6.1。

表 6.1　TRIZ 问题解决工具特征比较

属性 工具	优点	缺点	适用范围	示例
矛盾矩阵(39 个工程参数,40 条发明原理)	形式简单,使用简便,可提供 1 201 种矛盾冲突的解法。	须确定技术系统的矛盾,并采用 39 个工程参数描述矛盾。	能用 39 个工程参数进行描述的技术矛盾问题。	改善了强度参数如坦克装甲厚度,恶化了运动对象的重量。
分离原理	形式简单,用于解决物理矛盾。	作为应用的前提条件,物理矛盾确定不易。	已经确定的物理矛盾的技术系统。	应用时间分离原理,飞机机翼起飞、正常飞行和降落时,改变机翼形状以满足不同时间的飞行要求。
科学效应知识库	适应面较广的问题解决工具。	使用者须有较好的知识背景要求。	已经知道如何解决问题的情况。	应用居里效应将材料回执到居里点可对接触点进行开关控制操作
76 个标准解	可进行结构化分析问题,易于产生不同的新概念。	需要具备相关问题的工程背景。	可为已有的设计方案产生新的概念。	用 76 个标准解,寻找解决昆虫危害粮食的方案。
理想解	易于产生高级别的问题解决方案,产生新的系统构想。	对相关的经验和知识具有较强的依赖。	寻找突破传统思路的解决方法。	运用理想解确定草坪维护保养的最佳状态是草生长到一定高度就停止其生长。
ARIZ 算法	系统化的解决各种问题,具有广泛的覆盖面。	解决问题的过程相对烦琐。	用于解决较为复杂的问题。	寻找加工中心刀具的刀体圆锥面部分与法兰端面及主轴的锥面和端面同时实现接触的解决方案问题。
产品技术进化理论	用于预测技术产品发展趋势。	较难确定具体的技术产品进化模式,要用工具软件确定当前产品的进化阶段。	开展新一代产品设计,或是寻找可替换现有产品核心技术的新技术。	按照技术产品的进化趋势,预测大型望远镜、投影仪、卫星摄像、手机相机等可调镜头技术系统的结构。

TRIZ 解决问题的过程,是发散思维和收敛思维相互作用的过程,是逻辑思维和非逻辑思维的过程,问题解的收敛方向则由 TRIZ 的通用解决定,各具体环节的思考又充分利用各种创新思维方法。

6.2.2　TRIZ 应用流程

应用 TRIZ 时首先是要将问题转化为问题模型,然后用 TRIZ 工具找到解决方案,最后将通用的解决方案转化为具体的解决方案。具体解决问题的步骤是:

(1) 具体问题:清楚定义需要解决的问题。识别正确的问题是重点,因为经常需要解决的问题是深层次的、潜在的问题,不是表面的、初始的问题。问题识别的工具主要有创新标杆、功能分析、因果分析、进化趋势预测、裁剪等。

(2) 将具体的问题转化为TRIZ问题模型:利用TRIZ提供的解决问题工具,将具体问题转化为相应的模型。TRIZ的模型主要有技术矛盾、物理矛盾、物-场模型、功能化模型(How to)。问题模型建立后,形成了通用的TRIZ问题模型,与具体的问题不再相关。

(3) TRIZ工具:对每一种模型都有相应的工具来解决,如技术矛盾的解决有矛盾矩阵,物理矛盾的解决有分离原理,物-场模型的解决工具是标准解,功能化模型对应科学效应知识库。

(4) TRIZ解决方案模型:TRIZ问题模型经TRIZ工具处理后会形成一系列解决方案的模型,如从矛盾矩阵中得到的是发明原理等,此时模型仍然与具体问题无关,是一个解决方案的模型。

(5) 具体解决方案:根据项目实际,将解决问题模型转化为具体解决方案。

6.2.3 创新等级

创新发明是人类社会发展的永恒主题。现代社会存在的所有技术系统都经历过不同凡响的发明才最终确定,甚至像铅笔系统都有20 000多个专利和发明证书。一项技术成果之所以能通过专利审查,获得专利证书,肯定有新颖独到之处。但在众多专利中,有的专利是在现有技术系统的基础上进行了很小改进,改善了现有技术系统某个性能指标;而有的专利提出了一种以前根本不存在的技术系统。显然在解决问题也即创新水平上是有差别的,如何评价创新水平的差异呢?

当TRIZ理论之父阿奇舒勒对250万份专利进行研究发现,不同专利内部蕴含的科学知识、技术水平有很大差距。在没有分清发明专利具体内容时,很难区分出不同发明专利的知识含量、技术水平、应用范围、重要性、对人类贡献大小等。因此,把创新发明依据其对科学的贡献程度、技术应用范围及社会效益等情况划分一定的等级加以区分,以便更好地推广应用。根据创新程度不同,TRIZ理论将专利发明分为五个等级,见表6.2。

表6.2 创新发明等级及其特征指标

创新发明等级		初始条件	问题复杂程度	转化标准	解决问题的资源	知识范围和来源	新颖性水平	比重	参考解数
第一级	简单改进	明确的简单参数	无矛盾问题	工程优化	资源可见并易于获得	所要求的技术在系统相关的某行业范围内,本行业本专业内的个人知识	组分发生细微的参数变化	32%	<10
第二级	少量的改进	多参数问题,有直接的结构类似模型	标准问题	包含技术矛盾,建立在典型(标准)模型基础上的工程问题	资源虽不可见,但存在于系统中	要求系统相关的不同行业知识,本行业中不同专业的知识	不改变功能原理的独创性功能结构解决方案	45%	10—100

（续表）

创新发明等级		初始条件	问题复杂程度	转化标准	解决问题的资源	知识范围和来源	新颖性水平	比重	参考解数
第三级	根本性的改进	问题结构复杂，只有功能的类似模型	非标准问题	包含物理矛盾，建立在复合方法上的发明	资源常常取自于其他系统或水平分类	要求系统相关行业以外的知识，跨行业的知识	强大的发明，并伴有功能原理替代的系统效应	18%	100—1 000
第四级	全新的概念	众多因素未知，无类似功能结构模型	极端问题	建立在整合科学技术效应基础上的发明	资源来自不同知识门类	要求不同科学领域的知识，科学原理知识	出色的发明，并伴有显著改变周围系统功能的系统效应	4%	1 000—10 000
第五级	发现	主要目标要素未知，无类似模型	独一无二的问题	科技发现	资源不详和（或）其应用方法不详	所用知识超出已知的科学技术范围，而是通过发现新的科学现象或新物质建立全新的技术系统	最伟大的发明，并伴有彻底改变文明的系统效应	1%	>100 000

第一级：技术系统的简单改进。大多数是对已有技术系统参数优化类的简单改进。该类发明大约占人类发明总数的32%。如增加隔热材料以减少建筑物的热量损失；单层玻璃改为双层玻璃，增强保温和隔音效果；用承载更大的重型卡车代替普通轻型卡车，改善运输成本与效益比。

第二级：通过解决一个技术矛盾对已有系统进行少量改进。此类问题解决主要采用行业内已有的理论、知识或经验，解决此类问题的传统方法是折中法，占所有发明的比例约为45%。如在气焊枪上增加一个防回火装置；把自行车设计成可折叠；斧头的空心手柄等。

第三级：通过解决物理矛盾对已有系统的根本性改进。此类问题解决主要采用本行业以外的已有方法和知识，约占所有发明的18%。如利用电动控制系统代替机械控制系统；汽车上用自动换挡系统代替机械换挡系统；在冰箱中用单片机控制温度；计算机使用鼠标；圆珠笔等。

第四级：采用全新的原理完成对已有系统基本功能的创新。从科学角度而不是从工程技术角度出发，充分挖掘和利用科学知识、科学原理来实现发明，在所有发明中所占比例小于4%。如第一台内燃机的出现、集成电路的发明、个人计算机、核磁共振技术、充气轮胎、记忆合金管接头等。

第五级：罕见的科学原理导致一种新系统的发现、发明。这类发明是在发现问题后，探索新的科学原理来解决发明任务。问题的解决方法往往超出人们已知的科学范围，是通过发现新的科学现象或新物质来建立全新的技术系统，在所有发明中所占比例小于

1%。如计算机、蒸汽机、飞机、激光、晶体管、互联网等。

创新发明等级给出了创新发明的量化概念。创新发明级别越高，完成该创新发明时所需的知识和资源就越多，所涉及领域就越宽，搜索所用知识和资源的时间就越多。随着社会经济发展和科技进步，原来级别较高的发明，逐渐变成人们熟悉和容易掌握的东西；而新的社会需求又不断促使人们去做更多的创新发明，生成更多的专利。

统计表明，一、二、三级创新发明占人类发明总量95%，这些创新发明仅是利用人类已有的、跨专业的知识体系。可以推论，人们所面临的95%的问题，都可用已有某学科内的知识体系来解决。四、五级创新发明只占人类发明总量约5%，却利用整个社会、跨学科领域的新知识。因此，当遇到技术难题时，不仅要在本专业内寻找答案，也应当向专业外拓展，寻找其他行业和学科领域已有的、更为理想的智慧解决方案，以求获得事半功倍的效果，正所谓"创新设计所依据的科学原理往往属于其他领域"。

TRIZ理论是在分析第二级、第三级和第四级发明专利基础上归纳、总结的规律。利用TRIZ可帮助解决第一级到第四级的创新发明问题。阿奇舒勒曾明确表示，利用TRIZ方法可帮助发明家将其发明水平从第一级、第二级提高到第三级和第四级水平。

6.3 系统与技术系统

6.3.1 系统

"系统"一词源于古希腊语，是由部分构成整体的意思。亚里士多德说："整体大于部分之和。"可见对系统研究从古代就已经开始。"宇宙、自然、人类，一切都在一个统一的运转系统之中！世界是关系的集合体，而非实物的集合体。"这是人们早期对系统最朴素的认知。朴素的系统观是指一个能够自我完善，达到动态平衡的元素集合（生物链、环境链），如一个池塘。随着人们对自然系统认知的加深，形成了系统的原始概念。再由自然系统到人造系统和复合系统，逐渐深入，形成了系统的概念。

系统概念发展大致经历四个阶段：古代整体系统观，近代机械系统观（实现单一功能），辩证系统观（整体与部分、运动与静止、联系与制约），现代复杂系统观（多功能的组合体、多功能相互交互的结果），如季节周而复始的变化形成的气象系统、动物种群相互依存的食物链系统、水循环系统等。

系统一般是一个可以自我完善的，并且能够动态平衡的物品集合。一般系统论创始人贝塔朗菲定义："系统是相互联系相互作用的诸元素的综合体。"中国著名科学家钱学森认为：系统是由相互作用、相互依赖的若干组成部分结合而成的，具有特定功能的有机整体，且这个有机整体又是它从属的更大系统的组成部分。

尽管系统一词频繁出现在社会生活和学术领域中，但不同的人在不同的场合往往赋予它不同的含义。一般定义为系统是由一些相互联系、相互制约的若干组成部分结合而成的、具有特定功能的一个有机整体（集合）。可从三个方面进行系统概念的理解：

（1）系统是由若干要素（部分）组成的。这些要素可能是一些个体、元件、零件，也可能其本身就是一个系统（或称之为子系统）。如运算器、控制器、存储器、输入/输出设备组成计算机的硬件系统，而硬件系统又是计算机系统的一个子系统。

(2) 系统有一定的结构。一个系统是其构成要素的集合，这些要素相互联系、相互制约。系统内部各要素之间相对稳定的联系方式、组织秩序及失控关系的内在表现形式，就是系统的结构。例如钟表是由齿轮、发条、指针等零部件按一定的方式装配而成的，但一堆齿轮、发条、指针随意放在一起却不能构成钟表；人体由各个器官组成，单个器官简单拼凑在一起不能成为一个有行为能力的人。

(3) 系统有一定的功能，或者说系统要有一定的目的性。系统的功能是指系统与外部环境相互联系和相互作用中表现出来的性质、能力和功能。如信息系统的功能是进行信息的收集、传递、储存、加工、维护和使用，辅助决策者进行决策，帮助企业实现目标。

在宏观层面系统可以分为自然系统、人工系统、复合系统。自然系统是系统内的个体按自然法则存在或演变，产生或形成一种群体的自然现象与特征，包括生态平衡系统、生命机体系统、天体系统、物质微观结构系统以及社会系统等。人工系统是系统内的个体根据人为的、预先编排好的规则或计划好的方向运作，以实现或完成系统内个体不能单独实现的功能、性能与结果，人工系统包括立体成像系统、生产系统、交通系统、电力系统、计算机系统、教育系统、医疗系统、企业管理系统等。复合系统是自然系统和人工系统的组合，如导航系统、交通管理系统和人—机系统等。

对自然科学学科和工程技术的研究表明：任何系统（生物学系统、技术系统、信息系统、社会系统等）的发展，在本质上都是相同的。人类通过研究，已经建立了关于生物学系统和社会系统的进化理论，而对技术系统的类似研究才刚刚开始。系统是普遍存在的，从基本粒子到河外星系，从人类社会到人的思维，从无机界到有机界，从自然科学到社会科学，系统无所不在。

6.3.2　技术系统

技术系统是由相互联系的组件与组件之间的相互作用以及子系统所组成，以实现某种（些）功能作用的组件与子系统的集合。技术系统存在的目的是实现某种（些）特定的功能，而这种（些）功能的实现是通过一系列组件的集合实现的。例如，汽车是一个技术系统，发动机、车体、车厢、座位、轮胎等则是构成这一技术系统的子系统和系统组件。

组件是指组成工程技术系统或者超系统的一个部分，是由物质或者场组成的一个物体，如汽车发动机属于汽车系统的组件。在基于组件的 TRIZ 功能分析中，物质是指拥有净质量的物体，而场是没有净质量的物体，但是场可以传递物质之间的相互作用。

技术系统是 TRIZ 中最重要、最基本的概念，也是一个高度抽象化和一般化的概念。技术系统是属于系统的一种。技术系统是指由具有相互联系的组件与运作所组成的、以实现某种功能或职能的事物的集合，如图 6.7。组件是技术系统的组成部分，并执行一定的功能，可以等同为系统的子系统。系统的作用对象是系统功能的承受体，是特殊的超系统组件。

不同学者给技术系统的定义不同。作为一类特殊的系统，与自然系统（如自然生态系统、天体系统……）相比，技术系统的定义突出了两个鲜明的特征：

(1) 技术系统是一种“人造”系统。与自然系统不同，技术系统是人类为了实现某种

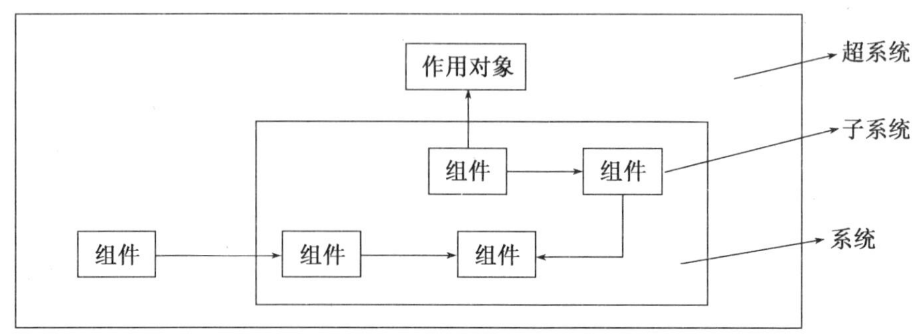

图 6.7 技术系统的组成

目的而创造出来的。因此，技术系统与自然系统的最大差别就是明显的“人造”特征。

(2) 技术系统能够为人类提供某种功能。创造某种技术系统是为了实现某种功能。因此，技术系统具有明显的“功能”特征。在设计、分析时应牢牢地把握住技术系统“功能”这个概念。

可以说，技术系统是人类为了实现某种功能而设计、制造出来的一种人造系统。技术系统的目标是指技术系统的作用对象，例如汽车系统的作用对象是人(或物)，汽车的主要功能是运载人(或物)，它改变了目标对象的空间位置。

作为一种特殊的系统，技术系统符合系统的定义，具有系统五个基本要素(输入、处理、输出、反馈和控制)，也具有系统的所有特性。

技术系统是相互关联的组成成分的集合，具有层次性特征。同时，各组成成分有其各自的特性，而它们的组合具有与其组成成分不同的特性，用于完成特定的功能。技术系统是由要素组成的，若组成系统的要素本身也是一个技术系统，即这些要素是由更小的要素组成，称之为子系统。反之，若一个技术系统是较大技术系统的一个要素，则称较大系统为超系统。层次性是指任何系统都有一定的层次结构并可以分解为一系列子系统和要素。其中子系统仍是一个具有独特功能的有机体，而要素则是没有必要再分解的系统组成部分。任何系统都具有层次结构。例如：个人计算机是一个技术系统，具有层次结构。内核是硬件系统，是进行信息处理的实际物理装置。最外层是使用计算机的人，即用户。人与硬件系统之间的接口界面是软件系统，它大致可分为系统软件、支援软件和应用软件三层子系统。硬件系统是由中央处理器、存储器、输入输出控制系统和各种外部设备等子系统组成。计算机互联成网，网络系统可以看作是计算机的超系统。

技术系统具有相对性和独立性，不同层级具有各自的性质、遵循各自的规律，层级间相互作用、相互转化。

超系统、系统、子系统构成了系统的层级关系、嵌套关系和相互约束。技术系统在超系统的约束下起作用，子系统在技术系统的约束下起作用，底层子系统一旦发生改变，就会引起上层系统的改变。当然，上层系统的改变，也会引起子系统或更低层级的元件变化。而对于相邻系统则不具有相互约束的特征。

超系统是将已经分析过的技术系统作为组件的系统，或不属于系统本身但是与系统及其组件有一定相关性的系统。如汽车在行驶过程中需要驾驶员的操作，需要道路的支撑,也会受到空气阻力影响,驾驶员、道路、空气等则是汽车系统的超系统。由于超系统不属于已有的技术系统本身,因此无法对超系统进行改变。超系统具有的特性是:超系统不能裁剪或改变;超系统可能对技术系统产生问题;超系统可以作为技术系统的资源来利用,即解决问题的工具;一般只考虑对技术系统产生影响的超系统。

6.4　技术系统进化及趋势

6.4.1　技术系统进化

能完成一定功能的一个产品就是技术系统,如汽车、高铁、投影仪、激光打印机、手机、办公桌等,随着市场需求与技术革新,产品的更新速度不断加快,产品的发展方向是企业快速响应市场的能力指标。阿奇舒勒通过分析大量专利后发现,产品及其技术的发展总是遵循一定的客观规律,而且同一条规律往往在不同的产品技术领域被反复应用。即任何领域的产品改进、技术的变革过程都是有规律可循的,所有技术的创造与升级都是向最强大的功能发展的。人们如果掌握了这些规律,就可能动地进行产品设计并能预测产品的未来发展趋势。于是,阿奇舒勒和他的合作伙伴不断总结提炼,形成著名的技术系统进化法则,构成 TRIZ 理论的核心内容之一。阿奇舒勒认为,技术系统同样也面临"自然选择,优胜劣汰"的问题,只不过实施这种选择行为的是人类社会,选择的标准是"技术系统是否满足人类社会的需要"。

技术系统的进化过程可以描述为:新的技术系统在刚刚诞生时往往是简单、粗糙和低效率的;随着人类对其要求的不断提高,需要不断地对技术系统中的某个或某些参数进行改善,技术系统从低级向高级、从低效向高效,系统功能从单一向集成不断演化。不管人们是否认识技术系统进化,技术系统进化规律客观地起作用。认识和掌握技术系统进化规律,有利于设计者开发出更先进的产品,从而提升产品的竞争力。

6.4.2　S 曲线

技术系统进化过程不是随机的。历史数据表明,所有产品向最先进的功能进化时,都有一条"小路"引领着它前进。这条"小路"就是进化过程中的规律,用图例表示出来就是一条 S 形的"小路",即所谓的 S 曲线(如图 6.8)。

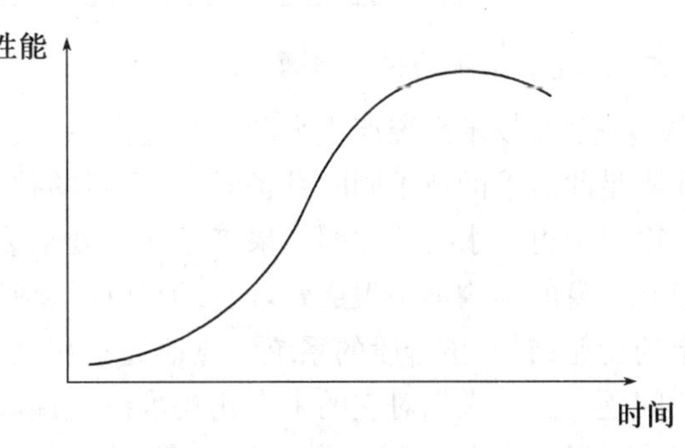

图 6.8　技术系统进化的 S 曲线

S 曲线描述了一个技术系统的完整生命周期和技术系统各项重要性能参数的发展变化规律。横轴代表时间,纵轴代表技术系统的某个重要性能参数。如汽车技术系统,动力性、燃油经济性、制动性、操控稳定性、平顺性以及通过性等就是汽车的重要参数,性能参数随着时间的延续而呈现出 S 形的发展曲线。

6.4.3 TRIZ 中的 S 曲线

一个技术系统的进化一般经历四个阶段，分别是婴儿期、成长期、成熟期、衰退期，如图6.9。每个阶段都会呈现出不同特点。S 曲线也可认为是一条产品技术成熟度预测曲线。

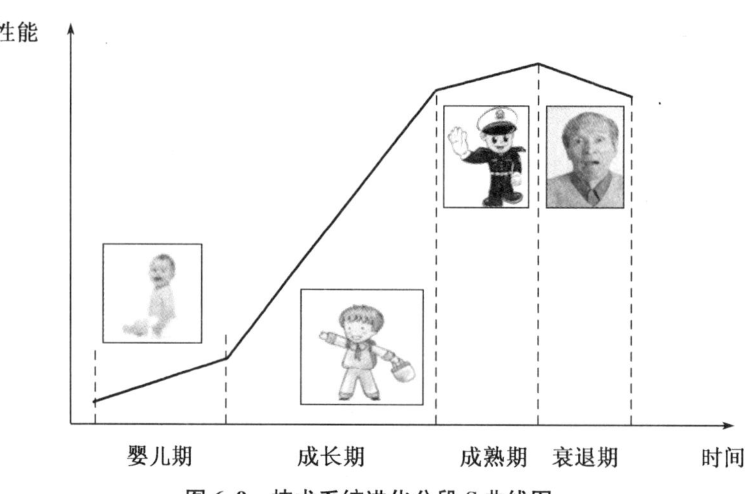

图 6.9 技术系统进化分段 S 曲线图

S 曲线的各个阶段特征见表 6.3。

表 6.3 S 曲线的各个阶段特征

序号	时期	特　　点
1	婴儿期	效率低，可靠性差，缺乏人、物力的投入，系统发展缓慢
2	成长期	价值和潜力显现，大量的人、物、财力的投入，效率和性能得到提高，吸引更多的投资，系统高速发展
3	成熟期	系统日趋完善，性能水平达到最佳，利润最大并有下降趋势，研究成果水平较低
4	衰退期	技术达极限，很难有新突破，将被新的技术系统所替代，新的 S 曲线开始

1. 技术系统的诞生和婴儿期

一个新技术系统产生来源于社会需求，当满足人类社会对某种功能需求有价值并存在满足此需求的技术同时具备时，一个新的技术系统就必然会产生。新的技术系统一定会以一个更高水平的发明结果来呈现。处于婴儿期的技术系统尽管能够提供新的功能，但其本身的结构不是很成熟，而且为其提供辅助支持的子系统或超系统也还没有形成稳定的功能结构，该阶段的系统明显地处于初级，存在着效率低、可靠性差或一些尚未解决的问题。由于人们对它的未来比较难以把握，风险较大，因此只有少数眼光独到者(企业家或市场领先者)才会进行谨慎投资，处于此阶段的系统所能获得的人力、物力上的投入是非常有限的。产品市场处于培育期，对产品的需求并没有明显表现出来。

TRIZ 从性能参数、专利级别、专利数量、经济效益四个方面来描述技术系统在各个阶段所表现出来的特点(如图 6.10)，以帮助人们有效了解和判断一个产品或行业所处的阶段，从而制定有效的产品策略和企业发展战略。处于婴儿期的系统所呈现的特征是性能的完善非常缓慢，此阶段产生的专利级别很高，但专利数量较少，系统在此阶段的经济收益为负。

2. 技术系统的成长期（快速发展期）

当社会认识到技术系统的价值和市场潜力时，新技术系统就会进入快速发展期。进入快速发展期的技术系统，经过婴儿期的发展，原来存在的各种主要技术问题逐步得到解决，效率和产品可靠性得到较大程度的提升，其市场价值开始获得广泛认可，发展潜力开始显现，从而吸引了大量的资源投入，大量资金的投入推进技术系统获得高速发展。

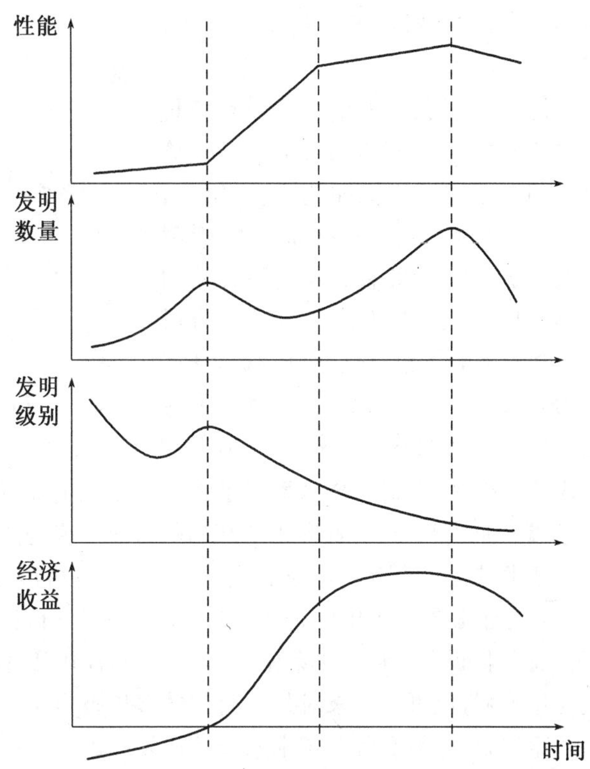

图6.10 S曲线各阶段对应的关系图

处于成长期的系统性能得到急速提升，产生的专利级别上开始下降，但专利数量出现大幅上升。系统在此阶段的经济收益快速上升并凸显出来，投资者会蜂拥而至，进一步促进技术系统的快速完善。

3. 技术系统的成熟期

在获得大量资源投入的情况下，系统会从成长期快速进入成熟期，这时技术系统已经趋于完善，产品标准体系建立，所进行的大部分工作只是系统的局部改进和完善。

处于成熟期的系统性能水平达到最佳。这时仍会产生大量的专利，但专利级别会更低，甚至垃圾专利。处于此阶段的产品已进入大批量生产，利润达到峰值并获稳定的财务收益。但此阶段后系统将很快进入衰退期，企业应着手布局下一代产品，制定企业发展战略，保证本代产品淡出市场时，有新产品来承担起企业发展重担，以便在市场竞争中处于领先地位。

4. 技术系统的衰退期

成熟期后系统面临衰退期。此时技术系统已达到极限，不会再有新的突破，该系统因不再有需求的支撑而面临市场的淘汰，被新开发的技术系统所替代。此阶段系统的性能参数、专利等级、专利数量、经济收益四个方面均呈现快速下降趋势。

6.4.4 S曲线的跃迁

当一个技术系统进化到一定程度时（如在成熟期内），必然会出现一个新的技术系统来替代它，即现有技术替代了老技术，新技术又替代了现有技术，形成技术上的交替，这种持续不断的更新过程表现为多条S曲线，叫技术系统的S曲线族（图6.11），形成了曲线的跃迁。例如，混合动力汽车将会取代燃油汽车，燃料电池汽车有可能在未来取代混合动力汽车；更进一步地，太阳能电动车将可能主宰未来的汽车时代，燃油汽车→混合动力汽车→燃料电池汽车→太阳能电动车的汽车发展过程就是技术不断替代的过程，每个新的技术系统也将会有一条更高阶段的S曲线产生。如此不断地替代，就形成S曲线跃迁，也就形成了产品的持续演变与进化。

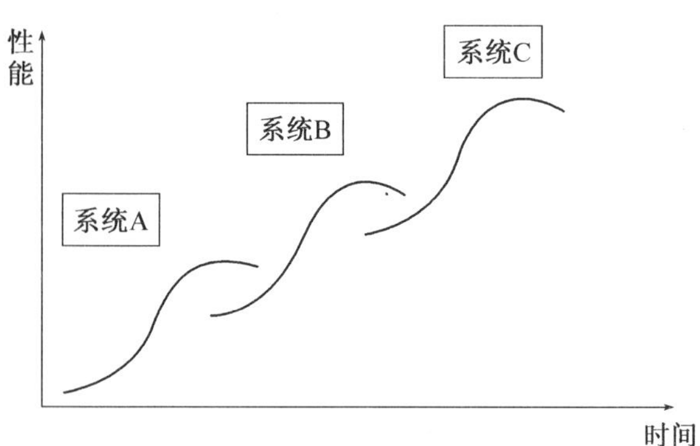

图6.11　技术系统进化的S曲线族

技术进化过程有其自身的规律与模式，是可以预测的，这种预测的过程称为技术预测。对处于激烈竞争中的企业，可以生产一代，研发一代，预研一代，预测一代。

在企业研发和管理决策中，S曲线族不仅可以用于一定历史时期内某个技术系统发展变化预测，也可以用来对某一时刻的多项技术系统进行综合评估，以便企业准确判断产品的竞争力，适时部署新技术系统的研发（表6.4）。

表6.4　S曲线理论与企业制定战略参考

产品技术成熟度	企业技术战略	创新战略
婴儿期	评估该技术的功能能力，如果优于现有技术，分析技术转化为产品的主要障碍，投入资金进行攻关，尽快实现技术产品化，争取尽快推向市场，抢占技术领先优势。	局部创新
成长期	首先将新产品推向市场，抢占先发优势，然后不断对新产品进行改进，不断推出基于该核心技术的性能更好的产品，到成长期结束要使其主要性能指标（性能参数、效率、可靠性等）基本达到最优。	局部创新
成熟期	改进工艺、材料和外观，尽快使成本降到最低，这个时期的利润主要靠市场营销手段来获取。同时必须投入资金跟踪或探索可能的替代技术，判断新技术的技术成熟度，采取相应对策。	局部创新和系统创新
衰退期	重点投入资金寻找、选择和研究能够进一步提高产品性能的替代技术。	系统创新

6.5　八大技术系统进化法则

1956年阿奇舒勒提出第一个技术系统进化法则，相当于给出的是技术系统完备性法则。至70年代中期，由阿奇舒勒开发的技术系统进化法则在“生命线”和“技术系统发展的规律”2篇论文中发表。随后阿奇舒勒撰写《创造是精确的科学》（1979年俄文版），书中详细阐述了 8 个进化法则，并分"静力学"、"运动学"和"动力学"三组。

静力学：完备性法则，能量传递法则，协调性法则。

运动学：提高理想度法则，子系统不均衡进化法则，向超系统进化法则。

动力学：向微观及增加场应用进化法则，动态性法则。

8 大技术系统进化法则指明了产品的进化方向，对于启发创新思维给予极大帮助。近年来，不同的 TRIZ 理论流派对 8 大进化法则进行了扩充与改进，给出了具体的操作措施。但是直到目前为止，技术系统法则没有统一的版本。阿奇舒勒提出的 8 大技术系统进化法则仍是最成功的理论体系(图 6.12)。

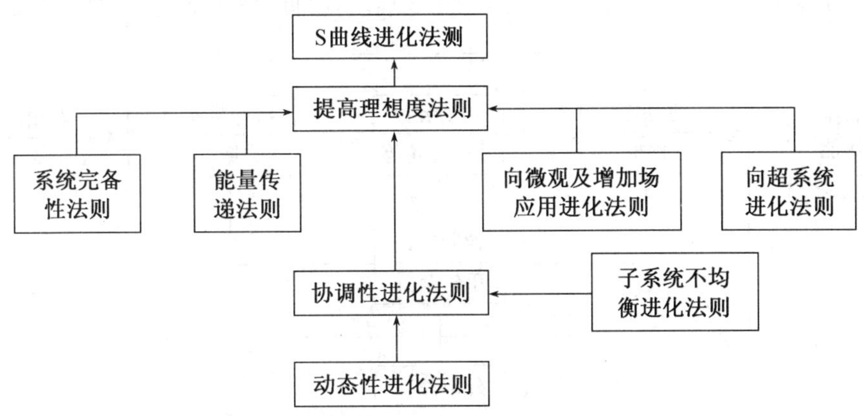

图 6.12　经典 TRIZ 的技术系统进化法则

6.5.1　系统完备性法则

系统是为实现规定功能以达到某一目标而构成的相互关联的一个集合体或装置或部件，履行功能是系统存在的目的。为实现系统的功能，系统必须具备最基本的要素，各要素之间存在必要且不可割裂的联系，而系统则具有各独立要素所不具备的系统特性。

一个完整系统必须由四部分组成：动力装置、传动装置、执行装置和控制装置(图 6.13)。其中，执行装置直接与产品相作用；动力装置将能量转换成技术所需要的使用

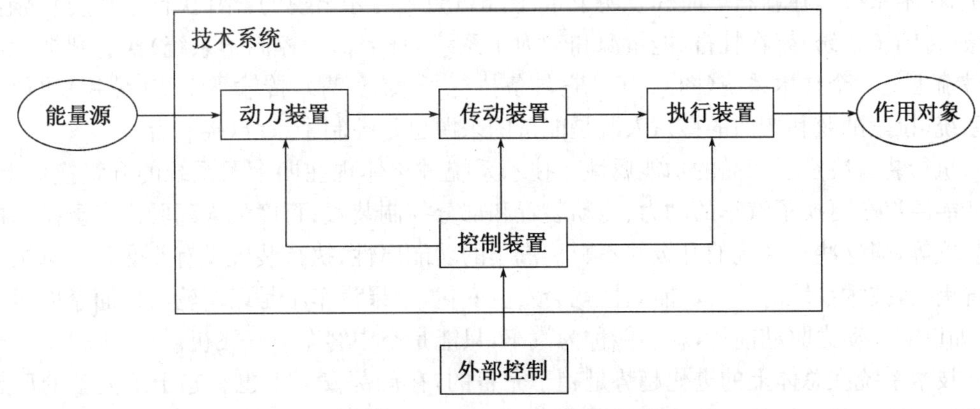

图 6.13　技术系统的基本要素

形式;传动装置将能量传输到执行机构;控制装置协调系统内部、技术系统与外部的相互作用;能量源提供能量的形式。

完备性法则体现为:① 系统如果缺少其中的任一部件,就不能成为一个完整的技术系统;② 如果系统中的任一部件失效,整个技术系统也无法"幸存";③ 技术系统存在的必要条件是主要组件都存在并有最基本的工作能力。完备性法则有助于确定实现所需技术功能的方法并节约资源,利用它可对效率低下的技术系统进行简化。

以缝纫机系统为例,如图 6.14,系统需要的能量是机械能,是由脚踏板将人的生物能转化为机械能,脚踏板是缝纫机系统的动力装置;将能量输送到执行装置针的是皮带、齿轮,针作用于布料,使其缝合在一起;缝纫机需要手轮启动,用脚踏板控制速度,外部控制是人。

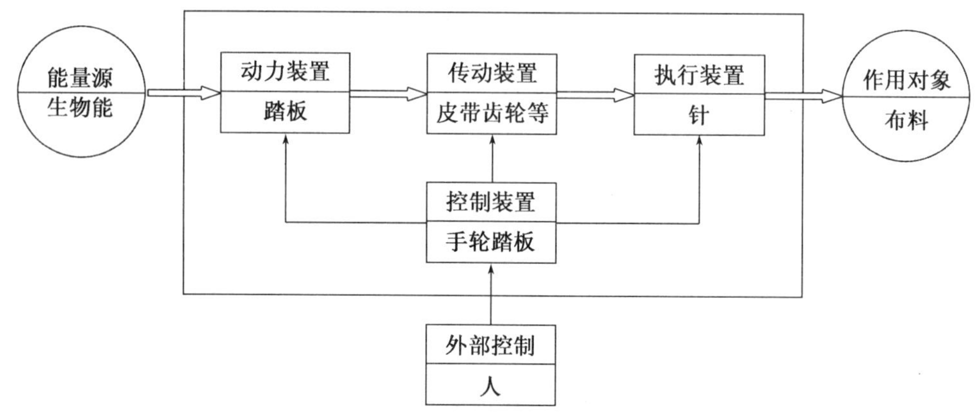

图 6.14 缝纫机系统的组成

不完备的技术系统无法仅靠自身实现预设功能。在结构比较简单的技术系统中,动力装置、传动装置、执行装置和控制装置并不一定都具备,但是至少应该具备一个执行装置作为"工具"。在其实现预设功能的时候,它必须是完备的——实际上需要超系统中的其他组件来完成动力装置、传动装置和控制装置的功能,共同组成一个更完备的技术系统来实现预设功能。如在工业革命前,人类发明并广泛使用的很多工具,除少数利用自然力的设备(水车、风车等)之外,基本上都是属于执行装置。例如,锄头和人并不是一套技术系统,技术系统是在新石器时代发明了犁(图 6.15)之后才出现的:犁(执行子系统)翻地,犁辕(传输子系统)架在牲畜(能量源和动力子系统)身上,人(控制子系统)扶着犁把。再如弓箭也是一个技术系统(图 6.16),它具备执行子系统(箭),传输子系统(弓弦)和动力子系统(拉紧的弦和弯曲的弓),人既是能量的来源也是控制子系统(控制者)。

执行装置决定了产品的功能属性。技术系统进化体现在四个子系统的升级换代上,如新能源汽车更换了汽车的动力、传动装置和部分控制装置;百度无人驾驶汽车更换了控制装置等,但这些子系统的升级并不影响汽车的功能属性,执行装置没有改变。一旦执行装置更换,技术系统的整个功能属性就会发生变化,如果汽车不是以车轮与地面摩擦而运动,如以空气动力驱动前行,就不能称为汽车,只能是空中客车——飞机。

技术系统在总体上的进化趋势是趋于完备的,在局部发展上也有趋于不完备的反趋势进化。如某些系统组件被单独抽取出来,形成一个不完备工具类产品,且该产品兼具专

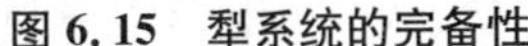

图 6.15　犁系统的完备性

图 6.16　弓箭系统的完备性

用性和通用性，有市场需求，可以借助超系统资源随时实现其功能。例如带有 USB 接口的 360WiFi 发射器是由无线网发射器演变而来，闪存盘和移动硬盘由磁盘阵列演变而来，原有的电源和控制组件简化了，是借助计算机电源和操作系统作为动力装置和控制装置，在实现功能时组成完备系统。

系统各部分间存在着物质、能量、信息和功能的联系。技术系统从能量源获得能量，并转换传递到需要能量的部件，作用到对象上，形成“能源—动力装置—执行装置—作用对象”工作路线，控制装置改变系统中能量流，加强或减弱某个要素，从而协调整个系统。系统若缺少其中的任何一个部件，都不能成为一个完整的技术系统；如果系统中任一部件失效，将导致整个系统崩溃；技术系统存在的必要条件是基本要素都存在，并具有最基本的工作能力。新的技术系统经常没有足够的能力去独立地实现主要功能，所以依赖超系统提供的资源。随着技术系统发展，系统逐渐获得需要的资源，自己提供主要功能。

完备性法则有助于确定实现所需技术功能的方法并节约资源，利用它可以对效率低下的技术系统进行简化。

6.5.2　能量传递法则

技术系统存在的必要条件是能量要传递到系统各个部分。每个技术系统都是一个能量传递系统，技术系统的能量从动力装置经传动装置到执行装置传递，效率向逐渐提高的方向进化。为实现技术系统的某一部分可控，必须保证该部分与控制装置之间能量传递。

选择能量传递形式是很多发明问题的核心。体现为：① 技术系统要实现其功能，必须保证能量能够从能量源流向技术系统的所有元件。如果技术系统中的某个元件不能接收能量，它就不能发挥作用，那么整个技术系统就不能执行其有用功能，或者有用功能的作用不足。例如，收音机在金属屏蔽环境（如汽车）中就不能正常收听高质量广播。尽管收音机内各子系统工作都正常，但电台传导的能量源（作为系统的组成部分）受阻，使整个系统不能正常工作。在汽车外加一天线，问题就解决了。多米诺骨牌后一张骨牌从前一张骨牌获得能量并传递给下一张骨牌，如果中间有一张骨牌无法传递能量，多米诺骨牌系统就不能完美展现从第一张到最后一张倾倒的美妙场景。② 技术系统的进化应该沿着使能量流动路径缩短的方向发展，以减少能量损失。掌握了“能量传递法则”，有助于减少技术系统的能量损失，保证其在特定阶段提供最大效率。

能够降低技术系统能量损失的措施有：

(1) 提高系统各部分的传导率。能量从技术系统的一部分向另一部分的传递可以通过物质媒介(轴、齿轮等)、场媒介(磁场、电流等)。例如，目前远程电力输送一般采用铜或铝，未来的发展方向是超导材料。据统计，目前的铜或铝导线输电约有15%的电能损耗在输电线上，在中国每年的电力损失达1 000多亿度，若改为超导输电，节省的电能相当于新建数十个大型发电厂。

(2) 减少能量形式转换的次数。能量守恒定律表述为能量既不会消灭，也不会创生，它只会从一种形式转化为其他形式，或者从一个物体转移到另外一个物体，而在转化和转移的过程中，能量的总和保持不变。如火车的进化，由蒸汽火车(化学能→热能→压力能→机械能)到内燃机车(化学能→压力能→机械能)，再到电动火车(电能→机械能)，减少了能量转换形式，降低了能量损失。

蒸汽机车
能量利用率：5%–15%

内燃机车
能量利用率：30%–50%

电力机车
能量利用率：65%–85%

图 6.17 火车的进化与能源利用率

(3) 使系统各部分间的能量传递路径最短。例如，手摇绞肉机代替菜刀，用刀片旋转运动代替刀的垂直运动，能量传递路径缩短，能量损失减少，同时提高了效率。能量传递路径最小化措施之一是从系统中去除传动装置，让能量由动力装置直接传递到执行装置。

6.5.3 协调性进化法则

技术系统进化是沿着各个子系统相互之间更协调的方向发展，即系统各个部件在保持协调的前提下，才能充分执行或增强有用功能或消除有害功能，并且提高系统完成预设功能的效率，同时这也是整个技术系统能发挥其功能的必要条件。协调性具体体现在以下几方面：

1. 形状结构上的协调

例如，积木玩具进化，早期是只能摞、搭的积木，现代乐高积木是可自由组合的玩具，随意组成不同形状；汽车的各个覆盖件必须是严丝合缝对接，并与整体上的车身曲面吻合。螺母的螺距、牙型、公称直径等参数与螺栓一致，且为通用，全世界统一了螺纹标准，如图6.18。建筑用砖的尺寸为：长是宽的2倍，宽是高的2倍，如图6.19，长、宽、高的倍数关系，保证了如何砌砖都是能保持墙体均匀整齐。

形状协调进化路线一是：相同形状→自兼容形状→兼容形状→特殊形状。如螺母的螺距、牙型、公称直径等参数与螺栓应该是一致的(图6.18)，这是相同形状；如砖的形状可以组合成不同的排列(图6.19)，这是自兼容形状；如符合人机工程学设计的办公椅与

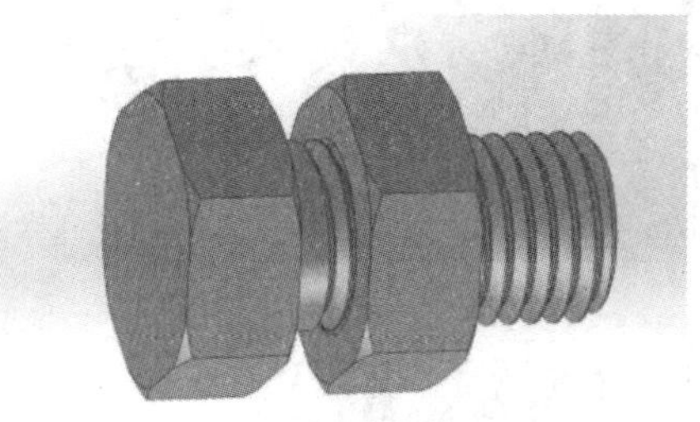

图 6.18　螺栓与螺母

图 6.19　砖与墙

超系统形状协调(图 6.20),这是兼容形状;如球鼻形船首,球鼻艏是船首部水面以下的球状突出部分,是一种用来克服船阻力的结构,其大小和形状与船体相配合可对水的压力起抵消作用,产生的船波较小,并可改善船体附近水流情况,以减小船的阻力,使船首与球鼻分别形成波浪的波峰与波谷相遇而相互抵消(图 6.21)。

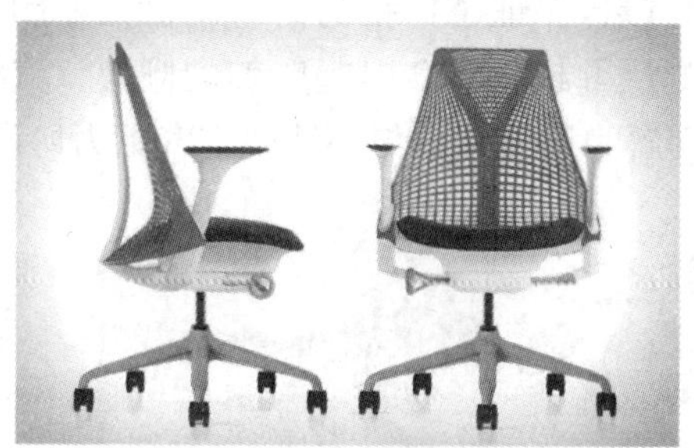

图 6.20　符合人机工程学设计的办公椅

图 6.21　球鼻形船首

形状协调进化路线二是:表面形状的进化由平滑表面→带有突起的表面→粗糙表面→带有活性物质的表面。如汽车方向盘表面形状的进化(图 6.22)。

形状协调进化路线三是:内部结构的进化由实心的物体→物体内部中空→内部多孔结构→毛细结构→动态内部结构。如汽车保险杠内部结构的进化。

形状协调进化路线四是:几何形状进化由点→线→面→体;由直线→2D 线→3D 线→复杂线;由平面→曲面→双曲面→复杂曲面,如计算机鼠标形状的进化(图 6.23)。

图 6.22 汽车方向盘表面形状的进化

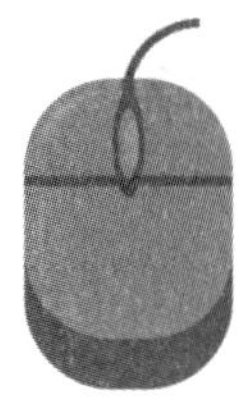

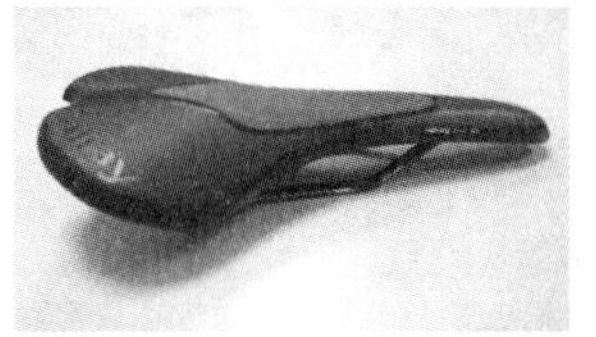

图 6.23 计算机鼠标形状的进化

2. 各性能参数的协调

例如网球拍的进化，网球拍的重量与力量的协调(如图 6.24)，较轻的球拍更灵活，较重的球拍能产生更大的挥拍力量，因此需要考虑两个性能参数的协调，设计师将球拍整体重量降低，提高了灵活性，同时增加球拍头部的重量，保证了挥拍的力量。再如船舶的载客或载货量要在船的前后左右均匀分布，某一侧严重超载将会引起船舶的倾覆。汽车设计成流线型是为减小运动中的空气阻力，也可理解为风阻系数与环境中空气阻力协调。

图 6.24 网球拍的重量与力量的协调

3. 工作节奏/频率上的协调

世界上第一架有效使用固定向前射击机枪的飞机，机枪射击频率与活塞发动机工作频率同步，使子弹恰好通过螺旋桨叶片的间隙射出，而不打坏叶片。再如混凝土浇筑，建筑工人在混凝土浇筑施工中，为提高质量，总是一面灌混凝土，一面用振荡器进行振荡，使混凝土由于振荡的作用而变得更紧密、更结实，以确保混凝土密实无缝隙。城市交通中的红绿灯在时间上存在互补性的协调。

单个物体频率协调进化路线：连续运动→脉冲→周期性作用→增加频率→共振。例如，冲击钻就是以较高的冲击频率打击工具的尾端，使工具向前冲打。

多个物体频率协调进化路线：节奏不匹配→节奏一致→共振→复杂相变→利用动作间隙。例如，第一次世界大战中德国飞机设计师安东尼·富克及他的同伴们发明使用凸轮的射击同步协调器(图 6.25)。这种装置可依靠螺旋桨的转动来控制机枪射击，当枪口指向桨叶间隙时子弹射出，而枪口对准桨叶时射击停止。图 6.26 是有 1 152 个车轮的平板车 SMPT，整车载重超过 5 万吨，主要是运输超大型的机器设备，比如飞机、潜艇，超重的大异形结构，在制造业、石油、化工、海洋、桥梁建造中有使用。

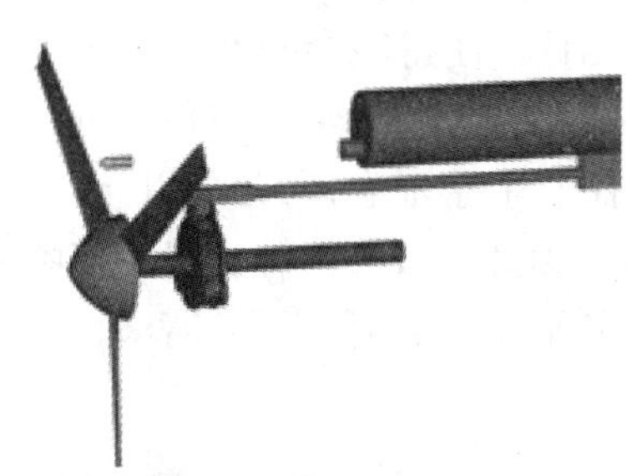

图 6.25　飞机射击同步协调器

图 6.26　平板车 SMPT

4. 材料的协调

各个子系统的材料属性要求协调。可以考虑使用相同属性的材料、类似属性的材料、不同属性的材料、相反属性的材料、惰性材料等来增强子系统间的协调性。如飞机机身蒙皮尽量用相同的材料，汽车刹车片与刹车盘用类似属性的材料(如图 6.27)，手机显示屏与金属框用不同的材料，铅笔与橡皮是相反属性的材料。在高温条件下许多金属的性质趋于活泼，容易与空气中的氧气反应，为防止氧化采用保护性的气体，在惰性的环境中焊接。

图 6.27　汽车刹车片与刹车盘材料协调

图 6.28　人工心脏

材料协调进化路线：相同材料→相似材料→惰性材料→可变特性的材料→相反特性的材料。如人工心脏(图 6.28)。

5. 形状与动作的协调

功能载体的形状与其所发出的动作之间也存在协调问题。在进化趋势上，功能载体的形状遵循着“点→线→面→体”趋势进化，或者是反向的“体→面→线→点”进化。如加工能力增强时，钻/车/镗/铣削→线切割→电火花成型→精密浇铸；再如电脑存储，当数据量趋大时，单机存储→双机存储→网络存储→云存储；又如消防救援，救援量增大时，救生吊勾→救生绳→救生网→救生气垫。

为改善技术系统性能或补偿不足，参数发生有针对性的变化，技术系统进化进入下一个失调阶段，协调-失调会交替出现，形成动态的协调-失调循环过程。技术系统失调包括被动失调、专业失调和动态协调-失调三类。被动失调是因系统中的一个子系统结构未按期完成任务而失调。专业失调是为保障取得好的效益而有意识失调。动态的协调-失调是系统循环进化的最后阶段，系统参数发生自控(可控)变化，以根据工作条件获得最佳值。例如剃须刀的协调-失调，如图6.29。剃须刀要紧贴(平)皮肤，以尽可能将胡须刮干净，但脸上如有小疙瘩，刀紧贴也可能将小疙瘩一起刮掉，使得脸会刮伤。因此剃须刀要平(协调)，有疙瘩时又要不平(失调)。早期的剃须刀是一把整体的刀片，在使用时抹上能软化胡子的泡沫，不方便也不安全，极易刮伤脸。后来有了T字形剃须刀，刀刃锋利，在刮胡须时可随接触面变化角度。经过不断的技术发展，由单刀片变成多刀片。现在市场上广泛销售的电动剃须刀，有旋转式、浮动式、往复式剃须刀多种类型，以适应不同需求。

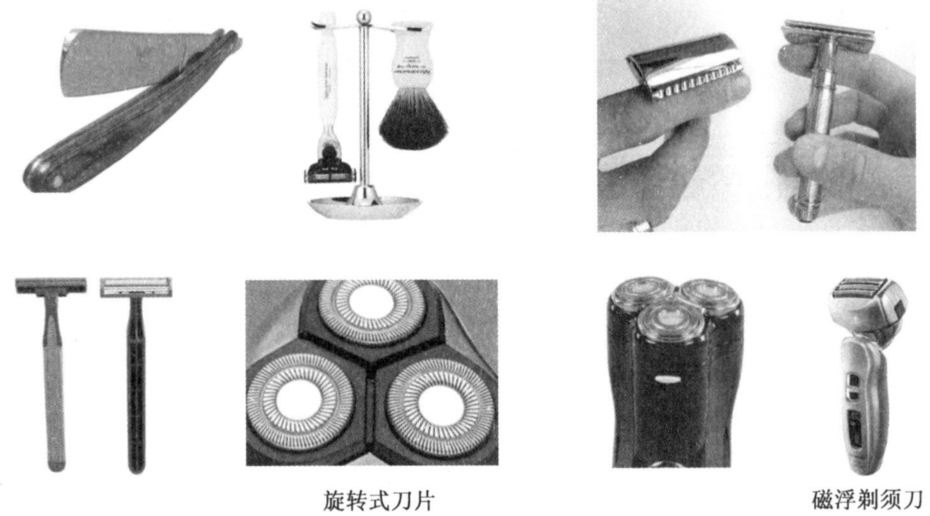

图6.29 剃须刀的进化

6.5.4 动态性进化法则

技术系统诞生通常是静态的、不灵活的、不变的。在技术系统进化过程中，其动态性和可控性会提高，也就是说对有针对性变化的适应能力会提高，而这种有针对性的变化可以保证系统适应可变的系统工作条件，对环境的相互作用也会提高。提升系统的动态性能使系统功能更灵活地发挥作用，或作用更为多样化，提高系统动态性需要提高系统的可控性。

动态性进化法则从结构上沿着增加柔性、增强可移动性和可控性的方向发展，以使系统能够适应变化的性能、变化的环境条件和功能多样化需求。其进化路线有以下三种：

1. 增加系统柔性的进化路线

增加系统柔性的技术进化路线大致是：刚体系统→单铰接系统→多铰接系统→柔性系统→场连接系统，如图 6.30。

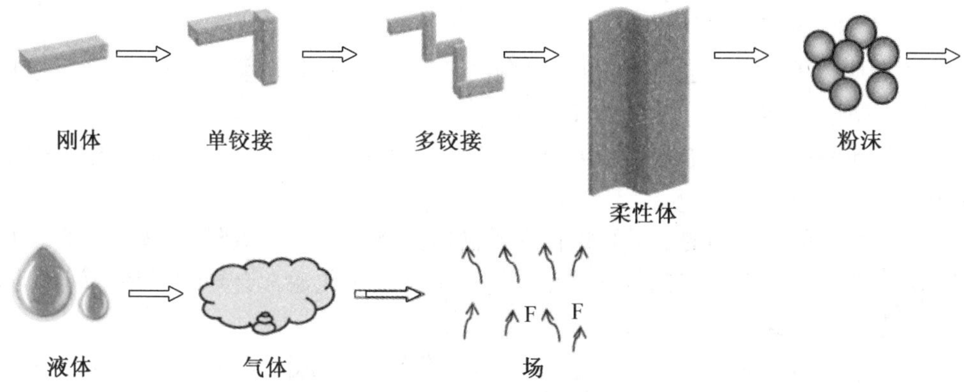

图 6.30　增加系统柔性的进化路线

具有刚性元件的系统对工况适应性很差，在刚性元件设计中引入铰接，铰接点的数目越多，系统柔性就越好，系统元件实现分子形式或场形式就达到最大柔性。如门锁的进化(如图 6.31)从挂锁，到链条锁，发展到电子锁，进化到指纹锁，已经出现物联网的智慧门锁。

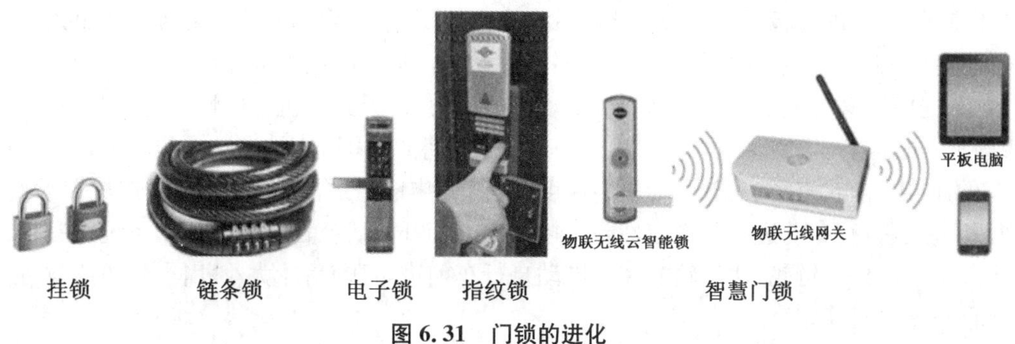

图 6.31　门锁的进化

2. 增加系统可移动性进化路线

技术系统应该沿着系统整体可移动性增强方向进化。技术系统进化路线：不可动系统→部分可动系统→高度可动系统→整体可动系统。如固定电话到手机的进化，固定电话不能移动，无线子母机可支持一定距离的移动，手机则可以整体随意移动。

3. 提高可控性进化路线

技术系统应该向着系统可控性增强方向进化。技术进化路线：直接控制→间接控制→反馈控制→自动控制。如照相机调焦的进化，从手动调焦→按钮调焦→感应光线调焦→自动调焦。再如路灯的进化，从直接控制(每个路灯都有开关，有专人负责定时开闭)→间接控制(用总电闸整条线路的路灯)→引入反馈控制(通过感应光亮度控制路灯的开闭)→自我控制(通过感应光亮度,根据环境明暗自动开闭并调节亮度)。

6.5.5 子系统不均衡进化法则

技术系统由多个实现各自功能的子系统组成,每个子系统以不同的速率进化,因此导致子系统进化是不均衡的。越复杂的系统,其各个组成部分的进化越不均衡。

子系统不均衡进化具体体现在:

(1) 任何技术系统所包含的各个子系统都不是齐头并进、均衡进化的,技术系统中的每个子系统都沿着各自的S曲线进化。

(2) 技术系统中各个子系统是按照自己的进度来进化的,不同子系统进化是不同步、不均衡的。

(3) 技术系统中不同的子系统进化在不同时刻到达自己的极限,率先到达自身极限的子系统将"抑制"整个技术系统的进化。这种不均衡进化通常会导致子系统间矛盾,只有解决矛盾,技术系统才能继续改进。

(4) 整个技术系统的进化速度取决于技术系统中进化最慢的那个子系统的进化速度。

(5) 需要考虑系统的持续改进来消除矛盾。

掌握子系统不均衡进化法则,可帮助技术人员及时发现并改进系统中最不理想的子系统,从而使整个技术系统的性能得到大幅提升。在技术系统进化过程中,最先达到极限的子系统将成为整个技术系统进化的障碍。通过消除障碍,可使技术系统性能得到较大幅度的改善。技术人员经常会将有限的时间精力花在已经理想的重要子系统,从而忽略"木桶效应"中的短板(图 6.32),导致系统的发展缓慢。例如,早期飞机被糟糕的空气动力学特性所限制。然而在很长的一个时期内,工程师们不是想着如何改善空气动力学特性,而是将注意力放在如何提高飞机发动机的动力上,导致飞机整体性能的提升一直比较缓慢。再如自行车在 18 世纪中期,没有链条传动系统,脚蹬直接安装在前轮上,此时自行车的速度与前轮直径成正比,为提高速度,人们一味地增加前轮直径,结果造成前后轮直径相差大,自行车前进中的稳定性差。接下来人们开始研究自行车的传动系统,在自行车上装上了链条和链轮,用后轮的转动推动自行车前进,且前后轮大小相同(图 6.33),自行车前进平稳且稳定。

图 6.32 木桶效应

图 6.33 自行车的进化

技术系统的子系统所出现的匹配和不匹配交替现象,是为了改善系统性能或补偿不理想的相互作用，最终促进各个子系统间向着更加协调的方向发展。如 1769 年“汽车”刚刚诞生时，只是把一台蒸汽锅炉安装到马车上，而车身、车轮、刹车、座椅等还是沿用马车原有子系统，“老主机”配上“新动力”的“汽车”，各子系统间严重不匹配，自重很大，经常压坏路面，制动困难，转向不灵，速度极慢，但却有了“世界上首台能够自己行走的机器”。随着燃油发动机的诞生，世界上真正意义的汽车诞生了，1885 年卡尔·本茨研制出了三轮汽油机车。此后，汽车从三轮发展到四轮，从四轮马车车架发展到专门设计的汽车车架，从无轿厢发展到有轿厢，从平面外壳发展到曲面外壳再到流线型外壳等。一百余年的汽车发展史，就是一部汽车子系统不均衡进化的演进史。

技术系统的各个子系统发展是不均衡的，创新就是要消除由于子系统间不均衡而出现的矛盾，让技术系统更好地实现预设功能。子系统的不均衡进化法则帮助人们及时发现并改进最不理想的子系统，消除子系统间的不均衡，以推动整个技术系统的进化。

6.5.6　向超系统进化法则

一个技术系统与另一个或多个技术系统（超系统）相互结合，称之为超系统的集成。向超系统进化的趋势总是沿着“单系统→双系统→多系统”的方向发展。技术系统内部进化资源的有限性要求技术系统的进化应该沿着与超系统中的资源相结合的方向发展。技术系统与超系统结合后，原来的技术系统将作为超系统的一个子系统，原系统升级到了更高的水平。系统向超系统进化过程中，系统参数的差异性、系统的主要功能、系统的联合深度以及联合系统的数量等均会逐渐增加。

1. *系统参数的差异性逐渐增加*

进化阶段：相同系统联合→同类差异系统联合→同类竞争系统联合。系统与其主要功能相同的系统联合，以增强系统原有的功能，系统参数差异性有小的改变；系统与其功能互补的系统联合，以增强系统的功能，系统参数差异性有大的改变；系统与可消除原系统中缺点的系统联合，以消除系统发展的障碍，系统参数差异性有更大的改变。如双体船是两个相同船体的联合，正面阻力相当于一条船，系统的稳定性增强。再如，不带螺纹的钉子容易被钉进物体，但也易拨出而不能很好地固定物体，全螺纹钉能很好地固定物体，但拧进物体不易，两个系统之间存在互补，可联合形成一半带螺纹，一半不带螺纹的钉子。

2. *系统的主要功能逐渐增加*

进化阶段：竞争系统的联合→关联系统的联合→不同系统的联合→相反系统的联合。有用功能作用客体相近的系统，使用条件相近的系统，工艺流程相近的系统，可以相互利用资源的系统，以及具有相反功能的系统联合成超系统，使联合系统比原系统具备更多的功能。如瑞士军刀由刀、剪子、钳子、瓶起子、小锯等系统联合在一起，系统具备各子系统的功能。铅笔和橡皮是相反的系统，联合形成橡皮铅笔，方便使用。

3. *系统的联合深度增加*

系统的联合沿着无连接、有连接、局部简化、完全简化的路线发展。系统的联合深度由零联系向物理联系、逻辑联系逐渐增加，将系统的功能逐渐渗透、转移到超系统中。如急救箱中放置有药品、剪刀、绷带、注射器、血压计、镊子等，各子系统间相互独立，没有联系，使用时没有先后顺序，放在一起就是为了方便使用。人们常见的计算机、手机、照相机等电子产品均具有时间显示功能，钟表只是概念，其计时的功能转移到了新的系统上并成为一个子功能被保留。

4. 系统的联合数量逐渐增加

系统沿着单系统→双系统→多系统的方向路线发展。系统发展中因有的物体不能有效地完成所需功能，需要引入一个或多个物体到系统中。如多功能一体机，将打印、复印、扫描、传真等功能结合在一起。

特性上有差异的元件以双系统或多系统方式集成，可以组合成平台类产品，如军舰和飞机作为子系统集成后，就有了航空母舰海上作战平台；把手机、计算机、电话、游戏机、电子书、平板电脑、摄像机、电视、时钟等电子设备作为子系统集成后就有个人的智能终端机。

将独立的两个或多个单系统进行集成是实现创新的重要途径。集成后的系统，其原有性能可以获得提高并组合出新的有用功能。一般来说，集成的子系统越多，系统的功能就越多、越强大。但技术系统不能无限地集成为超系统。随着系统的复杂性提升，系统的可靠性降低，管理难度加大，运行效率降低，必须对子系统进行优化、重组和裁剪。系统的扩展与裁剪是同时进行的，扩展到一定程度就会发生裁剪。

技术系统进化到极限时，它实现某项功能的子系统会从系统中剥离出来，转移至超系统，成为超系统的一部分。在该子系统的功能得到增强的同时，也简化了原有的技术系统。将原有技术系统中的一个子系统及其功能从技术系统中分离出来，并将它们转移到超系统内。分离出来的子系统被组合到超系统中，形成专用的技术系统。专用技术系统以更高的质量执行该子系统的功能。一方面，原有技术系统由于剥离了该子系统而得以简化；另一方面，由于从原技术系统中分离出来的子系统被组合进一个专用技术系统，使得该子系统的功能质量得以提高，从而使新技术系统的功能得以增加。例如，战斗机远程作战时需要携带足够的燃油，原有的副油箱曾是飞机必不可少的一个子系统，如今的战斗机为了隐身的需要已经不能携带副油箱，于是副油箱的功能从飞机上剥离，转入超系统，以空中加油机的形式给飞机加油，战斗机的技术系统本身也获得简化。

6.5.7 向微观及增加场应用进化法则

向微观及增加场应用进化法则是要求将由尺寸较大的宏观物质所完成的功能逐步进化为由尺度较小的微观物质来完成，用以消除系统在宏观级中出现的矛盾，提高原有系统性能。进化后的系统控制参数更有效、更有柔性，成为可以执行更多的功能、品质更高、尺寸更小、效率更高、耗能更少、更为理想的系统。进化路线很多，主要介绍以下几种：

1. 规模微观化

元件从最初的尺寸向原子、基本粒子的尺寸进化，同时能更好地实现系统的功能。规模微观化的进化路线如图 6.34。

最初的收音机是电子管收音机，各个部分的零部件尺寸很大，整个装置体积大，重量大。随着半导体器件的发明，晶体管收音机诞生，各部件的外形尺寸明显减小。印刷电路板的出现，能容下所有的电线配置，收音机的外形和重量进一步减少。当今电子器件的微

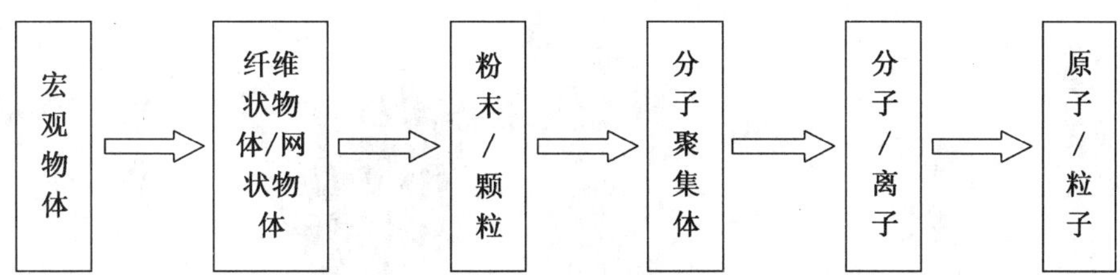

图 6.34 规模微观化的发展路线

型化发展，使得收音机的外形尺寸越来越小。

再如航空航天需要陀螺导航。陀螺的功能是测量惯性空间角度/角速度变化，由此确定飞行器的方位与行进方向。其发展方式是高精度、高可靠和小型化。如表 6.5 所示，陀螺的发展历史就是一部从宏观向微观进化的历史。

表 6.5 微观进化中的陀螺产品

名称	特点	尺度与重量
机械陀螺(挠性陀螺)	环境耐受差	零件多，重
激光陀螺(RLG)	可靠性高	零件数量减少
激光陀螺	兼具激光陀螺光纤陀螺优点	轻量化
光纤陀螺(POG)	低功耗	小型化
微光学陀螺(MOMES)	结合光纤、硅微陀螺优点	毫米化
硅微陀螺(MEMS)	零件数量为个位数	纳米化
冷原子陀螺(AIG)	追求高精度	原子化

2. 增加离散度

通过改变物质的关联度，使物质的分散程度加大，具体体现在向多孔毛细管物质转变和加大物质中空程度。增加离散度的进化路线如图 6.35。

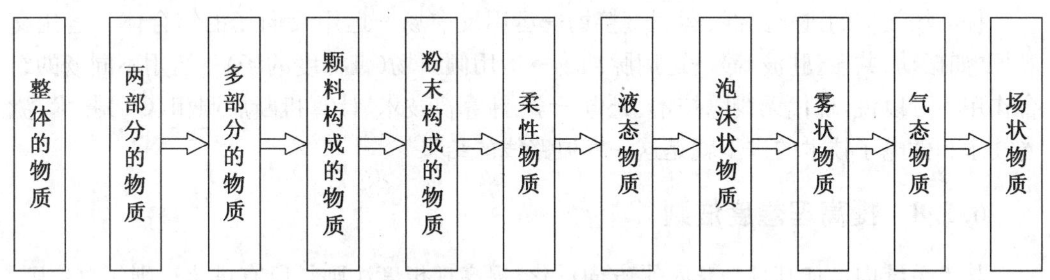

图 6.35 增加离散度的进化路线

清洁系统最初为整体系统(刮削器)，离散发展为多元件系统(刷子)，进而发展为带颗粒的系统(消除铸件氧化皮的喷砂机)，接着发展为带液体的系统(高压喷水清洁器)，最后向场系统进化(激光清洁器)，如图 6.36。

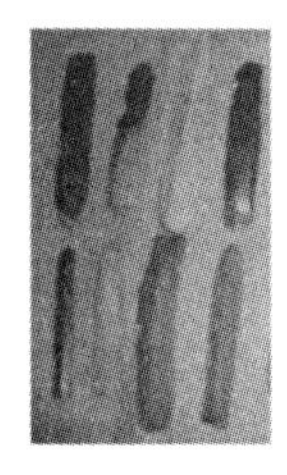
红山玛瑙刮削器

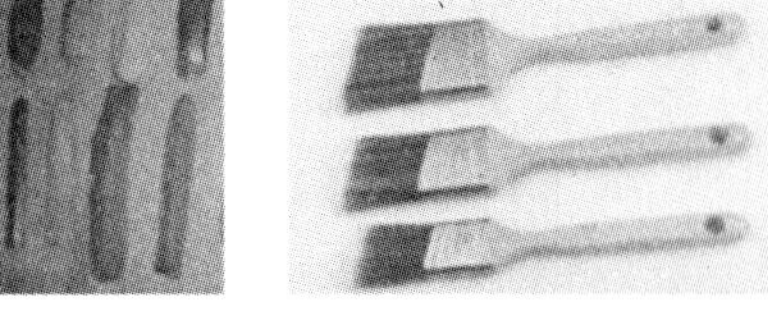
刷子

喷砂机

高压喷水清洁器

激光清洁器

图 6.36　清洁系统的进化

3. 空间分割

通过引入其他材料或空洞到单块物体中，然后将空洞分割成几个部分，空洞数目增多，重量减轻，并且催化物质和场可以引入到毛孔中，以提高系统元件占用空间的有效利用率，减轻系统重量及降低成本等。空间分割进化发展路线：实心物体→物体内部引入空洞→将空洞分割成几个小空洞→制成多孔结构→制成活性的毛孔。如最初的轮胎是实心轮胎，后发展为有内胎的和无内胎的空心轮胎，进而发展为多腔轮胎，再到应用多孔材料的轮胎，将孔增多出现毛细孔材料、含冷却剂的轮胎，再发展为填充了多孔聚合物颗粒和凝胶状物质的轮胎。

4. 场的应用

用场代替物质，使系统向场＋物质或场转变，并向高可控性场过渡。进化发展路线：运用机械作用→运用热作用→运用分子作用→运用化学作用→运用电作用→运用磁作用→运用电磁作用和辐射。如存储介质的进化，最初计算机记录数据的方式是在纸带上打孔，后来采用录音磁带，进而发明了软磁盘、硬盘。多媒体技术海量数据存储的需求催生了光记录介质(光盘)。但无论是磁带、磁盘还是光盘，读写时需要辅助的机械结构。以 Flash 闪存为介质的各种产品已经被广泛地应用，它的读写过程不需要机械结构辅助，因而可靠性大大增加，体积小且读写快，可见“非机械结构”存储介质是发展的方向。

提高场效应的进化路线：运用直接场→运用反向场→运用反向场的结合体→运用交互场(如振动、共振、驻波等)→运用脉冲场→运用倾斜场(带梯度的场)→运用不同场的组合作用。可以说，现代无线电技术、光电子学、计算机技术、计算机断层照相(CT)技术、激光技术和微电子技术的进步就是这一发展路线的结果。

6.5.8　提高理想度法则

技术系统向增加其理想化水平方向进化，提高理想度法则是所有进化法则的总法则。经典 TRIZ 给出的理想系统的三个基本条件是：系统运作的能量为零，即不消耗任何资源；制造成本为零；不占用任何空间。作为物理实体的理想技术系统并不存在，然而提高技术系统理想度的趋势是客观存在的，前述七个法则都是旨在以不同路径和方式提高技术系统理想度，不断理想化是所有技术系统的必然发展方向。

系统理想度增加法则也称为提高理想度法则，该法则指出：所有技术系统都是朝着提高其理想度的方向进化的。在技术系统的理想度不断增加，无限趋近于无穷大的过程中，技术系统也无限趋近于理想系统。

提高理想度法则也可表述为以下两点：

(1) 技术系统是沿着提高其理想度，向理想系统的方向进化。

(2) 提高理想度法则代表着其他所有技术系统进化法则的最终方向。

理想机器：没有质量、没有体积，但能完成所需要的工作。

理想方法：不消耗能量及时间，但通过自身调节，能够获得所需的效应。

理想过程：只有过程的结果，而无过程本身，突然就获得了结果。

理想物质：没有物质，但功能得以实现。

理想系统：系统不存在实体，而为了系统有某种用途可以做到实现功能。

根据理想度公式：$\text{理想度}=\dfrac{\sum \text{有用功能}}{\sum \text{有害功能}+\sum \text{成本}}$，提高理想度的有效手段是增加系统的有用功能的数量或效能，减少有害功能的数量或效果，生产出理想的、能满足各项功能需求的、性价比更优的最终产品。具体的方法有：提高有用功能，如提高火车速度，增大计算机硬盘容量，增强显示器的分辨率等；降低有害功能和成本，如现代冰箱利用无氟制冷剂代替氟利昂，减少计算机体积以便于携带，减少汽车尾气排放等；提高有用功能的同时降低有害功能和成本，如手机与固定电话相比，有用功能更多，体积更小，且可移动等。

提高理想法则为人们评估什么是好产品有了一个明确的概念和可定量计算的公式，激励人们以发展理想化产品为目标，设计和制造出更好的新产品。

拓展案例材料

6.5.9 技术系统进化法则及其应用

技术系统进化法则具有强大的作用，不仅可以改进技术系统，完善解决问题的程序，而且在应对商业环境变化，优化管理等方面有独特的作用。合理运用法则，可对技术系统发展进行预测，有效提高解决问题的效率。

1. *应用路线*

一般产品的技术系统沿多条进化路线进化，具有进化潜力的进化路线搜索方法极为重要。首先选择一个相关的进化法则，进化法则下的相关进化路线也被选择；然后确定产品沿被选择的进化路线进化的当前状态。则当前进化状态与最高进化状态间就存在进化潜力，具有进化潜力的状态应该有一个或多个，即从比当前进化状态高一级的进化状态到最高进化状态都是具有进化潜力的状态。选择进化路线时要注意其相关性和类型。对比所有与产品核心技术进化特征相匹配进化路线的可能性，以确定最具有相关性的进化路线。

进化法则的应用路线：系统完备性法则、能量传递法则、协调性进化法则多用于技术系统产生初期，提高理想度法则、系统各部分不均衡进化法则、动态性进化法则多用于技术系统发展的成长期，向微观及增加场应用法则多用于技术系统成熟期，向超系统进化法则多用于技术系统发展后期。技术系统进化法则的应用路线如图 6.37。

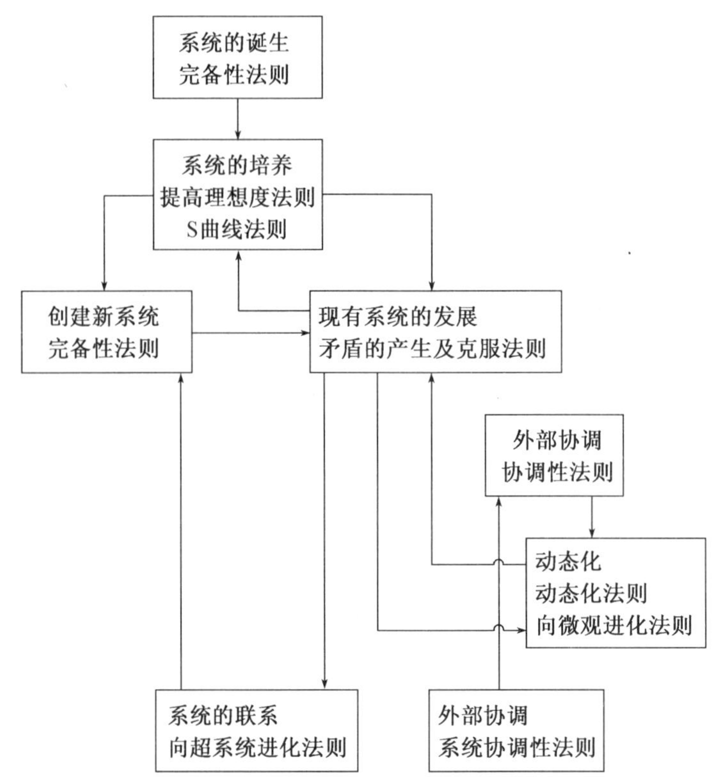

图 6.37 技术系统进化法则的应用路线

2. 进化法则的应用领域

技术系统进化法则可以应用到很多方面，现简要介绍部分应用领域。

(1) 产生市场需求

产品需求的传统获得方法是市场调查，调查人员基本聚集于现有产品和用户的需求，缺乏对产品未来趋势的有效把握。调查问卷的设计和调查对象的确定在范围上非常有限，且很可能有较大的偏差，导致市场调查所获得的结果往往比较主观、不完善。因此调查分析获得的结论对新产品市场定位的参考意义不大，甚至于出现错误的导向。

TRIZ 的技术系统进化法则是通过对百万级专利的深入研究分析得出，具有客观性的跨行业领域的普适性。技术系统进化法则可以帮助市场调查人员和设计人员从进化趋势确定产品的进化路线，引导客户提出基于未来的需求，实现市场需求的创新，从而立足未来，抢占市场领先地位，成为行业发展的领跑者。

(2) 定性技术预测

分析 S 曲线族可帮助研发人员和管理者了解现有技术系统的成熟度，有助于企业做出适宜的研发决策，合理配置人、财、物等资源，辅助企业决策者做出正确的技术研发或技术引进决策。

① 对处于婴儿期和成长期的产品，在结构、参数上进行优化，促进其尽快成熟，为企业形成利润源泉。同时尽快申请专利进行知识产权保护，以保证在市场竞争中处于有利

地位。

② 对处于成熟期或衰退期的产品，避免进行改进设计的投入或进入该产品领域，同时关注于开发新的核心技术以替代已有技术，推出新一代产品，保持企业的持续发展。

③ 明确符合进化趋势的技术发展方向，避免错误的投入。

④ 定位系统中最需要改进的子系统，以提高整个产品的水平。

⑤ 跨越现有系统，从超系统的角度定位产品可能的进化模式。

进行技术预测的步骤为：

① 对当前系统进行分析，确定其在 S 生命周期曲线的位置。

② 根据分析，作出改进现有系统或开发新一代系统的决策。

③ 用技术系统进化法则预测系统的发展方向，通过解决矛盾实现系统的改进或更新。

(3) 产生新技术

虽然产品进化中的基本功能维持不变或有增加，但其他的功能需求和实现形式一直处于持续的进化和变化中，尤其是一些令顾客喜欢的功能变化更快。因此，按照进化理论可以对当前产品进行分析，以找出更加合理的功能实现结构，帮助设计人员完成对系统或子系统基于进化的设计。

(4) 专利布局

技术系统的进化法则可较有效地确定未来技术系统发展趋势，对当前还没有市场需求的技术，应事先进行有效的专利布局，以保证企业未来的长久发展空间和专利收益。

专利权作为知识产权在企业经营过程中的重要性自然不言而喻，国际上有很多企业正是依靠有效的专利布局来获得高附加值收益，或者专利成为打击竞争对手的重要手段。由专利形成的技术标准更是构成技术壁垒最重要的手段。技术标准是进入一个技术领域，包括进入一个国家和地区市场的一道门槛，在对外贸易中发挥着越来越重要的作用。2003 年初，欧盟宣布通过一项新的打火机标准，规定两美元以下的打火机(这一价位的打火机 90%以上从中国进口)必须加设儿童安全装置，而这项装置的专利掌握在欧盟成员国手中，如果为这一装置支付专利使用费，中国打火机在价格上的优势将丧失殆尽。这是一件典型的技术壁垒造成的贸易纠纷案例。据统计，我国 60%以上的出口企业遭遇过国外的技术壁垒。技术壁垒使我国年损失达上千亿美元，专利、技术标准形成的技术壁垒作用在逐渐增强，创新正越来越成为企业成长发展的基石。

专利的申请数量和质量是创新型国家重要指标。在我国申请的专利中，信息产业专利中 81%的专利掌握在外国公司，通信方面 90%的专利由外国公司掌握。3G 三大标准 WCDMA、CDMA2000、TD-SCDMA 对应的专利占有率：在 WCDMA 标准中，爱立信占 27%的专利，诺基亚占 18%，高通和摩托罗拉合计占 30%；在 CDMA2000 标准中，高通占 28%的专利，日本的 DOCOMO 占 13%，爱立信占 8%。国外众多业界成功的案例可以看出，每个成功的公司都走过了市场预测—研发—申请专利—制定标准—占领市场的道路。专利向技术标准的转化，是专利保护的最高形式。以标准领导市场，以专利垄断和巩固市场，这就是通常所说的“三流企业卖力气，二流企业卖产品，一流企业卖专利，超一流企业卖标准”，高通公司是一个典型的代表。在 5G 标准的争夺中，中国虽然具有了一定的话语权，相比我国在2G时代技术全面落后的局面，以华为和大唐电信等为代表的中国企业在5G时代正迅速缩小与世界先进水平的差距。

（5）选择企业战略制订时机

技术系统进化法则对选择一个企业发展战略制定时机具有积极的指导意义。一个企业也是一个技术系统，成功的企业战略能够将企业带入一个快速发展的时期，完成一次S曲线的完整发展过程。任何企业在一次成功后，将面临衰退期，不要忘记S曲线族的规律，当这一成功战略进入成熟期以后，就应开始进行下一个战略的制订和实施，从而顺利完成下一个S曲线的启动，努力实现S曲线的跃迁，将企业带向下一个辉煌。

现代 TRIZ 理论工具——裁剪

思考题

1. 结合TRIZ的诞生和发展，请你思考大学生如何实现创新？

2. 请你列出不同创新方法解决问题的思路与方法的异同。

3. 请用技术系统进化法则分析人类交通工具的进化过程，并预测人类未来的交通工具。

4. 手机已经成为人们的新器官，请用技术系统进化法则说明手机功能不断增加及其进化的趋势。

5. 如果你是某家医院院长，在信息化、大数据、人工智能的背景条件下，你如何集聚医疗资源，提供给病人最理想的服务？

6. 尝试用裁剪方法对某技术系统进行裁剪。

第7章　矛盾及其解决方法

【学习目标】

了解什么是矛盾，掌握TRIZ理论的矛盾分类；掌握40个发明原理及其主要内容并加以运用；了解技术矛盾概念，掌握矛盾矩阵的使用方法，并能利用矛盾矩阵进行技术矛盾求解；了解物理矛盾的概念，掌握解决物理矛盾的分离原理及其类型，并能运用分离法解决物理矛盾；理解物理矛盾与技术矛盾的区别及相互间转化，了解分离原理与发明原理间的对应关系。

7.1　矛盾概述

7.1.1　什么是矛盾

矛盾是普遍存在的，社会的各个方面都充斥着矛盾。矛盾是对立统一的双方。世界上任何事物的内部和事物之间都包含矛盾的两方面。如生物内部的同化与异化、生长与老化的矛盾；战争中的进攻与防御；物质的凝结与蒸发等。现实生活中人们用“矛盾”来比喻相互抵触、冲突的关系。矛盾是指在两个或更多陈述、想法或行动之间的不一致。在逻辑中，矛盾被更加特殊化地定义为同时断言一个陈述以及它的否定。当两个对立的见解在同一时间、同一地点、同一条件都被认为是正确时，矛盾就出现了。矛盾在人们的生活中处处可见，如孩子认为河水很暖和，想下去洗澡，母亲则认为河水是凉的，下去洗澡会感冒；人们希望钢笔的笔尖应该很细以使画出细线，但细笔尖容易划破纸。分析和解决这些矛盾需要发挥创造性和想象力。只有不断地发现和解决矛盾，社会才能进步，而解决的矛盾越大则进步也就越大。

然而，系统的发展是从一个矛盾到另一个矛盾的发展过程，即任何一个系统都是通过克服不断产生的矛盾来发展的。在技术系统中，矛盾就是反映相互作用的因素之间在功能特性上具有不相容要求，或对同功能特性具有不相容(相反)要求的系统矛盾模型。

对立统一规律是唯物辩证法的实质和核心，它是所有事物发展的基本规律。在技术系统的发展过程和创新活动中，矛盾的发现和解决是不可回避的两个问题。在对矛盾做更深入的分析前，首先区分一下两个基本的概念：问题和矛盾。

“问题包含着矛盾，但问题并不等同于矛盾。”当只是“就问题而论问题”的时候，问题的发现通常是直接而容易的，因为在这种情况下，讨论的只是存在的不足，而不涉及其他。

相比而言，矛盾的发现就要难得多了，因为人们需要回答的是："为什么会这样？"矛盾需要对问题进行分析，需要提炼。对于同一个问题可以定义出多个矛盾，但如果不对问题做深入的思考和分析，就有可能明知问题存在却发现不了矛盾。要解决问题就必须努力地发现问题中存在的矛盾，但要更好地、更有创造性地解决问题，就必须发现关键性的矛盾，或者说是希望和应该去解决的矛盾，而做到这一点却并不是一件容易的事。

TRIZ 理论认为，发明问题的核心是解决矛盾，未消除矛盾的设计不是创新设计。产品进化过程就是不断解决产品所存在矛盾的过程，一个矛盾解决后，产品进化过程处于停顿状态；之后解决另一个矛盾，使产品转移到一个新的状态。设计人员在设计过程中不断地发现并解决矛盾，这是推动其向理想化方向进化的动力。

矛盾对工程技术人员而言极为平常，常指工程技术方案引发的冲突。一个相反的解决方案，或者一个新的解决方案会改善系统的某个方面特性，但也会导致另一个特性的恶化。如增加材料的厚度时会导致重量的增加；为增加飞机外壳强度，极易想到增加外壳厚度，这就势必会造成重量增加，而重量增加是飞机设计师们最不想见到的。解决矛盾所应遵循的原则是：改进系统中的一个零部件性能的同时，不能对系统中其他零部件的性能造成负面影响。

7.1.2 矛盾的分类

1. 矛盾的一般分类

一般情况下矛盾可分为：自然矛盾、社会矛盾及工程矛盾。自然矛盾是由自然定律所决定的。如温度不可能低于华氏零度以下，速度不可能超过光速，如果设计中要求温度低于华氏温度零度或速度超过光速，则就出现了自然矛盾，不可能有解。社会矛盾体现在个性、组织、文化等方面。如上下信息沟通不畅、组织内部奖励机制不完善等。工程矛盾包括技术矛盾、物理矛盾、数学矛盾等，其主要内容正是 TRIZ 研究的内容。

2. 基于 TRIZ 的矛盾分类

经典 TRIZ 理论中将矛盾分为：管理矛盾、技术矛盾和物理矛盾三种类型。

管理矛盾是指介于需求和满足它的能力间的冲突。发明问题在某个领域长期存在，知道要改善现状需要做些什么，但不知如何去做。如互联网速度应该提高而不予考虑合理的传输速度；应当避免项目投资效率低下；系统性金融风险应该规避；做出的产品有缺陷，但不清楚原因等。这些矛盾通常称为管理矛盾。通过分析可将管理矛盾转换为技术矛盾和物理矛盾。

技术矛盾是两个参数、功能、属性或质量等彼此之间的矛盾，如为改善系统的一个参数，而导致另一个参数的恶化，说明技术系统存在着矛盾。技术系统的特点是相互关联参数的综合体，如生产率、能耗、数量、规模、成本价格等，尝试去改善一个参数往往会造成其他参数的恶化，形成技术矛盾。如汽车的速度与安全性；奶油蛋糕美味但对健康不利等。

物理矛盾是针对系统的某个参数，提出两种截然不同要求的矛盾。对技术系统中的某一个组件或元件的参数（或属性）提出了截然不同（包含完全相反）的需求时，系统存在物理矛盾。两种需求如同拔河比赛一样此消彼长，一方的收益建立在另一方的损失上。

如希望胶水有黏性，但又不要太黏；飞机机翼在起飞时尽量大，以获得大的升力，飞机机翼高速飞行时尽量小，以减少阻力；皮带输送机的皮带既要厚度大，强度高，又要厚度小，从而弯曲应力小；玻璃既要透明，又要不能完全透明等。物理矛盾是对技术系统的同一参数提出互斥需求时出现的一种物理状态。

通常管理矛盾包含了若干技术矛盾和物理矛盾。经过分析，管理矛盾可转化为技术矛盾和物理矛盾，技术矛盾可转化为物理矛盾。理论上矛盾可以相互转化，但技术系统上的转化路径反向转化的极少。对于物理矛盾可以采用分离原理寻找解决方案；对于技术矛盾，则利用矛盾矩阵表找到相应的发明原理，找出解决矛盾的方法。

7.1.3　矛盾对于 TRIZ 理论的意义

阿奇舒勒对大量发明专利研究后发现，真正的“发明”（特指第二、第三和第四级发明专利）往往都需要解决隐藏在问题中的矛盾。因此阿奇舒勒认为是否出现矛盾，是区分常规问题与发明问题的一个主要特征。如果问题中不包含矛盾，那么问题就不是一个发明问题（或 TRIZ 问题）。

矛盾是问题的焦点，矛盾是 TRIZ 的基石。矛盾可以帮助我们更快、更好地理解隐藏在问题背后的根本原因，找到解决问题的方法。对包含矛盾的工程问题，人们通常的解决方法就是折中（妥协），其结果是矛盾的双方都无法得到满足，系统发展潜力被矛盾牢牢地禁锢。常规的逻辑思维对矛盾问题往往无能为力，要利用其他的逻辑思维过程来解决矛盾。TRIZ 建议不要回避矛盾，相反是要找出矛盾并激化矛盾！TRIZ 的出发点是从根本上解决矛盾，就是矛盾问题解决的思维方法，并利用 40 条发明原理彻底解决矛盾。

“问题”与“矛盾”

如何抽取出隐藏在问题中的矛盾是一项复杂而困难，但又是无法回避的问题。经验丰富的 TRIZ 专家与一般 TRIZ 使用者间的差别之一就是抽取和定义矛盾的能力。只有经过持续不断的实践与总结，才能提升这种能力。

7.2　40 个发明原理及其应用

没有矛盾就没有技术系统的存在，或者是技术系统就无法进化与发展。矛盾是经典 TRIZ 理论的最核心内容。阿奇舒勒发现发明专利中的一个共同点是：如果系统中存在着问题，几乎所有的问题中都蕴含着矛盾，而解决矛盾的结果就形成一项新的发明专利。这些问题阿奇舒勒称之为“发明问题”。发明问题中至少包含一个以上的矛盾，解决问题就是要消除矛盾。发明问题的核心是解决矛盾，针对具体的矛盾，可以基于这些规律来寻求具体的解决方案。不同的发明创造往往遵循共同的规律，40 个发明原理就是 TRIZ 对这些规律的总结。

TRIZ 理论成功地揭示了创造发明的内在规律和原理，着力于澄清和强调系统中存在的矛盾，其目标是完全解决矛盾，获得最终的理想解。它不是采取折中或者妥协的做法，而是基于技术的发展演化规律研究整个设计与开发过程，因而不再是随机的行为。实践证明，运用TRIZ理论，可大大加快人们创造发明的进程而且能得到高质量的创新产品。阿奇舒勒分析发现专利虽来自不同国家、不同领域，且解决的也是不同问题，实现对不同系统改进，但这些专利利用了某些数量有限的相同方法。也就是说，很多的原理和方法在发明过程中是重复使用的。基于这样一种理念，他对于世界上不同领域的专利和方法进行了归纳和总结，并提取出在专利中最常用的方法和原理，且总结了40个发明原理，见表7.1。

表7.1　40个发明原理

序号	原理名称	序号	原理名称	序号	原理名称	序号	原理名称
1	分割	11	预先防范	21	减少有害作用时间	31	多孔材料
2	抽取	12	等势	22	变害为利	32	改变颜色
3	局部质量	13	反向作用	23	反馈	33	同质性
4	非对称	14	曲面化	24	中介物	34	抛弃与再生
5	组合	15	动态特性	25	自服务	35	物理/化学参数变化
6	多用性	16	未达或过度作用	26	复制	36	相变
7	嵌套	17	维数变化	27	廉价替代品	37	热膨胀
8	重量补偿	18	机械振动	28	机械系统的替代	38	加速氧化
9	预先反作用	19	周期性作用	29	气压与液压结构	39	惰性环境
10	预先作用	20	有效作用的连续性	30	柔性壳体或薄膜	40	复合材料

40个发明原理在应用上并没有行业、专业、领域的限制。现对40个发明原理介绍如下。

1. 分割原理

（1）将一个物体分割成相互独立的几个部分。如分类回收垃圾箱、火车内部独立车厢，内燃机汽缸、分格书架和冰箱、将一个企业分为数个事业单位等。

(a) 分类垃圾箱

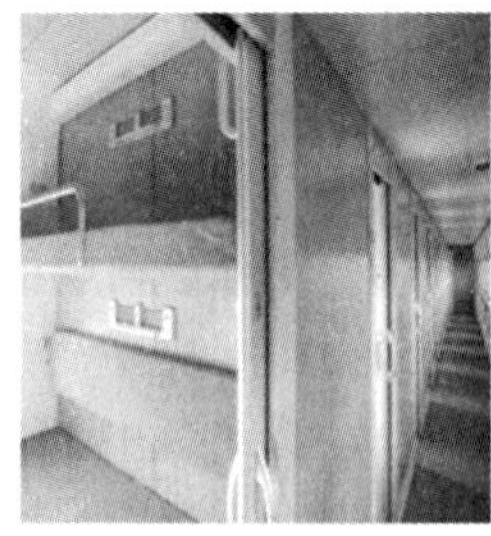

(b) 火车车厢

(c) 内燃机汽缸

图7.1

（2）使一个物体分成容易组装及拆卸的部分。如组装家具、拼装玩具、模块化办公室等。

(a) 组合家具

(b) 拼装玩具

图7.2

(3) 提高物体的分割程度。如用百叶窗代替幕布窗帘，转换叶片角度，就可以调节射入的光线；用多弹头导弹，有效进行多目标攻击；数以亿计的智能手机所形成的自媒体，让媒体无处不在等。

(a) 百叶窗

(b) 多弹头导弹

图7.3

2. 抽取原理

(1) 从物体中抽取出可产生负面影响的部分或属性。如将空调中产生噪声的空气压缩机置于室外；战斗机装载副油箱，先用副油箱油，战斗前抛弃以减轻飞机重量；将打折商品从原来的商品群中分离至集中区，以刺激人气和顾客购买欲等。

(a) 外挂的空调空气压缩机

(b) 装载副油箱的战斗机

图7.4

(2) 从物体中抽出必要或有用的部分、属性。如稻草人(将人的外形从“人”的整体中抽取出来)；抽取犬吠的声音，作为防盗报警器；化学中用蒸馏、萃取等从混合物中抽取有用物质;准时制生产(JIT)的库存管理,萃取库存管理流程中的必要部分,只在必要的时候按必要的量生产必要的产品,以实现有效的流程管理等。

(a) 稻草人

(b) 化学蒸馏过程

图 7.5

3. 局部质量原理

(1) 将物体、环境或外部作用的均匀结构变为不均匀的。如增加建筑物下部墙的厚度使其能承受更大的负载;弹性工作制度,让员工选择最适合自己的工作时间等。

(2) 让物体的不同部分,各具有不同的功能。如对键盘分区,不同区有不同的功能;餐盒设置间隔,防止食物串味;连锁企业在不同地域可拥有部分特色商品等。

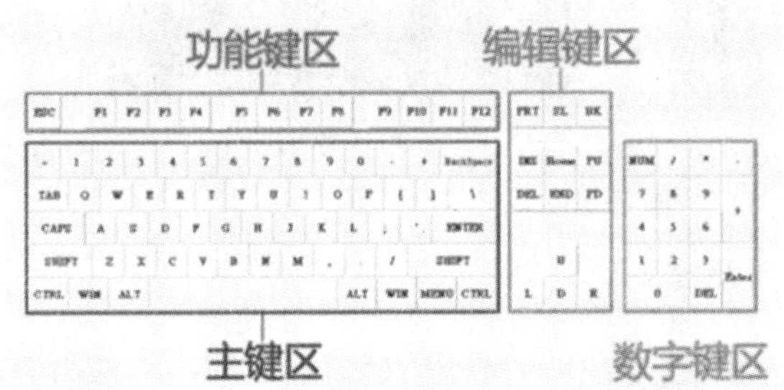

(a) 分区的键盘

(b) 分隔的餐盘

图 7.6

(3) 使物体的各部分均处于完成各自动作的最佳状态。如羊角锤的锤头既可以钉钉子,也可以起钉子;刀刃和刀背具有不同的功用;工厂或配送中心尽量邻近客户等。

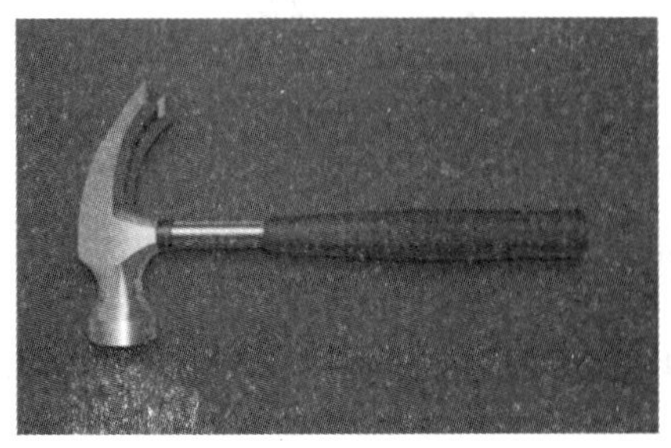

(a) 羊角锤

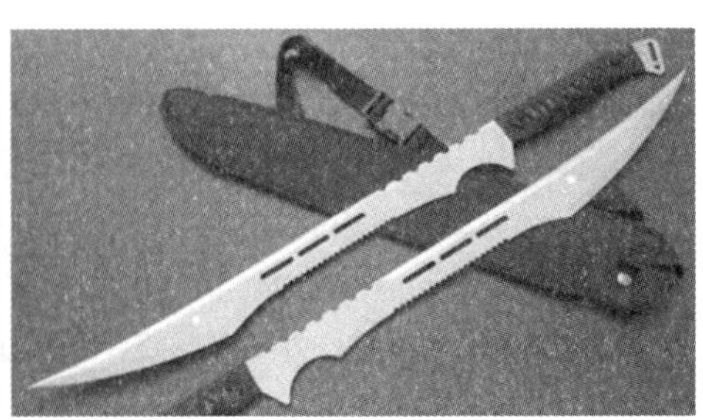

(b) 刀具

图 7.7

4. 非对称原理

(1) 将物体的对称外形变为不对称的。如在对称容器中用不对称的搅拌装置，提高搅拌程度；U 盘的插口不对称，反了就无法插入；绩效奖励制度，对少数优秀员工绩效给予不等的奖励或红利，而非不同工却同酬等。

(a) 不对称搅拌浆叶

(b) U盘插口

图 7.8

(2) 增加不对称物体的不对称程度。如将圆形的垫片改成椭圆形甚至特别的形状来提高密封效果；使用多重坡、多斜面的屋顶，增加防水性和保湿性；开设专售女性商品的柜台、商店或是建立“女人街”等。

图 7.9 多斜面、多重坡屋顶

5. 组合原理

(1) 在空间上，将相似、相关、同类或空间上连续的对象加以合并或组合，实现并行工作。如计算机同时并行的多个 CPU；组合音响设备；双人雨伞；企业并购中合并相关产品的下属子公司等。

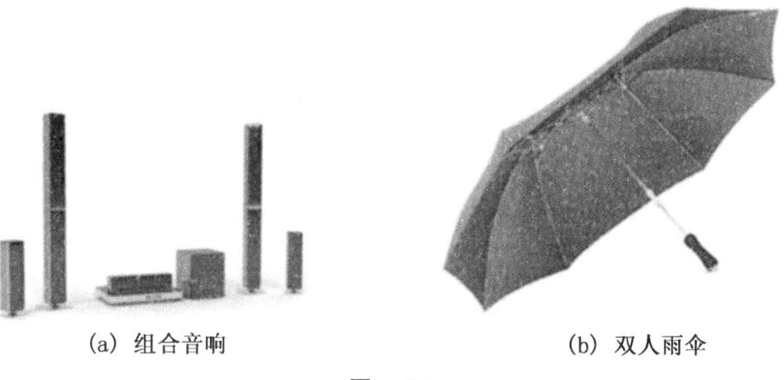

(a) 组合音响　　(b) 双人雨伞

图 7.10

(2) 在时间上，将相似、相关的、同类或时间上连续的对象加以合并或组合，实现并行工作。如冷热水混水阀；将单一功能的机械集成到一起，形成联合收割机；客服中心将客户的电话输入信息同步转给技术服务人员，避免再次回答等。

(a) 冷热水混水阀　　(b) 联合收割机

图 7.11

(3) 将具有不同或相反功能的对象合并或组合在一起实现新的功能。如带橡皮的铅笔，既可以写字，又可以擦除；将相似或互补的企业或部门合并等。

6. 多用性原理

(a) 智能手环　　(b) 一体机

图 7.12

(1) 使一个物体具备多项功能。如瑞士军刀;智能手环具有一般计步,测量距离、卡路里、脂肪、睡眠监测、高档防水、蓝牙 4.0 数据传输、疲劳提醒等多项功能;具有打印、复印、传真等功能的一体机;企业招聘复合型人才,可减少用人数量及人力资本等。

(2) 消除了该功能在其他物体内存在的必要性(进而裁减其他物体)。如小组领导人充当记录员;便携式水壶的盖子也可以当作水杯。

7. 嵌套原理

(1) 将一个物体嵌入另一个物体的内部。如俄罗斯套娃;伸缩天线;消防梯;植入式营销,将商品或其商标置入影视媒体,形成广告效果等。

(a) 俄罗斯套娃

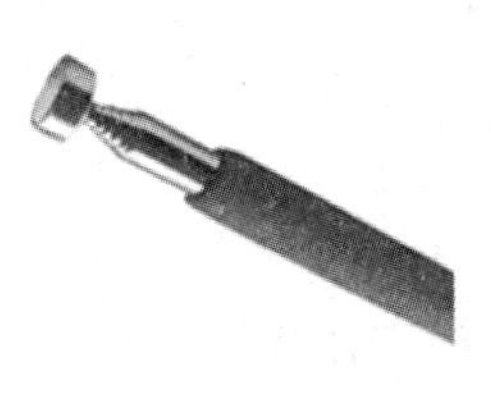

(b) 伸缩天线

(c) 消防梯

图 7.13

(2) 让一个物体通过另一个物体的空腔。如伸缩变焦镜头,飞机伸缩起落架;让企业内部员工接触外部事件或客户,让开发工程师跟随销售员造访客户等。

(a) 伸缩镜头

(b) 飞机伸缩起落架

图 7.14

8. 重量补偿原理

(1) 将某一物体与另一个能提供升力的物体组合,以补偿其重量。如在一捆原木中加入泡沫材料,使之更好地漂浮;用氢气球悬挂广告牌;具有共同商业目标的企业进行战略联盟,以开发市场、分散风险或联合打击对手等。

(2) 利用空气动力、流体动力或其他力等相互作用实现物体的重量补偿。如利用燃料燃烧产生空气动力使火箭起飞;争取政府补助或合作计划,依靠政府的力量协助企业发展等。

图 7.15　氢气球

图 7.16　火箭起飞

9. 预先反作用原理

(1) 事先施加机械应力，以抵消工作状态下不期望的过大应力。如核试验人员，预先穿上防护服，以抵消辐射；树木预先刷白灰，以防止腐烂；以自愿性的置换、减薪、缩短工作时间或工作分担来减少裁员等。

(2) 如果问题定义中需要某种相互作用，那么事先施加反作用。如在浇注混凝土之前对钢筋进行预压处理；裁员之前，准备给受影响的员工补偿及安排新职位等配套措施等。

10. 预先作用原理

(1) 预先对物体施加必要的改变。如易拉罐的拉环，美工刀刀片预先在一些部位造成“薄弱环节”，方便开启和折断；事先做好项目规划等。

(a) 易拉罐的拉环

(b) 美工刀

图 7.17

(2) 在最方便的位置预先安置物体，使其在第一时间发挥作用，避免时间的浪费。如已充值的公交卡，建筑内预先放置的灭火器；生产现场管理中实行的看板管理等。

11. 事先防范原理

(1) 采用事先准备好的应急措施，补偿物体相对较低的可靠性。如降落伞的备用伞包;航天飞机的备用输氧装置;集会地事先控制进入集会的人数,以防人流过于集中,出现踩踏事件等。

12. 等势原理

(1) 改变操作条件,使组件处于同一等势面上以减少物体提升或下降的需要。如工厂中与操作台同高的传送带;在两个不同高度水域之间通航,通过水闸进行船体升降。

(a) 传送带

(b) 三峡五级船闸

图 7.18

13. 反向作用原理

(1) 用相反的动作来代替问题定义中所规定的动作。如吸尘器,用吸的方法代替吹去灰尘的方法;将两个紧套的零件分离,采取冷却内部零件代替传统的加热外部零件的方法;由害怕客户抱怨到鼓励客户抱怨,以发现企业产品质量问题等。

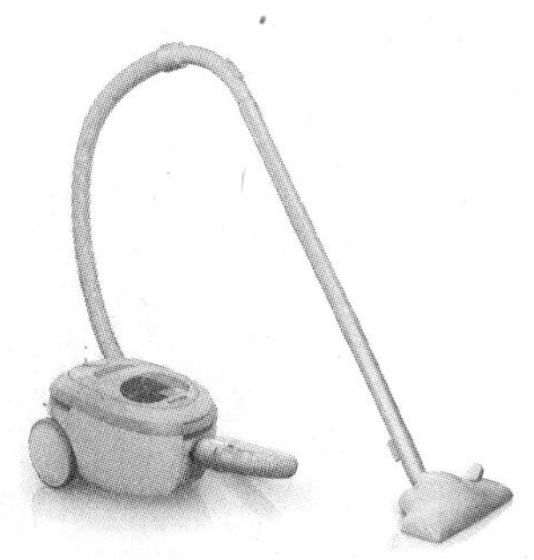

图 7.19 吸尘器

(2) 把物体上下或内外颠倒过来。如通过翻转容器倒出内容物;将部件翻转安装螺丝,以提升安装速度;翻转型窗户,可在室内擦外面的玻璃;网上在线教学,由固定内容、固定教师改变为由学生自行选择章节与授课教师等。

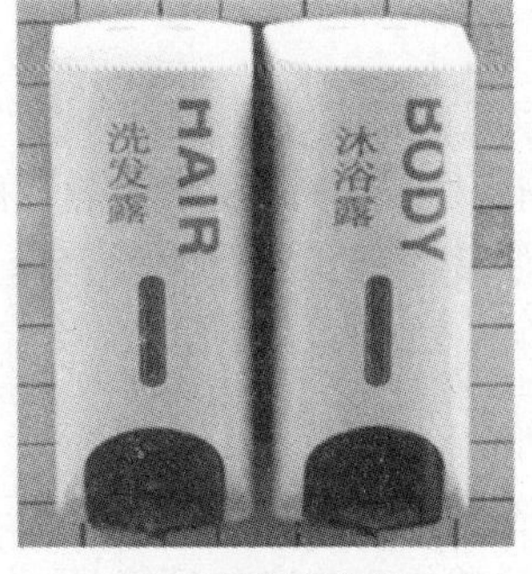

(a) 倒置的瓶子

(b) 可翻转的窗户

图 7.20

(3) 让物体或环境,可动部分不动,不动部分可动。如室内跑步机,人相对不动,而

“地面”变成可动的皮带滚轮；台式切割机，切割机不动，而工料移动；回转餐桌，人不动，餐桌动；“走动管理”取代“办公室管理”等。

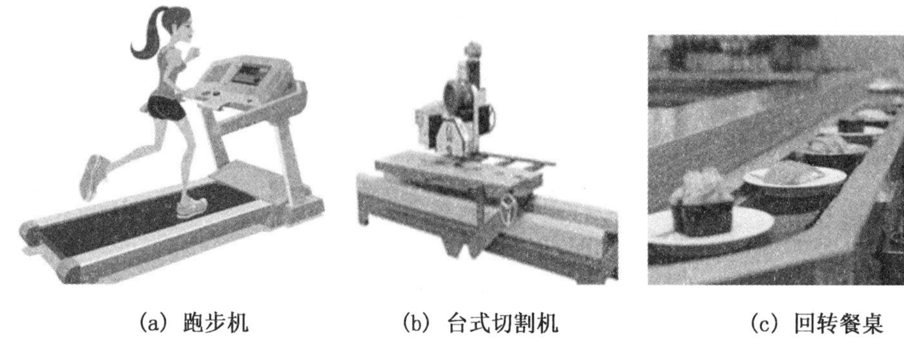

(a) 跑步机　(b) 台式切割机　(c) 回转餐桌

图 7.21

14. 曲面化原理

(1) 将物体的直线或平面部分用曲面或球面代替，变平行六面体或立方体结构为球形结构。如采用拱形建筑增加强度和美感；曲面的座椅提高舒适度；集团公司人员轮岗，针对疑难管理问题，每人都获得经验和解决方案等。

(a) 曲面建筑

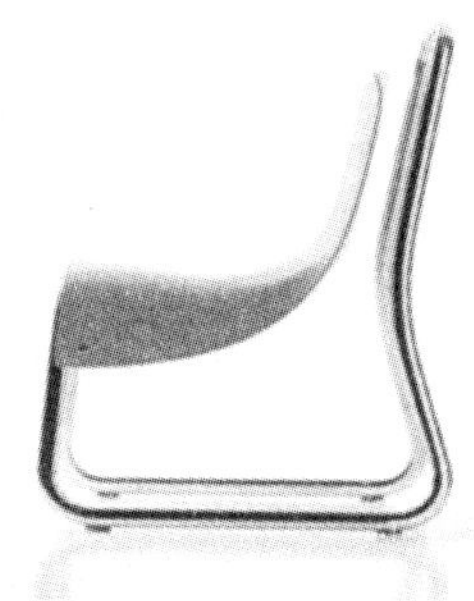

(b) 曲面座椅

图 7.22

(2) 采用滚筒及球状、螺旋状等结构。如在家具腿部装上滚轮，以便于家具的移动；圆珠笔用滚珠增加书写的流畅性；流动的汽车 4S 店上门服务，而不是客户自己跑到 4S 店等。

(3) 利用离心力，改直线运动为螺旋运动。如洗衣机甩干的电机高速旋转时可以产生很大的离心力，去除衣物上的水分；循环交替的工作区等。

15. 动态特性原理

(1) 调整物体或环境的性能，使之在工作的各个阶段都达到最优状态。如可弯曲的吸管，可调整的座椅，笔记本电脑；培训员工适应动态的产业竞争环境，强化员工一专多能的动态适应能力等。

(2) 将物体分成能彼此相对移动的几个部分。如通过铰链连接，可以自由开闭的装载机；跨国公司的区域性或功能性不同的独立事业部制等。

图 7.23　笔记本电脑

图 7.24　装载机

(3) 使不动的对象可动或可适应。如可变更的电子广告牌;鼠标的右键根据当前状态不同,变更不同的功能内容;实行柔性工作团队的灵活组织结构等。

16. 未达或过度作用原理

(1) 施加小于期望效果的作用。如零件毛坯加工时,先去除大部分多余材料,再精细加工;治疗肿瘤时,为避免过度辐射致死,施行较小剂量以减缓肿瘤生长;如不能及时满足客户需求应事先告知客户等。

(2) 施加大于期望效果的作用。如在孔中填充过多的石膏,然后打磨平滑;提供客户非预期的小惊喜,如来店有礼、免费试用或试吃等。

17. 维数变化原理

(1) 将物体从一维运动或配置变为二维运动或配置;或从二维变为三维以消除存在的问题。如螺旋楼梯;螺旋形伸缩线;企业的多元化经营等。

(a) 螺旋楼梯

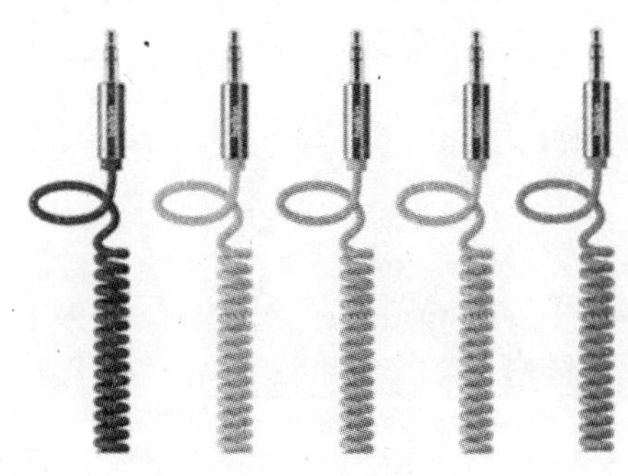

(b) 伸缩线

图 7.25

(2) 单层排列的物体变为多层排列。如立体车库,货物堆垛存放;组织的阶层化等。

(3) 将物体倾斜或侧向放置。如侧向自卸车;删除过多的产品组合,聚焦于获利型或独特性的产品等。

(4) 利用给定表面的反面。如双面的地毯;两面穿的衣服;双面胶;从企业外部观察组织,聘请顾问或客户(旁观者清)等。

(a) 立体车库

(b) 货物堆垛

图 7.26

18. 机械振动原理

(1) 使物体处于振动状态。如手机在开会时处于振动状态;鼓面的振动,发出声音;浇筑混凝土时加以振捣来消除孔隙;深化问题以引申出讨论重点与创新解决方案等。

(2) 如果已处于振动状态,提高振动频率(直至超声振动)。如工程风钻、超声波清洗;对可能出问题或重要的采购项目实行频繁的跟踪与催促,以警醒供应商等。

(3) 利用共振频率。如超声波碎石机击碎胆结石所用频率与胆结石的固有频率相同;广告促销应当打动消费者的心而产生共鸣等。

(4) 用压电振动代替机械振动。如高精度时钟使用石英振动机芯;定期举行公司研发人员工作研讨会或各种聚会等,以刺激或交流想法。

(5) 超声波振动和电磁场耦合。如超声波振动和电磁场共用,在电熔炉中混合金属,使混合均匀;导入新人进入团队或聘请外部专业咨询团队进驻等。

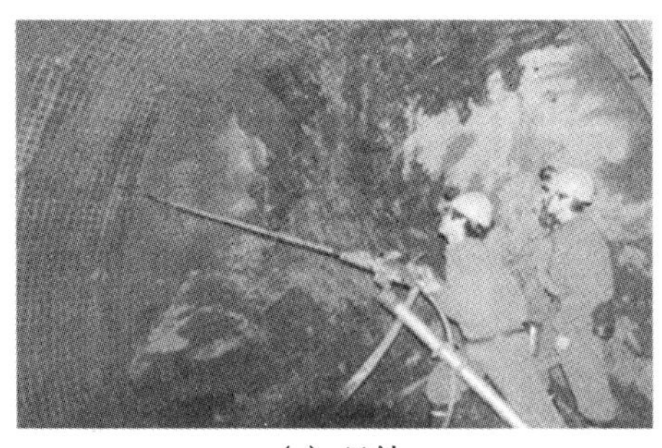

(a) 风钻

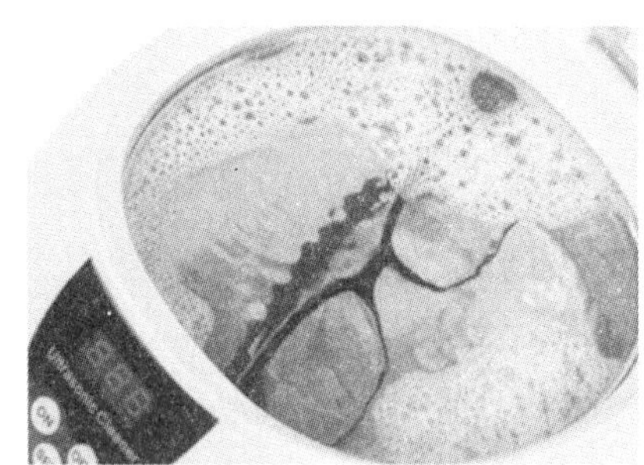

(b) 超声波清洗

图 7.27

19. 周期性作用原理

(1) 用周期性动作或脉冲动作代替连续动作。如警笛周期性鸣叫,避免刺耳的声音;打桩机周期性地作用桩子,可以更快速地将桩子打入地下;脉冲式真空吸尘器可以改善清洁效果;实施轮休以重新建立新的观点等。

(2) 如果周期性动作正在进行,改变其运动频率。如用调频代替莫尔斯电码传送信息;不定期的审计;实行每周或每月的汇报而不是年度总结等。

(a) 警笛

(b) 打桩机

图 7.28

(3) 在脉动周期中利用暂停来执行另一有用动作。如医用的呼吸机系统，每五次胸部运动一次呼吸；在假期期间进行设备维护工作等。

20. 有效作用的连续性原理

(1) 物体的各个部分同时满载持续工作，以提供持续的性能。如汽车在路上停车时，飞轮(或液压系统)储存能量，使发动机运转平稳；在工厂里，使处于瓶颈地位的工序持续地运行，达到最好的生产步调；企业利用淡季加强员工训练，以便旺季能应对自如等。

(2) 消除空闲和间歇性动作。如针式打印机的打印头在回程过程中也进行打印；白天储能晚上照明的百叶窗(图 7.29)；实行冬天生产雪橇，夏天生产滑板车的产能互补策略等。

图 7.29 白天储能晚上照明的百叶窗

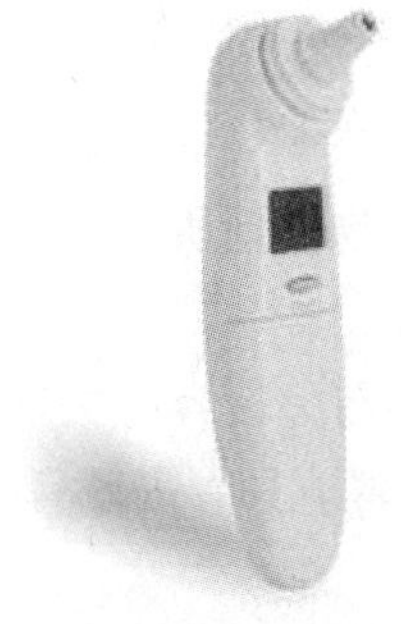
图 7.30 红外线测温的耳温计

21. 减少有害作用时间原理

(1) 将危险或有害的流程或步骤在高速下进行。如照相用闪光灯；红外线测温的耳温计(图 7.30)；快速切割塑料，在材料内部的热量传播之前完成，避免变形；公司裁员时快速地度过痛苦期，达成离职补偿协议等。

22. 变害为利原理

(1) 利用有害的因素(特别是环境中的有害效应)，得到有益的结果。如废热发电；回收废物二次利用，如再生纸；客户发生问题时立即提供协助，此客户的忠诚度会因此而提高等。

(2) 将有害的因素与其他有害因素相结合进而消除它们(以毒攻毒)。如潜水中用氮氧混合气体,以避免单用造成昏迷或中毒;将组织中有问题的人指派到其可发挥专长的岗位等。

(3) 增大有害因素的幅度直至有害性消失。如森林灭火时用逆火灭火(在森林灭火时,为熄灭或控制即将到来的野火蔓延,燃起另一堆火将即将到来的野火的通道区域烧光);适度给予员工更少资源或时间以激发创新思维和新的工作方式等。

23. 反馈原理

(1) 在系统中引入反馈。如声控开关;自动导航系统;利用力矩显示螺丝拧紧程度的扳手;定期造访客户或举办座谈会,以了解客户反馈或产品服务需要改善的地方等。

(a) 声控开关

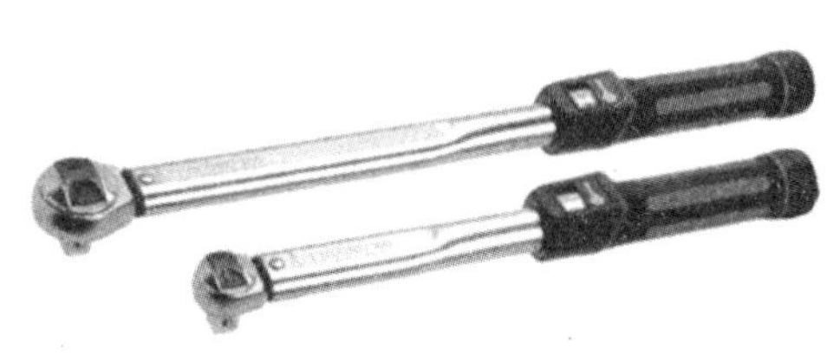

(b) 力矩扳手

图 7.31

(2) 如果已引入反馈,改变其大小或作用。如在机场 5 英里范围内,改变自动驾驶系统的灵敏度;推行容纳不同意见的政策等。

24. 中介物原理

(1) 使用中介物实现所需动作。如利用螺丝刀拧紧螺丝;将企业非核心业务如清洁服务、运输等外包。

(2) 把一物体与另一容易去除的物体暂时结合。如方便拿纸杯的杯托;服务员上热菜时所用的盘托;聘请具有资质且双方认同的仲裁者解决有争议的议题等。

(a) 杯托

(b) 隔热托盘

图 7.32

25. 自服务原理

(1) 物体通过执行辅助或维护功能为自身服务。如自清洗烤箱、自补充饮水机、自充电自行车(图 7.33);运用大数据技术为销售活动提供有价值的资料等。

图 7.33　自充电自行车

图 7.34　虚拟训练飞行员系统

(2) 利用废弃闲置的能量与物质。如麦秸或玉米秆等直接填埋做下一季庄稼的肥料;外借暂时休假或闲置的本企业技术人员等。

26. 复制原理

(1) 用简单、廉价的复制品代替复杂、昂贵、不方便、易损、不易获得的物体。如虚拟现实系统,可进行虚拟训练飞行员的系统(图 7.34);以观看录像资料取代参加研讨会等。

(2) 用光学复制品(图像)代替实物或实物系统,可以按一定比例放大或缩小图像。如用卫星相片代替实地考察;产生谱图来评估胎儿的健康状况,而不冒险采用直接测量的方法;由图片测量实物尺寸;使用云数据,有益于多方共享共用等。

(3) 如果已使用了可见光复制品,用红外光或紫外光复制品代替。如用红外图像来检测热源,如安保系统中的入侵者;利用紫外光诱杀蚊蝇;使用多种技术评价客户的满意度等。

27. 廉价替代品原理

用若干低成本的物体代替昂贵的物体,同时降低某些质量要求,实现相同功能。如用一次性的物品,如一次性纸杯、一次性医疗用品;免费赠送或下载软件试用版等。

(a) 一次性纸杯

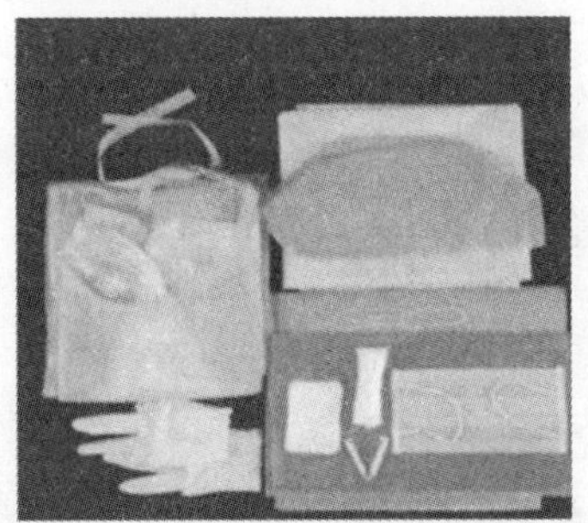

(b) 一次性医疗用品

图 7.35

28. 机械系统的替代原理

(1) 用视觉系统、听觉系统、味觉系统或嗅觉系统代替机械系统。如用声学"栅栏"(动物可听见的声学信号)代替真正现实中的栅栏,来限制狗或猫的行动;在天然气中加入气味难闻的混合物,警告用户发生了泄漏;声控开关代替机械开关;卖场的产品试吃或化妆品试用,达到刺激购买的效果等。

(2) 使用与物体相互作用的电场、磁场、电磁场。如为了混合两种粉末,用电磁场的方法使一种产生正电荷,另一种产生负电荷;物流控制中心利用全球卫星定位系统传感器监控物流车辆的位置等。

(3) 用运动场代替静止场,时变场代替恒定场,结构化场代替非结构化场。如早期通信中采用全方位的发射,现在使用有特定发射方式的天线;用走动管理代替定点管理等。

(4) 利用带铁磁粒子的场作用。如通过使用变化磁场加热含有铁磁材料的物质,当温度超过居里点时,该材料变成顺磁性的,并不再吸收热量;制定新制度规范员工必须使用信息化工具等。

29. 气压和液压结构原理

将物体的固体部分用气体或流体代替,如充气结构、无液结构、气垫、液体静力结构和流体动力结构等。如气垫运动鞋,减少运动对足底的冲击;液压支架;汽车减速时液压系统储存能量,在汽车加速时再释放能量;儿童游乐场中的充气型水坝;充气式帐篷;在合同中设定缓和空间等。

(a) 气垫运动鞋

(b) 液压支架

图 7.36

30. 柔性壳体或薄膜原理

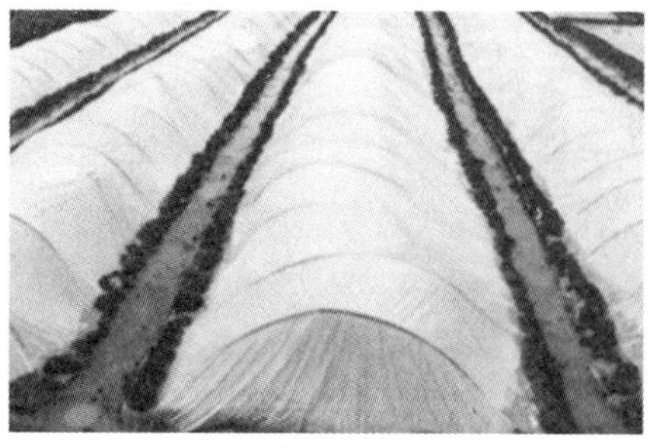

(a) 塑料大棚

(b) 水上行走球

图 7.37

(1) 使用柔性壳体或薄膜代替标准结构。如在网球场地上采用充气薄膜结构作为冬季保护措施;扁平化组织结构有利于信息上下畅通等。

(2) 使用柔性壳体或薄膜,将物体与环境隔离。如塑料大棚;水上行走球;根据保密法分别管理涉密资料档案和非涉密资料档案等。

31. 多孔材料原理

(1) 使物体变为多孔或加入多孔物体。如为减轻物体重量,在物体上钻孔,或使用多孔性材料;建筑用的多孔砖;蜂窝煤增加受热面积;泡沫金属,又轻又结实;使用企业内网改善企业内部信息沟通等。

(a) 多孔砖

(b) 泡沫金属

图 7.38

(2) 如果物体是多孔结构,在小孔中事先引入某种物质。如在海绵的孔隙存储液体氢(氢汽车油箱为多孔结构存储液体氢,而不是存储氢气,这样要安全得多);适度授权客服人员或业务人员等。

32. 改变颜色原理

(1) 改变物体或环境的颜色。如野战队迷彩服,钞票的防伪;用不同颜色的文件来代表其紧急程度,品牌与特定的代表性颜色结合而深入人心等。

(a) 野战迷彩服

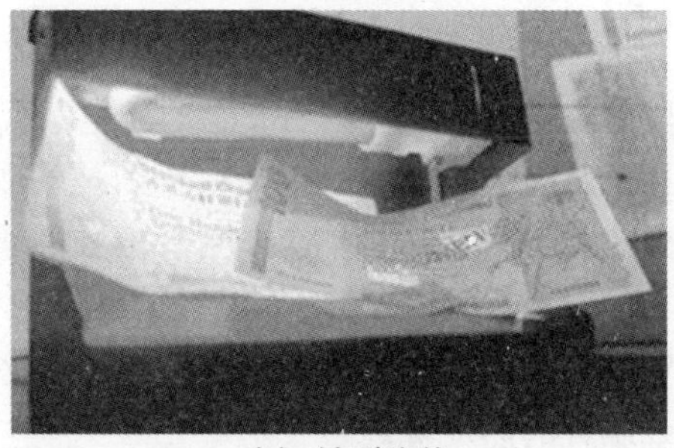

(b) 钞票防伪

图 7.39

(2) 改变物体或环境的透明度。如感光玻璃,随光线改变其透明度;变色眼镜根据光强改变透光度;餐饮服务业采用透明玻璃隔间,让消费者了解食品制作方法与过程等。

33. 同质性原理

(1) 存在相互作用的物体用相同材料或特性相近的材料制成。如使用与容纳物相同的材料来制造容器,以减少发生化学反应的机会;用金刚石制造钻石的切割工具,切割产生的粉末可以回收;医学上用伤者身上的其他部位组织医治伤口;同一产品家族尽量使用相同的零部件等。

34. 抛弃或再生原理

(1) 采用溶解、蒸发等手段抛弃已完成功能的零部件,在系统运行过程中直接修改它们。如可溶性的药物胶囊;火箭助推器在完成其作用后立即分离;用干冰或冰粒打磨工件,打磨完后自行消失;具有弹性的项目工作小组等。

(2) 迅速修复、补充系统或物质中损耗的部分。如自动铅笔笔芯断了可迅速按出新的一段;终身学习,不断更新个人技能和知识结构等。

35. 物理/化学参数变化原理

(1) 改变聚集态(物态)。如在制作夹心糖果的过程中,先将液态的夹心冰冻,然后浸入溶化的巧克力中,这样避免处理杂乱、黏稠的热液体。将氧气、氮气或石油气从气态转换为液态,以减小体积,固体胶水便于携带;成立专项管理办公室,负责协调部门间的争议和资源配置等。

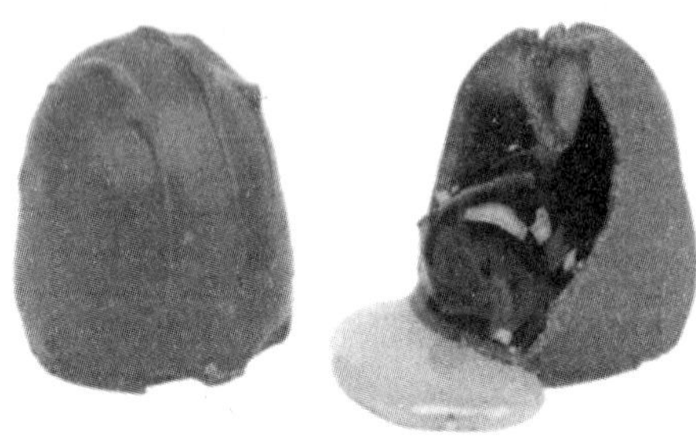

(a) 夹心巧克力

(b) 固体胶水

图 7.40

(2) 改变浓度或密度。如用液态的肥皂水代替固体肥皂,可以定量控制使用,减少浪费;给予研发部门较多的预算,以支持创新技术或产品等。

(3) 改变柔度。如硫化橡胶改变了橡胶的柔性和耐用性;增加产品各模块或零部件的功能性与相容性,适应更多的市场区域等。

(4) 改变温度。如提高烹饪食品的温度(改变食品的色、香、味);在媒体做广告促销,提升产品或服务的热度等。

36. 相变原理

(1) 利用物质相变时产生的某种效应,如体积改变、吸热或放热。如热管运用介质蒸发时吸热,冷凝时放热将热量带出;可利用水在冰冻后会膨胀这一特性进行定向无声爆破;在赢得科技质量大奖、科技创新大奖后,企业在管理上趋于放松状态等。

37. 热膨胀原理

(1) 使用热膨胀或热收缩材料。如装配钢双环时，可使内环冷却收缩，外环升温膨胀，再将两环装配，待恢复常温后，内外环就紧紧装配在一起；企业某一员工工作热情被激发，其效应可能迅速扩展而影响其他员工等。

(2) 组合使用不同热膨胀系数的几种材料。如双金属片传感器，使用两种不同膨胀系数的金属材料并连接在一起，当温度变化时双金属片会发生弯曲；个人的个性与工作团队相互配合等。

38. 加速氧化原理

(1) 用富氧空气代替普通空气。如水下呼吸器(图 7.41)；在研讨会上特邀激情演说者，在培训过程中使用个案研究等。

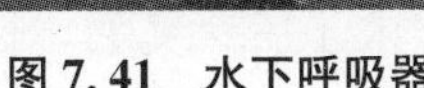

图 7.41　水下呼吸器

图 7.42　强氧化切割枪

(2) 用纯氧代替空气。如用强氧化枪提高火焰温度来切割金属(图 7.42)；用高压氧气处理伤口，既杀灭厌氧细胞，又帮助伤口愈合；在组合项目工作小组时，考虑个人特性以找到彼此互补互动的组员等。

(3) 使用电离射线处理空气或氧气，使用电离子化的氧气。如空气过滤器通过电离空气来捕获污染物；运用企业电子化技术快速整理归纳资料，并分离出现存问题或潜在问题等。

(4) 用臭氧代替含臭氧氧气或离子化氧气。如臭氧溶于水中去除船体上的有机污染物；公司中爱开玩笑的人等。

39. 惰性环境原理

(1) 用惰性环境代替通常环境。如用氩气等惰性气体填充灯泡，防止发热的金属灯丝氧化(图 7.43)；在轮胎中充入氮气，延长轮胎的寿命；从不良的效能评定、报酬授予环境转变到一个更公正的系统以评价工作表现等。

(2) 使用真空环境。如真空包装食品，延长储存期；在某些工作场所设定宁静区等。

40. 复合材料原理

用复合材料代替材质单一的材料。如飞机外壳材料用复合材料代替；用玻璃纤维制成的冲浪板，更加易于控制运动方向，更加易于制成各种形状；谈判小组有人唱红脸，也有人唱白脸；用不同的创新思维来激发创意，如头脑风暴法、多屏幕法、六顶思考帽法等。

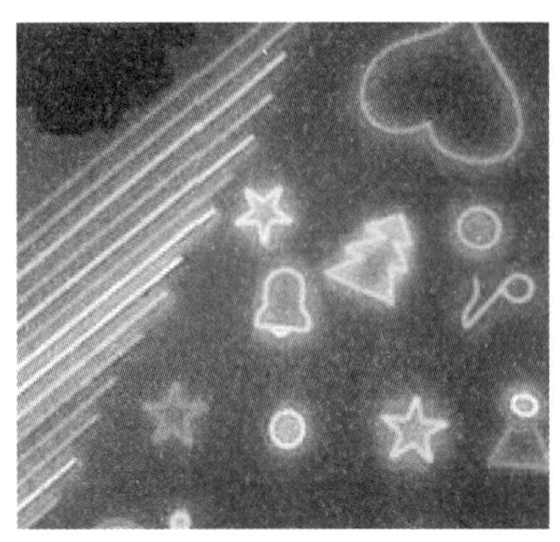

图 7.43 氩气霓虹灯

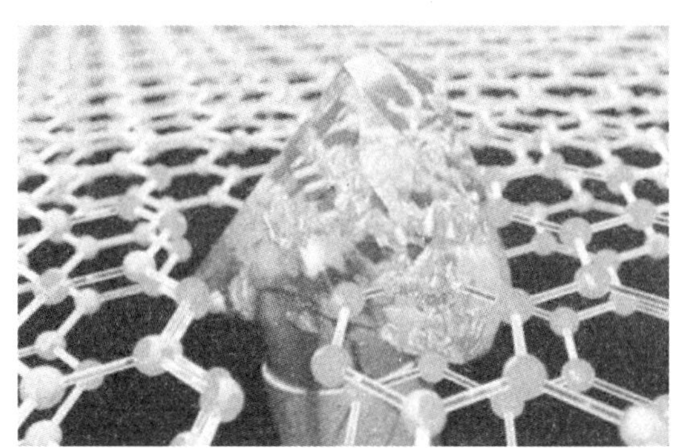

图 7.44 用于飞机外壳的新型材料

7.3 技术矛盾解决

7.3.1 技术矛盾及其描述

技术矛盾是我们常见的一类矛盾，在生活中普遍存在。如在雨大时我们喜欢比较大的伞，这样可以更好地挡雨。但同时大伞一般较重，撑起来十分费力。这个例子中，改善的参数是雨伞的面积，面积是我们希望提高的参数，恶化的参数是雨伞的重量，这是不希望看到的结果。所以，面积和重量这两个参数就构成了技术矛盾。又如，对于一个测量系统，我们希望这个测量系统的精度高以减小测量误差，可是精度高则要花费更多的时间以及更复杂的流程来制造它。这里改善的参数是测量系统的精度，恶化的参数是制造该系统所需的时间及流程复杂性。

所谓技术矛盾是指在一个技术系统中两个参数之间的矛盾，当改善技术系统中某一特性或参数A时，同时引起系统中另一特性或参数B的恶化，这种矛盾就称为技术矛盾。A和B之间存在一种类似于“跷跷板”的关系，表述为A＋则B－，如图7.45。

图 7.45 技术矛盾关系图

A和B之间既对立(具体表现为A和B存在类似反比的关系，如果改善了A却恶化了B)，又统一(具体表现为A和B处于同一个系统中，A与B相互联系，互为依存)。

定义技术矛盾的步骤可以分为三步：

第一步：问题是什么？第一步是对初始的实际问题进行分析，可以使用因果分析或者组件分析等方法，通过这些分析方法找到问题的切入点。

第二步：现有解决方法是什么？从第二步中找出此技术系统现有解决方案改善的参数A。

第三步：现有解决方案的缺点是什么？从第三步中找出现有的解决方案恶化的参数B，A与B构成了一对技术矛盾。

电脑屏幕尺寸与重量的技术矛盾

我们希望电脑显示屏足够的大，有更好的视觉效果；但是，大显示屏的电脑一般较重，移动起来比较费力。这个例子中，改善的参数是面积，面积是我们希望提高的参数，恶化的参数是重量，这是我们不希望看到的结果。所以，面积和重量这两个参数就构成了技术矛盾。

图 7.46 电脑屏幕

案例 7.2

汽车速度与安全性的技术矛盾

我们希望汽车速度足够快，以缩短行程的时间；但是，汽车速度快会影响安全。这个例子中，改善的参数是速度，速度是我们希望提高的参数，恶化的参数是安全性。

从上面的例子中，我们可以看到技术矛盾描述的是两个参数的矛盾，是存在于技术系统内部的矛盾。改善的一方在很多情况下就是指技术系统或产品的功能目的或效果等。任何一方的改善，都有可能引起另一方的恶化。譬如，人离开了氧气就不能生存。可是人体在燃烧氧气使生命得以延续的过程中，又会释放一种叫“自由基”又称“活性氧”的副产品，它会攻击细胞堵住细胞的入口和出口，使细胞功能失调以致死亡。这就是“自由基”对人体的氧化作用，也是一个“一方改善同时引起另一方恶化”的技术矛盾。为了消除恶化，解决矛盾，需要给人体输入各种抗氧化物质，降解自由基的杀伤力，并能阻止自由基的生成。恶化与改善往往结伴而行。

恶化一方究竟恶化了什么，对于一个具体的技术矛盾是可以客观判断的。有时一方改善可能产生几方面的恶化，形成几对矛盾，这可以扩大解决矛盾的搜索范围。上述矛盾之所以称为技术矛盾，是因为它是存在于技术系统内部的矛盾。

这些矛盾揭示了一个事实：技术发展确实会产生意外后果，但这些后果并不都是有利的。矛盾普遍存在于各种产品的设计之中。按传统设计中的折中法，矛盾并没有彻底解决，而是在矛盾双方取得折中方案，或称降低了矛盾的程度。TRIZ 理论认为，产品创新的标志是解决或移走设计中的矛盾，而产生新的有竞争力的解。

7.3.2 39个通用工程参数

1. 39个通用工程参数

TRIZ的发明者阿奇舒勒发现，工程中存在很多工程问题都可以用一些工程参数来表述。阿奇舒勒通过对大量的专利文献进行分析，陆续总结出39个参数，它们可以方便准确地表述工程领域中的绝大多数技术矛盾，这就是39个通用工程参数。通用工程参数是具体工程问题被描述为TRIZ问题的关键，借助39个通用工程参数可以将一个具体的实际问题转化并表达为标准的TRIZ问题。39个通用工程参数如表7.2。

表7.2 39个通用工程参数

序号	通用工程参数	序号	通用工程参数	序号	通用工程参数
1.	运动物体的重量	14.	强度	27.	可靠性
2.	静止物体的重量	15.	运动物体的作用时间	28.	测量精度
3.	运动物体的长度	16.	静止物体的作用时间	29.	制造精度
4.	静止物体的长度	17.	温度	30.	物体外部有害因素作用的敏感性
5.	运动物体的面积	18.	光照度	31.	物体产生的有害因素
6.	静止物体的面积	19.	运动物体消耗的能量	32.	可制造性
7.	运动物体的体积	20.	静止物体消耗的能量	33.	可操作性
8.	静止物体的体积	21.	功率	34.	可维修性
9.	速度	22.	能量损失	35.	适应性及多用性
10.	力	23.	物质损失	36.	系统的复杂性
11.	应力或压力	24.	信息损失	37.	控制和测量的复杂性
12.	形状	25.	时间损失	38.	自动化程度
13.	结构的稳定性	26.	物质或事物的数量	39.	生产率

39个通用工程参数中常用到运动物体与静止物体两个术语，运动物体是指自身或借助于外力可在一定的空间内运动的物体；静止物体是指自身或借助外力都不能使其在空间内运动的物体。

2. 39个通用工程参数解释

在实际问题分析过程中，为了表述系统存在的问题，工程参数的选择是一个难度较大的工作。工程参数的选择不仅需要拥有关于技术系统的全面专业知识，还要对TRIZ的39个通用工程参数正确理解。

（1）运动物体的重量：指在重力场中运动物体所受到的重力。如运动物体作用于其支撑或悬挂装置上的力。

（2）静止物体的重量：指在重力场中静止物体所受到的重力。如静止物体作用于其支撑或悬挂装置上的力。

(3) 运动物体的长度:指运动物体的任意线性尺寸,不一定是最长的,都认为是其长度。

(4) 静止物体的长度:指静止物体的任意线性尺寸,不一定是最长的,都认为是其长度。

(5) 运动物体的面积:指运动物体内部或外部所具有的表面或部分表面的面积。

(6) 静止物体的面积:指静止物体内部或外部所具有的表面或部分表面的面积。

(7) 运动物体的体积:指运动物体所占有的空间体积。

(8) 静止物体的体积:指静止物体所占有的空间体积。

(9) 速度:指物体的运动速度、过程或活动与时间之比。

(10) 力:指两个系统之间的相互作用。对于牛顿力学,力等于质量与加速度之积。在 TRIZ 中,力是试图改变物体状态的任何作用。

(11) 应力或压力:指单位面积上的力。

(12) 形状:指物体外部轮廓或系统的外貌。

(13) 结构的稳定性:指系统的完整性及系统组成部分之间的关系。磨损、化学分解及拆卸都降低稳定性。

(14) 强度:指物体抵抗外力作用使之变化的能力。

(15) 运动物体作用时间:指运动物体完成规定动作的时间、服务期。两次错误动作之间的时间也是作用时间的一种度量。

(16) 静止物体作用时间:指静止物体完成规定动作的时间、服务期。两次错误动作之间的时间也是作用时间的一种度量。

(17) 温度:指物体或系统所处的热状态,包括其他热参数,如影响改变温度变化速度的热容量。

(18) 光照度:指单位面积上的光通量,系统的光照特性,如亮度、光线质量。

(19) 运动物体消耗的能量:指运动物体做功的一种度量。在经典力学中,能量等于力与距离的乘积。能量包括电能、热能及核能等。

(20) 静止物体消耗的能量:指静止物体做功的一种度量。

(21) 功率:指单位时间内所做的功即利用能量的速度。

(22) 能量损失:指为了减少能量损失,需要不同的技术来改善能量的利用。

(23) 物质损失:指部分或全部、永久或临时的材料、部件或子系统等物质的损失。

(24) 信息损失:指部分或全部、永久或临时的数据损失。

(25) 时间损失:指一项活动所延续的时间间隔。改进时间的损失指减少一项活动所花费的时间。

(26) 物质或事物的数量:指材料、部件及子系统等的数量,它们可以被部分或全部、临时或永久地改变。

(27) 可靠性:指系统在规定的方法及状态下完成规定功能的能力。

(28) 测试精度:指系统特征的实测值与实际值之间的误差。减少误差将提高测试精度。

(29) 制造精度:指系统或物体的实际性能与所需性能之间的误差。

(30) 物体外部有害因素作用的敏感性:指物体对受外部或环境中的有害因素作用的敏感程度。

(31) 物体产生的有害因素：指有害因素将降低物体或系统的效率或完成功能的质量。这些有害因素是由物体或系统操作的一部分而产生的。

(32) 可制造性：指物体或系统制造过程中简单、方便的程度。

(33) 可操作性：指要完成的操作应需要较少的操作者、较少的步骤以及使用尽可能简单的工具。一个操作的产出要尽可能多。

(34) 可维修性：指对于系统可能出现失误所进行的维修要时间短、方便和简单。

(35) 适应性及多用性：指物体或系统响应外部变化的能力或应用于不同条件下的能力。

(36) 系统的复杂性：指系统中元件数目及多样性，如果用户也是系统中的元素将增加系统的复杂性。掌握系统的难易程度是其复杂性的一种度量。

(37) 控制和测量的复杂性：指如果一个系统复杂、成本高、需要较长的时间建造及使用，或部件与部件之间关系复杂，都使得系统的监控与测试困难。测试精度高，增加了测试的成本也是测试困难的一种标志。

(38) 自动化程度：指系统或物体在无人操作的情况下完成任务的能力。自动化程度的最低级别是完全人工操作。最高级别是机器能自动感知所需的操作、自动编程和对操作自动监控。中等级别的需要人工编程，人工观察正在进行的操作，改变正在进行的操作及重新编程。

(39) 生产率：指单位时间内完成的功能或操作数。

3. 39 个通用工程参数的分类

为了应用方便和便于理解，可依据不同的方法对 39 个通用工程参数加以分类。

(1) 根据 39 个通用工程参数的特点，可分为物理及几何参数、技术负向参数、技术正向参数三大类。

① 通用物理及几何参数：1—12、17、18、21。

② 通用技术负向参数：15、16、19、20、22—26、30、31。

③ 通用技术正向参数：13、14、27—29、32—39。

物理及几何参数：指描述物体的物理及几何特性的参数。

技术负向参数：指这些参数的数值变大时，使系统或子系统的性能变差。如子系统为完成指定的功能时，所消耗的能量(No. 19 和 No. 20)越大，则说明子系统设计得越不合理。

技术正向参数：指这些参数的数值变大时，使系统或子系统的性能变好。如子系统的可制造性(No. 32)指标越高，则这个子系统的制造成本就越低。

(2) 根据系统改进时工程参数的变化，可分为改善的参数和恶化的参数两大类。

① 改善的参数：系统改进中将提升或加强的特性所对应的通用工程参数。当这些参数提高时，系统的性能变好。

② 恶化的参数：在某个工程参数得到改善的同时，将会导致其他一个或多个工程参数变差，这些变差的参数称为恶化的参数。

改善的参数和恶化的参数构成了技术系统内部的技术矛盾。创新的过程也就是消除这些矛盾，让相互矛盾的通用工程参数不再相互制约，能同时得到改善，从而推动产品向提高理想度方向发展。

7.3.3　技术矛盾矩阵

阿奇舒勒矛盾矩阵是TRIZ理论中创新解决技术矛盾的主要工具。通过对大量专利进行研究,阿奇舒勒分析、统计、归纳出当39个工程参数中的任意2个参数产生矛盾时,化解该矛盾所使用的发明原理就是前面所介绍的40个发明原理。对于某一种由两个通用工程参数所确定的技术矛盾来说,40个发明原理中的某一个或某几个发明原理被使用的次数要明显比其他的发明原理多,即一个发明原理对不同技术矛盾的有效性是不同的。如果能够将发明原理与技术矛盾之间的这种对应关系描述出来,技术人员就可以直接使用那些对解决自己所遇到的技术矛盾最有效的发明原理,而不再需要一一尝试所有的40个发明原理了,这将大大提高解决技术矛盾的效率。

因此,阿奇舒勒还将工程参数的矛盾与常用来解决矛盾的发明原理建立对应关系,整理成一个39×39的矩阵,称之为阿奇舒勒矛盾矩阵,帮助使用者更好地查找和选择可以解决问题的对应发明原理。矛盾矩阵为一个40行40列的矩阵。矩阵中的第一行和第一列均为39个标准参数组成。第一列表示的是系统需要改善的参数的名称;而第一行表示的是系统在改善那个参数的同时,导致恶化了的另一个参数的名称。方格共1 521个,涵盖了约1 263种工程技术矛盾矩阵,元素中或空或有几个数字,这些数字表示TRIZ理论所推荐的解决对应技术矛盾的发明原理的序号,与40条发明原理表中的序号相对应,其数字顺序的先后表示应用频率的高低;由于矛盾矩阵是专为解决技术矛盾(两个不同参数之间所存在的冲突)而设计的,而45°对角线元素上的冲突双方为同一参数,表示产生的矛盾不是技术矛盾而是物理矛盾(详见物理矛盾定义),此时,就不能再用矛盾矩阵求解,因此,矛盾矩阵的对角线所对应的方格没有对应的发明原理;"—"方格表示暂时没有找到合适的发明原理来解决这类技术矛盾,当然只是表示目前研究的局限性,并不代表不能应用发明原理。其他无数字的方格表示不常用的发明原理。每个交点处最多有4条原理,这些原理既可以单独使用,也可以组合使用。矛盾矩阵表是不对称的。

矛盾矩阵表最大限度地排除了不可能解,集中给出可能解,快速给出符合客观规律的产品改进方向。同时,有效地避免传统试错法的弊端,减少了人力、物力和财力的耗费。

表7.3　部分截取的矛盾矩阵

恶化的参数 改善的参数	运动对象的重量	静止对象的重量	运动对象的长度	静止对象的长度	运动对象的面积	静止对象的面积
运动对象的重量		—	15,8,29,34	—	29,17,38,34	—
静止对象的质量	—		—	10,1,29,35	—	35,30,13,2
运动对象的长度	8,15,29,34	—		—	15,17,4	—
静止对象的长度	—	35,28,40,29	—		—	17,7,10,40
运动对象的面积	2,17,29,4	—	14,15,18,4	—		—
静止对象的面积	—	30,2,14,18	—	26,7,9,30	—	

需要注意,用于解决某个技术矛盾对应的发明原理绝对不仅仅只有该方格中所列出

的几个，仅表示从统计的角度来说方格中所列出的发明原理的使用次数明显比其他发明原理使用次数多。对应的可以解决问题的原理也可能进一步增加或有所调整；而对于尚不存在解决原理的矩阵方格，也可能会被加入新的原理。

随着人们对TRIZ创新方法的研究以及认识的不断深入，TRIZ发明创新思维与方法得以不断扩展。Darrell Mann从1985年到2002年，对超过15万件的专利加以分析、研究和提炼后，提出新的矛盾矩阵Matrix 2003(即“2003矛盾矩阵”)，新增加了9个通用参数，将通用工程参数由39个扩展到48个，2003矛盾矩阵即是由48个通用工程参数所构成的48×48矩阵。2003矛盾矩阵中新增加的9个通用工程参数分别是：信息的数量、运行效率、噪声、有害的副作用、兼容性/可连通性、安全性、易受伤性、美观、测量难度。其使用方法与阿奇舒勒矛盾矩阵表类似，在此不作赘述。

矛盾矩阵表

7.3.4 矛盾矩阵的应用

矛盾矩阵表是解决技术矛盾的基本工具。流程性、操作性是TRIZ的一个重要特征。了解矛盾矩阵后，接下来面临的问题就是如何利用矛盾矩阵。应用矛盾矩阵解决工程技术矛盾时，建议遵循以下16个具体步骤来进行。当然，在解决不同领域的具体技术矛盾时，也可以适当增加或者跳过某些步骤或环节。

(1) 确定技术系统的名称。

(2) 确定技术系统的主要功能。

(3) 对技术系统进行详细的分解。划分系统的级别，列出超系统、系统、子系统各级别的零部件及各种辅助功能。

(4) 对技术系统、关键子系统、零部件之间的相互依赖关系和作用进行描述。

(5) 定位问题所在的系统和子系统，对问题进行准确的描述。避免对整个产品或系统笼统的描述，以具体到零部件一级为佳，建议使用“主语＋谓语＋宾语”的工程描述方式，定语修饰词尽可能少。

(6) 确定技术系统应改善的特性。

(7) 确定并筛选待设计系统被恶化的特性。因为提升欲改善特性的同时，必然带来其他一个或多个特性的恶化。对应筛选并确定这些恶化的特性。因为恶化的参数属于尚未发生的，所有确定需要“大胆设想，小心求证”。

(8) 将以上两步所确定的参数对应的39个通用工程参数进行重新描述。工程参数的定义描述是一项难度颇大的工作，不仅需要对39个工程参数充分理解，更需要丰富的专业技术知识。

(9) 对工程参数的矛盾进行描述。欲改善的工程参数与随之被恶化的工程参数之间存在的就是矛盾。如果所确定矛盾的工程参数是同一参数，则属于物理矛盾。

(10) 对矛盾进行反向描述。假如降低一个被恶化的参数程度，欲改善的参数将被削弱，或另一个恶化的参数被改善。

(11) 查找矛盾矩阵表，得到矛盾矩阵表所推荐的发明原理序号。

(12) 按照序号查找发明原理汇总表，得到发明原理的名称。

(13) 按照发明原理的名称,对应查找40条发明原理的详解。

(14) 将所推荐的发明原理逐个应用到具体的问题上,探讨每个原理在具体问题上如何应用和实现。

(15) 如果所查找到的发明原理都不适用于具体的问题,需要重新定义工程参数和矛盾,再次应用和查找矛盾矩阵。

(16) 筛选出最理想的解决方案,进入产品的方案设计阶段。

现将应用矛盾矩阵的一般步骤概括如下:

第一步,对实际问题进行分析,找到存在的技术矛盾。

第二步,查找矛盾矩阵。首先沿"改善的参数"方向,从矩阵的第一列向下查找"改善的参数"所在的行;然后再沿"恶化的参数"方向,从矩阵的第一行向右查找"恶化的参数"所在的列,最后将上述所在的行与列对应到矩阵表的方格中,方格中的系列数字就是矛盾矩阵建议解决此对技术矛盾的发明原理所对应的序号。

第三步,分析原理。对发明原理进行分析和选择。有的原理与研究的问题相关,有的则不一定相关。看似不相关的原理也不要轻易放弃,在选择时往往需要具备丰富的想象力。

第四步,应用原理提出解决问题的方案。在应用时可以考虑多个原理的一起作用。

例如,对一个实际问题进行分析后,找到技术矛盾是:为改善技术系统的"静止对象的面积"条件,而导致"静止对象的重量"条件的恶化。可在矛盾矩阵表的第一列找到"静止对象的面积"这个参数的名称,在第一行里找到"静止对象的重量"这一参数的名称,利用矛盾矩阵来找到对应的发明原理。在行与列的交叉处有一个单元格有一系列数字,即30、2、14、18,这些数字就对应于建议解决该工程问题的发明原理的序号。这四个发明原理分别是30柔性壳体或薄膜原理、2抽取原理、14曲面化原理、18机械振动原理。分析这些原理,找到合适的原理加以应用,或将对应的这几个原理联合起来进行应用,最终得到解决问题最合适的方法。

需要注意的是,在矛盾矩阵表上,一个标准技术矛盾对应着三、四条发明原理,要进行分析选择。有的发明原理与所研究的技术矛盾有关联,有用;有的发明原理是两者毫不相干,应该放弃。这种选择往往需要联想、灵感、直觉、顿悟、想象力。有的发明原理是两者毫不相干,有时候可能选上几条发明原理,有时一条发明原理都对不上。这就需要创新者有耐心地进行反复,再重新选择标准矛盾进行循环。矛盾矩阵表覆盖能力也是有限的,有时也可以干脆放弃矛盾矩阵表,直接从40条发明原理中搜索出恰当的发明原理,解决问题。

案例7.3

薄玻璃切割

某企业需要生产批量的各种形状的玻璃板。首先,工人们将玻璃板切成长方形,然后根据客户要求,加工成一定的形状。然而,在加工过程中,容易出现玻璃破碎的现象,因为薄板玻璃受力时很容易碎裂,而且玻璃的厚度是客户订单上要求的,不能更改。那么如何来解决这个难题呢?

第一步:分析实际问题,确定工程参数。

图 7.47 批量薄玻璃切割

现在的问题是薄板玻璃在加工过程中受力的作用,因薄板玻璃无法承受该力的作用而发生碎裂,这是想要改善的特性。对应到通用工程参数,选择“32 可制造性”,以此为改善的参数。为避免发生玻璃碎裂的现象,工人们在加工过程中必须要非常小心。因此,对薄板玻璃的加工操作就要进行严格的控制,保证玻璃受力不超过极限,这就是被恶化的特性。对应到通用工程参数中选择“33 可操作性”,以此作为被恶化的参数。

第二步:查找 TRIZ 矛盾矩阵。

改善的参数:32,可制造性;恶化的参数:33,可操作性。查找 TRIZ 矛盾矩阵如表 7.4。

表 7.4 矛盾矩阵部分

改善的参数 \ 恶化的参数		33	可操作性
32	可制造性	2,5,13,16	

从矩阵表中查找 32 和 33 对应的方格,得到方格中推荐的发明原理序号共四个,分别是 2,5,13,16,与前面发明原理序号对应,得到这四个发明原理依次是:2—抽取;5—组合;13—反向作用;16—未达或过度作用。

第三步:分析发明原理。

2—抽取原理。此原理体现在两个方面:① 从物体中抽取出可产生负面影响的部分或属性;② 从物体中抽出必要的或有用的部分、属性。此原理对问题的彻底解决贡献有限。

5—组合原理。此原理体现在两个方面:① 在空间上,将相似、相关、同类或时间上连续的对象加以合并或组合;② 在时间上,将相似、相关的、同类或时间上连续的对象加以合并或组合。此原理对问题的彻底解决贡献较大。

13—反向作用原理。此原理体现在三个方面:① 用相反的动作来代替问题定义中所规定的动作;② 把物体上下或内外颠倒过来;③ 让物体或环境,可动部分不动,不动部分可动。此原理对问题的彻底解决贡献有限。

16—未达或过度作用原理。此原理主要体现在施加小于期望效果或大于期望效果的作用。此原理对问题的彻底解决贡献有限。

第四步:发明原理的应用。

综合以上 4 个发明原理的分析,5—组合原理是最具有价值的发明原理。

解决方案：将多层玻璃叠放在一起，从而形成一叠玻璃，而且事先在每层玻璃面上涂上一层水或油，以保证叠放的玻璃间有较强的附着力。因为多层叠放的玻璃强度远远大于一层玻璃的强度，这样，在加工中就可以来承受较大的力，从而改善了玻璃的可制造性。当加工完成后，再分开每层玻璃，从而获得了客户要求的产品。

案例 7.4

台北 101 大厦减震问题

中国台湾 101 层大厦顶高 449.2 米。台湾位于地震带上，在台北盆地的范围内，又有三条小断层，如果兴建台北 101 大厦，这个建筑的设计必定要能防止强震的破坏。而且台湾每年夏天都会受到太平洋上形成的台风影响，因此，防震和防风是台北 101 大厦两大建筑所需克服的问题。

第一步：分析实际问题，确定工程参数。

现在存在的问题是台湾 101 层大厦是一个高层建筑物，由于楼高房子多，导致抗震能力低。即一方改善引起另一方恶化，这是一个技术矛盾。改善一方是楼高了，房子可用面积增加，对应到 39 个通用工程参数，选择"4，静止物体的长度"，以此作为改善的参数。恶化一方是抗震能力低了。对应到 39 个通用工程参数，选择"27，可靠性"，以此作为被恶化参数。

第二步：查找 TRIZ 矛盾矩阵。

欲改善的参数：4，静止物体的长度。被恶化的参数：27，可靠性。查找 TRIZ 矛盾矩阵见表 7.5。

表 7.5　矛盾矩阵部分

改善的参数 \ 恶化的参数		27	可靠性
4	静止物体的长度	15,28,29	

从矛盾矩阵表中查找 4 和 27 对应的方格，得到方格中推荐的发明原理序号共三个，分别是 15,28,29。与前面发明原理序号对应，得到这 3 条发明原理依次是：15—动态化原理；28—机械系统替代原理；29—气压和液压结构原理。

第三步：分析发明原理。

15—动态化原理。此原理体现在三个方面：① 调整物体或环境的性能，使其在工作的各阶段达到最优状态；② 分割物体，使其各部分可以改变相对位置；③ 如果一个物体整体是静止的，使其移动或可动。此原理对问题的彻底解决贡献最大。

28—机械系统替代原理。此原理体现在四个方面：① 用光学(视觉)系统、声学(听觉)系统、电磁系统、味觉系统或嗅觉系统替代机械系统；② 使用与物体相互作用的电场、微场、电磁场；③ 用运动场替代静止场，时变场替代恒定场，结构化场替代非结构化场;④ 把场与场作用和铁磁粒子组合使用。此原理对问题的彻底解决贡献有限。

29—气压和液压结构原理。此原理体现在:将物体的固体部分用气体或流体代替,如充气结构、充液结构、气垫、液体静力结构和流体动力结构。此原理对问题的彻底解决贡献有限。

第四步:发明原理的应用。

综合以上3条发明原理的分析,“15—动态化原理”是最具有价值的发明原理。

解决方案:根据振动理论,高楼晃动起来,要减小它的晃动幅度,最好的办法就是增加阻尼。动态化就是增加阻尼的一个方向性很好的提示。动态化就是要高层建筑有东西可动,就是要有活动的物体,当高层晃动起来以后,就靠活动物体的惯性增加阻尼,以减小晃动的幅度。当然,楼里面那些不固定的家具家电,也算是活动的东西,但是质量太小,惯性不大,起不了大作用。像这么高的大楼,要专门装置活动而又质量大的物体,才能靠惯性减少晃动。基于这一点,台湾101层楼就是在88—92层之间挂了一个60吨的大钢球(见图7.48),靠大钢球惯性摆动减晃,成为镇楼之宝。于是创新原理“动态化”转换成具体的创新方案。

图7.48 台湾101大厦减震器

7.4 物理矛盾解决

7.4.1 物理矛盾及其描述

所谓物理矛盾是指在一个技术系统中参数内的矛盾,即对同一个参数提出了相反的或是不同的要求,就出现了物理矛盾。例如,手机屏幕需要大一些,看起来更加清楚;手机屏幕又需要小一些,携带起来方便。这里,对于手机这个系统,既要屏幕大,又要屏幕小,这就对同一参数提出了不同的要求,即构成物理矛盾。再看一些其他的物理矛盾的例子:

(1) 飞机的机翼应该尽量大,以便在起飞时获得更大的升力;飞机的机翼又应该尽量地小,以减少在高速飞行时产生的阻力。

(2) 玻璃设计应该有足够的厚度,以使其坚固;玻璃的设计又应该尽量薄,以使其节省材料。

(3) 汽车的外壳应当厚一些,以便提高防撞性,汽车的外壳又应当薄一些,减少因自重消耗的汽油。

(4) 自行车的轮子应该大一些，以便速度提升；自行车的轮子又应该小一些，以便减小体积和节省材料。

通过上面的实例可以看出，物理矛盾是对技术系统中的同一参数，提出相互排斥需求的一种物理状态。对于包含物理矛盾的对象来说，承载物理矛盾的那个特性，无论对于技术系统描述宏观量的参数如长度、电导率及摩擦系数等，还是对于描述微观量的参数，如离子浓度、离子电量及电子速度等，都可以对其中存在的物理矛盾进行描述。在表 7.6 中列出了一些常见的物理矛盾。

表 7.6　常见的物理矛盾

几何类	材料及能量类	功能类
长与短	多与少	喷射与卡住
对称与不对称	密度大与小	推与拉
平行与交叉	导热率高与低	冷与热
厚与薄	温度高与低	快与慢
圆与非圆	时间长与短	运动与静止
锐利与钝	黏度高与低	强与弱
窄与宽	功率大与小	软与硬
水平与垂直	摩擦系数大与小	成本高与低

我们也可以扩展这个列表，例如我们上一节中提到的 39 个通用工程参数也是物理矛盾的描述，在矛盾矩阵中改善的参数和恶化的参数都是同一个参数，即为物理矛盾。

总之，物理矛盾反映的是唯物辩证法中的对立统一规律，即矛盾双方存在着既对立又统一的关系。一方面，物理矛盾描述的是相互对立的关系，即不是 A，就是$\overline{A}$的关系；另一方面，物理矛盾又是对立的统一，即矛盾的双方存在于同一系统之中。要解决物理矛盾，就需要对问题所涉及的矛盾进行物理矛盾的定义，选择正确的参数，用合适的创新原理来解决参数的内在矛盾，从而使问题得以解决。

7.4.2　分离原理及其类型

解决物理矛盾的核心思想是实现矛盾双方的分离，物理矛盾解决方法一直是 TRIZ 研究的重点。当我们遇到物理矛盾时，可考虑用分离原理来解决它。TRIZ 理论在总结物理矛盾解决的各种研究方法的基础上，将各种分离原理总结为四种基本类型：即空间分离、时间分离、条件分离和系统级别上的分离(整体与部分分离)。

这四种分离方法的核心思想是完全相同的，都是为了将针对同一对象(系统、参数、特性、功能)相互矛盾的需求分离开，从而使矛盾的双方都得到完全的满足。它们的不同点在于，不同的分离方法通过不同的方向来分离矛盾双方，在分离方法确认之后，可以使用符合这个分离方法的创新原理来得到具体问题解决方案。

1. 空间分离原理

所谓空间分离原理，是将矛盾双方在不同的空间上分离，即通过在不同的空间上满足不同的需求，使系统或关键子系统矛盾的双方在某一空间上只出现一方，以获得问题的解决或降低问题解决的难度。

例如解决道路拥堵问题，可运用空间分离来解决。在道路的交叉口，有需要驶向不同方向的车辆，这就需要道路有交叉；但是因为车辆驶向不同方向而形成的混乱影响交通秩序，增加了交通事故率，因此也需要道路不能有交叉。比如架设桥梁或挖设隧道，把道路分成不同的层面解决这一问题，如图 7.49 所示。

图 7.49　道路架设桥梁或挖设隧道

2. 时间分离原理

所谓时间分离原理，是将矛盾双方在不同的时间段上分离，即通过在不同的时刻满足不同的需求，使系统矛盾双方在某时间段中只出现在一方，以获得问题的解决或降低问题解决的难度。

例如解决道路拥堵问题，也可以用时间分离来解决。如安设交通信号灯，让驶向不同方向的车辆在不同的时间进行通过来解决问题，如图 7.50 所示。

图 7.50　安设交通信号灯的路口

图 7.51　道路环岛

3. 条件分离原理

所谓条件分离原理，是根据条件的不同将矛盾双方在不同条件下满足不同的需求，使系统矛盾双方在某一条件中只出现一方，以获得问题的解决或降低问题解决的难度。

例如解决道路拥堵的问题，也可以用条件分离来解决。如利用环岛的方法，让驶向不同方向的车辆都进入环岛，在需要行往的方向出口则驶出环岛来解决问题，如图 7.51 所示。

4. 系统级别上的分离(整体与部分分离)原理

所谓系统级别上的分离(整体与部分分离)原理,是将矛盾双方在不同系统级别(层次上)分离,使系统或关键子系统的矛盾双方在子系统、系统、超系统级别内只出现一方,即通过在不同的层次上满足不同的需求,以获得问题的解决或降低问题解决的难度。

例如解决道路拥堵的问题,也可以用系统级别上的分离来解决。用两个丁字路口代替十字路口的设计,控制某一个方向的车辆行进,扩大与另外一个方向的避让距离,形成交叉路口整体与部分分离的状态来解决这一问题,如图 7.52 所示。

图 7.52 整体与部分分离的两个丁字路口

如何实现矛盾双方的分离,是解决物理矛盾的关键。由上述四个解决交通问题的方案,我们可以看到,对同一个物理矛盾运用不同的分离原理可以得到不同的问题解决方法。

7.4.3 应用分离方法解决物理矛盾

了解四种分离方法以后,接下来要解决的是如何应用分离原理来解决物理矛盾。第一步,对实际问题进行分析,将要研究的问题抽象成物理矛盾的形式,并确定两个相反的特性;第二步,确定解决物理矛盾的分离原理;第三步,根据分离原理,得出解决特定问题的解法。

案例 7.5

航空母舰上的舰载机机翼问题

为了增强航空母舰的战斗力,航空母舰上需要搭载尽可能多的舰载机。由于长度的限制,航空母舰上供飞机起飞的跑道是非常短的。为了在这么短的跑道上起飞,飞机机翼应该大一些,以便在相对较低的速度下获得较大的升力,使飞机顺利起飞;另一方面,为了在空间有限的航空母舰上搭载尽可能多的舰载机,飞机机翼应该尽可能小一些。那么如何来解决这个难题呢?

第一步:分析问题,抽出物理矛盾的形式。

在这个问题中,对于机翼互斥的需求是:机翼既应该是大的,又应该是小的。这显然是同一参数相反的两个要求,构成一对物理矛盾。

第二步:确定解决物理矛盾的分离原理。

当舰载机从航空母舰的飞行甲板上起飞的时候,需要较大的升力,因此希望机翼大;当舰载机停放在航空母舰的飞行甲板上或机库时,为减小其所占用空间,希望机翼小。可以看出,对舰载机机翼相对立的需求在时间轴上是不重叠的。因此,可以考虑用时间分离原理解决这个物理矛盾。

第三步：根据分离原理得到解决物理矛盾的方法。将飞机的机翼设计成可折叠的，当飞机起飞的时候，机翼打开，就处于“大”的状态；当飞机处于停放状态时，将机翼折叠起来，就处于“小”的状态，如图 7.53 所示。

图 7.53 航空母舰的舰载机、折叠的机翼

7.5 技术矛盾转化为物理矛盾

技术矛盾与物理矛盾之间是否存在着关联呢？在一个工程问题中，可能会同时包含多个矛盾。对于其中的某一个矛盾来说，它既可以被定义为技术矛盾，也可以被定义为物理矛盾。例如，在一个化学试验中，要提高某一元素的化学反应速度，需要加热；而加热会导致相邻元素质量的变性。那么，在这一系统中，某一元素的化学反应速度，是一个需要改善的参数；相邻元素质量的变性，是一个恶化的参数。这样就形成了一对技术矛盾。在一个技术矛盾中，两个参数之所以形成了类似于“跷跷板”的这种技术矛盾关系，就是因为这两个参数之间是相关的，即可以通过逻辑推导，建立一条连接两个参数的逻辑链。从逻辑上来说，当两个互斥的需求分别被这条链上的两个不同结点所承载的时候，这两个结点就构成一个技术矛盾。其技术矛盾对于问题的逻辑链如下：

A 提高化学反应速度(改善参数)→C 温度(提高)→B 相邻元素变性(恶化参数)

在上述例子中，也可以表述为，温度既应该高，以加速化学反应速度；温度又应该低，以避免相邻元素的变性。当互斥的要求汇聚于链上的某一个结点的时候，就表现为一个物理矛盾。因此将技术矛盾转化为物理矛盾的过程，就是将两个分别位于不同结点上的互斥的需求汇聚到一个结点上的过程，物理矛盾对于问题的逻辑链如下：

A 提高化学反应速度→C 温度(应该高，又应该低)←B 防止相邻元素变性

技术矛盾与物理矛盾之间是可以相互转化的，利用这种转化机制，可以将一个冲突程度较低的技术矛盾转化为一个冲突程度较高的物理矛盾。技术矛盾是两个参数 A 和 B 之间的矛盾，而物理矛盾是将互斥的需求汇聚到一个结点 C，即温度。

当然，在实际工程技术问题中，情况会比上述例子复杂得多。这就需要工程技术人员以自己的专业知识为基础，以 TRIZ 理论作为工具，对问题进行深入分析。只有这样，才能正确地从问题中抽取技术矛盾，并在两个参数之间建立这种逻辑联系。我们需要记住这样一个概念，在每个技术矛盾的后面，都能找到一个物理矛盾，正是这个物理矛盾引起

了该技术矛盾。可以说，所有的技术矛盾都可以转化为物理矛盾。当技术矛盾转化为物理矛盾时，往往会选择定义一个特殊的物理问题，该物理问题是可以用物理、化学或几何等科学原理和效应来解决的。

矛盾问题解决方法应用实例

思考题

1. 列举一些日常生活中你注意到的小发明，说说它们各自应用了哪些发明原理？

2. TRIZ理论为什么建议解决问题不要回避矛盾，相反是要找出矛盾并激化矛盾？

3. 矛盾分为几类？举例说明什么是技术矛盾？什么是物理矛盾？

4. 39个通用工程参数是如何分类的？请简述矛盾矩阵的作用与使用方法。

5. 技术矛盾和物理矛盾的区别是什么？如何转化？

6. 请结合自己的专业领域或生活经验，寻找一个技术矛盾或物理矛盾，利用矛盾问题解决方法，说明问题的最终解决办法。

第 8 章　技术系统分析方法

【学习目标】

理解系统功能,掌握系统功能分析与功能定义方法;掌握物-场模型概念和基本类型,掌握物-场分析中的 6 个一般解法,能进行物-场模型的初步分析应用;掌握发明问题的标准解法的涵义,理解标准解系统,掌握标准解法的应用步骤和流程;理解科学效应、科学现象和科学原理,掌握 TRIZ 定义的 30 个功能,掌握应用科学知识效应库解决问题的步骤;了解发明问题解决算法—ARIZ。

8.1　系统功能分析

8.1.1　功能概念及其类型

美国通用电气公司的工程师迈尔斯在寻求石棉板的替代材料研究过程中,通过对石棉板功能进行分析,发现其用途是铺设在给产品喷漆的车间地板上,以避免涂料玷污地板引起火灾。迈尔斯认为,可以用其他材料替代石棉板,此类材料价格更便宜,并具有良好防火性能。在市场上迈尔斯找到了一种防火纸,成本很低且货源稳定。1947 年,迈尔斯提出了功能分析、功能定义、功能评价以及如何区分必要和不必要功能并消除后者的方法,形成了以最小成本提供必要功能,获得较大价值的科学方法——价值工程(Valve Engineering,VE)。迈尔斯首先明确地把"功能"作为价值工程研究的核心问题,他认为"顾客购买的不是产品本身,而是产品所具有的功能"。因此,功能思想的提出极大地促进了产品创新过程。

产品是功能的载体,功能是产品的核心价值。产品开发人员和顾客的共同认识是:顾客愿意花钱购买的是产品所承载并体现的有用功能,而不是产品本身。产品的功能与技术、经济等因素密切相关,功能在产品设计中受到高度关注。功能是对产品的具体效用或技术系统能够完成任务的抽象描述,也是评价产品或技术系统价值的重要标准,功能反映产品或技术系统的特定用途和特征,即技术系统输入量和输出量之间的关系。图 8.1 中技术系统黑箱就是这个技术系统能够完成的任务,也称为技术系统的功能。

功能是研究对象能够满足人们某种需要的一种属性。功能是使产品能够工作或使其能够被出售的特性。功能的由来一种是人们的需求,另一种是人们从实体结构中抽象出来的。例如:冰箱具有满足人们"冷藏食品"的属性;起重机具有帮助人们"移动物体"的属性。企业生产的实际上是产品的功能,用户购买的也是产品的功能。如用户购买电冰箱,

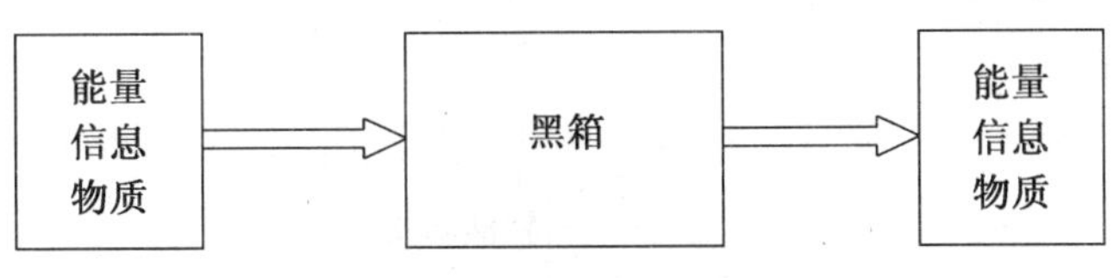

图 8.1　技术系统黑箱

实际上是购买“冷藏食品”的功能。

功能的载体是指执行功能的组件。功能的对象是指某个参数由于功能的作用而得到保持或发生了改变的组件，即接受功能的组件。参数是指组件可以进行比较、测量的某个属性，如温度、位置、宽度、长度、重量等。

在 TRIZ 理论中的功能定义是指某组件（或子系统，功能载体）改变或者保持另外一个组件（或子系统，功能对象）的某个参数的行为。例如车移动人是一个正确的功能描述。因车移动人的功能改变了人的位置。人是功能的对象，车是功能的载体，如图 8.2。

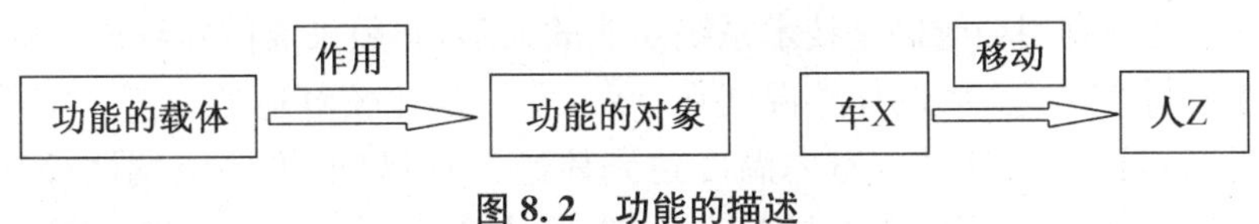

图 8.2　功能的描述

一个功能存在必须具备的三个条件是：

(1) 功能的载体和功能的对象都是组件，即物质或场。

(2) 功能的载体与功能的对象之间必须有相互作用，即两者必须相互接触。

(3) 功能对象的至少一个参数应该被这个相互作用改变或保持。

功能一般用“动词＋名词”的形式来表达，动词表示产品所完成的一个操作，名词代表被操作的对象，是可测量的。例如：钢笔，它的用途是写字，而功能是存送墨水；铅笔的用途是写字，而功能是摩擦铅芯；毛笔，它的用途是写字，而功能是浸含墨汁。

任何产品都具有特定的功能，功能是产品存在的理由，产品是功能的载体；功能附属于产品，又不等同于产品。用户需求的是产品的功能，功能是产品的本质，而产品的具体内容只是功能的实现形式。客户对产品的描述和感觉，或者说市场对产品的具体需求所描述的产品特征往往是产品的功能属性。

在技术系统级别上可将功能分为主要功能、基本功能和辅助功能（如图 8.3）。主要功能是反映系统的主要有用功能（系统功能），是系统创建或设计的目的和目标，功能载体是技术系统本身；基本功能是保证完成主要功能的组件功能，技术系统组件的功能级别最高为基本功能，功能载体是与系统作用对象直接作用的系统组件；辅助功能是保证完成基本功能的组件功能，功能载体是系统或超系统中的组件，与系统作用对象之间没有直接的联系。技术系统或组件所产生的预设功能以外的有用功能为附加功能，作用于超系统组件，如冰箱闲置时可作为存储用，电饭煲的内胆用于洗菜、存储食物等。在产品中提供基本功能的系统组件是关键零部件，提供辅助功能的系统组件可以随时被裁剪而不影响系统基本功能的实现，如眼镜的基本功能是折射光线或改变光线的折射角度，镜腿、镜框、螺钉等提供辅助功能的部件都可以被裁剪，隐形眼镜只保留镜片以实现基本功能。

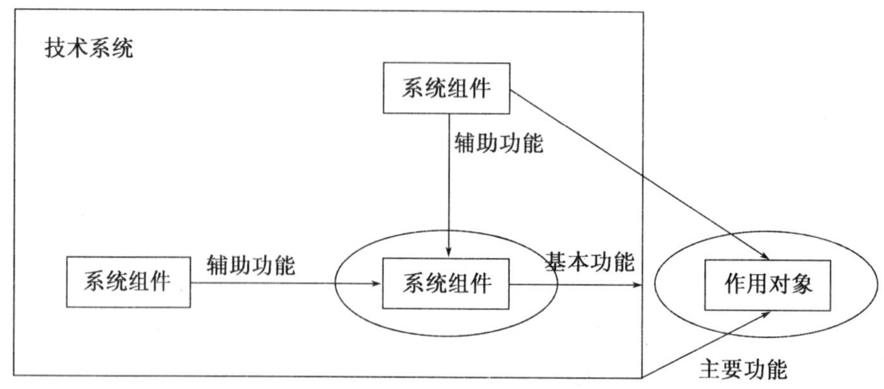

图 8.3 功能的级别

根据功能的类别属性，技术系统具有有用功能、有害功能、过度功能、不足功能等，如图 8.4 所示。过度功能和不足功能都属于有用功能，只是在实现的度上有所不足或过度，但是不足或过度的有用功能仍是技术系统功能的缺陷，必须采取措施纠正。例如空调，其重要的功能是制冷空气。人的体感温度在 20—25 ℃是比较舒适的。夏天室外温度高达 35 ℃及以上时，若空调制冷后，室内温度达到体感舒适区间，说明空调制冷功能是正常的。如果空调已经制冷，室内温度只能达到 30 ℃，尽管与其下降室温的期望一致，但没有达到期望的体感舒适的区间，说明空调制冷功能不足。而如果制冷后室内温度太低，如达到 5 ℃，超过期望，人体的感觉不舒适，空调制冷功能过度。

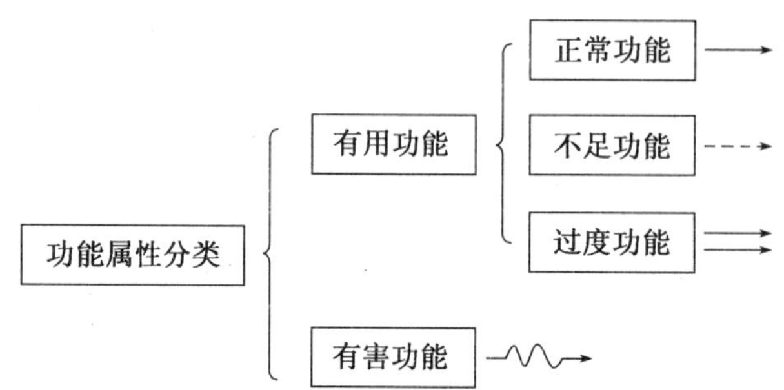

图 8.4 功能的分类及其图形化符号

除正常功能外其他类型的功能，均是功能分析中的功能缺点，可以用其他的工具如因果链分析等做深入分析研究，再选择 TRIZ 理论中解决问题工具来解决。

一个技术系统具有多种功能属性，如果该系统功能能够具有多种不同的工作状态，适应各种复杂的工况条件，处理多种参数对象，也就意味着这一系统同时兼具多种功能属性，此系统就是一个柔性度高、适应性强、功能属性为一流的技术系统。

8.1.2 功能分析

功能分析是价值工程的核心内容，是对价值工程研究对象的功能进行抽象的描述，并分类、整理、系统化的过程，通过功能与成本匹配关系定量计算对象价值大小，确定改进对象的过程。只要技术系统还有不完善，就能通过功能分析找出系统存在的问题。作为一个问题分析工具，其应用在产品概念创新设计阶段，主要目的是将抽象的系统或设计创意转化成具体的系统组件之间的相互作用关系，以便于设计者了解产品所需具备的功能与特性；对于新技术系统的开发，先要确定系统完成或实现的主要功能，然后将主要功能分解为子功能，即功能分解；对改进已有技术系统，则主要是理清技术系统主要功能及辅助功能，以便完整地理解技术系统，找出技术系统的问题所在。

基于价值工程的功能分析可分为三个步骤：

(1) 功能定义。功能定义要求简明扼要，通常采用一个动词加一个名词的组合表达方式。如传递信息、连接物体等。

(2) 功能分类。功能按发挥作用的具体内容与其所处地位不同，一般可从四个方面分类，分别为基本功能与辅助功能、上位功能和下位功能、使用功能和品味功能以及必要功能与不必要功能。

(3) 功能整理。功能整理从系统分析的角度，寻找、辨别、弄清它们之间所存在的相互关系，并以系统图的形态表明这些关系之间所存在的内在联系。因此，功能整理的过程就是建立功能系统图的过程。功能分析系统技术是分析功能相互关系的强有力的图形工具，能准确地显示所有功能之间的特殊关系，检查所研究的各功能的有效性，帮助确定遗漏的功能。

8.1.3　功能定义

在价值工程中，美国电气工程师迈尔斯将功能定义为“起作用的特性”，认为一个技术系统可通过以最小成本提供必要功能来实现技术系统价值的最大化，即价值(V)＝功能(F)/成本(C)。凡是满足使用者需求的任何一种属性都属于功能的范畴，满足使用者现实需求的属性就是功能，而满足使用者潜在需求的属性也是功能。

有学者认为“功能是对象满足某种需求的一种属性”、“功能是向顾客表明产品在使用过程中的物质运动形态”、“功能是事物或方法所发挥的有利作用”等。由此可知，功能是对技术系统具体作用的抽象描述，技术系统作为满足某种需求的属性是功能，承载这种属性的客观物质则是功能载体，一种功能的实现不可能没有载体。

可采用“X 更改(或保持)Z 的参数 Y”的通用表达方式，这里 X 是指提供功能的组件，即功能载体，它必须是物质、场或物质-场的组合，可以是技术系统的组件，也可以是技术系统的子系统或超系统。Z 是指功能对象，Y 是指功能对象的某个参数，功能载体对功能对象的作用结果就是参数 Y 发生了改变(或保持不变)。参数 Y 发生改变是功能载体 X 对功能对象 Z 的作用结果，例如牙刷的刷毛 X 对牙齿上粘附的牙垢 Z 实施机械力的作用，使得牙垢从牙齿表面剥离，则牙垢的位置参数 Y 发生了改变；参数 Y 保持不变则指的是功能对象 Z 的某个参数 Y 在功能载体 X 的作用下保持不变，例如机床夹具 X 对被加工工件 Z 实行定位与夹紧，使得加工过程中，工件 Z 在切削力等作用下，由于夹具提供的夹紧力作用保持工件位置 Y 不会发生改变。

因此，基于组件的功能定义有三要素，缺一不可：

(1) 功能载体 X 和功能对象 Z 都是组件(物质、场或物质场组合)。

(2) 功能载体 X 与功能对象 Z 之间必须发生相互作用。

(3) 相互作用产生的结果是功能对象 Z 的参数 Y 发生改变或者保持不变。

在一个技术系统中，某一组件可能既是功能载体，又是功能对象，即该组件作为功能载体对其他组件产生某种功能，作为功能对象则接受其他组件的作用。

实际工作中，工程技术人员对功能的定义可能采用的是一种陈述性的方法。例如：牙刷的功能是“刷牙”，洗衣机的功能是“洗衣服”等，这种定义方法不符合 TRIZ 对功能定义三要素的要求，也不利于后续的功能分析。因此，TRIZ 功能定义亦采用“动词＋名词”的方式来描述，例如：牙刷的功能是“去除牙垢”，洗衣机的功能是“分离赃物”，机床夹具的功能是定位和夹紧工件等。值得注意的是，“动词＋名词”的定义方式中，名词指的是“功能对象 Z”，而不是功能对象的某个参数 Y。例如，如果将空调的功能定义为“改变温度”，此时名词“温度”只是空气的一个物理参数，而不是功能对象。

另外，在功能定义时需要避免使用负面定义的方式以及避免使用非因果关系的定义方式。例如：士兵所带的钢盔，如果将其功能定义为“阻止子弹穿透”，则是一种负面定义方式，恰当的定义应该是“改变子弹运行轨迹”。一个普通的水杯，当盛满开水之后会慢慢冷却，空气作为超系统，此时的功能是“冷却水”或“降低开水的温度”，而不能违背因果关系，将开水的功能定义为“(开水)加热空气”，尽管空气冷却水的同时水也局部加热空气。

由设计的观点看，任何技术系统内的组件必有其存在的目的，即提供功能。那么，技术系统中的组件越多，系统具备的功能也就越多。而从顾客的观点来看，顾客购买的是技术系统(或产品)的某一项(或几项)功能，用于解决顾客的相关问题。例如，顾客购买削铅笔的卷笔刀，主要看中的是卷笔刀的“去除铅笔外壳的包覆物”、“削尖铅芯”功能，当然也可能包括外观、使用舒适性等美学功能。因此，对任何技术系统而言，必然存在着完成某种特定的用于解决主要问题的功能，即主要功能。主要功能的功能对象是技术系统的目标，用以实现技术系统的主要目的。功能定义阶段的任务除对技术系统各功能进行定义和识别外，还需要识别对主要功能改善产生最大影响的组件参数。

以汽车系统为例，发动机、车身、座椅、变速箱子系统、轮胎等构成了汽车这一技术系统，超系统组件包含道路、乘客、货物、空气、汽油等，汽车系统的作用目标是乘客(包括驾驶员或货物)，那么汽车系统的主要功能就是运载乘客(货物)，作用的结果就是使乘客和货物的位置发生改变。

8.1.4 功能定义的表达

功能定义的表达是指如何采用合适的动词来对功能进行定义，来描述功能载体对功能对象的作用。例如头发湿了使用电吹风吹干头发，使得我们通常认为电吹风的功能是“吹干头发”；夏天使用电风扇会使人觉得很凉爽，我们便认为电风扇的功能是“凉爽身体”，使用放大镜来观看微小的物体，通常认为放大镜的功能是“放大目标物”等。这种功能定义的表达方式是直觉表达，实质上是功能执行后的结果。

而 TRIZ 功能定义中，采用的是本质表达方式，也可以采用二元(或多元)表达。直觉表达中，我们认为电吹风是功能载体，湿头发是功能对象，自然就认为电吹风的功能是“吹干头发”，而从二元(或多元)表达方式看，电吹风的功能是“加热空气并使空气流动”，“(热风)加热(头发上的)水分”使水分挥发以及流动的空气使头发上的水分挥发。因此，本质表达方式应该是“(热风)蒸发水分”。放大镜、眼镜等光学产品的本质功能是“改变光线”，而不是直觉结果的“放大物体”。表 8.1 举例说明两种表达的区别。

表 8.1　功能的直觉表达和本质表达

技术系统	直觉表达	本质表达
电吹风	(热风)吹干头发	(热风)蒸发(头发上的)水分
风扇	凉爽身体	移动空气
放大镜	放大物体	衍射光线
白炽灯	照亮房间	发光
汽车挡风玻璃	保护司机	防止车外物体(的撞击)
二极管	整流电流	阻滞某极性电流

本质表达方式可能违背人们的直觉，如直觉认为船舶螺旋桨的功能是“驱动船舶(前进)”，事实上此种定义方式违反功能定义的三要素原则，在螺旋桨和船舶间并没有直接的相互作用，那么“驱动”显然不适合用于表达螺旋桨的功能(可以用来表达螺旋桨马达的功能，如“马达驱动螺旋桨”)。那么什么动词可以较准确地表达功能载体对功能对象的作用呢？按照功能定义三要素中“功能载体 X 与功能对象 Z 之间必须发生相互作用”的约束，显然与螺旋桨直接接触的组件是超系统组件——水。螺旋桨接受船舶动力源提供的动力而旋转，从而实现“移动水”的功能。

功能定义时采用的动词和名词的词义要直白，功能的内涵和属性要准确。例如，在炎热的夏天，在有空调的房间感觉舒适，就认为空调的功能是“提高了人的舒适性”，实际上“提高了人的舒适性”是空调功能“冷却空气”的一个结果而已。功能定义通常用“动词＋名词”的方式定义，如手表的功能定义为“显示时间”，暖瓶的功能是“保持温度”，电动机的功能是“产生转矩”，洗碗机的功能是“去除餐具上污垢”等。表 8.2 是功能定义时常用动词与名词组合。

表 8.2　功能定义常用动词与名词组合

<table>
<tr><th>动词</th><th>名词</th><th>动词</th><th>名词</th><th>动词</th><th>名词</th></tr>
<tr><td>提供</td><td>美观</td><td rowspan="3">盛入</td><td>燃料</td><td rowspan="5">传递</td><td>动力</td></tr>
<tr><td rowspan="2">供给</td><td>电子</td><td>油品</td><td>扭矩</td></tr>
<tr><td>能量</td><td>水</td><td>电流</td></tr>
<tr><td rowspan="7">允许</td><td>把握</td><td>支撑</td><td>重量</td><td>热量</td></tr>
<tr><td>进入</td><td rowspan="2">控制</td><td>压力</td><td>能量</td></tr>
<tr><td>制动</td><td>转动</td><td rowspan="2">防止</td><td>泄漏</td></tr>
<tr><td>控制</td><td>保持</td><td>运动</td><td>生锈</td></tr>
<tr><td>连接</td><td rowspan="3">阻隔</td><td>热量</td><td>接收</td><td>信号</td></tr>
<tr><td>运动</td><td>燃烧</td><td>隔绝</td><td>尘土</td></tr>
<tr><td>旋转</td><td>振动</td><td>连接</td><td>电路</td></tr>
</table>

功能定义一定要尽可能的抽象。将产品物质特性抽象为产品功能特性的过程中，要

抓住本质，突出重点，淘汰次要条件，将定量参数改为定性描述，只描述功能，不涉及具体的解决方法。同一功能，采用不同的功能定义，往往会得到不同的原理解或结构解。

例如，需“取出核桃仁”。

如果将需“取出核桃仁”定义为功能“砸壳”，实现功能的原理就是外部加压。加压的方法有：砸，即利用重力取出核桃仁；夹，即利用杠杆原理，如采用核桃夹子取出核桃仁；压，如采用螺旋压力机取出核桃仁；冲击，即利用水力冲击法取出核桃仁；射击，将核桃仁作为枪弹射向硬靶，并由此取出核桃仁。

如果将需“取出核桃仁”定义为功能“压壳”，则实现该功能的原理有：外部加压，如上述各类砸壳的加压方法属于外部加压；内部加压，可在核桃壳上钻孔，向内加入高压气体，撑破核桃外壳，取出核桃仁；整体加压，即先将核桃整体加压后，再骤然减压，由此通过核桃内外压力差撑破核桃外壳。

如果将需“取出核桃仁”定义为功能“壳仁分离”，则实现该功能的原理既可以采用砸壳的原理（砸、夹、压、冲击、射击等），也可以采用压壳的原理（外部加压、内部加压和整体加压等），还可以利用其他去壳原理：如培育薄壳核桃，人们用手就可以直接捽碎核桃皮，取出核桃仁；用化学方法溶解核桃壳，但不会溶解核桃仁。

将发出动作的主体去掉后，功能仅保留了“动作”和“作用对象”的一个抽象概念，这样就对技术系统功能的理解出现多元化的认识，不同的人对技术系统功能有不同的理解，常常出现技术系统的功能与其主要益处、其他益处或最终目标混淆，如表 8.3 所列对技术系统功能的多元化认识的举例。

表 8.3　技术系统功能的多元化认识举例

技术系统	主要功能	主要益处	其他益处	最终目标
手机	传输语音	与人联系	照相	传递信息
眼镜	折射光线	矫正视力	美容	保护眼睛，持久的视力
家用智能清扫机器人	移动/收集尘屑	清洁地板	养护地毯	无尘屑，卫生的环境
签字笔	产生色痕	书文绘图	不伤纸张	表达信息
电动牙刷	移除牙垢	清洁口腔	洁白牙齿	无牙病，健康的口腔

由此来看，在人们讨论一个技术系统的功能时，应该聚集在最基本、最直接的相互作用上。如笔是在与纸面摩擦时留下痕迹为其基本功能，那么留下痕迹的工具种类和书写方式有很多。通过功能准确分析，就可以找到不同领域、不同原理、不同类型的解决方案。

8.2　物-场模型分析方法

对于一个技术系统来说，分析问题比直接解决问题更加重要。物-场分析方法建立在现有产品的功能分析基础上，通过建立现有产品的功能模型的过程，可以发现有害作用、不足作用及过度作用等问题。产品或系统中的问题存在区域是设计冲突可能的存在区域，根据物-场表示的功能模型的类型就可判定矛盾的存在。该方法适用于发现已有产品中的矛盾以便改进设计。物-场模型分析方法是 TRIZ 的一个重要发明创造问题的分析工具,可以用来分析现存技术系统有关的模型性问题,从而改进技术系统。

8.2.1　物-场模型概述

TRIZ 中的"物质-场模型"(简称物-场模型)是一种用图形化语言对技术系统进行描述的方法,是经典 TRIZ 中的重要内容,是阿奇舒勒原创的第二套解决发明问题知识。

1. 物质

所谓"物质"是指工程系统中包含的任意复杂级别的具体对象,它可以是整个系统,也可以是子系统或系统的组件,甚至可以是环境(超系统及超系统组件)等。

按照其在技术系统中的作用,物质可以分为:

(1) 材料类物质:如基料、辅料等。

(2) 工具类物质:如流水线、设备部件(组件)、零件等。

(3) 人员类物质:如操作人员、参与者等。

(4) 环境类物质:指技术系统所处的周围环境。

按照其物理状态物质可以分为:

(1) 典型物理状态的物质:如真空、等离子体、气体、液体和固体等。

(2) 中间态和化合态物质:如气溶胶、液溶胶、固溶胶、泡沫、粉末、凝胶体、多孔物质等。

(3) 有特殊性质的材料:如热性质材料、电性质材料、磁性质材料、光学性质材料等。

按照其复杂程度和级别的层次性物质可以分为:

(1) 单元素:如螺钉、别针、纽扣等。

(2) 复杂系统:如汽车、太空船、大型计算机等。

物-场模型中所说的物质比一般意义上的物质含义更广一些。它不仅包括各种材料,还包括技术系统(或其组成部分)、外部环境,甚至活的有机体。这样设置的目的在于,为了利用物-场模型来简化解决问题的进程,需要人们暂时抛开物体中所有多余的特性,只提出那些引起冲突的特性。物体的名称被"物质"这个中性词代替后,去除了对该物体的认知惯性,使矛盾显得更突出、更明显。

2. 场

"场"是物理学中的一个基本术语,是物质存在的一种基本形式。物-场模型中的"场"是指工具和对象之间的相互作用所需的能量,两种物质依靠场来进行连接。物理学发现的基本场有重力场、电磁场、弱核力场和强核力场四种。但在技术系统中物质之间的作用是多种多样的,能量的供给形式也是千变万化的。显然仅用这四种基本场很难非常确切地表示千差万别的作用,四种场的分类也不适合于求解技术系统解决方案。阿奇舒勒将场的概念与范围扩大,将存在于物质之间各种各样的作用都用场来表示,使用了更细的分类法,如机械场(如压力、冲击、脉冲、惯性、离心力等)、声学场(如声波、超声波、次声波)、热学场(热传导、热交换、绝热)、电场(如静电、感应电)、磁场、光学场(如红外线、紫外线)、化学场(如氧化、还原)等(表 8.4)。TRIZ 认为,物质间的相互作用如果出现了能量的产生、吸收或转换现象，这种相互作用及能量转换就可以用“场”来表示。场为人们提供了一种表示能量流、信息流、力流和相互作用的机制。场的类别就是相互作用的类别，它可以根据所使用的能量类型来确定。如果两种物质间发生机械作用，就是机械场；发生化学作用，就是化学场等。因此，利用场的概念来描述物质之间的作用，不仅可以描述作用的能量供给形式，而且可以了解作用的实现原理。此外，场的存在总是假设物质存在，这是因为物质是场的来源。

表 8.4 物-场模型中的场

符号	名称	举例
G	重力场	重力
Me	机械场	压力，惯性，离心力
P	气动场	空气静力学，空气动力学
H	液压场	流体静力学，流体力学
A	声学场	声波，超声波，次声波
Th	热学场	热传导，热交换，绝热，热膨胀，双金属片记忆效应
Ch	化学场	燃烧，氧化反应，还原反应，溶解，键合，置换，电解
E	电场	静电，感应电，电容电
M	磁场	静磁，铁磁
O	光学场	光(红外线、可见光、紫外线)，反射，折射，偏振
R	放射场	X射线，不可见电磁波
B	生物场	发酵，腐烂，降解
N	粒子场	α、β、γ粒子束，中子，电子，同位素

TRIZ 理论指出，系统的进化本质上就是向着更高级、更复杂的场的进化。按照可控性由低到高的顺序，场依次排列为：G→Me→P→H→A→Th→Ch→E→M→O→R→B→N。因此，如果某个技术系统当前采用的是机械场方式，接下来可以考虑用气动场、热学场、化学场、电场或磁场来替代机械场，从而推动技术系统向更高级的形式进化。

3. 物-场模型

“物-场”是“物质”和“场”的组合语，是 TRIZ 的物场模型中的特有词汇。物-场模型是技术系统的最小模型，它包括工件(对象物质)、工具(工具物质)和场(工具影响产品所需要的能量)。即所有技术系统的功能都可以分解为 3 个要素：2 种物质和 1 种场。

任何工具无论是简单还是复杂，是先进还是落后，它之所以出现，都是为实现某种目的。通常工具所要达到的目的就是工具功能的具体体现。同时，任何工具都需要有一个作用对象。只有当该工具作用于这个作用对象上的时候，工具的功能才得以实现。因此，从这个角度来讲，“工具”是功能的载体，“工件”(作用对象)是功能的受体，而“场”(能量)就是联系工具和作用对象的桥梁。

从更抽象的层次上来看，上述的作用可以理解为一种“运动”。根据能量守恒定律，任何事物都不可能无缘无故地“动起来”，之所以能够“动”，是因为背后有“场”(能量)在起作用。

技术系统的功能模型可以用一个完整的物-场三角形来表示。这种由两个物质和一个场组成的与已存在的系统或技术问题相关联的功能模型叫物-场模型。物-场模型阐明了工件与工具两种物质与场之间的相互作用和能量转换关系，为进一步解决问题创造了条件。

如图 8.5 的物-场模型中，S2 表示工具，S1 表示作用对象，F 表示场。在物-场模型中，为规范模型的表示，通常把物质排在一行，场可以在上方，也可以在下方，箭头 S2 指向 S1，表示 S2 对 S1 有作用。

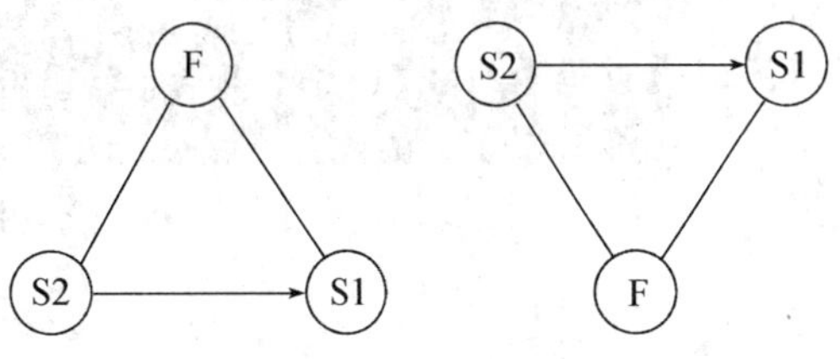

图 8.5　物-场模型

4. 物-场分析

物-场分析(物质-场分析)是通过分析技术系统构成要素以及构成要素之间的相互关系，并采用物-场模型的方式用符号语言清楚地描述系统或子系统中的各种矛盾问题，用于描述系统问题、分析系统问题的一种系统分析方法。

通过物-场分析，构建技术系统最小问题模型，目的是通过技术系统的最小变化来解决问题。

案例 8.1

手握杯子。如图 8.6 所示，模型中的 2 个物质是杯子和手，手通过握力(机械场)作用于杯子，使人能拿起杯子。

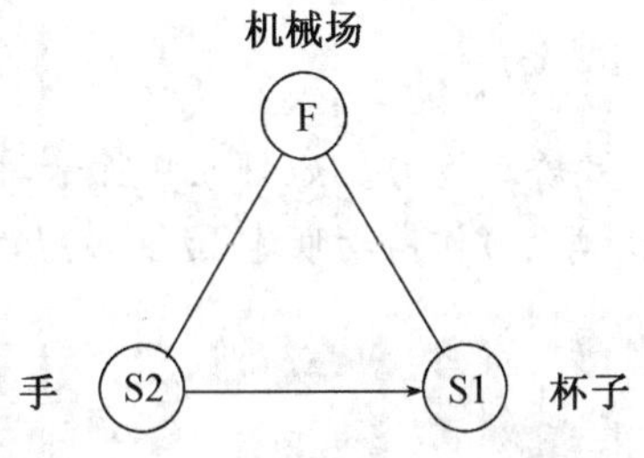

图 8.6　手握杯子

案例 8.2

汽车刹车。如图 8.7 所示，模型中的 2 个物质是轮胎和地面，轮胎通过摩擦力(机械场)作用于地面，达到刹车目的。

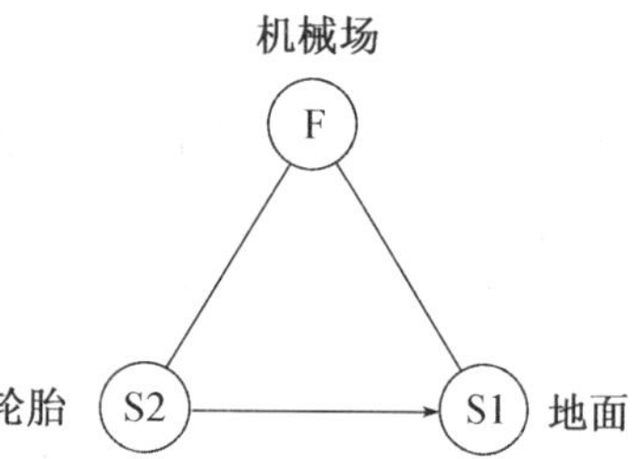

图 8.7 汽车刹车

案例 8.3

空中的氢气球。如图 8.8 所示，模型中的 2 个物质是气球和空气(风)，风通过风力(气动场)作用于气球，使气球飘在空中。

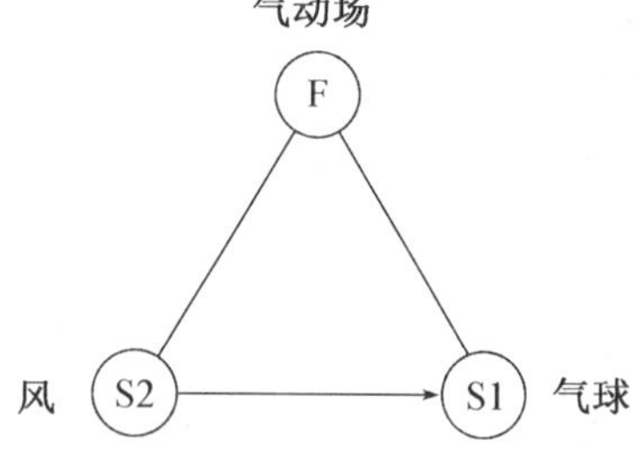

图 8.8 空中的气球

案例 8.4

眼镜矫正视力。如图 8.9 所示，模型中的 2 个物质是镜片和眼球，镜片通过光的折射(光学场)作用于眼球，达到视力矫正的目的。

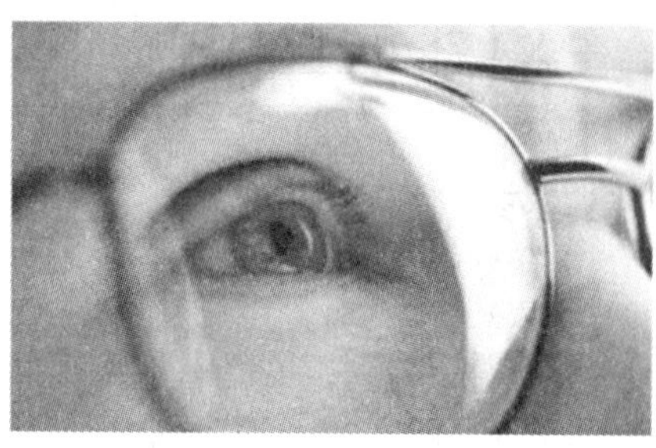

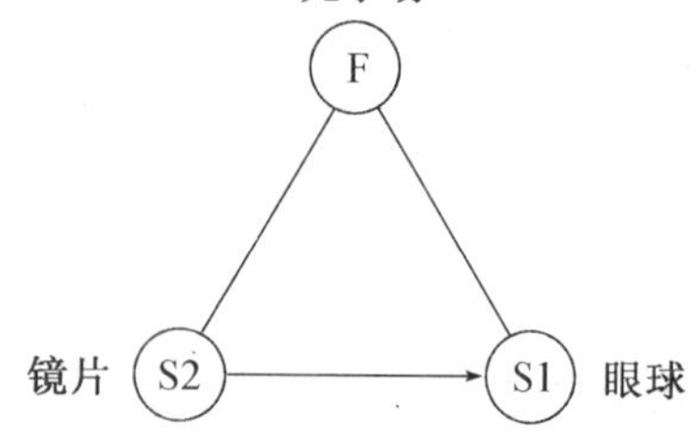

图 8.9 眼镜矫正视力

从例子可以看出，物-场模型通过抽象过程，将技术系统简化为以下形式：由 2 个“物质”和 1 个“场”的 3 元素所构成的集合体。物-场模型就是从功能的角度对技术系统进行抽象和建模的，从而使人们能够将注意力聚焦于关键子系统上并确定问题所在的特别模型组，集中在问题发生的那个点上(最小范围)。对问题的模型描述就是对问题所处情境的模型化抽象，也就是对需要改进的最小限度的工作技术系统的模型化描述。

8.2.2　物-场模型的分类

物-场模型有助于使问题聚焦并确定关键子系统上的问题所在。很多情况下，工程系统的物-场模型的工作状态不一定是正常的，这些模型的异常问题表现也可以建立直观的描述，表 8.5 是几种常用的代表模型相互作用几何符号。

表 8.5　常见的相互作用图形表示符号

符号	意义	符号	意义
⟶	期望的作用	〰➝	有害的作用
- - - - - ➝	不足的作用	⇨	改变的模型

“相互作用”是指在场与物质的相互作用与变化中所实现的某种特定功能。针对不同的问题类型，可以用不同的物-场模型来描述。

1. 有效完整模型

有效完整模型是一种理想状态，功能的三个元素都存在，且相互间作用充分，是设计者追求的效果。

案例 8.5

钻孔机在玻璃上钻孔。如图 8.10 所示，如果工具选择合适，机械力度合适，钻孔机与玻璃之间的相互作用是有效且充分的，就可以达到在玻璃上钻孔的理想效果。

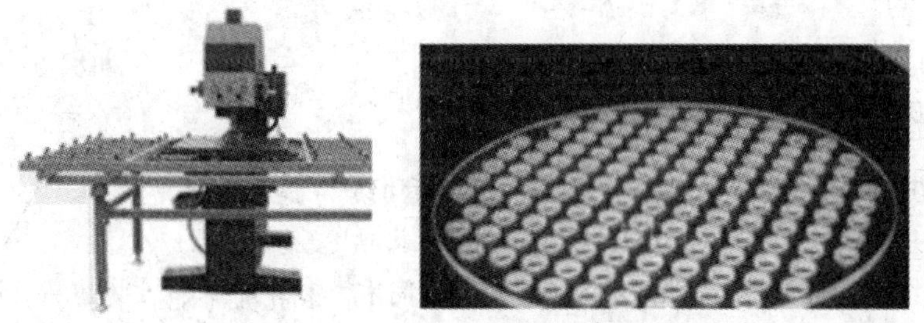

图 8.10　玻璃钻孔机、有效完整模型

2. 不充分模型

功能的三个元素都存在，但相互间作用不充分，设计者追求或预期的相互作用未能实现或只部分实现。

案例 8.6

钻孔机在玻璃上钻孔。如图 8.11 所示，如果力度不够，就无法实现或不能完全实现预期设计的效果。这种情况下钻孔机与玻璃之间有相互作用但不充分。

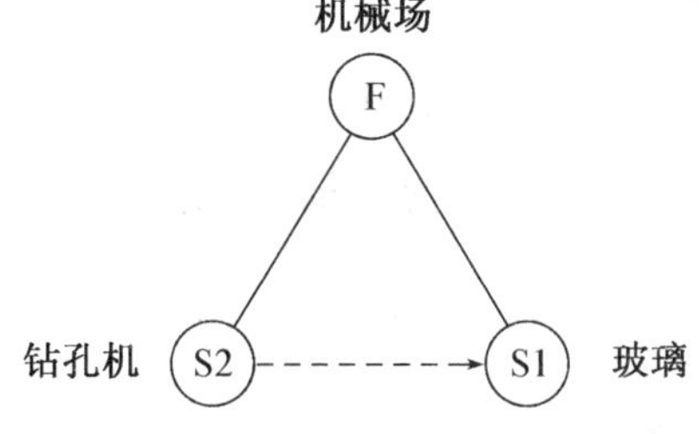

图 8.11 不充分模型

3. 缺失模型

功能的三个元素不齐全，可能缺少物质，也可能缺少场。

案例 8.7

钻孔机在玻璃上钻孔。如图 8.12 所示，如果玻璃不见了，或钻孔机不见了，则缺少物质，就无法实现预期设计的效果。在这种情况下建立的模型为缺失模型。

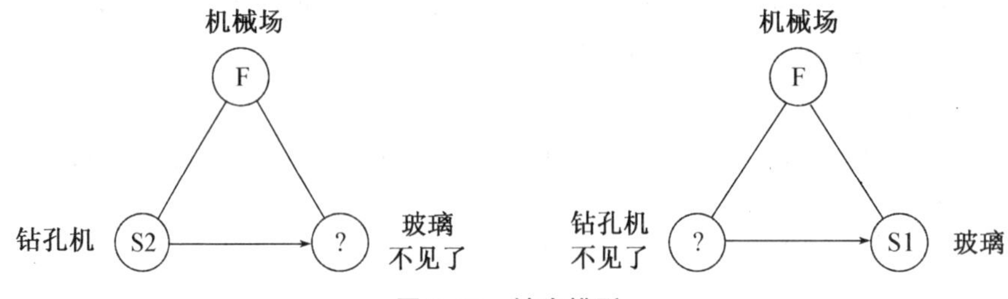

图 8.12 缺失模型

4. 有害模型

功能的三个元素虽然齐全，但是产生的相互作用是一种与预期相反的作用，设计者不得不想办法消除这些有害的相互作用。

案例 8.8

钻孔机在玻璃上钻孔。如图 8.13 所示，钻孔的作用方式不对，可能会导致玻璃破碎或钻孔机损坏，在这种情况下钻孔机和玻璃之间相互作用为有害作用，建立的模型为有害模型。

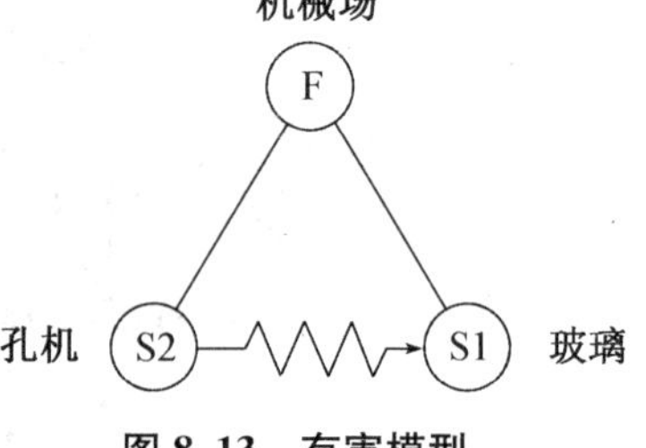

图 8.13 有害模型

在使用物-场模型分析和解决问题过程中，根据模型所描述的功能问题类型来确定问题的性质。据此为设计人员提供解决问题的方向。同时，结合应用物-场对系统功能分析的结果，进而参考 76 个标准解，为设计者产生创新思维创造条件。

8.2.3 物-场分析的一般解法

在实际问题的解决中，系统的作用是非常复杂的。各功能相互交错，有害和有利作用共存。灵活地运用物-场分析的方法，将实际工作需要解决的问题用物-场模型进行描述，有助于需要解决的问题格式化。

物-场模型共有4类，其中有效完整模型是设计者追求的状态，不需要改进。TRIZ重点关注后3种模型，即不充分模型、缺失模型和有害模型，都没有达到系统所需要的功能，TRIZ中提出了对应的6种一般解法应对这3个模型，以建立有效完整的物-场模型。具体解决措施见表8.6。

表8.6 物-场分析法中的6个一般解法

解法	内 容	对应的模型
一般解法1	补齐元素(增加场或物质)	缺失模型
一般解法2	增加第三种物质S3来阻止有害作用	有害模型
一般解法3	引入另外一个场F2来抵消原来场的有害作用	
一般解法4	用另外一个场F2来替代原有的场F	不充分模型
一般解法5	增加另外一个场F2来强化有用的效用	
一般解法6	引入第三种物质S3并增加另外一个场F2来强化有用的效用	

1. 一般解法一

一般解法一，即补齐物-场模型中所缺失的元素(场或物质)，构造完整有效的物-场模型。

案例8.9

高速带电粒子问题

为研究夸克等极微物质结构及其运动规律，只能利用高速带电粒子与被研究物质发生相互作用，来间接研究物质内部结构及其性质。图8.14是目前世界上最大的强子对接机，粒子接收电场能量，成为带电高速粒子，粒子能量越高，就越能观测极微物质结构。

图8.14 强子对撞机

当需要高速带电粒子与被研究物质相互作用时，需要引进电场F来达到目的。在未引入电场F(强子对撞机)之前，不能实现这一功能，图8.15是系统的物-场模型。

S1 + S2

图 8.15 未引入电场前的物-场模型

任何一个系统的功能,都可以分解为三个基本元素,即 2 个物质和 1 个场;将相互作用的三个基本元素进行有机组合将形成一个功能。显然,图 8.15 是一个缺失模型。引入电场后,系统的物-场模型可用图 8.16 表示。

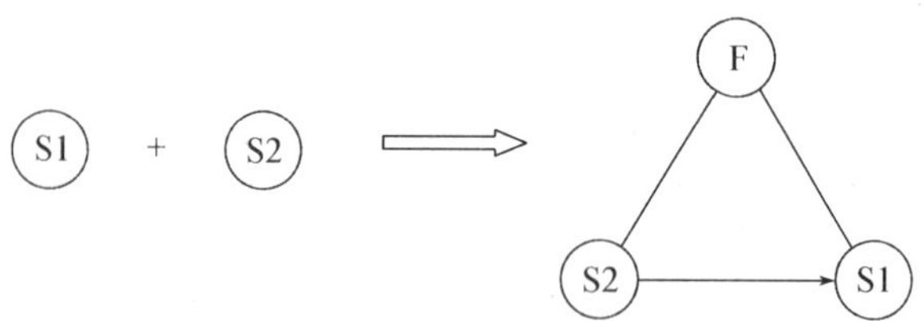

图 8.16 引入电场 F 之后的物-场模型

2. 一般解法二

一般解法二,即增加第三种物质 S3 来阻止有害作用。

案例 8.10

太阳光线过强对眼睛造成损害问题

较强太阳光对眼睛形成损害,这是一个有害的功能。可以利用增加第三种物质有色眼镜来达到减少损害的目的。在增加第三种物质前,系统的物-场模型如图 8.17。

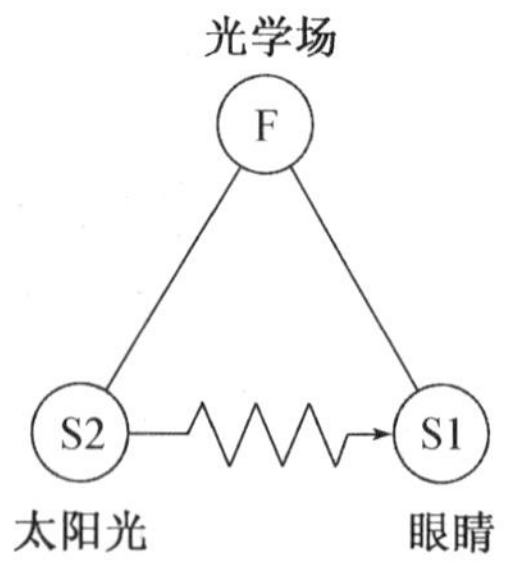

图 8.17 太阳光直射眼睛的物-场模型

显然 S2 对 S1 的作用是我们不期望得到的结果,那么此时就可以增加第三种物质 S3(有色眼镜)。引入 S3 以后的物-场模型如图 8.18 所示。

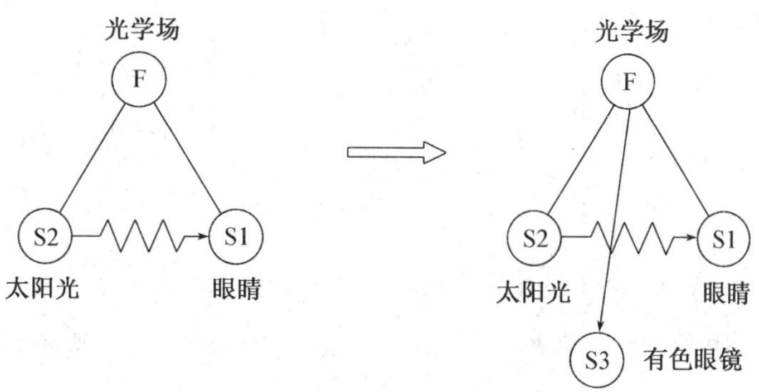

图 8.18　引入有色眼镜后的物-场模型

3. 一般解法三

一般解法三，即引入另外一个场 F2 来抵消原来场的有害作用。

案例 8.11

用电磁吸盘抓放货物问题

用电磁吸盘的起重机运输铁质材料时，所需的能量直接与运输的距离和时间有关，为了减少所需的能量，可以通过永久磁铁来抓举货物。在释放货物时，只要通过激活一相反电场，产生所需要的负相位磁场，以抵消永久磁铁产生的磁场，从而使货物被释放。在突然停电的情况下，货物也不会掉下，非常安全。

这一系统希望实现的功能是铁质货物的自由抓放问题。S2 是永久磁铁，S1 是铁质货物，F 是磁场作用。永久磁铁可以实现抓举货物的功能，但是不能释放货物，对于释放货物这一功能来说，永久磁铁、铁质货物、磁场相互的作用是有害的，不利于货物的释放功能。在引入另外一个场 F2 之前，系统的物-场模型如图 8.19。

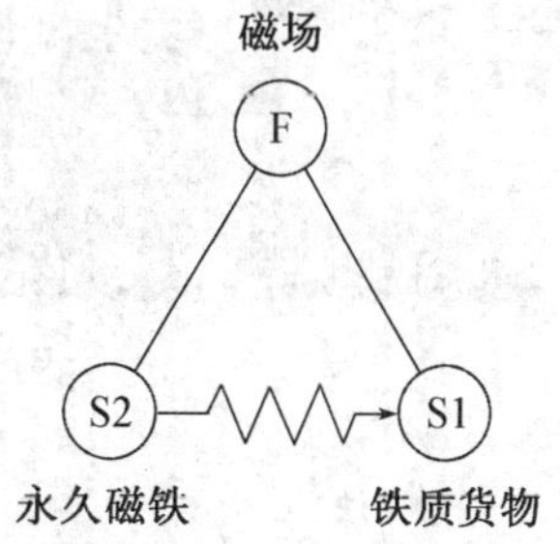

图 8.19　释放货物的有害模型

显然物质与场之间的相互作用是我们不期望得到的结果，永久磁铁只能通过磁场作用抓举货物，而不能释放货物。此时，只要通电，激活一个相反的电场(F2)，即产生负相位的磁场，抵消原来的 F 场，就可以达到预期的功能。引入 F2 以后的物-场模型如

图 8.20 所示。

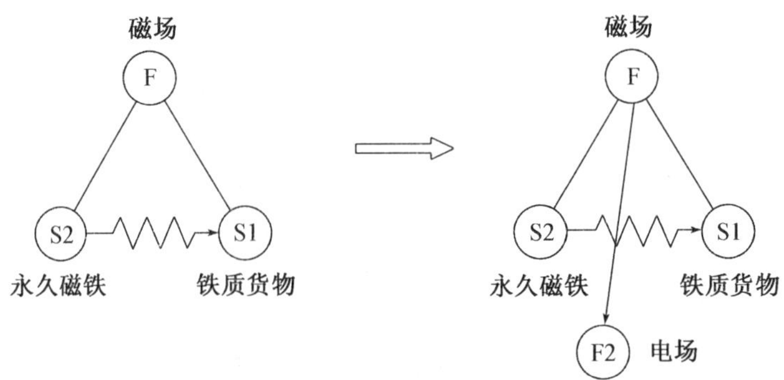

图 8.20 引入另一个场 F2 的物-场模型

4. 一般解法四

一般解法四,即用另外一个场 F2 来替代原有的场 F。

案例 8.12

列车能源问题

原来的普通列车是靠柴油等液体燃料产生的热能驱动,能源消耗大,动力小,无法满足提速要求。高铁用电力牵引,能耗较低,能实现较高的时速。原来的列车靠热能,不能够达到期望的作用效应,因此是不充分模型,用 F2(电场)替代 F(机械场)前后的物-场模型如图 8.21 所示。

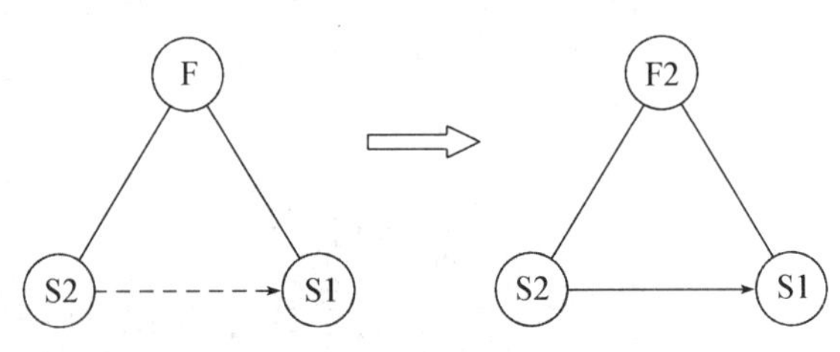

图 8.21 用 F2 替代 F 的物-场模型

5. 一般解法五

一般解法五,即增加另外一个场 F2 来强化有用的效用。

案例8.13

大型报告厅扩音问题

在大型报告厅中进行讲演，报告人用最大的声音也很难让后排听众听清楚。此时，可以使用扩音器，即增加另外一个场F2(电磁场)来达到目的。声音让听众听清楚的作用实现不够充分，因此模型为不充分模型，增加扩音器(电磁场F2)前后的物-场模型如图8.22所示。

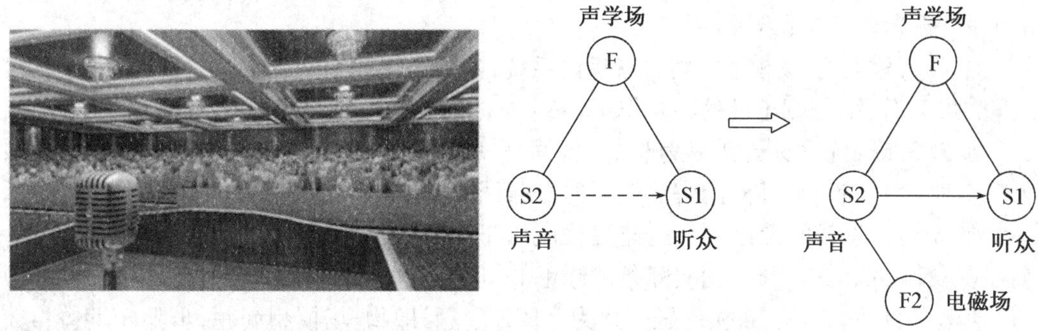

图8.22 增加另一个场F2前后的物-场模型

6. 一般解法六

一般解法六，即引入第三种物质S3并增加另外一个场F2来强化有用的效用。

案例8.14

汽车清洗问题

洗车场清洗汽车表面顽固污垢，无法用普通洗涤和水冲洗，一般会增加使用含有表面活性剂和高压喷枪来改善清洗效果，使活性剂与汽车表面污垢发生化学反应的同时，对污垢形成强烈冲击，从而达到彻底清洗的目的。引入第三种物质S3即表面活性剂，增加另外一个场F2即高压冲力，前后的物-场模型如图8.23所示。

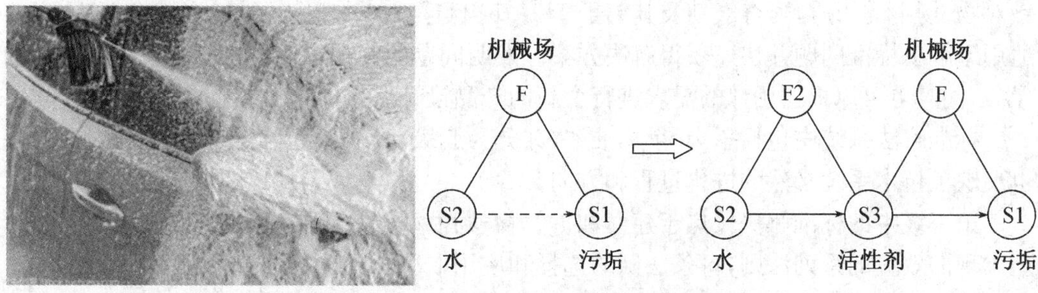

图8.23 引入S3和F2前后的物-场模型

8.2.4 物-场模型的分析应用步骤

物-场模型一般解法共有 6 种,只要能够恰当地运用这些解法,或者将这 6 种解法有机地组合起来,可以产生极大的效应。应用这种解法,可以有效地解决那些不太复杂的问题,从而避免动用过于复杂的模型,如 76 个标准解。

为能够恰当地运用 6 种解法,使用者可以参照以下物-场分析解题流程进行问题求解。

步骤 1:确定物-场模型的元素。利用简明扼要的术语描述存在的问题,确定物-场模型中的元素,以缩小问题分析的范围。如果系统较为复杂,可对系统进行分解,直到可以确定物-场模型中的元素为止。

步骤 2:建立物-场模型。将分解后的系统,建立与之相对应的物-场模型。确定元素之间的相互作用;根据不同的相互作用,采用不同的表达方法。

步骤 3:确定物-场模型一般解法。根据物-场模型的类型,确定该问题一般解法。如果有多种解法,应该将所有的解法全都列出;再根据各种实际情况,确定最佳解法。

步骤 4:开发新的设计。将最佳解法应用于实际问题中。当然,其中可能会存在限制,可以进一步根据实际条件修正最佳解法,从而获得新的设计。

步骤 1、步骤 2 是将现实问题转化为 TRIZ 问题,即物-场模型问题;步骤 3 则是求解物-场模型问题;而步骤 4 则是物-场模型分析的最终目的。

拓展案例材料

8.3 发明问题的标准解法

8.3.1 标准解法系统

不同学科在解决问题时,首先需要建立一个问题模型,以分析问题、揭开问题实质和发现潜在问题。在物-场模型分析的应用过程中,复杂的技术系统被抽象为物-场模型。在研究物-场模型中发现技术系统构成的三个要素物质 S1、物质 S2 和场 F 三者缺一不可,否则就会造成系统的不完整,或当系统中某物质所特定的功能没有实现时,系统内部就会产生各种矛盾(技术难题)。为了解决系统产生的矛盾,可以引入另外的物质或改进物质之间的相互作用,并伴随能量(场)的生成、变换和吸收等,物-场模型也从一种形式变换为另一种形式。因此,各种技术系统及其变换都可用物质和场的相互作用形式表述。针对物-场中的矛盾,阿奇舒勒及其弟子于 1975 年至 1985 年提出了 76 个标准解法,主要适用于解决标准问题并快速获得解决方案。发明问题的标准解法可以用来解决系统内的矛盾,同时也可以根据用户的需求进行全新的产品设计。

标准解法系统中包括了 76 个标准解,共分为 5 级,18 子级。各级中解法的先后顺序也反映了技术系统必然的进化过程和方向。

第 1 级中的标准解法聚焦于建立和拆解物-场模型,包括创建需要的效应或消除不希望出现的效应的系列法则,每条法则的选择和应用取决于具体的约束条件。

第 2 级由直接进行效应不足的物-场模型的改善,以及提升系统性能但实际不增加系统复杂性的方法所组成。

第3级包括向超系统和微观级转化的法则。这些法则继续沿着(第2级中开始的)系统改善的方向前进。第2级和第3级中的各种标准解法均基于以下技术系统进化路径:增加集成度再进行简化的法则;增加动态性和可控性进化法则;向微观级和增加场应用进化的法则;子系统协调性进化法则等。

第4级专注于解决涉及测量和检测的专项问题。虽然测量系统的进化方向主要服从于共同的一般进化路径,但专项问题也有其独特性。尽管如此,第4级的标准解法与第1级、第2级、第3级中的标准解法有很多相似之处。第5级包含标准解法的应用和有效获得解决方案的重要法则。一般情况下应用第1—4级中的标准解法会导致系统复杂性的增加,因为可能给系统引入了另外的物质和效应。

第5级中的标准解法将引导大家如何给系统引入新的物质又不增加任何新的东西。换句话说,这些解法专注于对系统的简化。

使用标准解法系统可帮助问题解决者获得至少适用于10%—20%以上困难复杂问题的高水平解决方案,此外还可以用来进行对不同系统进化的有限预测,发现某些非标准问题的部分解决方案,并进行改进以获得新的解法方案。

在第1至第5级中,又分为数量不等的多个子级,共有18个子级,包含76个标准解,每个子级代表着一个可选的问题解决方向。应用前需要对问题进行详细分析,建立问题所在系统或子系统的物-场模型,然后根据物-场模型所表述的问题,按照先选择级再选择子级,使用子级下的几个标准解法来获得问题的解。标准解法分布见表8.7。

表8.7　标准解法分布

级别	名称	子级数	标准解法数
1	不改变或仅少量改变系统	2	13
2	改变系统	4	23
3	系统向超系统或微观级转化	2	6
4	测量与检测的标准解法	5	17
5	简化与改善策略	5	17
合计		18	76

为了方便检索和应用,人们规定了标准的级、子级、解的编号方式:“SN.M.X”,其中,“S”表示“标准解”,“N”代表所属“级”,“M”表示子级,“X”表示解的序号。为利于读者深入学习,针对标准法的问题描述、问题模型、解决方案、案例分析用拓展电子材料展示。

76个标准解法分级

8.3.2　标准解法的应用步骤

物-场分析方法是TRIZ一个重要的发明创新问题的分析工具,用来分析和技术系统有关的模型问题。可以借助物-场分析方法和标准解法,找到许多实际问题的解决方案,完成创新设计,其具体过程如图8.24所示,首先将实际问题抽象成物-场模型,根据模型的类型在对应的子级中找到该模型的标准解法，在此基础上，将标准解法具体化得到实际问题的新原理解，进而获得具体解决方案。

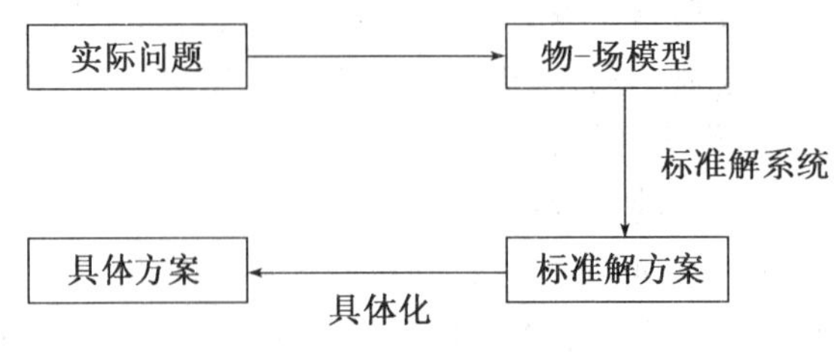

图 8.24　标准解法求解过程

在标准解法的使用和实践中，人们总结出了一套使用步骤和流程，让发明问题标准解法的使用能够循序渐进，容易操作。以下就是采用标准解法求解的四个基本步骤：

步骤 1：确定所面临的问题类型。

首先需要确定所面临的问题属于哪类问题，是要求对系统进行改进，还是要求对某件物体有测量或探测的需求。问题的确定过程是一个复杂的过程，建议按照下列顺序进行：

(1) 问题工作状况描述，最好有图片或示意图配合问题状况的陈述。

(2) 将产品或系统的工作过程进行分析，尤其是物流过程需要表达清楚。

(3) 组件模型分析，包括系统、子系统和超系统这三个层面的元素，以确定可用资源。

(4) 功能结构模型分析，是将各个元素间的相互作用表达清楚，用物-场模型的作用符号进行标记。

(5) 确定问题所在的区域和组件，划分出相关元素，作为下一步工作的核心。

步骤 2：对技术系统进行改进。

如果面临的问题是要求对系统进行改进，则

(1) 建立现有技术系统的物-场模型。

(2) 如果是不完整的物-场模型，应用标准解法第 1 级中的 8 个标准解法。

(3) 如果是有害效应的完整物-场模型，应用标准解法第 1 级的 5 个标准解法。

(4) 如果是效应不足的完整物-场模型，应用标准解法第 2 级中的 23 个标准解法和标准解法第 3 级中的 6 个标准解法。

步骤 3：对某个组件进行测量或探测。

如果问题是对某个组件有测量或探测的需求，应用标准解法第 4 级中的 17 个标准解法。

步骤 4：标准解法简化。

获得了对应的标准解法和解决方案，检查模型(实际是技术系统)是否可以应用标准解法第 5 级中的 17 个标准解法来进行简化。标准解法第 5 级也可以被考虑为是否有强大的约束限制着新物质的引入和交互作用。在实际应用标准解法的过程中，必须紧紧围绕技术系统所存在的问题的理想化最终结果，并考虑系统的实际限制条件，灵活进行应用，并追求最优化的解决方案。很多情况下，综合多个标准解法，对问题的彻底解决程度具有积极意义。

8.3.3　标准解法的应用流程图

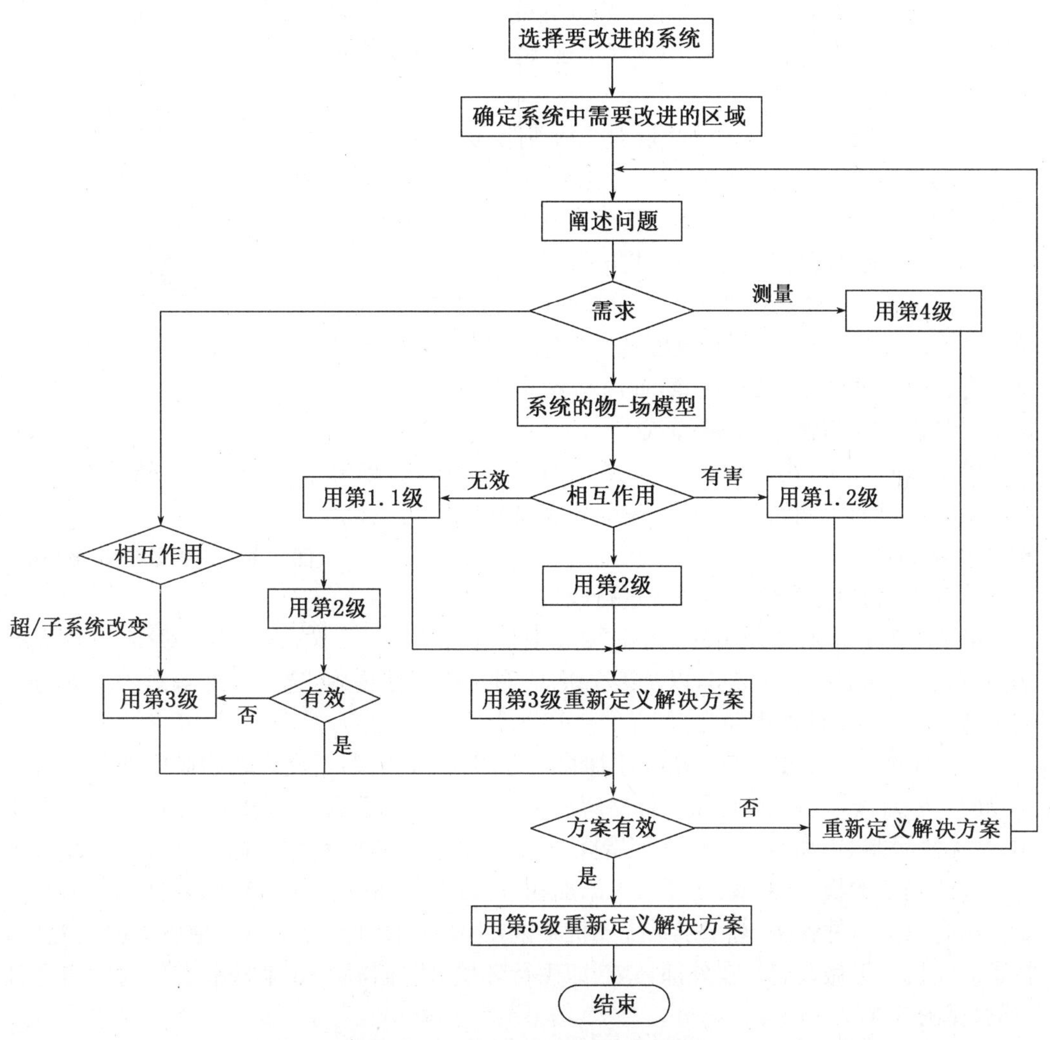

图 8.25　76 个标准解法的应用流程

8.3.4　标准解法的应用案例——飞机隐身设计

早在第二次世界大战中，美国便开始使用隐身技术来减少飞机被敌方雷达发现的可能。飞机的隐身技术即设法降低飞机的可探性，使之不易被敌方发现、跟踪和攻击的专门技术，当前的研究重点是雷达隐身技术和红外隐身技术。由于一般飞机的外形比较复杂，总有许多部分能够强烈反射雷达波，像发动机的进气道和尾喷口、飞机上的凸出物和外挂物、飞机各部件的边缘和尖端以及所有能产生镜面反射的表面。因此，早期的隐身技术是对飞机外形和结构做较大的改进。所以我们能看到一些现役隐身机的外形十分独特，如美国的 F117 隐身战斗机，其隐身的主要原理是依靠奇特的外形设计、特种材料及特种涂料的共同作用。但F117战机也有自身不可避免的缺陷，如空气动力性能不好，飞行不稳定，机动性较差，飞行速度低，作战能力低下等。1993年3月27日，一架F117误入敌方的探测和攻击范围，结果被老式的萨姆3导弹击落。随后一架F117也被击伤。

以下利用标准解法及其应用流程实现飞机的隐身设计创新。

第一步：问题描述

飞机隐身设计早期技术是采取对飞机外形做出较大改变的方法，但外形改变又会影响飞机的其他性能。为了不被雷达等探测仪器检测到飞机行踪，应采取相应手段既能达到好的隐身目的，又能克服以前旧技术自身的弊端。

第二步：确定问题类型并建立物-场模型

按照标准解法类型，此创新所面临的问题类型既可以定位为典型的测量和探测问题，也可定位为建立和拆解物-场模型中有害效应处理的问题（注意，此时应站在隐身飞机角度，雷达对其进行探测就是一种有害效应）。

鉴于以上分析，建立如图8.26所示的有害效应物-场模型。此时飞机和探测雷达同属于一个超系统中，S1为飞机，S2为探测雷达。

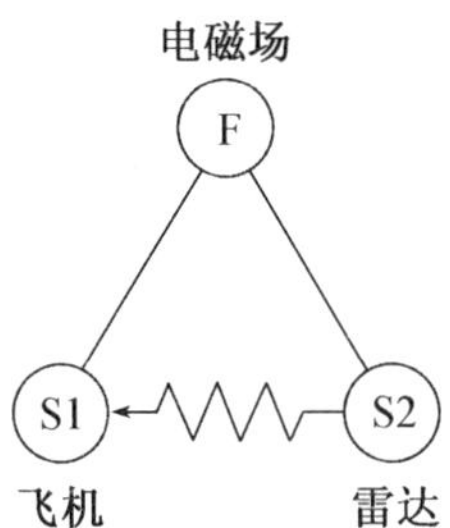

图8.26 有害效应物-场模型

第三步：利用标准解法对系统进行改进

电磁场对标准解法使用的一个重要原则是综合性和灵活性，查找第4级17种标准解法内容，选出标准解法4.2.3，以及第1级13种标准解法内容，选出标准解法1.1.5与标准解法1.2.1。解法的内涵为：

(1) 标准解法1.1.5与环境和添加物一起的物-场模型：不允许在物质内外部引入添加物时可在环境中引入添加物。标准解法1.2.1引入S3消除有害效应：系统存在有害作用，又无法限制S1和S2接触，在两者间引入S3以消除有害作用。标准解法4.2.3与环境一起的测量的物-场模型：不能引入添加物，可以在外部环境加入物质，对其进行测量。

综合以上三种解法，对于子系统飞机来说，不宜采取对系统本身做物质上的改变（旧技术对飞机外形做改变），在外部环境（即飞行环境）添加物质S3来抵消雷达的探测是可行的（见图8.27）。

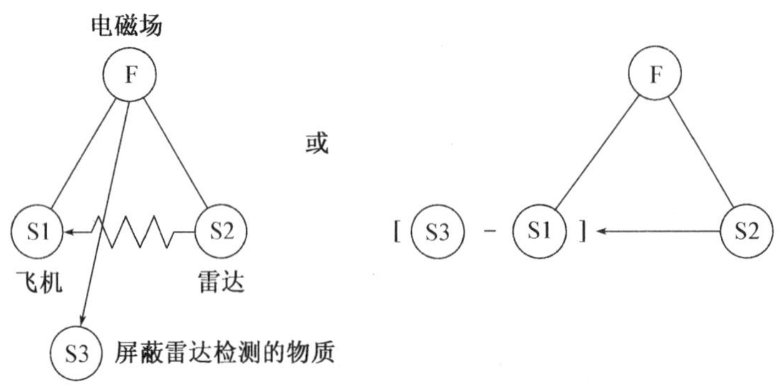

图8.27 标准解法下的物-场模型

（2）解法改进为：在飞机和雷达之间加入第三种物质等离子体，如利用放射性同位素发射a粒子，将周围空气电离，形成等离子体，吸收电磁波的能量，从而达到隐身目的（见图8.35）。

图8.28　等离子体隐身飞机

发展新一代隐身技术是世界各军事大国的目标。目前，俄罗斯、美国、中国等国家已经相继开始实验研究此项隐身技术创新方法。

8.4　科学效应和现象

8.4.1　科学现象、科学效应、科学原理

以往，我们是以“中性”的观点学习物理、化学、几何和生物等学科的知识，即学习它们的理论、解释和分析现象，却很少从知识应用的角度去思考问题，使得我们在实践中应用这些学科的知识时基本上都比较茫然。现在，我们重新回顾这些科学知识并加以应用，为我们解决那些在过去看来不能解决的技术难题。

科学效应没有统一的命名，科学现象、科学效应和科学原理三个相似的术语都在同时使用。科学现象是一种客观存在。自然界发生雷电、森林自燃、水面结冰等自然现象时，人类祖先就接触到了科学现象。当人类利用钻木取火、磁石指南、杠杆撬石等技巧后，人类利用并掌握了科学现象，终于人类约定俗成为“科学现象”。在近百年科学迅猛发展的过程中，人类从实验室的伟大发现中，不断验证自然界的科学现象，同时很多物理、化学效应，如放电、热辐射、元素放射性、居里点、爆炸等，把科学现象进一步提升为科学效应。因此，人们在自然现象和生活中所发现的科学因果现象往往称为科学现象，在基础科学研究中发现和提炼出来的科学因果现象往往称为科学效应。

科学效应是在科学理论的指导下，实施科学现象的技术结果，即在效应物质中，按照科学原理将输入量转化为输出量，并施加在作用对象上，以实现相应的功能。科学原理就是把输入量和输出量联系起来的各种定律，如摩擦效应包含了摩擦定律，杠杆效应包含了杠杆定律，电解效应包含了库仑定律、电化学当量和质量守恒定律等。

科学效应包括物理效应、化学效应、几何效应、生物效应等。

科学效应和现象在TRIZ中是一种基于知识的解决问题工具，对发明问题的解决具有强大的帮助。迄今为止，研究人员已经总结了近万个效应，其中4000多个得到了有效应用。

8.4.2 TRIZ 理论中的科学效应

1. TRIZ 定义的 30 个功能

传统的科学效应多为按照其所属领域进行组织和划分，侧重于效应的内容、推导和属性的说明。由于发明者对自身领域之外的其他领域知识通常具有相当的局限性，造成了效应搜索的困难。

TRIZ 理论中，按照“从技术目标到实现方法”的方式组织效应库，发明者可根据 TRIZ 的分析工具决定需要实现的“技术目标”，然后选择需要的“实现方法”，即相应的科学效应。TRIZ 的效应库的组织结构，便于发明者对效应应用。

通过对 250 万份全世界高水平发明专利的分析研究，阿奇舒勒指出在工业和自然科学中的问题和解决方案是重复的、技术进化模式是重复的，只有百分之一的解决方案是真正的发明，而其余部分只是以一种新的方式来应用以前已存在的知识或概念。因此，对于一个新的技术问题，绝大多数情况下都能从已经存在的原理和方法中找到该问题的解决方案。基于对世界专利库的大量专利的分析，TRIZ 理论总结了大量的物理、化学和几何效应，每一个效应都可能用来解决某一类问题。研究表明，工程人员掌握并应用的效应是相当有限的。例如，爱迪生在他的 1 023 项专利中只用了 23 个效应，飞机设计大师图波列夫的 1 001 项专利中只用了 35 个效应。科学效应的推广应用，对于解决发明问题有着难以想象的效用。

这里仅介绍 TRIZ 理论总结出的解决高难度问题所需要的常见的 30 种功能，并赋予每个功能以相应的代码，如表 8.8 所示。

表 8.8 功能代码表

序号	实现的功能	功能代码	序号	实现的功能	功能代码
1	测量温度	F1	13	控制摩擦力	F13
2	降低温度	F2	14	解体物体	F14
3	提高温度	F3	15	积蓄机械能与热能	F15
4	测量物体的尺寸	F4	16	传递能量	F16
5	稳定温度	F5	17	建立移动的物体和固定的物体之间的交互作用	F17
6	探测物体的位移和运动	F6	18	测量物体的尺寸	F18
7	控制物体位移	F7	19	改变物体尺寸	F19
8	控制液体及气体的运动	F8	20	检查表面状态和性质	F20
9	控制浮质(气体中的悬浮微粒，如烟，雾等)的流动	F9	21	改变表面性质	F21
10	搅拌混合物，形成溶液	F10	22	检查物体容量的状态和特征	F22
11	分解混合物	F11	23	改变物体空间性质	F23
12	产生控制力，形成高的压力	F12	24	形成要求的结构，稳定物体结构	F24

（续表）

序号	实现的功能	功能代码	序号	实现的功能	功能代码
25	探测电场和磁场	F25	28	控制电磁场	F28
26	探测辐射	F26	29	控制光	F29
27	产生辐射	F27	30	产生及加强化学变化	F30

在 TRIZ 理论中，针对 30 个功能，推荐了 100 个实现功能经常用到的科学效应。有了功能代码，可根据代码来查找 TRIZ 所推荐的此代码下的各种科学效应和现象，利用科学效应和现象来解决技术创新中遇到的问题。

8.4.3　科学效应的应用

应用科学效应解决问题的一般步骤如下：

（1）明确问题。首先对问题进行分析，确定需要解决的问题。

（2）确定功能。在明确问题的基础上，定义并确定需要解决问题所要实现的功能。

（3）查找功能代码。根据功能从《功能代码表》中确定与此功能相对应的功能代码，此代码是 F1 - F30 中的一个。

（4）查询科学效应。从《科学效应和现象清单》中查找此功能代码下 TRIZ 所推荐的科学效应和现象。

（5）效应筛选。所推荐的科学效应和现象，优选适合解决本问题的科学效应和现象。

（6）形成问题解决方案。查找优选出来的每个科学效应和现象的详细解释，并应用于该问题的解决，形成解决方案。

如果问题没有能够解决或解决不理想，或者是功能实现不理想，则重新分析问题或者是查找合适的效应，直至问题的彻底解决。

案例 8.15

电灯泡厂的厂长将厂里的工程师召集起来开会，他让这些工程师们看一叠顾客的批评信，顾客对灯泡质量非常不满意。

（1）问题分析：工程师们觉得灯泡里的压力有些问题。压力有时比正常的高，有时比正常的低。

（2）确定功能：准确测量灯泡内部气体的压力。

（3）TRIZ 推荐的可以测量压力的物理效应和现象：机械振动、压电效应、驻极体、电晕放电、韦森堡效应等。

（4）效应取舍：经过对以上效应逐一分析，只有“电晕”的出现依赖于气体成分和导体周围的气压，所以电晕放电能够适合测量灯泡内部气体的压力。

（5）方案验证：如果灯泡灯口加上额定高电压，气体达到额定压力就会产生电晕放电。

（6）最终解决方案：用电晕放电效应测量灯泡内部气体的压力。

应用科学效应和现象来解决技术问题是再简单不过的事情了，这就像我们到超市买东西一样，选择好要买东西的种类，衡量一下几种同类产品的性价比，我们就可以做决定了。其实 TRIZ 提供的所有工具都一样，只要我们有解决“问题”的欲望，任何“方案”都很简单地就属于自己了。

科学效应和现象清单及简介

8.5 发明问题解决算法——ARIZ

ARIZ 最初由阿奇舒勒提出，于 1977 年形成比较成熟的版本(ARIZ－77)，随后经过多次修改才形成比较完整的理论体系。阿奇舒勒提出的最后版本是 ARIZ－85。

TRIZ 理论中的各种方法和工具在国内已开始应用于产品设计领域，ARIZ 是 TRIZ 中最强有力的解决发明问题工具，专门用于解决复杂的、困难的发明问题，但 ARIZ 本身过于复杂，不宜掌握，对使用者要求较高。ARIZ 的应用远不及 TRIZ 其他方法工具那样广泛，且国内外的 TRIZ 辅助创新软件都没有包括 ARIZ。随着国家创新战略的深入，企业对创新级别和深度的要求不断提高，有必要开展针对复杂问题创新方法工具的理论及应用研究。

ARIZ 是“发明问题解决算法”俄语的英文标音缩写，其英文缩写为 AIPS(Algorithm for Inventive-Problem Solving)。ARIZ 是基于技术系统进化法则的整套完整的分析问题、解决问题的方法，该算法主要针对问题情境复杂、矛盾及其相关部件不明确的技术系统。它是一个对初始问题进行一系列变形及再定义等非计算性的逻辑过程，实现对问题的逐步深入分析和转化，最终解决问题。

ARIZ 的主导思想和观点如下：

(1) 矛盾理论。发明问题的特征是存在矛盾，ARIZ 强调发现并解决问题中的矛盾，阿奇舒勒将矛盾分为管理矛盾、技术矛盾和物理矛盾。管理矛盾是指希望取得某些结果或避免某些现象，需要做一些事情，但不知如何去做；技术矛盾总是涉及系统的两个基本参数 A 与 B，当 A 得到改善时，B 变得更差；物理矛盾仅涉及系统中的一个子系统或部件，并对该子系统或部件提出了相反的要求。技术矛盾可转化为物理矛盾，物理矛盾更接近问题本质。

ARIZ 采用一套逻辑过程，逐步将一个模糊的初始问题转化为用矛盾清楚表示的问题模型。首先，将初始问题用管理矛盾来表述，根据 TRIZ 实例库中的类似问题类比求解，无解则转化为技术矛盾采用 40 个发明原理解决，如问题仍得不到解决，则进一步深入分析发现物理矛盾。特别强调由理想解确定物理矛盾的方法，一方面技术系统向着理想解的方向进化；另一方面物理矛盾阻碍达到理想状态。创新是克服矛盾趋近于理想解的过程。

(2) 克服思维惯性。思维惯性是创新设计的最大障碍，ARIZ 强调在解决问题过程中必须开阔思路，克服思维惯性，主要通过利用 TRIZ 已有工具和一系列心理算法克服思维惯性。

① 将初始问题转化为“缩小问题”(Mini-Problem)和“扩大问题”(Maxi-Problem)两种形式。“缩小问题”是尽量使系统保持不变，达到消除系统缺陷与完成改进的目的。“缩

小问题”通过引入约束激化矛盾，目的是发现隐含矛盾。“扩大问题”是对可选择的改变不加约束，目的是激发解决问题的新思路。

② 强调应用系统内、系统外和超系统的所有种类可用资源，主要包括 7 种潜在的资源类型：物质、能量/场效果、可用空间、可用时间、物体结构、系统功能和系统参数，并且可用资源的种类和形式是随着技术的进步不断扩展的。

③ 系统算子：考虑将系统问题扩展，系统往往不是孤立存在的，系统包含子系统，并隶属于超系统，在过程上处于前系统和后系统之间，系统也包括过去状态和将来状态。系统算子方法考虑系统内问题是否可以转移到所在超系统、前系统、后系统及系统的不同时间段。有时系统内难解决的问题在系统以外很容易解决。

④ 参数算子：考虑系统长度参数、时间参数，以及成本增大或减小可能出现的情况，目的是加强矛盾或发现隐含问题。

⑤ 尽量采用非专业术语表述问题，因为专业术语往往禁锢人的思维。例如，在“破冰船破冰”的惯性思维引导下，人们不会想到可以不用破冰而将冰移走。

(3) 集成应用 TRIZ 中的大多数工具。ARIZ 集成应用了 TRIZ 理论中的绝大多数工具，包括理想解、技术矛盾理论、物理矛盾理论、物-场分析与法、效应知识库。对使用者有很高要求，必须可以熟练使用 TRIZ 理论其他工具。

(4) 充分利用 TRIZ 效应库和实例库，并不断扩充实例库。ARIZ 应用效应库解决物理矛盾，并已有相应软件支持。搜索实例库，借鉴类似问题解决方案，并且每解决一个问题都要分析解决方案，具有典型意义及通用性的加入实例库。但不同问题的相似性判别、原理解特征分析、实例库分类检索方法还有待研究。

下面是用 ARIZ 算法解决一个有关摩擦焊接问题的实例。摩擦焊接是连接两块金属的最简单的方法。将一块金属固定并将另一块对着它旋转，只要两块金属之间还有空隙就什么也不会发生。但当两块金属接触时接触部分就会产生很高的热量，金属开始熔化，再加以一定的压力两块金属就能够焊在一起。一家工厂要用每节 10 米的铸铁管建成一条通道，这些铸铁管要通过摩擦焊接的方法连接起来。但要想使这么大的铁管旋转起来需要建造非常大的机器，并要经过几个车间。

解决该问题的过程如下：

(1) 最小问题：对已有设备不做大的改变而实现铸铁管的摩擦焊接。

(2) 系统矛盾：管子要旋转以便焊接，管子又不应该旋转以免使用大型设备。

(3) 问题模型：改变现有系统中的某个构成要素，在保证不旋转待焊接管子的前提下实现摩擦焊接。

(4) 对立领域和资源分析：对立领域为管子的旋转，而容易改变的要素是两根管子的接触部分。

(5) 理想解：只旋转管子的接触部分。

(6) 物理矛盾：管子的整体性限制了只旋转管子的接触部分。

(7) 物理矛盾的去除及问题的解决对策：用一个短的管子插在两个长管之间，旋转短的管子，同时将管子压在一起直到焊好为止。

ARIZ 算法具有优秀的易操作性、系统性、实用性以及易流程化等特性，尤其对于那些问题情境复杂、矛盾不明显的非标准发明问题,它显得更加有效和可行。在经历了不断完善和发展的过程后,目前 ARIZ 已成为发明问题解决理论 TRIZ 的重要支撑和高级工具。

思考题

1. 请简述系统功能及其类型。并结合生活中常见的技术系统进行功能定义。
2. 什么是物-场模型?它有哪些主要类型?
3. 根据物-场模型分析步骤,进行一技术系统物-场模型分析。
4. 请说明标准解法系统组成与分布,简述应用标准解法的步骤。
5. 应用科学效应和现象解决问题的步骤是什么?并自选一个实际问题,按步骤选择一条或几条科学效应进行解决,说明解决的过程。

第 9 章　创新设计思维与创新工具

【学习目标】

理解设计思维与创新设计思维，了解创新设计思维的发展沿革，理解创新设计思维的 5 大要素。掌握创新设计思维的核心流程，并切实理解同理心、需求定义、头脑风暴、模型制作、测试、典型工具及其应用技巧。理解创新工具，掌握产品创新工具、服务；创新工具、商业创新工具、设计创新工具类型中典型创新工具的应用步骤及其适用性；理解创新工具在团队中的应用。

9.1　概述

人们传统的思维模式，一般都是从现在到未来，首先观察现状，发现问题，找到问题的瓶颈，然后找到一个比较完善的解决方案。在创新设计思维中，需要大家改变传统的思维模式，建立开放的、积极向上的心态，聚焦在创新的可能性上。创新的落地、实施，需要一套可以操作的方法，将其做到流程化。

9.1.1　设计思维

在科学领域，把设计作为一种"思维方式"的观念可以追溯到赫伯特・西蒙于 1969 年出版的《人工制造的科学》；在工程设计方面，更多的具体内容可以追溯到罗伯特・麦克金姆 1973 年出版的《视觉思维的体验》。在 20 世纪 80—90 年代，罗尔夫・法斯特扩大了的麦克金姆工作成果，把"设计思维"作为创意活动的一种方式并进行了定义和推广，此活动通过他的同事戴维・凯利得以被 IDEO 的商业活动所采用。彼得・罗 1987 年出版的《设计思维》首次引人注目地使用了这个词语的设计文献，它为设计师和城市规划者提供了实用的解决问题程序的系统依据。1992 年，理查德・布坎南发表标题为"设计思维中的难题"一文，表达了更为宽广的设计思维理念，设计思维在处理人们设计中的棘手问题方面具有了越来越高的影响力。

学术界和商业界关注设计思维的理解和认知方面，并召开了一系列关于设计思维的专题研讨会。戴维・凯利是 IDEO 的创立人，他在斯坦福大学工程学院成立了"斯坦福大学哈索・普拉特纳设计思维学院"(简称 d. school)，另一位创建人哈索博士也是德国著名公司 SAP 的创始人之一。他们致力将设计思维方法运用在教学实践，帮助客户获得商业成功。世界知名企业西门子、德国电信、麦德龙超市、DHL、谷歌、宝马等都先后引入设计思维，设计思维的方法被广泛应用于多个领域。

1. 设计思维的定义

设计思维是以用户为中心，从用户需求或者潜在需求的角度发现问题，事先对设计的产品、项目、流程、商务模式或者某个特定的事件等，通过观察、探索、头脑风暴、模型设计、讲故事等制定目标或方向，然后寻求实用的、富有创造性的解决方案。

设计思维是一种方法论，用于为寻求未来改进结果的问题或事件提供实用和富有创造性的解决方案。在这方面，它是一种以解决方案为基础的，或者说以解决方案为导向的思维形式，它不是从某个问题入手，而是从目标或者是要达成的成果着手，然后，通过对当前和未来的关注，同时探索问题中的各项参数变量及解决方案。

解决方案实际上是解决问题的起始点。通过设计解决问题的方式，先设定一个解决方案，然后确认能够使目标达成的各种影响因素，使通往目标的路径得到优化。

2. 设计思维的三大步骤

启发（灵感）、构思（可行性）和实施（价值性）组成设计思维框架，如图 9.1。

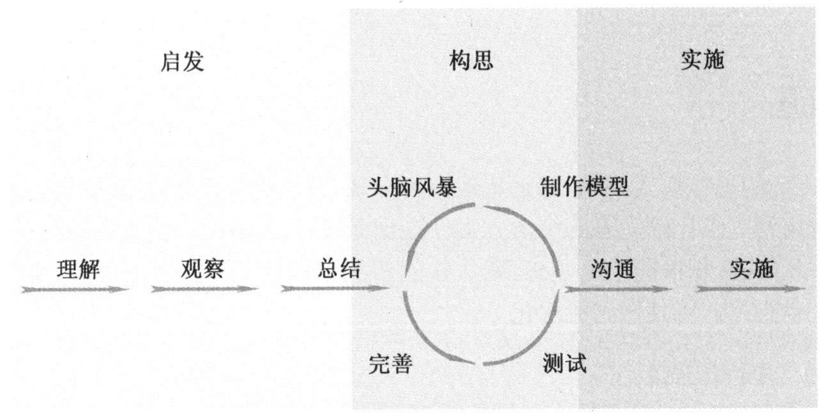

图 9.1　设计思维的三大步骤

启发是指对用户潜在需求渴望性的把握，是从某些现象、问题和挑战中发现一些需要解决的问题。包括对某些现象的理解、观察，获得对现象的洞察，发现在产品、服务或者流程等方面用户的需求和存在的问题，并对所获得的资料进行分类总结。

构思是设计在技术上实现的可行性。包括在设计过程中通过头脑风暴获得各种想法、点子，对其进行优劣排序，然后开展模型设计，进行相关测试，完善设计；如此循环直到获得较好的解决方案。

实施是商业延续的价值性，即实现设计产品的生产和应用。

3. 设计思维与设计的区别

设计思维与设计不同。设计是把一种计划、规划、设想通过某种形式传达出来的活动过程，注重本身的样式、材质和交互等。而设计思维是一种思维模式，它不但考虑设计的产品、服务、流程或者其他战略蓝图本身，更重要的是以用户为中心，站在客户需求或潜在需求的角度去解决问题。

以前的产品设计大部分属于设计的范畴，聚焦在产品的外观、样式、功能、包装等，其重点在于从现有产品存在的问题出发，找到解决方案。而设计思维是站在终端用户的角度，发现用户的需求，满足用户体验，超越用户需求，发现问题，解决问题。也就是说，设计关注样式、功能和解决问题，而设计思维是先去思考用户的需求到底是什么，在这个基础上发现问题的本质再寻找解决方案。

9.1.2　创新设计思维的概念

1. 创新设计思维的定义

创新设计思维是一种以用户为中心，通过协同合作的方式，依照一定流程，运用不同的方法解决复杂问题的方法论。通过对用户需求的洞察，利用敏捷的原理快速测试迭代，通过本质去分析问题的根本原因，从而做出能改进问题的富有创意的解决方式。

创新设计思维具有以下要素：要有感性的认知，要有开放的沟通，要注重协同与合作，能够实现快速的模型制作。而这些要素分别在创新设计思维的流程中得到体现，它们分别是同理心、需求定义、创意构思、做模型和做测试，即需要同理心去理解用户想要解决的问题本质，运用分析能力来对需要解决的问题下定义，利用头脑风暴等方法产生尽可能多的解决思路和创意构思，再以快捷的模型去测试方案是否匹配用户和市场。除注重以用户为中心外，创新设计思维还强调向实际市场需求提供解决方案，并且能在商业和技术中寻求出踏实的立足点。

2. 创新设计思维和设计思维的区别

创新设计思维是设计思维的扩展，与设计思维最大区别是在设计的基础上。创新设计思维在解决问题时，希望人们首先忘掉现状，忘掉自己的身份和角色。以人为本地设计一个美好的、理想的未来，将设计的未来分为理想家、批评家和现实家的想法，然后再观察现状研究从现在到未来的实现存在哪些瓶颈，是以目标为导向反向回溯，寻找需要什么样的资源、技术、战略和行动才可以实现美好未来，获得的结果往往可能是颠覆性的创新。而设计思维强调的不是以现有问题为出发点，而是以用户为中心，寻找用户渴望的服务、内容或产品。总而言之，设计思维是站在客户角度寻找创新方案的思维模式，而创新设计思维是以人为本，寻找颠覆性创新方案的思维模式。在创新设计实践中往往需要将各个方面都结合起来，既有进步式的创新，又有颠覆性的创新。

阅读案例材料

9.2　创新设计思维

9.2.1　创新设计思维的沿革

1. 创新设计思维的提出

最早提出设计思维一词是 20 世纪 60 年代。直到 80 年代，设计思维才引起更多的关注，被当作一种解决问题的流程和方法广泛传播。d. school 和 IDEO 致力将设计思维这一方法运用在教学实践。原来 IDEO 的设计思维模式更适合于产品的研发和创新，对于问题的解决、方案的制定、企业的流程、部门的协同、整体的规划等就不完全适应，将IDEO的设计思维和颠覆型创新相结合，推广到更广泛的应用范畴，即创新设计思维。创新设计思维更加强调利用创新的思维模式解决存在的问题或者满足客户潜在的需求，获得创新的、甚至是颠覆性的解决方案或者创新产品。创新中更多考虑的不仅仅是技术，更重要的是人，是人的体验，是人的渴望或者自己根本没有意识到的潜在需求。所以企业做产品研发、流程设计等需要超越客户的期望。如在汽车发明前，若有人问“你想要一个什么样的快速交通工具”，用户可能会回答“跑得更快的马车”。然而他们不会说要汽车，但是像乔布斯就会制造出“汽车”这样用户想不到的产品来，客户的潜在需求被激发出来。

创新设计思维是以最终用户的角色探索潜在的需求，不但从当前的现状和出现的问题出发，考虑现有的挑战，还要寻求潜在的挑战，强调最终客户的体验，而且从美好的未来和理想的愿景出发，忘掉现状，强调最终客户未知的、渴望的体验，将逻辑思维和直觉能力结合起来，利用一整套的设计工具和方法论，进行创新的方案或者服务设计的思维模式。

2. 开发模式

传统的生产和开发比较流行的模式为瀑布式开发方式，也就是层进式地严格遵守预先计划的需求、设计、研发、试验、完善、维护六个步骤的一种开发方法(图 9.2)。它适合于已完善定义好的需求和期望的产品，瀑布式开发依次经过六个步骤，在完成一个重要节点(里程碑)后才到达下一个。虽然有更新的开发流程，但现在大多数项目仍可能使用这种方法来交付其产品。但面对瞬息万变的市场，传统开发模式会带来很大危机。如企业研发一款新的技术产品，前期调研和策划要花掉半年时间，之后进行决策，技术开发要半年，最后设计和投入市场半年。但这一年半内可能最初的市场需求已经改变，如果进行调整，需要较大的投入，增加产品成本。对开发企业来说，这种像瀑布一样一层一层去打造产品的方法，是一种类似于成本高且犯错成本也高的赌博性开发行为。

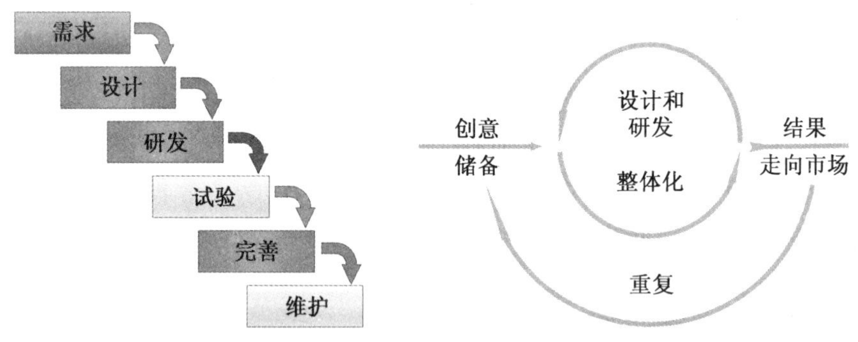

图 9.2 传统的瀑布式开发　　**图 9.3 敏捷开发**

敏捷开发(图 9.3)代表了任何专注于以一种快速适应不断变化的需求、要求、想法和技术的方式来创建产品的方法。敏捷方法的核心是一套四种指导价值观和 12 条原则。“敏捷”指的是优先考虑个人和交互，而不是流程和工具，工作软件优先于全套的文档，与客户合作优先于合同谈判，以及对变化的响应优先于对计划的执行。这通常是通过将项目分解成小模块并进行短期循环改进将产品向目标逼近完成的。在循环改进过程中，团队将有机会对反馈进行操作，重新确定目标的优先级等。

当今用户的行为和市场的需求缺口与以往相比呈现幂指数级的改变，为适应变化莫测的市场需求，产品必须具备能够实时改变、修改成本小、惯性小等特点。基于这方面的开发需求，创新设计思维提出用最小的成本试错法和越早试错离成功越近的理念，迎合了生产开发的需求。在创新设计思维的敏捷开发流程中讲究制作模型，用最快捷和低成本的方式制作最小可行性产品来测试市场的需求，得到反馈和修正后，不断去迭代产品的版本，不断循环这个过程，直到匹配市场的需求。

3. 对用户需求的满足程度

在以往的开发中，很多公司都是采用了以人为主的方式，即以开发人员的假设需求点为主，以自身出发再辅助采用用户的想法和意见，但是没有真正从用户的角度出发去思考其真实的需求，很多项目采用臆想用户需求的方式来假设用户需求。以用户的需求为中心，才能激发用户潜在需求、激活市场空间。创新设计思维重在对用户需求的满足程度，重在用户体验。唯一能够区别技术产品的是使用这些产品时带来的体验。

4. 设计的发生

在创新设计思维理念之前，设计往往发生在最后环节，即通常情况下设计只担当一个包装效果，在技术实现后美化产品以推向市场。在很多情况下为包装效果或者技术的便利，会牺牲用户实际使用感受。而创新设计思维则强调设计的最终目的是让用户使用产品的肢体触觉、视觉感官、使用交互手势等都以用户的舒适度为主要考量标尺，去设计让人和产品友好相处的模式。创新设计已不是最终的环节，它有可能发生在各个环节。

案例9.1

手机的更新换代

在日常使用中，很少有人会关注手机处理芯片是不是比另外一款手机快，可能更关注它给用户带来的体验。乔布斯说过："客户想要什么，这不是客户的事情。"手机的设计者给用户带来的是超前的需求，手机的每一次更新换代，总会给用户带来惊喜。手机的创新设计存在于外观、界面、交互、功能等各个方面，在设计的每个环节都有创新的可能性。人们会发出惊叹："噢，这才是我想要的那部手机。"这是创新设计思维给消费者带来的福利。

图9.4 手机的更新换代

9.2.2 创新设计思维要素

创新设计思维的五大要素是根据实践总结的，是能够辅助创新设计思维更好落地的准则，通过对这些原则和对其背后理论的深层理解，能更好地掌握创新设计思维精髓。

1. 感性认知

创新设计思维强调从用户角度出发去理解问题，但同时也帮助用户重新“定义”问题。这就需要用感性的认知、将心比心的方法去理解用户的心理。尤其在创新具有超前想法的产品时，大多数情况下用户的需求比较模糊，所以这就是创新设计思维中所强调的帮助用户去定义产品需求。比如用户想要到另一个城市去，需求可能是一匹马。通过分析发现用户的深层次需求是快捷移动，而快捷移动可以是一辆车或者一架飞机，但是我们最终可能建议乘坐高铁，因为最终建议应综合考虑财力的可能性、城市技术原因、用户的深层次需求及问题解决的本质等因素。在考量用户需求时，要综合考虑客户的身份、文化、性格、购买能力、心智模式、使用情感、价值取向，利用同理心来理解他人的痛点，做出最适合的模式。

2. 开放的沟通

在创新设计思维中，会考虑用不同的方式与用户沟通、理解用户，用表现力强的材料，甚至可能是鲜艳颜色的玩具来表现原型产品。从表现形式而言，沟通过程中有玩乐的性质，但从本质上讲，创新需要在有创新氛围的空间内产生，小组式的交流有助于更好地理解对话背后的内涵，用户角色扮演有助于帮助创新者将心比心地去理解使用环节中各个细节，而色彩能够有效地激发创意。在这些看似形式纷繁的背后，遵循着人们认知习惯、设计逻辑、交流原则等规律，即为了高效产出创新解决方案而尽可能多地使用不同的工具。

在创新设计思维的各个环节，要注重使用能够使人快速理解的表达方式。如频繁使用的便签工具就主张每个想法精简到一张纸上，以便让人快速了解。很多情况下绘画也是一种所见即所闻的快速信息传播方式，即使在语言不通情况下，借助图像也能建立跨语言的交流。

3. 协同与合作

协同首先指团队成员的协同。在实践创新设计思维的想法时，很多团队都选择跨学科背景、跨行业专业的人在一起。将具有不同知识和技能背景的人集合在一个项目团队，在合作时最有可能产出创新的想法。因为团队成员的知识体系重合度低，思维方式的差异会使彼此间容易激发创新的思路。

其次是团队的关系与合作。保持团队成员同一层级的关系状况，相互平等、融洽地进行沟通和交流，角色不同但彼此尊重，鼓励每个成员提出建设性意见，从而实现协同创新。在对新想法的探索过程中不可避免会产生矛盾，一个好的团队氛围不是为了人际关系或者平和气氛去规避和拒绝矛盾，而是在想法分歧时保持尊重的态度去思考想法本身的优劣，而不是对人的看法优劣。

4. 周期迭代

为降低风险、加快执行速度、节省资源，在许多领域目睹过这样转变：从采用大型直线型流程，转而变成采用小型周期型关联流程。小型周期型关联流程可重复试错，检验其可行性，并不断地进行完善与改进。如只做最小可能性产品去测试想法，不浪费资源做超出的功能或者美化。具体的思路在于每次只测试一到两个可能性，层级化地去修改产品，直到产品最终匹配预期和需求。在这个过程中时常让真正有需求和可能产生未来购买行为的用户参与，可能会得到非常多的借鉴意见。这种与早期采纳用户意见的交流，能够让创新团队根据用户的痛点和热情引发更深层次对产品的定位。同时在与用户互动的过程中，甚至让用户以合作伙伴的身份出现，可为用户带来全新的体验。

5. 快速模型制作

制作模型时应当快速，要求快速的原因在于，迅速地制作模型才能迅速地验证一个想法，而以反馈为导向的解决方式能够实现多次去验证和修改的可能性。模型制作可以不精细，甚至可以是简陋和粗糙的，因为模型的基本目的是将脑海中的一个想法表达到二维的平面世界、三维的立体世界，甚至带有时间维度的四维空间，其背后所要达成的目标就是具象化想法，将抽象化为可感、可摸、可闻、能产生情感和使用评价的物体。因此模型只要能映射想法即可，过多地花时间在修饰和美化产品本身的行为，都会使创新者对模型产生情感，难以剔除不合适的想法。因此，快速和粗糙才能保证模型能辅助想法被快速验证。

随着3D打印技术的广泛应用，可以将数字CAD设计直接转化为功能原型或概念模型。快速的模型化过程加速了测试，减少了时间和资源的浪费，促使了对重要产品缺陷或问题的早期检测。它还可以允许对不同的制造材料进行更广泛的试验，包括光聚合物、热塑性塑料、金属和复合材料等。

9.2.3　创新设计思维的核心流程

在创新设计思维的进行环节中，首先是用同理心去细腻地感知用户需要，思考、体会用户痛点，用逻辑思维去定义解决问题的出发点与立足点，用头脑风暴等发散性思维去探索尽可能多的想法；再快速地制作最小可行性产品模型，并从技术、经济等角度去验证想法，进行快速改进和迭代方案。

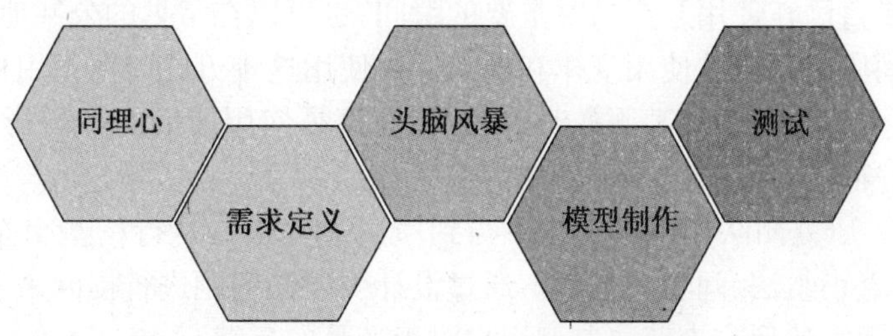

图9.5　创新设计思维的核心流程

1. 同理心——感性思维

(1) 定义

同理心是利用移情、共情、将心比心的方法去了解用户的需求和想法，并且理解问题，尽一切可能站在用户的角度看待问题。

同理心环节的目的是理解问题和用户需求，在这个环节需要感性思维的应用，并以换位方式理解用户遭受的痛点和不便利的因素。从基础层次而言，要了解问题症结所在，明白用户需求和使用习惯等事实性的因素，从而对整个事件有整体的把握。从第二层次而言，就是注意用户的情绪、处境、身份认同、性格、心智模式等因素，理解用户行为模式、情感需求、容忍限制和倾向习惯。从第三层次而言，就是去破译和定义问题，通过综合分析问题，定义解决问题的切入口。

案例 9.2

宝洁公司的尿布计划

宝洁公司善于在理解用户的需求方面做出巨大的努力。当他们需要对尿布产品做出商业调整时，他们在 8 个国家访问了 6 000 个家庭，重点关注于产品如何能够帮助组成一个完美的家庭。在这个过程中发现，他们生产的一次性尿布相比于纸尿布更能帮助新生婴儿在夜间更好地睡眠，而这个痛点正是新生婴儿的父母最为关注的。在此基础上，他们又研发了用摄像头检查婴儿睡眠质量的项目，从而打消了父母对这个问题的顾虑。

从这个意义上来讲，宝洁公司能够理解目标用户的焦虑，并且为用户的不便利做出产品上的调整，赢得了用户的喜爱和商业上的成功。

(2) 分类

同理心可分为三种交互方式：

① 观察式。团队成员单纯去观察和记录用户的行为、心情、使用习惯等一系列因素。方法包括间接、直接、系统化、片面、远程等。在这个过程中，就算使用同样的工具也可能会采取非常多的方式，如使用摄像机记录的例子。可以给几个目标用户每人一台摄像机，让他们拍摄记录自己在使用某产品时重要的瞬间；也可以在常见的公共地点安装摄像机，记录下某个时间段内用户的使用规律和模式。在使用这种方式时要把用户放在一个大的背景中去看待，不仅仅是使用某服务时的场景，而且是使用前后的各种行为记录，充分考虑到环境和用户群体的特征对于产品的影响。

② 体验式。研究团队和用户一起参与到使用过程中并进行一些交互。最常见的方法有采访法、焦点小组法、问卷调查等。通过设计引导性问题进行提问来了解访谈用户的想法，通过一些问答的形式来获取典型用户对于产品的反馈。

③ 浸入式。调查团队把自己当作用户去体验过程。常见的方法有角色扮演法，即扮演某一类典型用户，模拟表演他们的性格和行事方式，来预测他们对产品的可能反应。这

种方法有助于帮助创新团队摆脱预设假定,对用户的体验感同身受。

(3) 关键要素

了解用户的需求和想法,主要应当从设计的主题和用户与产品之间的联系来统筹考虑,表 9.1 是同理心环节观察的关键要素。

表 9.1　同理心环节观察的关键要素

要素	关注点
人物	系统性地去考虑一个人的背景、知识、文化、年龄等众多要素,并且把用户放在不同的场景中去理解。
产品	考量产品在某种特定环境中应用时用户是否会有理解困难,主要使用到的功能如何,产品是否能适应当时场合等问题。
服务	对待不同用户时候的服务是否会有差别。
交互	观察用户在使用产品时的用户体验如何,产品的物质特征是否能给用户带来舒适的使用感受,产品的价值是否能给用户带来好处,仔细去体会人和物有可能发生的一切接触。
反应	考察用户在没有指引和告知下的反应,能否反映出产品的一些本质特征。
活动	查看用户的反应和使用心情,以及动作是否连贯,是否能在技术和商业上站得住脚。
环境	特定的使用环境对于人和产品的影响也会不同。

(4) 典型工具——移情图

① 定义

移情图是一种帮助小组理解目标用户的工具,可以利用典型用户建立不同的移情图(如图 9.4)。

② 条件

成员:3—10 人的小组。

时间:20 分钟左右。

道具:便笺纸,画布,笔。

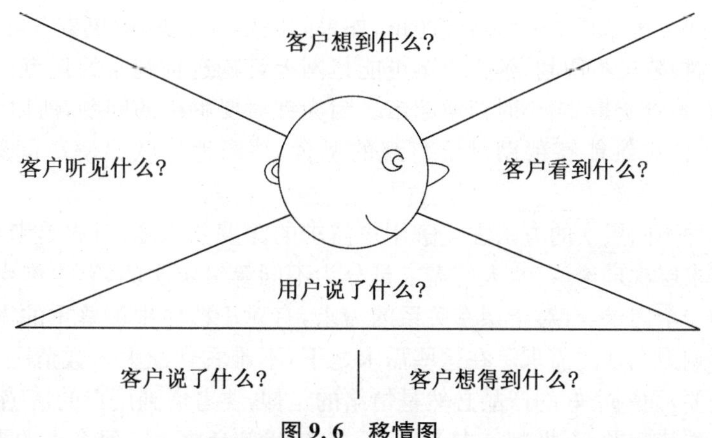

图 9.6　移情图

操作:第一,在对应位置填写典型用户的想法;第二,分析用户的行为是什么;第三,分析用户的情感是什么;第四,区分不同的用户在想法、行为、情感方面的差异。

③ 目的

理解用户的语言、行为和感受的差异性。语言有时候具有修饰性和遮掩性,通过这个工具可以帮助团队了解真正的用户需求。比如,采访发现用户一致觉得全自动冲水马桶实用并想要购买,但是从行为和情感的描述看,却能反映用户对于全自动冲水马桶的真实购买可能性低。因此,了解到全自动冲水马桶的定位有待改进。

(5) 应用技巧

同理心环节中和用户交谈是一个不可避免的环节,在和用户交流时的技巧如下:保持连贯,大多数情况下,保持用户行为的连贯和自然,有益于查看产品使用方式中的不合理设置;提前准备,在正式开始前,对于问题和流程有所设计,这样有助于考虑到变量的因素,更好地控制结果;记录过程,可以用摄像、录音等工具来辅助记录,现场注重用户的直观反应,利用辅助工具帮助回馈和反复分析;建立联系,和用户有简单的问候和互动,有助于用户放松紧张的心情,更投入地进入到活动环节,避免因为用户紧张、抗拒等心理带来的数据不准确;关注障碍,注意观察用户使用不连贯,或者体验不佳的地方,这些都极有可能是改造的切入点;找寻规律,通过对一定数量用户的观察,可以抽象出在一定前提下的规律;给予案例,在与用户沟通的时候,可以多使用比喻、类比等方式,帮助用户想象和理解抽象的问题;无知心态,不要假设自己知道答案,用无知的心态最大限度地去理解用户的出发角度和立场;寄情于景,将人物和产品的变化放在场景中去思考逻辑关系。

2. 需求定义——线性思维

(1) 定义

将问题具象定义到可以用几句话描述团队的任务,要解决的问题和要解决到什么程度等。简单地说就是了解要解决什么问题。不同的项目会有非常多的限制条件和认知需要,但是总的来说,在团队开始集思广益前要梳理对问题的认知。

线性思维是指将事物归纳到直观的层次。需求定义的目的在于给问题找寻一个可以解决的立足点,从而可以直观地了解问题的大小和本质。解决问题的立足点不同,解决方案也会截然不同。比如某小区要新建超市,如果问题是货品少,解决方案可能是大型贩卖式超市;如果购物装运不便利,解决方案可能是网上订购送货到家的超市;如果购物时间不灵活,解决方案可能是 24 小时营业超市。因为针对要解决的问题,所要满足的需求可能会有很多,线性思维能够帮助做出直观的取舍,清晰地反映出解决问题最重要的出发点。

可以用三种不同层次的方法去了解用户需求的深度和广度:首先是考虑人的情感需求。马斯洛需求层次理论认为,人的需求是分为不同等级层次的,有温饱生理需求,有保障私有财产的安全需求,有对于亲密关系的需求,有对于群体中被尊重的需求,以及对于个人价值和影响力实现的需求。在这些需求之下,不难看到绝大多数情况人们对于情感有着强烈的需要,而一个好的产品必然是情绪的延伸,要考虑到用户的情感需求。其次是以初生的眼光看待问题,不批判。古人云:子非鱼,焉知鱼之乐。每个人的需求不同,所要求的侧重点也不一样。因此,在对待他人的需求时,要用初生的眼光去看待。如婴儿脱离母亲的怀抱会紧张而哭泣，人们不会觉得婴儿的诉求很无能，反而能体谅一个生命基本的脆弱。再次是用动词来描述问题。大多数情况下人们会不知不觉用名词去描述需求。如上中学的孩子向妈妈要一辆摩托车，其实这个名词背后的诉求是更快地移动，用自行车也能代替。因此，将描述事物的名词转变成动词，往往更能表现一种深层次的需要。名词表示了一种解决方案，但动词表示的是解决需求，代表了各种可能性。比如从广州到上海，如果用名词，“火车”就是最后的解决方案，但如果用“运输”，就有可能是飞机、汽车、马车等可能性。

(2) 典型工具——问题解决语句

① 介绍

通过用户、需求和洞见三个角度探索用户要解决的问题是什么。

② 条件

人员：3—7 人。

时间：20 分钟。

工具：便签，笔，白板。

③ 说明

首先，具体描述用户的特性，然后思考他们的需求。切记这个需求要符合所描述的典型用户的性格，在这个基础上去思考符合其性格的需求。

如对于一个青少年而言，吃健康的食品不符合他们的首选喜好，这是理所应当的答案。通过对用户的了解，将用户更细致到刚刚搬进新学校的 13 岁女孩，就更突出了用户的性格和身份特征，更容易去感知用户背景下的选择模式，因此，有可能吃午饭时受到其他青年人接受才会更符合她的喜好。在做完这两个选项之后，洞见指的是更深层次的需求，大多是除了刚性需求之外，情感、安全、社交、权力观、成就感等需求。通过这样的探索，能够更好地把握极端的需求，从而把设计的中心重视到功能本身，去细致考量功能的实质和适用度。

④ 操作

主要包括：详细描述用户的特征；根据特殊用户的性格填写需求；在这个基础上综合考量洞见是什么；整合所有的信息，得出一个语句；得出问题解决语句，类似于(怎样的)用户，有(什么)需要，由于(什么样的)洞见。

3. 头脑风暴——发散性思维

(1) 定义

头脑风暴就是一种通过快速发散性思维集思广益，以产生创意想法的创新方法。通常小组合作效果会更佳。

发散性思维是指用放射的方式对一个问题形成多个想法。头脑风暴这个环节需要尽可能多地寻找思路，因此发散性思维能帮助形成想法。对于已经明确的问题立足点，团队成员爆发性地寻找解决方案，尽可能探索各个方面的可能性，来形成可能的解决方案。

(2) 作用

在对问题搜集新类型的解决方案时非常有效，能够帮助团队中的每一个人更好地看待问题，保持在同一认知程度。在思路闭塞、方式陈旧的时候能够很好地帮助激发创意的解决思路，能够帮助建立团队的创新氛围和平等自由的团队默契。

(3) 难点

① 团队思考与独立思考

在使用大多数的头脑风暴方法时鼓励先独立思考，再和团队交流。这样做的原因是为了保证每个人能够充分利用自己的知识体系得出独特的思路，再进行分享和交流。这样做能够防止大家被先发言的想法所左右，陷入团队思考中，把思路的方向局限在一个狭窄的空间。

② 有了不错的想法就停止与足够多的好想法

团队的讨论过程中，尤其在思路闭塞时，第一个提出不错的想法就会像甘泉一样被大家欣然接受，但是这样做具有隐患，容易造成太快决策而好的想法过少的现象。就像爱因斯坦说的，找到好的想法的最佳方法就是有更多好的想法。不要在讨论过程中就对第一个不错的想法做出决策，要耐心去等待更多想法的涌现，甚至有的时候需要整合一些想法。

③ 拒绝主义与拿来主义

拒绝主义指的是面对新奇和陌生的点子，惧怕尝试非熟知的事物而急于否定。在团队中每个人的思维和训练有所不同，例如面对抽象未知，受过设计训练的人就可能会有更多的接受度，然而习惯性解决问题的人就会希望落实到能执行解决的层面，在巨大的差异下，就需要团队避免过快地否定一个想法，而是综合思考可能性。另一个极端方向就是拿来主义，所有的想法都被采纳，不加以筛选和区别，没有批判性思维的审视。因此，既要有对新奇的宽容，又要用理智去加以辨别取舍。

④ 过少的队员与过多的队员

当参与头脑风暴成员过少的时候，容易造成想法过少，难以在互相聆听和交流下激荡起新的创意。同样，如果团队成员人数过于庞大，则容易分散注意力，导致流程时间延长。

(4) 典型工具——635 方法

① 介绍

635 方法是一种用结构性开展集思广益的头脑风暴方法，利用 6 个组员分别每次在 5 分钟之内写下 3 个想法再交换，一共进行 6 次这样的流程。

② 条件

人员：6 个人左右。

工具：纸，笔，白板，一张大的桌子。

③ 操作过程

利用 6 个参与者在一定主题下每次写下 3 个想法，在 5 分钟内把纸传递给下一个人；每个人可以在阅读其他人想法的基础上产生新的点子，在 5 分钟内再次写下新的 3 个点子；一共进行 6 轮，直到每个组员拿到自己原来的纸张；每个人花一定时间阅读后，分享自己那张纸上好的点子；进行投票，选出团队喜欢的几个想法。

④ 说明

最好有人计时，在时间的压力下能激发更多的想法。其次，需要有人引导团队去使用此方法，并且给予每个人足够的独立思考时间，不要在过程中讨论。另外，把想法和要解决的目标时刻谨记，可以写在每个人的纸上，借以提醒问题的出发点是什么。

(5) 原则

原则包括：多角度思考；追求想法的数量；视觉化想法；每次只讨论一个主题，保持专注和讨论的深度；在其他的想法上激发和构建新的想法；围绕话题；鼓励大胆的想法；结构化点子，并加以整理和分类筛选。

4. 模型制作——产品思维

(1) 介绍

快速地用工具做出想法的模型，在这个过程中发现新的想法和改进策略。

在制作模型的时候，需要用最快捷、低成本的方式去表现想法，所以要时时刻刻谨记做产品的思路，如何用视觉化的形式来表达一个产品，让用户产生好奇心和购买欲望。甚至在选择材料、规格、风格时都要考虑到技术制造、生产成本和商业价值的因素。因此，制作模型要把想法当作一种解决思路，多方面思考产品的表现形式。

(2) 常见工具

网页和 APP 设计：通常利用线框图来表现产品的基础元素摆设方式，然后利用纸张快速地彩绘表现交互的过程，以便于让用户体验操作流程是否连续。

产品设计：产品设计可以用各种方式表现，比如说乐高、彩绘、彩色陶土、折纸、简易三维模型等。另外用三维表达，通过快速的呈现可以看出在一维平面层次时设计的不到位之处，加以改进。

系统/模型：四格漫画、角色扮演、视频、音频、照片等。一般偏向没有具体事物的设计，可以通过用纸笔描画类似于四格漫画类型的操作流程来更好地加以解释，目标是能够利用这些将抽象的物体具象化，方便理解。

(3) 原则

尽可能利用现有的一切材料以不同形式来表现想法；保持模型的快速和简单，不要花过多的时间在美化上，以防止对于想法产生太多的依赖情愫难以割舍；尽可能地体现技术逻辑或者商业可能性。

5. 测试——逻辑思维

(1) 定义

验证已有想法的可能性、得到反馈并且加以改进的过程。

测试环节需要去验证想法的可行性，因此要应用逻辑思维去反复测试，从而得到有效反馈并加以改进。想法本身的逻辑严谨性、用户的接受程度、技术的操作性和商业变现能力也会在这个环节被考量到。因此，严谨的逻辑思维能够对于问题有充分的认识，从大局看事物，从细节看环节的衔接。

(2) 关键要素

测试的要点在于寻找一切可能性让目标用户和专家参与到产品的反馈过程中。通过真正有支付可能性的客户的参与，可以了解到产品变现的可能性和客户的使用体验，探索市场的切入策略。另外，和专家及有经验的人讨论有助于在某个领域得到更加深刻的洞见和启发。

(3) 典型工具

对不同类型的产品测试方法不一样,常用的方法是利用仿真模型的反应。例如在测试产品的定价可能性时,可以制作网站页面,设置不同价位的产品,即使没有真正的产品成形,也可以通过查看用户的点击情况了解用户可能希望浏览的部分,并且记录用户的采访信息,培养产品的早期接受用户。又如将产品放在相关的展览上,查看有多少用户咨询信息,同时可得到用户的年龄划分类型的验证。

(4) 应用技巧

增加真正的目标客户参与的数量;区分不同测试的倾向性,向各个层面验证想法,多和真正的目标用户接触;在真实的商业平台上测试市场的反应。

创新设计思维案例

9.3 创新工具

案例 9.3 乐高的用户共创成品模式

1949 年,丹麦玩具厂商乐高开始生产积木玩具,一代又一代的孩子都在玩这个产品,而乐高也推出了围绕各种主题的成千上万的玩具套件,例如空间站、海盗、中世纪等。但是随着时间的推移,玩具行业竞争的加剧迫使乐高寻找新的增长点。

2005 年,乐高开始尝试用户创造内容的模式。他们推出了乐高工厂,让客户组装他们自己的乐高套件并且在线订购。使用乐高数码设计师的软件,客户可以发明和设计自己的建筑物、汽车、主题和任务,期间可以从数千种组合和颜色中选择搭配。客户甚至可以设计用来包装订制玩具套件的包装盒。通过乐高工厂,乐高把被动的客户变成了主动的设计者,参与到产品的设计体验中。这种模式要求改造供应链基础设施,因为(客户自己订制)玩具套件的订货量很小,所以乐高也没有完全改造它的基础支撑设施来适应新的乐高工厂模式,而仅仅调整了现有的资源和业务。

就商业模式而言,乐高已经迈出了超越大规模订制的一步。除帮助用户设计他们自己的玩具套件外,乐高也在线销售用户设计的玩具套件。有些确实卖得不错,有些卖得很少或者根本没有卖出去。对于乐高来讲,最重要的是用户设计玩具套件拓展了先前卖得最好而品种数量有限的产品线,这是乐高将传统大众销售模式转换为公司和用户共创模式的大进步。

乐高在商业模式、营销策略、产品设计方面都做出了有效的战略,新的模式给乐高带来的不仅是收入增长,也包括用户忠实度和市场竞争力的稳步提升。可见,合适的创新工具能产生巨大的效能。

9.3.1 创新工具的概念

1. 创新工具

从创新的本质来看,创新是一个实践行为,是围绕需求和问题提供解决方案展开的一系列活动。在创新过程中创新者需要在各种不确定因素中寻觅到需求的突破点，发展出具有新意的解决方案并最终付诸实践。在这个过程中，要时刻询问自己是否具备了创新的思维，具有独特的方法来将任务可操作化，以及拥有足够的技能和工具来实现想法。学习创新工具的目的就是辅助项目产生创新的想法并加以实践、辅助创新者全面提高创新技能。

但需要注意：

(1) 创新工具并不能保证创新必定发生。正如绝佳的菜谱并不能保证每个人都烹饪出美味菜品，创新工具的作用是需要实践者拥有对工具的把握和判别能力的。创新工具能够帮助使用团队在合适的时间发生对话和碰撞、厘清产品定位和价值主张、验证与市场需求是否匹配、对消费者的需求是否理解、促使产品快速迭代等。在恰当环节使用合适的创新工具会有意想不到的效果，但是创新工具使用的核心还在于对其把握的程度和实践，要在实践中思考领悟出最适合自己的技巧和工具。

(2) 合理的选择创新工具。同一个方法会有成百上千个用途，同一个问题也可采取各式各样的方法去应对。要用批判性思维和精神去使用工具，每一种创新工具都有其适用性，因此要巧用工具、善用工具、妙用工具。

(3) 整合使用创新工具。在需要时创新工具可以搭配合并使用，有时会有意想不到的效果。比如用户肖像工具，可用来描述典型用户的需求和特征，也可与其他强调以用户为中心的工具结合使用，能达到强调终端用户的效果。

2. 创新工具与创新方法、创新思维的关系

如果把创新过程比喻为要开往远方的船，那么创新思维就是帮助掌握行驶航道和方向的舵，创新方法就是帮助航行加速的马达和引擎，而创新工具就是帮助船进行航行的每一个部件的螺丝。每个零部件都有其独特作用，丝丝入扣，环环相衔，才能把握整体的速度、方向和效率。

从作用上来说，创新思维能激发想法的产生，掌握多种思维方式能够缩小个人思维局限，扩大视角，帮助全面地看待局势，洞察市场的需求，换位思考用户的心理，创新方法则是站在巨人的肩膀上，利用一些经过前人尝试、验证的环节和理论，将想法不断推进和打磨，而创新工具就是借助具体操作步骤和途径将创新落地。

3. 创新工具与创业的关系

创新工具能够辅助创业活动的进行，成为创业发生的加速器。如头脑风暴创新工具就在 IDEO 设计咨询公司广泛使用，帮助促发设计师的灵感。创业的不同阶段都要善于用有效工具进行辅助，因为创业过程充满了未知和意外，一个好工具的利用恰恰可能在创业的关键环节提供帮助。

9.3.2　典型创新工具

1. 产品创新工具

产品创新指的是创造某种新产品或对某一产品的功能进行创新。产品创新工具就是指在创造一个新产品过程中辅助开发者得出更好的产出，或者将原有产品改进成更加符

合预期的工具。

卡诺模型(如图 9.7)是典型的产品创新工具,也是一种分析工具,主要适用于分析客户满意程度、客户忠诚度相关的问题。

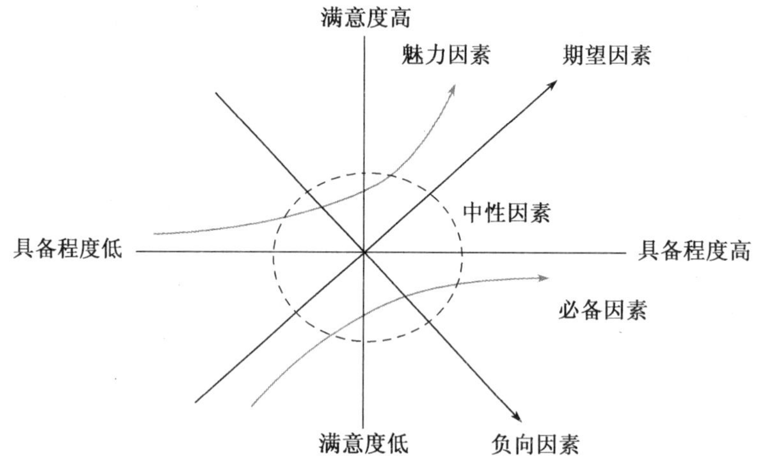

图 9.7　卡诺模型

产品的功能并不是越多越好,有时过多的功能会致用户使用迷茫,产生不合理的开发费用,并且也不一定能提高用户满意度。在调查和访谈过程中使用卡诺模型进行分析,能够筛选用户和产品的重要度和优先级,形成产品总体的大框架。

利用卡诺模型帮助梳理的因素主要有:① 必备因素,是一个产品满足用户最基础需求,一般指基本的安全、可靠、隐私等需要,是用户底线需求,保证产品尽可能实现这些需求,否则会大幅度降低用户满意度。② 魅力因素,是某些能让用户对产品质量产生好感的要素,包括风格、交互、功能上的提升或者增加了用户想象不到的一些特质,感受到产品的魅力,从而提高满意指数。③ 中性因素,是可有可无的一些属性,这部分的功能大多是承载或者链接主要功能的作用,其存在与否对用户不会产生影响。④ 负向因素,有负面情绪产生的属性。在产品的使用中可能使用户产生不悦、不便利或者感觉没必要的一些产品特质。⑤ 期望因素,是用户期待有的属性。

用户会对某些产品的因素在满足基本属性后,有品质的期待。如能够满足这些期待,可提升满意度。在产品的设计过程中,需要尽量避免中性因素和负向因素,至少做好必备因素和期望因素,努力做好魅力因素。

卡诺模型应用操作步骤:

步骤 1:在评估每个产品的属性和特征时,要写下两个问题:一是如果具备这种产品属性,顾客会觉得怎么样?二是如果没有这种产品属性,顾客会觉得怎么样?例如:如果餐厅提供免费餐巾纸,顾客觉得怎么样?如果餐厅不提供免费的餐巾纸,顾客觉得怎么样?

步骤 2:用“满意”“中性”“不满意”三种回答作为命题选择答案。

步骤 3:将产品每个功能都重复步骤 1 和步骤 2。

步骤 4:当每个产品都归类在不同的现象图后,可以根据功能所在的区域来判断改变功能是否会让客户满意。

2. 服务创新工具

好的服务设计就像是一场好的舞台剧，为能让观众有极致体验，在舞台叙事方式、演员、服装甚至是幕后灯光等所有环节都要精心设计、良好配合。面对服务过程中越是不明晰的部分，越是用明确的步骤和流程将其效果固定下来，形成可重复操作和保证优良效果的服务，这就是服务创新的宗旨。在此过程中，创新工具帮助使用者更好地去感受用户的交互需求，以及对于系统性的编排，具象化抽象的事物，定性随机不稳定的因素，从而形成持续稳定并且以人为本的服务设计。

典型的服务创新工具是用户体验历程图，能将人们使用产品或者服务的过程视觉化呈现出来，以便于评估和改善其中的环节。主要适用于帮助发展一个连贯的服务和有标准的服务步骤，能整体地呈现用户角度所有的交互和反应，配合用户画像快速准确地查找用户的不满意之处。用户体验历程图在很大程度上促进了系统思考，在各个阶段发现不足之处，进而改善整体的用户交互体验。

用户体验历程图操作步骤：

步骤 1：在用户需求一栏确定和说明用户特征。选择典型用户群体，并结合其特征创建一张用户肖像，配置图片、用户的典型性性格、行为模式。这些详细的描述需要能够体验特定用户的特征，以有利于工具使用者从人物角度完成后续描述。

步骤 2：在行为一栏中按照时间的发展顺序依次描述用户使用该产品的过程，可用绘画和文字相结合的方式表达。

步骤 3：在情绪体验一栏真实地呈现在各个环节中，用户可能有的所有情绪，包括开心、愉悦、紧张、犹豫、挫败、惊喜等。

步骤 4：在接触点一栏表述在各个环节可能会接触到的产品部分、人员、其他设备等。

步骤 5：在机遇一栏描述在各个环节中可能发现的改进或者启发的点，详细描述如何将这些变成产品的机遇，简单地说就是这张图能提供的所有有用的信息。

3. 商业创新工具

从本质上讲商业模式是创造价值的方式，通俗而言就是盈利的方式。帮助商业模式创新的工具就是帮助开发者改变为市场和用户创造价值的形式和内容。在“互联网＋”时代，产品渠道便利化、信息屏障减小、用户反馈机制增强等特质为各种新颖的盈利方式提供了土壤，以前看起来不能理解的经营模式逐渐成为了主流。因此，学习商业创新工具能帮助开发者了解商业行为的本质，激发形成合适且能顺应趋势的商业计划。

商业模式画布是一个典型商业创新工具。商业模式画布是讨论商业模型概念的视觉化工具，通过将商业元素标准化，帮助了解各个元素间的关联性，可以用来帮助评估早期的商业模型雏形，也用于分析现有商业模式的优势、劣势所在（如图 9.6）。主要用于催生想法、验证风险、测试用户和需求的匹配度、是否能合理解决问题、评估商业价值、分析环境和经济背景影响等。

商业模式画布共有九个格子需要填入，主要分为四个类别因素：

第一类型：供应内容，主要指产品最主要的存在理由，有价值主张一项。

第二类型：业务内容，主要指产品内在的活动，有关键业务、核心资源、重要伙伴三项。

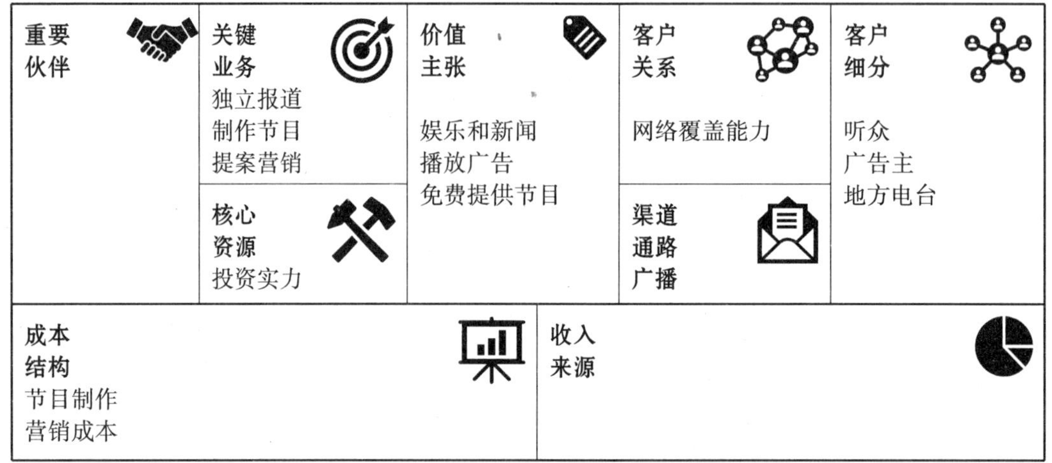

图 9.8 商业模式画布

第三类型：客户，主要指产品外部资源有客户细分、渠道道路、客户关系三项。

第四类型：财务，主要指收入和支出，有成本结构和收入来源二项。

相对于商业计划书，商业模式画布只是一个概念式的构思，因此没有相对的数字支撑，描述也可能不够详细，并且画布本身没有实践的维度。

案例 9.4

苹果公司的 iPod/iTunes 商业模式

苹果公司的音乐播放器 iPod 可以让用户从后台的音乐商城下载音乐，并且无缝同步在所有苹果产品上，软件、设备、在线商城的完美结合帮助这款产品迅速打开市场。这种具备独特优势的商业模式离不开各个环节的配合。首先苹果公司价值主张是提供无缝音乐体验，这种出发点也决定了产品需要和线上软件市场打通的形式。为配合这种模式，核心业务就是硬件软件设计和内容协议的疏通，重要伙伴就是唱片公司，渠道就是硬件商店和软件平台，而用户就是大众市场，用户关系就是依靠苹果的品牌魅力，收入就是开发、制造和销售成本，收入来源就是硬件收入、音乐收入和软件商店部分。

4. 设计创新工具

创新设计是指充分发挥设计者的创造力，利用人类已有相关科技成果进行创新构思，设计出具有科学性、创造性、新颖性及实用性成果的一种实践活动。设计创新工具能帮助开发者更好地激发灵感、筛选灵感和实施落地。

COCD 图是一种评估大量设计概念的矩阵图，是设计创新的典型工具(如图 9.9)。COCD 图往往用于概念创意早期阶段，尤其是在头脑风暴后获得大量创意时，制作一张 COCD 图能帮助开发团队对概念创意展开讨论，从而加强对解决方案的理解。同时也能使组员就设计流程的主要方向达成共识，并且筛选出可以进行下一步骤的想法。

(1) 局限性：在有很多创意时辅助决策有很大好处，如果创意太少则不能发挥很大作用。

(2) 说明：首先该想法需要在头脑风暴的步骤实施后，有大量的想法产出；然后设定横纵坐标，将所有的创意想法标注在所对应的坐标位置上并进行分类。COCD 图以图中的四个象限作为不同的维度，通过将所有想法直观地区分进行判断。

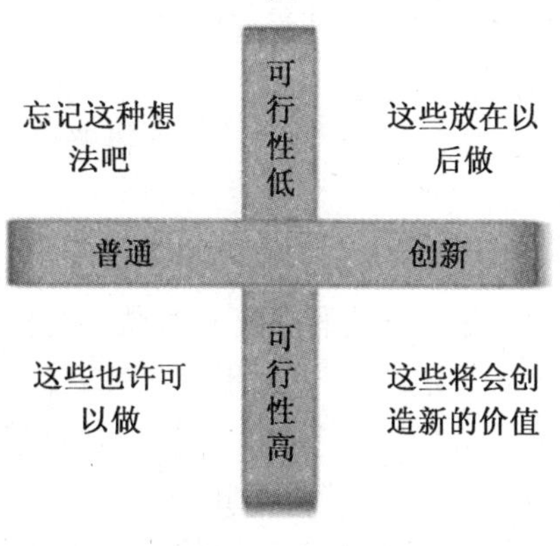

图 9.9　COCD 图

COCD 图的操作步骤：

步骤 1：绘制一个坐标系，形成 2×2 的 COCD 矩阵。其中 x 轴表示创新性，y 轴代表可行性。两坐标将图分割成 1(创新性低但可行性低)、2(创新性高且可行性低)、3(创新性低但可行性高)、4(创新性高但可行性高)四个区域。

步骤 2：将所有人的创意写(画)在纸上。

步骤 3：所有的组员参与到创意的讨论中，对照坐标轴的参数将所有创意粘贴到 COCD 图的对应位置。

步骤 4：选定一个最符合设计要求的区域。这时区域 4 的创意是具有可实践性和创意的双重标准，但同时也要考虑区域 2 的创意可能是具有未来开发前景和价值的，区域 3 因为实践性高很有可能是已经被前任实践的想法，区域 1 的想法属于创意不高又不容易展开实践。

将所有的创意都放入 COCD 画布后，可继续进行下面的步骤，如挑选出最具有开发前景的创意进行深入设计，并且摒弃那些最没有创意且不可行的想法。

9.3.3　创新工具在团队中的应用

1. 创新工具在团队使用中的关键要素

因要解决的问题、目标、时间、资源和人员的不同，创新团队运用创新思维、方法和工具合作而呈现不同的状态。合作的本质是人和人的交流互动，影响人与人之间合作效果的重要影响因素主要有：

(1) 动机：协作的驱动力是动力，为让团队合作成功，需要让参与的成员感觉他们将从团队合作中获益，并且感受到正在从事一件有意义的事情，并将从此获得一个有价值的最终结果。

(2) 通讯：团队需要决定交流和沟通的方式，项目的信息应当及时明确地传达到成员，重大的决策要有足够的成员了解或者参与。

(3) 多样：参与的成员背景越是多样性，越有可能彼此激发新的灵感，对于项目来说也有更多的技能和资源可以使用。

(4) 分享：成员要分享想法和资源，要鼓励大家相互交流想法，在交流中改善点子。

(5) 支持：在创新的过程中协同非常重要，特别在产生危机或者资源不足的情况下，需要有相互信任和合作的态度，在保障自己工作的基础上支持其他成员，以团队的利益为导向展开工作。

(6) 问题解决：在产生危机或者不在计划之中的问题时，团队成员应该一起承担风险并解决问题。

2. 创新团队合作的四种模式

根据团队合作的开放指数分为四种合作模式：开放、封闭、公平和层级。

(1) 开放：每个用于要解决的问题没有被很仔细地定义。这种模式容易让参与者产生想法、投入工作和成员对参与合作持开放的态度。此模式可能会产生于当某个人或者组织设置了一个问题、展开了某个合作或者向公众寻求帮助的情况，适当利用资源。

(2) 封闭：此模式的参与者被组织者挑选，通常保持较小规模。在公司内部合作时经常使用，也适用于要解决的问题被很好地定义，并且容易决定谁可以为团队做出贡献的情况。

(3) 公平：所有参与者都可以参与决策环节，并共同承担危机和决策后果。为使合作顺利，所有的参与者需要认同项目的目标。

(4) 层级：合作模式的部分成员或者组织有决策的权利，决策者决定参与者的挑战和任务。在层级的团队中，每个人都有自己的想法和目标。

3. 创新团队的合作模式选择

创新团队选择合作模式时，可通过开放程度和公平程度作为横、纵轴两个维度组合成四种类型，而这四种类型对应不同的团队表现。如图 9.8 所示，主要针对做决策和选择参与者这两个活动进行了分类，清楚显示了不同的合作模式。

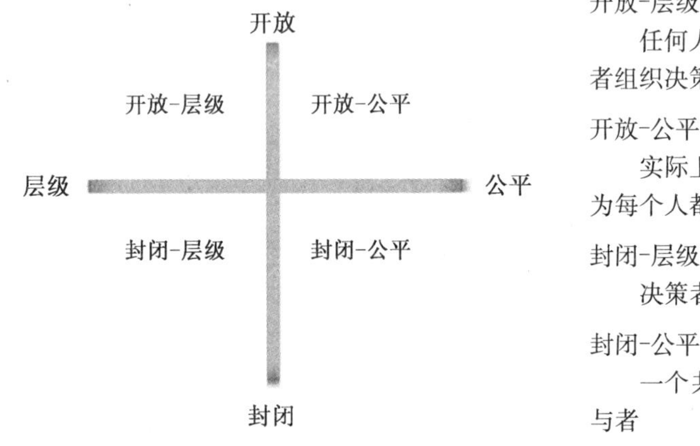

开放-层级

任何人都是可以做出贡献，但个人/公司或者组织决策选择哪个解决方案

开放-公平

实际上没有人决策哪个创意应该被采纳，因为每个人都是参与到过程中并且交付了结果

封闭-层级

决策者决定采纳哪个想法，并且选择参与者

封闭-公平

一个共同决策和贡献的组织群体挑选参与者

图 9.10 创新过程中的合作模式选择

对于项目而言，不同的目标和配置可以合理地选择适合的模式，比如说针对公司内部一个明确且交付日期紧急的任务，就可以选择“封闭和层级”的模式；如果针对解决一个没有明确定义的难题，需要鼓励大家参与重视并且激发好的想法，就应该选择降低参与难度、让参与者自主加入并且能够参与决策环节的方式，也就是“开放和公平”的模式。

思考题

1. 请列举几项你喜欢的应用软件，对比用名词和动词描述他们的功能时不同的效果。

2. 请用635的方法，和你的小组成员一起重新设计每天起床的流程，目的是可以更人性化、高效地开启一天生活。

3. 近几年，“海底捞”火锅店独特的商业模式受到消费者的欢迎，试用卡诺模型图来解释“海底捞”的商业模式怎样满足了大家的基本需求和期待需求。

4. 请利用用户历程图的原理，选取一个典型的用户来制作一张超市购物的历程图。请尽可能描述你选取的典型用户，然后再从用户的角度展开描述。比如，一个有未满2岁女儿的母亲会如何购物等。

5、请根据商业模式画布的原理，思考并且实践一下星巴克咖啡馆的商业模式画布是什么样的？

主要参考文献

[1] 彭聃龄. 普通心理学(第 4 版)[M]. 北京:北京师范大学出版社,2012.

[2] 伍尔福克. 教育心理学:主动学习版(原书第 12 版). [M]. 伍新春,等译. 北京:机械工业出版社,2015.

[3] 陈琦,刘儒德. 当代教育心理学(第 2 版)[M]. 北京:北京师范大学出版社,2009.

[4] 冯林. 大学生创新基础[M]. 北京:高等教育出版社,2017.

[5] 创新方法研究会,中国 21 世纪议程管理中心. 创新方法教程:初级[M]. 北京:高等教育出版社,2012.

[6] 创新方法研究会,中国 21 世纪议程管理中心. 创新方法教程:中级[M]. 北京:高等教育出版社,2012.

[7] 创新方法研究会,中国 21 世纪议程管理中心. 创新方法教程:高级[M]. 北京:高等教育出版社,2012.

[8] 董毓. 批判性思维原理和方法:走向新的认知和实践[M]. 北京:高等教育出版社,2017.

[9] 柯匹,科恩. 逻辑学导论(第 13 版)[M]. 张建军,等译. 北京:中国人民大学出版社,2014.

[10] 斯蒂芬·D·布鲁克菲尔德. 批判性思维教与学:帮助学生质疑假设的方法和工具[M]. 钮跃增译. 谷振诣校. 北京:中国人民大学出版社,2017.

[11] 辽宁省普通高等学校创新创业教育指导委员会. 创造性思维与创新方法[M]. 北京:高等教育出版社,2013.

[12] 罗玲玲. 创造力理论与科技创造力[M]. 沈阳:东北大学出版社,1998.

[13] 谭小宏,赵晓江,侯小兵. 应用创造学简明教程[M]. 武汉:武汉大学出版社,2014.

[14] 郭业才. 创造学教程[M]. 北京:清华大学出版社,2017.

[15] 罗玲玲. 创意思维训练[M]. 北京:首都经济贸易大学出版社,2015.

[16] 博赞. 思维导图宝典[M]. 卜煜婷,陆时文,译. 北京:化学工业出版社,2014.

[17] 根里奇·阿奇舒勒. 创新算法——TRIZ 系统创新和技术创造力[M]. 武汉:华中科技大学出版社,2008.

[18] 根里奇·阿奇舒勒. 创新 40 法——TRIZ 创造性解决问题的诀窍[M]. 列夫·舒利亚克,范怡红,译. 成都:西南交通大学出版社,2004.

[19] 根里奇·阿奇舒勒. 哇! 发明家诞生了——TRIZ 创造性解决问题的理论和方法[M]. 列夫·舒利亚克,范怡红,译. 成都:西南交通大学出版社,2015.

[20] 孙永伟,伊克万科. TRIZ:打开创新之门的金钥匙[M]. 北京:科学出版社,2015.

[21] 根里奇·阿奇舒勒. 寻找创新——TRIZ 入门[M]. 陈素勤,等译. 北京:科学出版社,2013.

[22] ГС 阿里特舒列尔. 创造是精确的科学[M]. 魏相，徐明泽，译. 广州人民出版社，1987.
[23] ГС 阿里特舒列尔. 创造是一门精确的科学[M]. 吴光威，刘树兰，编译. 北京：北京航空航天大学出版社，1990.
[24] 卡伦·加德. TRIZ——众创思维与技法[M]. 罗德明，等译. 北京：国防工业出版社，2015.
[25] 伊萨克·布赫曼. TRIZ 创新的科技[M]. 萧咏今，译. 中国台湾：建速有限公司，2011.
[26] 赵敏，张武城，王冠殊. TRIZ 进阶及实战——大道至简的发明方法[M]. 北京：机械出版社，2015.
[27] 檩润华. TRIZ 及应用——技术创新过程与方法[M]. 北京：高等教育出版社，2010.
[28] 周苏. 创新思维与科技创新[M]. 北京：机械工业出版社，2016.
[29] 陈光. 创新思维与方法：TRIZ 的理论与应用[M]. 北京：科学出版社，2011.
[30] 刘训涛，曹贺，陈国晶. TRIZ 理论及应用[M]. 北京：北京大学出版社，2011.
[31] 高常青. TRIZ——发明问题解决理论[M]. 北京：科学出版社，2011.
[32] 王振宇. 创新思维与发明技法[M]. 北京：中国工人出版社，2008.
[33] 赵新军，李晓青，钟莹. 创新思维与技法[M]. 北京：中国科学技术出版社，2014.
[34] 鲁百年. 创新设计思维：设计思维方法论以及实践手册[M]. 北京：清华大学出版社，2015.
[35] 潘承怡. TRIZ 理论与创新设计方法[M]. 北京：清华大学出版社，2015.
[36] 刘道玉. 创新思维方法训练(第 2 版)[M]. 武汉：武汉大学出版社，2009.
[37] 罗宾斯，等. 管理学(第 11 版)[M]. 李原，等译. 北京：中国人民大学出版社，2012.
[38] 克里斯托弗·迈内尔，等. 设计思维改变世界[M]. 平嫵嫣，等译. 北京：机械工业出版社，2017.
[39] 蒂姆·布朗. IDEO，设计改变一切[M]. 侯婷，译. 北京：万卷出版社，2018.
[40] 成思源，周金平，郭钟宁. 技术创新方法[M]. 北京：清华大学出版社，2017.
[41] 杨哲，张润昊. 创新思维与能力开发[M]. 南京：南京大学出版社，2016.
[42] 张东生，张亚强. 基于 TRIZ 的管理创新方法[M]. 北京：机械工业出版社，2015.
[43] 李梅芳，赵永翔. TRIZ 创新思维与方法理论及应用[M]. 北京：机械工业出版社，2017.
[44] 张明勤，范存礼，王日君，张士军. TRIZ 创新工具导引[M]. 北京：机械工业出版社，2016.
[45] 王亮申，孙峰华等. TRIZ 创新理论与应用原理[M]. 北京：科学出版社，2018.
[46] 托马斯 L. 萨蒂. 创造性思维[M]. 石勇，李兴森，译. 北京：机械工业出版社，2017.
[47] 王亚东，赵亮，于海勇. 创造性思维与创新方法[M]. 北京：清华大学出版社，2018.
[48] 李善友. 颠覆式创新：移动互联网时代的生存法则[M]. 北京：机械工业出版社，2015.